Hydro- und Aeromechanik

nach Vorlesungen von L. Prandtl

von

Dr. phil. O. Tietjens

Mitarbeiter am Forschungs-Institut der Westinghouse Electric and Manufacturing Co.
Pittsburgh Pa., U.S.A.

Mit einem Geleitwort von
Professor Dr. L. Prandtl
Direktor des Kaiser-Wilhelm-Institutes für Strömungsforschung
in Göttingen

Zweiter Band
Bewegung reibender Flüssigkeiten und technische Anwendungen

Mit 237 Textabbildungen und
28 Tafeln

Springer-Verlag Berlin Heidelberg GmbH
1931

ISBN 978-3-7091-2029-3   ISBN 978-3-7091-4185-4 (eBook)
DOI 10.1007/978-3-7091-4185-4

Vorwort.

Die Fertigstellung des vorliegenden zweiten Bandes hat leider eine beträchtlich längere Zeit in Anspruch genommen als seinerzeit bei Abschluß des ersten Bandes vor zwei Jahren angenommen wurde. Diese so unerwünschte Verzögerung ist im wesentlichen darin begründet, daß ich kurz vor Fertigstellung des ersten Bandes einem Angebot der Westinghouse Electric & Manufacturing Comp., Pittsburgh Pa., U.S.A., folgte, um dort im Rahmen des großen Forschungsinstitutes dieser Firma ein Laboratorium für aerodynamische und hydrodynamische Versuche einzurichten. Meine starke berufliche Inanspruchnahme und auch die große örtliche Entfernung haben dann das Erscheinen des zweiten Bandes so lange verzögert, obwohl das Manuskript bereits 1928 nahezu fertig und Herrn Prof. Prandtl zur Durchsicht gegeben worden war.

Ebenso wie der erste Band ist auch dieser Band von Herrn Prof. Prandtl durchgesehen und mit zahlreichen wertvollen Zusätzen versehen worden; besonders möge Nr. 87 bis 89 erwähnt werden, die einen Originalbeitrag von Herrn Prof. Prandtl darstellen. Im übrigen unterscheidet sich der zweite Band vom ersten dadurch, daß in einzelnen Kapiteln in viel weiterem Maße als im ersten Band inhaltlich über das in den Prandtlschen Vorlesungen Gegebene hinausgegangen und manches behandelt ist und Erwähnung gefunden hat, was in den Vorlesungen nicht mit aufgenommen war.

Im ersten und zweiten Kapitel sind die Elemente der Strömungslehre sowie die Ähnlichkeitsgesetze in Anlehnung an die Prandtlschen Vorlesungen dargestellt. Das dritte Kapitel, das die Strömung in Rohren und Kanälen bringt, geht über die in den Vorlesungen gebrachten wichtigsten Angaben beträchtlich hinaus und ist vom Verfasser unter ausgiebiger Benutzung der älteren und neueren Literatur sowie eigener noch nicht veröffentlichter Arbeiten verhältnismäßig ausführlich behandelt worden. Das vierte Kapitel über die Differentialgleichung der zähen Flüssigkeiten lehnt sich wieder mehr an das in den Vorlesungen Gebrachte an und ebenso der erste Teil des fünften Kapitels über Grenzschichten. Vom sechsten Kapitel, das den Widerstand umströmter Körper behandelt, gilt ähnliches wie vom dritten Kapitel: auch hier ist der Gegenstand wesentlich ausführlicher behandelt als in den Vorlesungen, und die einschlägige Literatur ist weitgehend berücksichtigt. Im siebenten Kapitel ist die Lehre vom Auftrieb — besonders in den beiden letzten Teilen — unter Benutzung der diesbezüglichen Prandtl-schen Veröffentlichungen sowie der seiner Schüler dargestellt. Der im achten Kapitel über Versuchsmethoden und Versuchseinrichtungen vom Verfasser gelieferte Beitrag geht nicht auf Prandtlsche Vorlesungen zurück. Dennoch schien es angebracht, die in diesem Kapitel behandelten Dinge mit aufzunehmen, da in einem Lehrbuch der Aero- und Hydro-dynamik das Hauptsächlichste der so wichtigen experimentellen Seite dieser Wissenschaft nicht fehlen sollte.

Die Literaturangaben machen keinen Anspruch auf irgendwelche Vollständigkeit, sondern sie sollen es dem Leser nur erleichtern, in die ihn näher interessierenden Gebiete weiter einzudringen. Im ersten Band ist von einer Literaturangabe fast ganz abgesehen worden, da es sich dort um mehr oder weniger ältere Arbeiten handelte, wovon ausführ-liche und gute Literaturangaben z. B. in Lambs „Hydrodynamik" zur Verfügung stehen.

Es möge mir an dieser Stelle gestattet sein, meinen Dank zum Aus-druck zu bringen, den ich meinem hochverehrten ehemaligen Lehrer Herrn Prof. Prandtl schulde, nicht nur für seine tatkräftige Unter-stützung bei der Fertigstellung dieses Buches, sondern ganz allgemein für seine Ratschläge und Leitung, die ich in wissenschaftlicher Hin-sicht zunächst als Student und später für mehrere Jahre als einer seiner Mitarbeiter am Kaiser-Wilhelm-Institut für Strömungsforschung in Göttingen erfahren habe.

Nicht versäumen möchte ich schließlich, der Verlagsbuchhandlung Julius Springer meine Anerkennung auszusprechen für die mustergül-tige Ausstattung des Buches und besonders des Bildmaterials sowie für die verständnisvolle Nachsicht im Hinblick auf die Verzögerung der Fertigstellung des zweiten Bandes.

Pittsburgh Pa., U.S.A., im Juli 1931.

O. Tietjens.

Inhaltsverzeichnis.

Tafeln 1 bis 28 als Anhang.

Einleitung.

Das Problem des Flüssigkeitswiderstandes. Eine vollständig reibungslose Flüssigkeit, wie wir sie dem dritten Abschnitt des ersten Bandes im allgemeinen zugrunde gelegt haben, ist lediglich aufzufassen als idealisiertes Gedankenbild einer wirklichen Flüssigkeit[1]. Die unter vollständiger Vernachlässigung der inneren Reibung erhaltenen Resultate können mithin günstigenfalls nur als Näherungen von wirklichen Flüssigkeitsbewegungen gelten, und zwar entsprechen die theoretisch berechneten Strömungsvorgänge im allgemeinen um so mehr denjenigen der wirklichen Flüssigkeiten, je geringer die Zähigkeit der betrachteten Flüssigkeit ist.

Diese Aussage hat jedoch eine wesentliche Einschränkung zu erfahren (vgl. Nr. 55 des ersten Bandes): Nur in denjenigen Fällen nämlich, in denen die sich unter dem Einfluß der Zähigkeit ausbildende Grenzschicht am Körper bleibt, kann überhaupt von einer näherungsweisen Behandlung einer wirklichen Flüssigkeitsbewegung durch eine vollständig reibungslose Flüssigkeit gesprochen werden. In allen denjenigen Fällen jedoch, in denen sich die Grenzschicht im Verlauf der Zeit vom umströmten Körper oder von der die Flüssigkeit einschließenden Wandung entfernt — und dies tritt in den weitaus meisten Fällen ein —, führt eine theoretische Behandlung unter Annahme einer reibungslosen Flüssigkeit zu Resultaten, die mit den wirklichen Vorgängen in keiner Weise übereinstimmen.

Ein klassisches Beispiel ist das Problem des Widerstandes eines in einer Flüssigkeit gleichförmig bewegten festen Körpers, z. B. einer Kugel. Die unter der Annahme einer reibungslosen Flüssigkeit durchgeführte Theorie ergibt — wie wir in Nr. 76 noch sehen werden — die mit der Erfahrung im Widerspruch stehende Aussage, daß der Widerstand einer relativ zur umgebenden Flüssigkeit gleichförmig bewegten Kugel Null ist. Hier tritt nämlich — wie später noch gezeigt wird — in Wirklichkeit jene oben erwähnte Ablösung der Grenzschicht ein, durch die das Strömungsbild einen von dem theoretischen vollständig verschiedenen Charakter erhält.

---

[1] Wir verstehen, wenn wir ganz allgemein von Flüssigkeiten sprechen, Flüssigkeiten und Gase von geringer innerer Reibung, wie z. B. Wasser oder Luft, im Gegensatz zu sehr zähen Flüssigkeiten, wie Glyzerin oder Sirup.

Da die Hydrodynamik der reibungslosen Flüssigkeit hinsichtlich des Widerstandsproblems der wirklichen Flüssigkeiten (geringer Zähigkeit) also vollständig versagt und eine Berücksichtigung der Zähigkeit in den Bewegungsgleichungen zu bisher unüberwindlichen mathematischen Schwierigkeiten führt, bleibt vorerst nur der Weg, mittels Versuchsdaten auf empirischem Wege die Gesetze des Flüssigkeitswiderstandes zu untersuchen.

Zu diesem Zweck sind große Versuchsreihen durchgeführt worden, und zwar besonders für Luft und Wasser. Einen mächtigen Antrieb erfuhren diese Untersuchungen um die Jahrhundertwende durch die schnell aufblühende Flugtechnik und Luftschiffahrt, die ein starkes Interesse daran hatte zu erfahren, wie groß die für das Flugzeug und das Luftschiff zu erwartenden Luftkräfte seien. Da diese Versuche im allgemeinen so durchgeführt wurden, daß in künstlich erzeugten Luftströmen Modelle der wirklichen Flugzeuge bzw. Luftschiffe aufgehängt und deren Auftriebe und Widerstände gemessen wurden, so war es wichtig, sich über die mechanische Ähnlichkeit dieser Vorgänge, verglichen mit den Vorgängen in natürlicher Größe, Klarheit zu verschaffen.

Bevor wir uns jedoch mit den mechanischen Ähnlichkeitsgesetzen ausführlicher befassen, gehen wir für diejenigen Leser, die den ersten Band nicht gelesen haben, kurz auf einige Elemente der Strömungslehre sowie auf den Begriff der inneren Reibung einer Flüssigkeit ein.

I. Elemente der Strömungslehre.

1. Die Eulersche Gleichung für eindimensionale Strömungsvorgänge.
Wir gehen aus von dem Begriff der Stromlinie einer in Bewegung
befindlichen Flüssigkeit: Unter Stromlinien versteht man diejenigen
Kurven, deren Richtung in jedem Punkt mit der Richtung der Geschwindigkeit in dem betreffenden Punkt übereinstimmt. Denkt man
sich sämtliche Stromlinien, die durch eine kleine geschlossene Kurve
hindurchgehen, so bilden diese bei der angenommenen Stetigkeit des
Geschwindigkeitsfeldes eine sogenannte Stromröhre.

Haben wir speziell eine solche Flüssigkeitsbewegung, bei der in
jedem Punkte des von der Flüssigkeit erfüllten Raumes der Flüssigkeitszustand, d. h. Geschwindigkeit, Druck, Dichte usw., im Verlaufe der
Zeit dauernd der gleiche bleibt, also von der Zeit unabhängig ist, so
ist auch das Stromlinienbild zeitlich konstant; eine solche Strömung
bezeichnet man als stationär.

Da nun die Stromlinien überall die Richtung der Geschwindigkeiten
haben, so verhält sich die Stromröhre im stationären Fall wie eine
feste Röhre, innerhalb der die Flüssigkeit
strömt. Es ergibt sich also hieraus wegen
der Konstanz der Materie, daß für jeden
Querschnitt einer Stromröhre die sekundlich
durchfließende Flüssigkeitsmenge konstant

Abb. 1. Stromröhre.

sein muß. Ist F der Querschnitt der Stromröhre, ϱ die Dichte
(die nicht konstant zu sein braucht) und w die Geschwindigkeit, so
erhalten wir als sogenannte Kontinuitätsgleichung für eine Stromröhre (Abb. 1):

$$\varrho F w = \text{konst.} \qquad (1)$$

Wir gehen jetzt dazu über, eine wichtige
dynamische Beziehung abzuleiten für den
Fall, daß es sich um eine reibungslose
Flüssigkeit handelt. Zu dem Zweck betrachten wir ein Flüssigkeitselement von
der Gestalt eines Zylinders von infinitesimalen Ausmaßen innerhalb einer Strom-

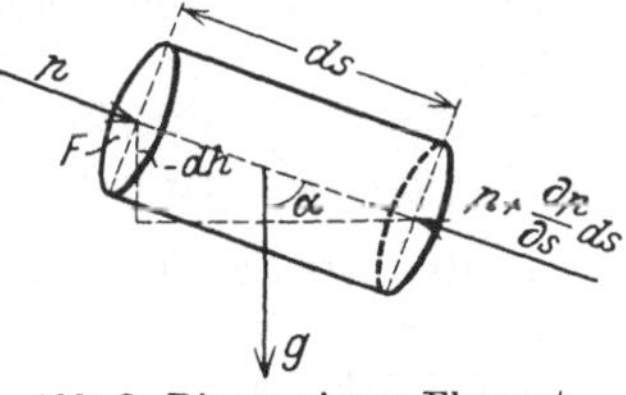

Abb. 2. Die an einem Element
einer reibungslosen Flüssigkeit
angreifenden Kräfte.

röhre (Abb. 2). Da für jedes einzelne Flüssigkeitsteilchen das Grundgesetz
der Mechanik gelten muß, daß das Produkt aus Masse und Beschleunigung

1*

gleich der Summe der auf das Flüssigkeitsteilchen wirkenden Kräfte sein muß, so ergibt sich, wenn dieses Gesetz auf das Flüssigkeitselement der Abb. 2 angewandt wird, unter Benutzung der dort angegebenen Bezeichnungen (ϱ die Dichte, g die Erdbeschleunigung):

$$\underbrace{\varrho\, dF\, ds}_{\text{Masse}} \cdot \underbrace{\frac{Dw}{dt}}_{\text{Beschleunigung}} = \underbrace{g\varrho\, dF\, ds \cos\alpha}_{\text{Schwerkraft}} + \underbrace{dF\left(p - \left(p + \frac{\partial p}{\partial s}\, ds\right)\right)}_{\text{Druckkraft}}.$$

Die longitudinale substantielle Beschleunigung $\dfrac{Dw}{dt}$ eines Flüssigkeitsteilchens setzt sich im allgemeinsten Fall zusammen aus zwei Ausdrücken:

1. aus der sekundlichen Geschwindigkeitsänderung, die dadurch bedingt ist, daß sich die Geschwindigkeiten an den einzelnen Raumpunkten gemäß der Abhängigkeit des Geschwindigkeitsfeldes von der Zeit ändern: $\dfrac{\partial w}{\partial t} \cdots$ (lokaler Differentialquotient),

2. aus der Geschwindigkeitsänderung in der Zeiteinheit, die dadurch bewirkt wird, daß das Flüssigkeitsteilchen bei seiner Bewegung in Gebiete gelangt, wo andere Geschwindigkeiten herrschen (konvektiver Differentialquotient). Der Ausdruck für die Änderung der Geschwindigkeit mit dem Ort ist $\dfrac{\partial w}{\partial s}$, so daß man also, da die Ortsänderung in der Zeiteinheit durch die Geschwindigkeit w des Teilchens dargestellt wird, für den konvektiven Differentialquotienten $w\dfrac{\partial w}{\partial s}$ erhält. Wir haben somit als substantiellen Differentialquotienten:

$$\frac{Dw}{dt} = \frac{\partial w}{\partial t} + w\frac{\partial w}{\partial s}.^*$$

Setzen wir diesen Ausdruck für die Beschleunigung eines Flüssigkeitselementes in die obige Gleichung ein und dividieren durch $\varrho\, dF$, so bleibt

$$\frac{\partial w}{\partial t}\, ds + w\frac{\partial w}{\partial s}\, ds = g\, ds \cos\alpha - \frac{1}{\varrho}\frac{\partial p}{\partial s}\, ds.$$

Hiermit haben wir die mit dem Wegelement ds multiplizierte sogenannte **Euler**sche Gleichung für den eindimensionalen Bewegungsvorgang.

2. Die Bernoullische Gleichung für eindimensionale Strömungsvorgänge. Nehmen wir weiterhin jetzt an, daß

1. die Strömung stationär, d. h. $\dfrac{\partial w}{\partial t} = 0$, und daß

---

* Wir erhalten diesen Ausdruck auch, wenn wir setzen: $w = f(t, s)$; dann ist das vollständige Differential

$$Dw = \frac{\partial w}{\partial t}\, dt + \frac{\partial w}{\partial s}\, ds$$

oder

$$\frac{Dw}{dt} = \frac{\partial w}{\partial t} + \frac{\partial w}{\partial s} \cdot \frac{ds}{dt} = \frac{\partial w}{\partial t} + w\frac{\partial w}{\partial s}.$$

2. die Flüssigkeit homogen und inkompressibel, d. h. $\varrho = $ konst. ist, so ergibt sich durch Integration nach s, d. h. längs einer Stromlinie (wenn man noch $ds \cos \alpha = - \, dh$ setzt, vgl. Abb. 2) die wichtige Beziehung:

$$\frac{w^2}{2} + g\,h + \frac{p}{\varrho} = \text{konst.} \tag{2a}$$

Diese für die Bewegung reibungsloser Flüssigkeiten fundamentale Gleichung, die den Zusammenhang von Geschwindigkeit, Lage und Druck derjenigen Flüssigkeitsteilchen angibt, die auf ein und derselben Stromlinie liegen, heißt die Bernoullische Gleichung. Sie läßt sich (da wir angenommen haben, daß ϱ in der ganzen Flüssigkeit konstant ist) für den Fall, daß keine freie Oberflächen vorkommen, noch vereinfachen, wenn wir unter p nicht den absoluten Druck verstehen, sondern den Druckunterschied gegenüber demjenigen Druck, der an dem betreffenden Punkt vorhanden wäre, wenn die Flüssigkeit sich in Ruhe befinden würde. Die Bernoullische Gleichung nimmt dann die Form an:

$$\frac{w^2}{2} + \frac{p}{\varrho} = \text{konst.} , \tag{2b}$$

wobei noch besonders bemerkt werden möge, daß die Konstante für verschiedene Stromlinien im allgemeinen nicht die gleiche zu sein braucht.

Bisher haben wir die innere Reibung oder die Zähigkeit, die jede Flüssigkeit in mehr oder weniger großem Maße besitzt, vernachlässigt und unter dieser Annahme die Bewegungsgleichung für eine eindimensionale Flüssigkeitsbewegung abgeleitet. Aber selbst bei Flüssigkeiten sehr geringer Zähigkeit, die praktisch als reibungslos angesehen werden können — da für sie die obige Bewegungsgleichung und die aus ihr abgeleitete Bernoullische Gleichung in weitgehendem Maße gilt —, gibt es Gebiete, wo die Reibungskräfte so sehr zur Wirkung kommen, daß die Voraussetzung der Reibungslosigkeit auch nicht angenähert erfüllt ist. Solche Gebiete haben wir immer in der unmittelbaren Nähe von Körpern, entlang denen Flüssigkeit strömt. Hier treten zu den Trägheitskräften (Masse mal Beschleunigung) noch die Reibungskräfte, auf die im folgenden eingegangen werden soll.

3. Definition der Zähigkeit. Um das Wesen der Flüssigkeitsreibung der Anschauung näher zu bringen, betrachten wir zunächst einmal diejenige Flüssigkeitsbewegung, die sich ergibt, wenn von zwei ebenen parallelen Platten, zwischen denen sich eine Flüssigkeit befindet, die eine sich relativ zur anderen in ihrer Ebene bewegt.

Nehmen wir in Abb. 3 die untere Platte als ruhend an, und denken wir uns die obere Platte mit einer Geschwindigkeit u_1 von links nach rechts bewegt, so sagt das Experiment von der sich unter der Wirkung der Zähigkeit einstellenden Flüssigkeitsbewegung folgendes aus:

1. Die Flüssigkeit haftet an den Oberflächen der Platten, so daß

die Flüssigkeitsteile, die den Platten unmittelbar anliegen, dieselbe Geschwindigkeit haben wie diese.

2. Der Übergang der Geschwindigkeit zwischen den Platten erfolgt linear, d. h. in unserem Falle der ruhenden unteren Platte ist die Geschwindigkeit an irgendeinem Punkte zwischen den Platten proportional dem Abstand dieses Punktes von der unteren (ruhenden) Platte (Abb. 3).

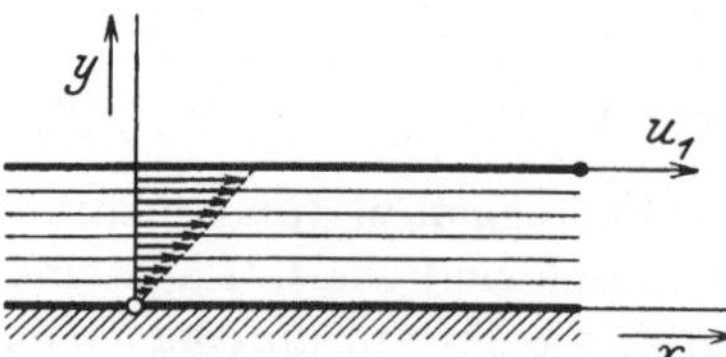

Abb. 3. Geschwindigkeitsverteilung einer zähen Flüssigkeit zwischen zwei Platten, von der die obere sich relativ zur unteren bewegt.

3. Die innere Reibung der Flüssigkeit leistet der Bewegung der oberen Platte einen Widerstand, der für die Flächeneinheit proportional dem Geschwindigkeitsgradienten ist; es tritt also eine Schubspannung τ auf von der Größe

$$\tau = \mu \frac{du}{dy},$$

wo μ der Proportionalitätsfaktor ist und ein Maß für die Zähigkeit darstellt; er ist eine von der Temperatur stark abhängige Materialkonstante und wird „Zähigkeitsmaß" oder kurz „Zähigkeit" genannt.

Während beim elastischen Kontinuum die Schubspannung proportional der Formänderung (der Winkeländerung) γ ist:

$$\tau = G \cdot \gamma \quad \text{mit} \quad \gamma = \frac{\partial \xi}{\partial y}$$

(G der Schubmodul, ξ die Verschiebung eines Punktes in der x-Richtung), ergibt das Experiment beim flüssigen Kontinuum eine Proportionalität der Schubspannung mit der Winkeländerungsgeschwindigkeit $\frac{\partial \gamma}{\partial t}$. Denn setzt man in

$$\tau = \mu \frac{\partial \gamma}{\partial t} = \mu \frac{\partial \frac{\partial \xi}{\partial y}}{\partial t} = \mu \frac{\partial}{\partial y} \left(\frac{\partial \xi}{\partial t} \right),$$

$$\xi = ut, \quad \text{also} \quad \frac{\partial \xi}{\partial t} = u,$$

so ergibt sich — wie wir in Nr. 12 noch sehen werden — die durch das Experiment bestätigte Beziehung:

$$\tau = \mu \frac{\partial u}{\partial y}. \tag{3}$$

II. Ähnlichkeitsgesetze.

4. Das Ähnlichkeitsgesetz bei Berücksichtigung der Trägheit und der Zähigkeit. Wir kommen jetzt zu den mechanischen Ähnlichkeitsgesetzen. Zunächst fragen wir uns: Unter welchen Bedingungen sind die Strömungsformen irgendwelcher Flüssigkeiten oder Gase um oder in geometrisch ähnlichen Körpern selbst einander geometrisch ähnlich? Betrachten wir beispielsweise die Strömungen zweier Flüssigkeiten (wovon die eine auch ein Gas sein kann) um zwei verschieden große Kugeln (Abb. 4a u. 4b), so fragt es sich also: Welche Bedingungen müssen erfüllt sein, damit die Stromlinien der beiden Strömungsbilder geometrisch ähnlich sind? Die Antwort ist offenbar die, daß an ähnlich gelegenen Punkten der beiden Strömungsbilder

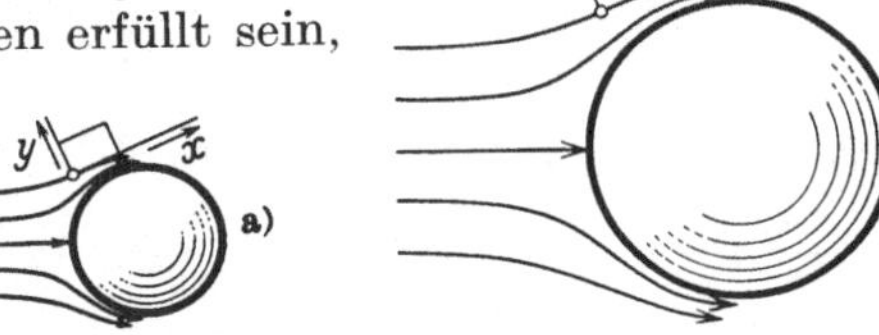

Abb. 4. Stromlinien um zwei verschieden große Kugeln.

die in diesen Punkten auf ein Volumenelement wirkenden Kräfte zu jeder Zeit in gleichem Verhältnis zueinander stehen müssen.

Je nach den verschiedenen in Betracht kommenden Kräften erhalten wir aus dieser für die Ähnlichkeit der Stromlinienbilder notwendigen und hinreichenden Forderung die verschiedenen mechanischen Ähnlichkeitsgesetze.

Als ersten und wichtigsten Fall nehmen wir an, daß außer den Trägheits- und Reibungskräften alle anderen Kräfte vernachlässigt werden dürfen. Wir setzen damit voraus, daß die Flüssigkeit oder das Gas für den betrachteten Strömungsvorgang als inkompressibel angesehen werden kann, und daß ferner keine freien Oberflächen vorkommen, so daß die Wirkung der Schwerkraft durch den statischen Auftrieb eliminiert ist. Wenn wir verlangen, daß unter der Wirkung der kombinierten Kräfte der Trägheit und Zähigkeit die Bewegung zweier zu den Kugeln der Abb. 4 ähnlich gelegener Flüssigkeitsteilchen geometrisch ähnlich sein soll, so ist das, wie gesagt, nur möglich, wenn zu jeder Zeit die auf die beiden Flüssigkeitsteilchen wirkenden Trägheits- und Reibungskräfte im gleichen Verhältnis zueinander stehen.

Wir wollen nun die Ausdrücke für die am Volumenelement angreifenden Trägheits- und Zähigkeitskräfte ableiten.

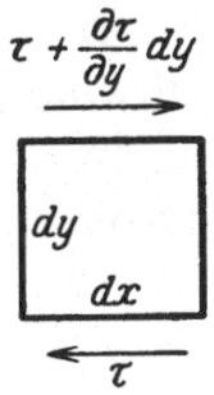

Abb. 5. Am Volumenelement von Würfelform angreifende Reibungskräfte.

Für die Reibungskraft pro Volumeneinheit läßt sich ein Ausdruck erhalten, wenn man in Abb. 5 ein Flüssigkeitselement betrachtet, dessen x-Richtung in der Bewegungsrichtung des Flüssigkeitsteilchens liegen möge. Als Differenz der auftretenden Schubkräfte ergibt sich dann:

$$\left(\tau + \frac{\partial \tau}{\partial y}\, dy\right) dx\, dz - \tau\, dx\, dz = \frac{\partial \tau}{\partial y}\, dx\, dy\, dz\,,$$

oder als Zähigkeitskraft pro Volumeneinheit: $\dfrac{\partial \tau}{\partial y}$, was $\mu \dfrac{\partial^2 u}{\partial y^2}$ gibt.

Den entsprechenden Ausdruck für die Trägheitskraft pro Volumeneinheit hat man in dem Produkt aus Masse und Beschleunigung bezogen auf die Einheit des Volumens. Ist u die Geschwindigkeitskomponente eines Flüssigkeitsteilchens in der x-Richtung, so kann die x-Komponente der Beschleunigung für eine stationäre Bewegung durch den Ausdruck $u \frac{\partial u}{\partial x}$ und somit die Trägheitskraft für die Volumeneinheit durch $\varrho\, u \frac{\partial u}{\partial x}$ repräsentiert werden. (Eigentlich käme noch $v \frac{\partial u}{\partial y}$ und $w \frac{\partial u}{\partial z}$ hinzu, für nicht stationäre Bewegungen außerdem noch $\varrho \frac{\partial u}{\partial t}$; bei geometrisch ähnlichen Strömungen verhalten sich aber diese Glieder genau wie das als Repräsentant gewählte Glied.)

Als Kriterium für die mechanische Ähnlichkeit von Strömungsvorgängen (bei Vernachlässigung von Schwere und Kompressibilität) haben wir somit die Aussage, daß an allen ähnlich zum Körper gelegenen Punkten das Verhältnis der Trägheitskraft zur Reibungskraft

$$\frac{\text{Trägheitskraft}}{\text{Reibungskraft}} = \frac{\varrho\, u \dfrac{\partial u}{\partial x}}{\mu \dfrac{\partial^2 u}{\partial y^2}}$$

konstant sein muß.

Wir fragen uns jetzt: Wie ändern sich diese Kräfte, wenn sich die für den Vorgang charakteristischen Größen: Geschwindigkeit V der anströmenden Flüssigkeit, Radius a, Dichte ϱ und Zähigkeit μ ändern?

Offenbar ist bei mechanisch ähnlichen Strömungsvorgängen die Geschwindigkeit u eines Flüssigkeitsteilchens an irgendeinem Orte des Strömungsbildes proportional der Geschwindigkeit V der ungestörten Strömung (der Übergang von dem einen Strömungssystem zu dem andern kommt auf eine Änderung der benutzten Zeiteinheit hinaus). Bezeichnen wir mit $\sim$ die Proportionalität der durch dieses Zeichen verbundenen Größen, so können wir also schreiben:

$$u \sim V.$$

Es sind ebenso Differenzen zweier Geschwindigkeiten an entsprechenden benachbarten Punkten proportional der Geschwindigkeit V, d. h.

$$du \sim V.$$

Berücksichtigen wir jetzt, daß bei mechanisch ähnlichen Strömungen um geometrisch ähnliche Körper die Koordinatendifferenzen je zweier ähnlich gelegener benachbarter Punkte proportional sind entsprechenden Längenabmessungen der geometrisch ähnlichen Körper (bei Kugeln z. B. den Radien), so ergibt sich die Änderung der x-Komponente der Geschwindigkeit pro Längeneinheit an irgendeinem Punkt der Flüssigkeitsströmung, $\dfrac{\partial u}{\partial x}$ proportional $\dfrac{V}{a}$, und also die Trägheitskraft selber proportional

$$\frac{\varrho \, V^2}{a} \, .$$

Da aus den gleichen Gründen $\dfrac{\partial^2 u}{\partial y^2} = \dfrac{\partial}{\partial y}\left(\dfrac{\partial u}{\partial y}\right) \sim \dfrac{V}{a^2}$ ist, so ergibt sich für die Reibungskraft die Proportionalität mit

$$\frac{\mu \, V}{a^2} \, ,$$

so daß wir für den Quotienten von Trägheits- und Zähigkeitskraft erhalten:

$$\frac{\text{Trägheitskraft}}{\text{Zähigkeitskraft}} = \frac{\varrho \, u \, \dfrac{\partial u}{\partial x}}{\mu \, \dfrac{\partial^2 u}{\partial y^2}} = \frac{\varrho \, \dfrac{V^2}{a}}{\mu \, \dfrac{V}{a^2}} = \frac{\varrho}{\mu} \cdot V \cdot a \, . \tag{1}$$

Wenn also — und das ist der Inhalt des mechanischen Ähnlichkeitsgesetzes — bei Strömungen um geometrisch ähnliche und zur Strömung ähnlich gelegene Körper die Größe $\dfrac{\varrho}{\mu} V a$ die gleiche ist, so ist zu erwarten, daß auch die Stromlinien geometrisch ähnlich sind. Handelt es sich z. B. um zwei Strömungen derselben Flüssigkeit von gleicher Temperatur und Dichte $\left(\dfrac{\mu}{\varrho} = \text{konst.}\right)$ um zwei Kugeln, von denen die eine doppelt so groß ist wie die andere, so ist die Strömungsform in beiden Fällen geometrisch ähnlich, wenn die Anströmungsgeschwindigkeit für die größere Kugel halb so groß ist wie die für die kleinere Kugel, da dann $\dfrac{\varrho}{\mu} \cdot V \cdot a$ den gleichen Wert hat.

Da die Größe $\dfrac{\varrho}{\mu} \cdot V \cdot a$ den Quotienten zweier Kräfte darstellt, ist sie eine dimensionslose Zahl und daher unabhängig vom benutzten Maßsystem. Man erkennt dieses auch direkt, wenn man für die in Frage kommenden Größen ihre Dimension einsetzt. Da im sogenannten technischen Maßsystem

$$[\varrho] = \left[\frac{\gamma}{g}\right] = \frac{K \, T^2}{L^4}, \quad [V] = \frac{L}{T}, \quad [a] = L \quad \text{und} \quad [\mu] = \frac{K \, T}{L^2}$$

ist (wobei mit L eine Länge, mit T eine Zeit und mit K eine Kraft bezeichnet wird), so ergibt sich:

$$\left[\frac{\varrho}{\mu} \cdot V \cdot a\right] = \frac{K \, T^2}{L^4} \cdot \frac{L^2}{K \, T} \cdot \frac{L}{T} \cdot L = 1 \, .$$

Da die Größen ϱ und μ häufig in der Verbindung $\dfrac{\mu}{\varrho}$ auftreten, hat man für diesen Quotienten die Bezeichnung ν eingeführt und nennt ihn die kinematische Zähigkeit. Die Dimension von ν ist also $\dfrac{L^2}{T}$.

Diese Ähnlichkeitsbeziehung hat zuerst Osborne Reynolds gefunden bei der Untersuchung von Flüssigkeitsströmungen in Rohren, auf die wir in Nr. 22 noch zurückkommen werden. Man hat deshalb die Größe $\frac{\varrho}{\mu} \cdot V \cdot a = \frac{V \cdot a}{\nu}$ die Reynoldssche Zahl genannt und mit R bezeichnet. Wir werden später noch sehen, in wie großem Maße durch das Einführen dieser Dimensionslosen der weiteren Entwicklung der modernen Hydrodynamik der Weg geebnet wurde. Für eine große Anzahl von Strömungsvorgängen wurden durch die Reynoldssche Zahl bis dahin unbekannte innere Zusammenhänge klargelegt.

5. Das Ähnlichkeitsgesetz bei Trägheit und Schwere. Während wir in Nr. 4 vorausgesetzt haben, daß die Schwerkraft nicht zur Wirkung kommt (keine freien Oberflächen), wollen wir jetzt ein entsprechendes Ähnlichkeitsgesetz aufstellen, das die Trägheits- und Schwerewirkungen berücksichtigt, hingegen die Reibungswirkungen und die Kompressibilität vernachlässigt. Wir brauchen nur wieder den Ausdruck dafür abzuleiten, daß bei mechanisch ähnlichen Strömungen an ähnlich gelegenen Punkten das Verhältnis der in diesen Punkten auf ein Volumenelement wirkenden Kräfte das gleiche sein muß. Es muß also in Punkten, die zum umströmten Körper ähnlich liegen, das Verhältnis der Trägheitskraft zur Schwerkraft das gleiche sein. Da die Schwerkraft für die Volumeneinheit das Gewicht der Raumeinheit $\gamma = \varrho g$ ist (g die Erdbeschleunigung), so haben wir als notwendige und hinreichende Bedingung für geometrisch ähnliche Stromlinienbilder (bei Vernachlässigung der Zähigkeit und Kompressibilität)

$$\frac{\text{Trägheitskraft}}{\text{Schwerkraft}} = \frac{\varrho u \frac{\partial u}{\partial x}}{\varrho g} = \text{konst.}$$

Da — wie wir in Nr. 4 gesehen haben — $u \frac{\partial u}{\partial x}$ sich wie $\frac{V^2}{a}$ ändert (wo V eine an und für sich beliebige, aber für den Strömungsvorgang charakteristische Geschwindigkeit und a eine ebensolche Länge bedeutet), so können wir die letzte Gleichung auch schreiben:

$$\frac{\text{Trägheitskraft}}{\text{Schwerkraft}} = \frac{V^2}{a g} = \text{konst.} \tag{2}$$

Dieses Ähnlichkeitsgesetz wird nach seinem Entdecker auch das Froudesche Gesetz[1] genannt und der Quotient $\frac{V^2}{a g}$, der wieder eine dimensionslose Zahl ist, mit F bezeichnet.

Dieses Froudesche Gesetz findet überall dort ausgedehnte Anwendung, wo wegen freier Flüssigkeitsoberflächen die Schwerkraft zur

---

[1] Froude: Trans. of the Inst. of Naval Arch. Bd. 11, S. 80. 1870.

Geltung kommt, so in erster Linie bei Untersuchungen mit Schiffsmodellen. Ist z. B. die Modellgröße $^1/_{100}$ der Schiffsgröße, so muß nach dem Froudeschen Gesetz, damit F eine Konstante ist, die Modellgeschwindigkeit $^1/_{10}$ der Schiffsgeschwindigkeit sein. Nur dann sind die Strömungsformen, Wellen usw. beim Modell ähnlich denen der Strömung in natürlicher Größe.

Während bei Berücksichtigung der Zähigkeit und Trägheit — jedoch bei Vernachlässigung der Schwere — mechanische Ähnlichkeit nur dann möglich ist, wenn bei Verkleinerung der Längenabmessung des Modells die Geschwindigkeit entsprechend vergrößert wird, erfordert das Froudesche Ähnlichkeitsgesetz in diesem Falle Verkleinerung der Geschwindigkeit bei Verkleinerung der Längenabmessung. Wie man hieraus erkennt, ist eine Verbindung beider Ähnlichkeitsgesetze unter Voraussetzung der gleichen Flüssigkeit nicht möglich, d. h. es kann bei gleicher Flüssigkeit kein Ähnlichkeitsgesetz geben, das sowohl die Trägheitskräfte, die Reibungskräfte und die Schwerkräfte berücksichtigt. Unter Verwendung von Flüssigkeiten verschiedener kinematischer Zähigkeit lassen sich prinzipiell beide Ähnlichkeitsgesetze vereinigen, praktisch hat dieses jedoch kaum Bedeutung, da man nicht über Flüssigkeiten von genügend verschiedenem ν verfügt. Bezeichnet der Index 1 den Vorgang in natürlicher Größe und 2 denjenigen des verkleinerten Modells, so ergibt sich aus

$$\frac{V_1 \cdot a_1}{\nu_1} = \frac{V_2 \cdot a_2}{\nu_2} \quad \text{und} \quad \frac{V_1^2}{a_1 g} = \frac{V_2^2}{a_2 g},$$

daß die kinematischen Zähigkeiten der verwendeten Flüssigkeiten im Verhältnis

$$\frac{\nu_1}{\nu_2} = \left(\frac{a_1}{a_2}\right)^{\frac{3}{2}} \quad \text{bzw.} \quad \frac{\nu_1}{\nu_2} = \left(\frac{V_1}{V_2}\right)^3$$

zueinander stehen müßten.

Bei den Schiffsmodellversuchen ist die Resultierende der Zähigkeitskräfte, der Reibungswiderstand, im allgemeinen von derselben Größenordnung wie die Trägheits- und Schwerkräfte (Druck- und Wellenwiderstand). Man hilft sich nach Froude damit, daß man den aus besonderen Versuchen ermittelten Reibungswiderstand des Modells von dem gemessenen Widerstand abzieht, den Rest nach der Froudeschen Ähnlichkeit auf das große Schiff umrechnet und den dem Schiff zukommenden Reibungswiderstand wieder hinzuaddiert. Dieses Verfahren ist allerdings ziemlich ungenau, da auch der angegebene Restwiderstand nicht ganz unabhängig von der Zähigkeit ist, und zwar sind diese Ungenauigkeiten um so größer, je kleiner die benutzten Modelle sind. Aus diesem Grunde verwenden die Schiffbauer relativ große Modelle (ca. 5 m und mehr).

Bei beiden Ähnlichkeitsgesetzen — sowohl bei dem Reynoldsschen wie bei dem Froudeschen Gesetz — haben wir vorausgesetzt, daß die Flüssigkeiten und Gase zwar nicht vollkommen und in jedem Fall inkompressibel sind, wohl aber, daß bei den in Frage kommenden Bewegungsvorgängen die Wirkungen der Kompressibilität so gering sind, daß sie vernachlässigt werden können. Wieweit wir auch in diesem Sinne Gase als inkompressibel behandeln können, wurde im XIII. Kapitel des ersten Bandes gezeigt.

Sind die Wirkungen der Kompressibilität so groß (sehr große Geschwindigkeiten oder Höhenunterschiede), daß sie für den Vorgang von wesentlicher Bedeutung werden, so läßt sich auch z. B. bei Berücksichtigung der Trägheit und der Kompressibilität ein Ähnlichkeitsgesetz aufstellen. Auch hier ergibt es sich jedoch, daß bei Berücksichtigung eines dritten Faktors (z. B. der Schwere oder der Zähigkeit) kein Ähnlichkeitsgesetz abzuleiten ist.

Da die Verbindung von Trägheit, Schwere und Zusammendrückbarkeit bei den meisten meteorologischen Vorgängen vorkommt, ist es nicht möglich, durch Modellversuche diejenigen meteorologischen Erscheinungen zu untersuchen, bei denen jene drei Faktoren von wesentlicher Bedeutung sind.

6. Eine andere Ableitung des Reynoldsschen Ähnlichkeitsgesetzes aus der Navier-Stokesschen Gleichung. Ohne auf die Ableitung der allgemeinen Bewegungsgleichung einer zähen Flüssigkeit hier einzugehen (vgl. IV. Kapitel), stellen wir fest, daß der Einfluß einer inneren Reibung sich dahin geltend macht, daß zu den Kräften pro Volumeneinheit der rechten Seite der Eulerschen Gleichung (vgl. Nr. 56 des ersten Bandes) für reibungslose Flüssigkeiten noch das Glied $\mu \Delta \mathfrak{w}$ hinzutritt. Die auf zähe Flüssigkeiten erweiterte Eulersche Gleichung, die sogenannte Navier-Stokessche Bewegungsgleichung, hat somit die Form:

$$\frac{\partial \mathfrak{w}}{\partial t} + \mathfrak{w} \circ \operatorname{grad} \mathfrak{w} = \mathfrak{g} - \frac{1}{\varrho} \operatorname{grad} p + \frac{\mu}{\varrho} \Delta \mathfrak{w} \, .$$

Setzen wir im weiteren voraus, daß die Dichte in der ganzen Flüssigkeit konstant ist, und bezeichnen wir mit p nicht den gesamten Druck, sondern den um den Schweredruck verminderten Druck, so fällt — wie wir in Nr. 2 gesehen haben, vgl. auch Nr. 58 des ersten Bandes — die Schwerewirkung im Innern der Flüssigkeit durch den statischen Auftrieb fort, so daß die obige Bewegungsgleichung die Form erhält:

$$\frac{\partial \mathfrak{w}}{\partial t} + \mathfrak{w} \circ \operatorname{grad} \mathfrak{w} = - \frac{1}{\varrho} \operatorname{grad} p + \frac{\mu}{\varrho} \Delta \mathfrak{w} \, . \tag{3}$$

Wir wollen jedoch ausdrücklich bemerken, daß die Elimination der Schwerkraft durch die Wirkung des Auftriebes nur im Innern der

Flüssigkeit möglich ist, so daß Bewegungsvorgänge mit freien Flüssigkeitsoberflächen außerhalb der Betrachtung bleiben müssen, und daß es ferner notwendig ist, die Dichte überall konstant, d. h. die Flüssigkeit als inkompressibel, anzunehmen.

Da die Differentialgleichung unabhängig sein muß von der Wahl der Einheiten für die verschiedenen in der Bewegungsgleichung auftretenden physikalischen Größen wie Geschwindigkeit, Druck usw., können wir uns von der Willkür dieser Wahl freimachen, wenn wir für die Variablen der Differentialgleichung dimensionslose Veränderliche einführen. Wir tun das dadurch, daß wir für einen bestimmten Bewegungsvorgang gewisse an sich willkürliche, aber für den Vorgang charakteristische Größen (z. B. die Anströmungsgeschwindigkeit V der Abb. 4, den Radius a der Kugel usw.) als Einheiten dieser Größen festlegen. Die Maßzahlen der mit diesen Einheiten gemessenen Größen führen wir dann als neue dimensionslose Variable in die Bewegungsgleichung ein.

Sind V, a, p_1 und t_1 für den betrachteten Vorgang charakteristische (konstante) Größen, so ist also:

$$\text{Geschwindigkeit } \mathfrak{w} = V\,\mathfrak{W}$$
$$\text{Länge} \ldots \ldots \; l = a\,L$$
$$\text{Druck} \ldots \ldots \; p = p_1\,P$$
$$\text{Zeit} \ldots \ldots \; t = t_1\,T \,,$$

wo $\mathfrak{W}$, L, P und T die (dimensionslosen) Maßzahlen der in den Einheiten V, a, p_1 und t_1 gemessenen physikalischen Größen $\mathfrak{w}$, l, p und t sind. Gehen wir mit diesen dimensionslosen Größen $\mathfrak{W}$, L, P und T in die Bewegungsgleichung ein, so erhalten wir unter Berücksichtigung, daß das Symbol grad eine einmalige Differentiation nach dem Ort bedeutet, also bei Einführung der Längeneinheit a mit $\dfrac{1}{a}$ multipliziert werden muß, und daß $\varDelta$ als Symbol einer zweifachen Differentiation nach dem Ort bei Einführung der Längeneinheit a mit $\dfrac{1}{a^2}$ zu multiplizieren ist:

$$\frac{V}{t_1}\frac{\partial \mathfrak{W}}{\partial T} + \frac{V^2}{a}\,\mathfrak{W}\circ\operatorname{grad}\mathfrak{W} = -\frac{1}{\varrho}\frac{p_1}{a}\operatorname{grad}P + \frac{\mu}{\varrho}\frac{V}{a^2}\varDelta\,\mathfrak{W}\,.$$

Die Geschwindigkeitseinheit V ist dabei nicht unabhängig von der Wegeinheit, was man einsieht, wenn man die Definitionsgleichung der Geschwindigkeit $\mathfrak{w} = \dfrac{d\mathfrak{r}}{dt}$ in derselben Weise wie hier die Navier-Stokessche Gleichung behandelt. Man muß also, etwa durch passende Wahl der Zeiteinheit t_1, die Gleichung $V = \dfrac{a}{t_1}$ erfüllen. Damit wird aber gerade $\dfrac{V}{t_1} = \dfrac{V^2}{a}$ (was wir andernfalls gemäß dem Folgenden auch hätten verlangen müssen). Nach Division durch $\dfrac{V^2}{a}$ ergibt sich

$$\frac{\partial \mathfrak{W}}{\partial t} + \mathfrak{W}\,\mathrm{o}\,\mathrm{grad}\,\mathfrak{W} = - \frac{p_1}{\varrho\,V^2}\,\mathrm{grad}\,P + \frac{v}{Va}\,\varDelta\,\mathfrak{W}\,.$$

Da Ähnlichkeit der Strömungen Identität der Lösungen in den dimensionslosen Variablen bedeutet, so folgt also, daß die Differentialgleichungen der verschiedenen geometrisch ähnlichen Strömungen sich nur durch einen allen Gliedern der Gleichung gemeinsamen Faktor unterscheiden dürfen.

Der Quotient $\dfrac{p_1}{\varrho\,V^2}$ ist das Verhältnis eines für den betrachteten Vorgang charakteristischen Druckes zum doppelten Staudruck und für die geometrische Ähnlichkeit deshalb bedeutungslos, weil der Druck nur die passive Reaktion gegen Volumenänderung darstellt. Es ergibt sich somit das gleiche Resultat wie in Nr. 4, daß für geometrisch ähnliche Strömungen die Zahl $\dfrac{v}{Va} = \dfrac{1}{R}$, also auch R konstant sein muß.

7. Zusammenhang zwischen Ähnlichkeits- und Dimensionsbetrachtungen. Da alle physikalischen Gesetze in einer von den speziell angewandten Maßeinheiten befreiten Form ausgedrückt werden können, in der nur noch reine Zahlen (Verhältniszahlen physikalischer Größen) auftreten, kann man die Ähnlichkeitsbetrachtung auch durch eine Dimensionsbetrachtung ersetzen.

Von den in der Navier-Stokesschen Gleichung vorkommenden physikalischen Größen ist einerseits die Zeiteinheit durch die Einheit der Geschwindigkeit V und durch die Längeneinheit a eindeutig bestimmt, anderseits der Druck für die geometrische Ähnlichkeit der Strömungsform belanglos. Es bleiben somit als für das Stromlinienbild wesentliche Größen: die Geschwindigkeit V, die Längenabmessung a, die Masse der Volumeneinheit ϱ und die Zähigkeit μ. Legen wir das technische Maßsystem der Krafteinheit K, der Längeneinheit L und der Zeiteinheit T zugrunde und fragen wir uns: Gibt es eine Kombination von

$$V^\alpha \cdot a^\beta \cdot \varrho^\gamma \cdot \mu^\delta,$$

die eine reine Zahl ist, mithin die Dimension 1 hat, so kommt es also darauf an, α, β, γ, δ so zu bestimmen, daß

$$\left[V^\alpha \cdot a^\beta \cdot \varrho^\gamma \cdot \mu^\delta\right] = K^0 \cdot L^0 \cdot T^0 = 1$$

ist[1]. Da aber eine dimensionslose Größe, zu einer beliebigen Potenz erhoben, eine reine Zahl bleibt, so ist eine der Zahlen α, β, γ, δ willkürlich. Setzt man daher $\alpha = 1$, so ergibt sich, wenn man für die einzelnen physikalischen Größen nach S. 9 ihre Dimensionen einsetzt:

$$\left[V \cdot a^\beta \cdot \varrho^\gamma \cdot \mu^\delta\right] = \frac{L \cdot L^\beta \cdot K^\gamma\,T^{2\gamma} \cdot K^\delta\,T^\delta}{T \qquad \cdot L^{4\gamma} \qquad L^{2\delta}} = K^0 \cdot L^0 \cdot T^0.$$

---

[1] Eine Größe in eckige Klammern gesetzt, soll hier immer bedeuten, daß lediglich ihre Maßeinheit (Dimension) gemeint ist.

Durch das Gleichsetzen der Exponenten der Größen K, L und T links und rechts ergeben sich dann 3 Gleichungen für β, γ, δ.

$$\gamma + \delta = 0, \tag{1}$$
$$1 + \beta - 4\gamma - 2\delta = 0, \tag{2}$$
$$2\gamma + \delta - 1 = 0. \tag{3}$$

Das Gleichungssystem aufgelöst, ergibt:

$$\beta = 1, \quad \gamma = 1, \quad \delta = -1,$$

d. h. die einzig mögliche dimensionslose Kombination von V, a, ϱ, μ ist somit

$$V \cdot a \cdot \frac{\varrho}{\mu} = R.$$

Hätte man als bekannt vorausgesetzt, daß ϱ und μ nur in der Form $\frac{\mu}{\varrho}$ auftritt, d. h., daß $\delta = -\gamma$ ist, so wäre die Ableitung noch einfacher gewesen: Da

$$\left[\frac{\mu}{\varrho}\right] = [\nu] = \frac{L^2}{T}$$

ist, anderseits auch

$$[V \cdot a] = \frac{L^2}{T},$$

so ist $\dfrac{V \cdot a}{\nu}$ die einzig mögliche Kombination, die eine reine Zahl ergibt.

Obwohl diese Dimensionsbetrachtung nicht die Anschaulichkeit der Ähnlichkeitsbetrachtung besitzt, hat sie den Vorteil, auch dann noch anwendbar zu sein, wenn die Kenntnis der genauen Bewegungsgleichung noch fehlt, wohl aber bekannt ist, welche physikalischen Größen für den Vorgang bestimmend sind.

III. Strömung in Rohren und Kanälen.
(Eindimensionale Differentialgleichung.)
A. Laminare Strömung.

8. Allgemeines. Untersuchungen über Strömungsvorgänge in Rohren und Kanälen sind — entsprechend ihrer großen praktischen Bedeutung — bereits seit langem angestellt; sie bilden das eigentliche Gebiet der Hydraulik. Da aber die Gesetze der inneren Reibung von Flüssigkeiten lange Zeit hindurch unbekannt waren, mußte man — um den praktischen Bedürfnissen einigermaßen gerecht zu werden — sich zunächst mit Versuchsreihen begnügen, die den Einzelfall betrafen, ohne damit den inneren Zusammenhang der verschiedenartigen Erscheinungen klarlegen zu können.

Als es dann der Hydrodynamik etwa um die Mitte des vorigen Jahrhunderts gelang, das Problem der Flüssigkeitsströmung in geraden

Röhren von kreisförmigem Querschnitt unter Berücksichtigung der Zähigkeit allgemein zu lösen — es ist dies einer der ganz wenigen Fälle, in denen eine vollständige Integration der allgemeinen Differentialgleichung zäher Flüssigkeiten bis jetzt möglich ist —, da zeigte sich, daß damit für die praktische Hydraulik kaum etwas gewonnen war. Man erkannte nämlich, daß die Bedingungen, unter denen die Lösung der Differentialgleichung physikalische Gültigkeit besitzt, zwar realisierbar sind und auch in gewissen Fällen in der Natur vorkommen, daß jedoch die große Mehrzahl aller Strömungen durch Rohre und Kanäle, wie sie besonders in der Technik auftreten, durch die gefundene Lösung der Theorie nicht erfaßt wird. Das hat seine Ursache darin, daß es zwei prinzipiell verschiedene Strömungsformen gibt.

Betrachtet man, um dieses zu erkennen, z. B. die Strömung in einem Glasrohr unter Benutzung von Wasser, dem man — wie es schon Hagen getan hat — kleine Teilchen, etwa Holzfeilspäne, zufügt, um dadurch die Flüssigkeitsbewegung in den Einzelheiten erkennbar zu machen, so sieht man, daß im allgemeinen die Flüssigkeitsteilchen sich nicht in zur Wandung parallelen Bahnen bewegen, sondern in einer wilden, scheinbar ungeordneten Bewegung durch das Rohr hindurchfließen. Neben einer Hauptbewegung in Richtung der Rohrachse lassen sich deutlich senkrecht dazu gerichtete Nebenbewegungen der einzelnen Flüssigkeitsteilchen erkennen. Diese Strömungsform wird turbulente Strömung genannt. Der weitaus größte Teil aller in der Technik vorkommenden Flüssigkeits- oder Gasströmungen ist von dieser Art. Drosselt man nun in unserem Experiment mit dem Glasrohr den Wasseraustritt mehr und mehr, so tritt bei einer gewissen Geschwindigkeit ziemlich plötzlich die zweite der oben erwähnten Strömungsformen ein. Jetzt erkennt man deutlich, wie die Flüssigkeitsteilchen in zueinander und zur Wandung parallelen Bahnen, gewissermaßen in einzelnen Schichten, sich bewegen. Diese Strömungsart nennt man laminare Strömung, und nur auf sie bezieht sich die schon oben erwähnte Lösung der Hydrodynamik.

9. Die grundlegende Hagensche Untersuchung. Obwohl die Existenz der beiden Strömungsformen, der turbulenten und der laminaren Strömung, bereits seit langem bekannt war, stammen die ersten systematischen Versuche, die Gesetzmäßigkeiten dieser beiden Strömungsarten zu erforschen, erst aus der Mitte des vorigen Jahrhunderts. Die ersten grundlegenden und sehr sorgfältigen Untersuchungen hierüber hat G. Hagen angestellt, dem dadurch ein großes Verdienst hinsichtlich der Erforschung der Strömungsvorgänge in Rohren zukommt, wenn seine Resultate auch nicht die wünschenswerte Verbreitung gefunden haben, was darauf zurückzuführen sein mag, daß die von ihm benutzten Maßeinheiten (preußisches Lot, Pariser Zoll usw.)

ein umständliches Umrechnen der Resultate erfordert, wenn man sie mit anderen vergleichen will.

Die erste der beiden in Frage kommenden Arbeiten aus dem Jahre 1839[1] beschränkt sich auf die laminare Strömung. Hagen benutzt in dieser Untersuchung 3 gezogene Messingrohre von verschiedenen Durchmessern[2] und setzt die beobachteten Druckhöhen h des Vorratstroges gegenüber dem Ausfluß am Ende des Rohres in Beziehung zu den gemessenen sekundlichen Wassermengen M. Er geht aus von dem Ansatz

$$h = h_1 + h_2 = a M + b M^2$$

und zeigt, daß a und b für jedes Rohr Konstante sind, wobei sich a als sehr abhängig von der Temperatur, b hingegen unabhängig erweist. In richtiger Erkenntnis des physikalischen Vorganges stellt Hagen den Satz auf, daß ein Teil der Druckhöhe, und zwar derjenige, der dem quadratischen Ausdruck entspricht $h_2 = b M^2$, dazu verbraucht wird, um der Flüssigkeit die kinetische Energie zu erteilen, während $h_1 = a M$ zur Überwindung des Reibungswiderstandes nötig ist.

Soweit ausschließlich die Reibung in Frage kommt, ist also die Druckhöhe proportional der sekundlichen Durchflußmenge, wobei der Proportionalitätsfaktor stark von der Temperatur abhängig ist. Unter Benutzung der Methode der kleinsten Quadrate wird dann aus den Messungen die Abhängigkeit der Größe a von der Temperatur festgestellt und die verschiedenen a der einzelnen Rohre auf eine bestimmte Temperatur (10^0 C) reduziert. Nach Division der Ausdrücke für h durch die Längen der Rohre, d. h. bezogen auf die Längeneinheit, zeigt sich, daß die so umgeformten Proportionalitätsfaktoren a und b der vierten Potenz der Rohrradien umgekehrt proportional sind. Mit r als Rohrradius ergibt sich schließlich:

$$h = h_1 + h_2 = \frac{1}{r^4} \cdot 0{,}000009\,117\,l M + \frac{1}{r^4} \cdot 0{,}0002056\,M^2.$$

Berücksichtigt man lediglich das zur Überwindung der Reibung gehörige Glied in der ersten Potenz von M, so ist also die sekundliche Durchflußmenge der Druckhöhe h_1 und der vierten Potenz des Radius proportional, der Länge des Rohres aber umgekehrt proportional. Führt man jetzt in die obige von Hagen aus seinen Experimenten aufgestellte Beziehung statt der sekundlichen Durchflußmenge die durchschnittliche Geschwindigkeit $\bar{u}$ ein ($M = \pi r^2 \bar{u} \gamma$) und statt der Druckhöhe h die Druckdifferenz $\Delta p = h \gamma = h \varrho g$, so erhält man unter Be-

---

[1] Hagen, G.: Über die Bewegung des Wassers in engen zylindrischen Röhren. Pogg. Ann. Bd. 46, S. 423. 1839.

[2] Durchmesser: 0,255 cm; 0,401 cm; 0,591 cm, Längen bzw.: 47,4 cm; 109 cm; 105 cm.

rücksichtigung, daß als Längeneinheit 1 Pariser Zoll = 2,707 cm und
als spez. Gewicht des Wassers 1,355 preuß. Lot/Pariser Zoll[3] angenommen ist, in [c, g, s]-Einheiten:

$$\varDelta p = \varDelta p_1 + \varDelta p_2 = 0,103\,\frac{l\,\bar u}{r^2} + 1,35\,\varrho\,\bar u^2$$

oder, wenn man in den Koeffizienten 0,103 des Reibungsgliedes das
Zähigkeitsmaß μ einführt, das für die angenommene Temperatur von
10⁰ C den Wert 0,013 g cm⁻¹s⁻¹ besitzt[1]:

$$\varDelta p = \varDelta p_1 + \varDelta p_2 = 8\,\mu\,\frac{l\,\bar u}{r^2} + 2,7\,\frac{\varrho\,\bar u^2}{2}. \tag{1}$$

Für die Abhängigkeit des Zähigkeitsfaktors mit der Temperatur
(von 0⁰ bis etwa 20⁰ C) gibt Hagen — wenn man seine Werte in [c, g, s]-
Einheiten und Celsiusgrade umrechnet — die Beziehung:

$$\mu = 0,01800 - 0,000655\,t + 0,0000144\,t^2.$$

Vergleicht man in Abb. 6 einige nach dieser Formel berechnete Werte
mit den besten und neuesten Messungen von Thorpe und Rodger,

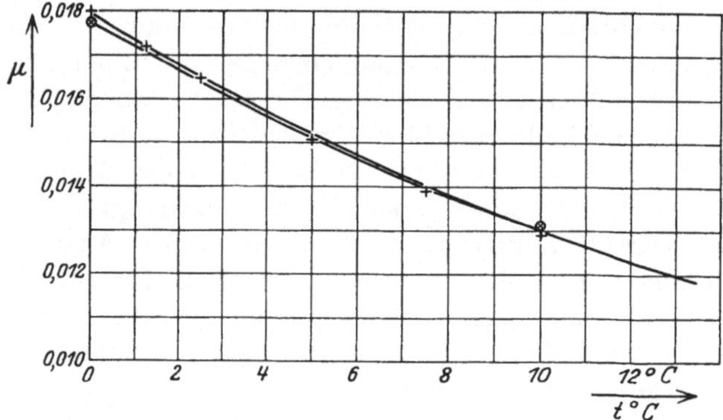

Abb. 6. Abhängigkeit der Zähigkeit von Wasser von der Temperatur. Die obere Kurve
nach Messungen von Bingham u. White, die untere nach Messungen von Thorpe u. Rodger.
+ . . . Hagen (1839),   ⊗ . . . Poiseuille (1841).

sowie von Bingham u. White[2], so erkennt man, wie außerordentlich sorgfältig und zuverlässig die Hagenschen Messungen sind.

10. Die Poiseuilleschen Messungen. Ungefähr um dieselbe Zeit, als
Hagen seine grundlegenden Versuche in Poggendorfs Annalen ver-
öffentlichte, findet der Pariser Arzt und Physiker Poiseuille[3] ebenfalls auf experimentellem Wege das gleiche Strömungsgesetz der lami-

---

[1] Nach Thorpe u. Rodger: Phil. Trans. Roy. Soc. II Bd. 185, London 1894. —
Plate 8 oder M. Brillouin: Leçons sur la viscosité S. 130. Paris, 1907.

[2] Bingham u. White: Z. physik. Chem. Bd. 80, S. 670. 1912.

[3] Poiseuille: Recherches expérimentelles sur le mouvement des liquides dans
les tubes de très petits diamètres. Comptes Rendus Bd. 11, S. 961 u. 1041. 1840;
Bd. 12, S. 112. 1841; ausführlicher: Mémoires des Savants Etrangers Bd. 9. 1846.

naren Bewegung von Wasser durch feine Glaskapillaren. Ausgehend von
Betrachtungen über die Bewegung des Blutes in Aderkapillaren untersucht Poiseuille nacheinander den Einfluß des Druckes, der Länge
der Kapillare, ihres Durchmessers und der Temperatur der Flüssigkeit
auf die sekundliche Durchflußmenge. In drei vorläufigen Berichten
von 1840/41 (also 2 Jahre nach Hagen) sowie ausführlicher 1846 stellt
Poiseuille aus seinen außerordentlich sorgfältigen Experimenten das
Gesetz auf, daß die sekundliche Durchflußmenge dem Druck und der
vierten Potenz des Radius proportional, der Länge der Kapillare aber
umgekehrt proportional ist. Damit hat Poiseuille gezeigt, daß die
von Hagen gefundene Gesetzmäßigkeit für die laminare Bewegung in
Rohren auch für Kapillaren Gültigkeit besitzt. Die Kenntnis jedoch,
daß ein Teil des Druckes dazu verwendet werden muß, der Flüssigkeit
die kinetische Energie zu erteilen, die sie beim Austritt aus dem Rohr
noch besitzt, hat Poiseuille — im Gegensatz zu Hagen, der diesen
Gedanken klar ausgesprochen hat — noch nicht gehabt. Poiseuille
stellt lediglich fest, daß sein Gesetz aufhört gültig zu sein, sobald die
Länge der Kapillare einen gewissen vom Durchmesser abhängigen
Wert unterschreitet. So teilt Poiseuille z. B. mit, daß bei einer
Kapillare von 0,029 mm Durchmesser (etwa dem dreifachen Durchmesser einer Aderkapillare) das von ihm aufgestellte Gesetz bei einer
Länge von 2 mm gerade noch gilt. Bei derartig kurzen Rohrlängen
(gemessen in Durchmessern) wird aber derjenige Druckanteil, der die
Widerstandskräfte der inneren Reibung zu überwinden hat, so gering,
daß es nicht mehr angängig ist, den zweiten Druckanteil zur Erzeugung
der kinetischen Energie dagegen zu vernachlässigen.

11. Das Hagen-Poiseuillesche Gesetz. In Anbetracht, daß Hagen
bereits 2 Jahre vor Poiseuille als erster das Gesetz der laminaren
Strömung durch Rohre von kreisförmigem Querschnitt gefunden und
veröffentlicht hat und über Poiseuille hinaus die Bedeutung eines
Korrektionsgliedes für die kinetische Energie richtig erkannt und aus
seinen Messungen berechnet hat, nennen wir die von beiden Forschern
unabhängig voneinander gefundene Beziehung nach dem Vorgange von
M. Rühlmann das Hagen-Poiseuillesche Gesetz.

Für die laminare Strömung im Rohr hatten die Experimente ergeben
(wenn wir vom Korrektionsglied der kinetischen Energie absehen):

$$\Delta p = 8\,\mu\,\frac{l}{r^2}\,\bar{u}\,.$$

Bereits früher hatte man den Druckabfall von turbulenten Strömungen
in Rohren untersucht und dabei gefunden, daß der Druckabfall nahezu
proportional $\frac{l}{r}\cdot\varrho\,\frac{\bar{u}^2}{2}$ ist. Obwohl bei der laminaren Strömung nur eine
Proportionalität mit der ersten Potenz der Geschwindigkeit besteht,

hat man den Proportionalitätsansatz mit $\dfrac{l}{r} \cdot \varrho \dfrac{\bar{u}^2}{2}$ auch auf die laminare Strömung ausgedehnt, wobei dann natürlich der Proportionalitätsfaktor, der mit λ bezeichnet werde, nicht konstant ist. Vielmehr ergibt sich aus dem Ansatz

$$\Delta p = \lambda \cdot \frac{l}{r} \cdot \varrho \frac{\bar{u}^2}{2} \qquad (2)$$

unter Benutzung der obigen Formel für Δp

$$\lambda =, \frac{16 \cdot \mu}{r\,\bar{u} \cdot \varrho} = \frac{16}{\dfrac{r\bar{u}}{\nu}} = \frac{16}{R}, \qquad (2\,\mathrm{a})$$

wobei R wieder die Reynoldssche Zahl, hier $= \dfrac{\bar{u} \cdot r}{\nu}$ ist.

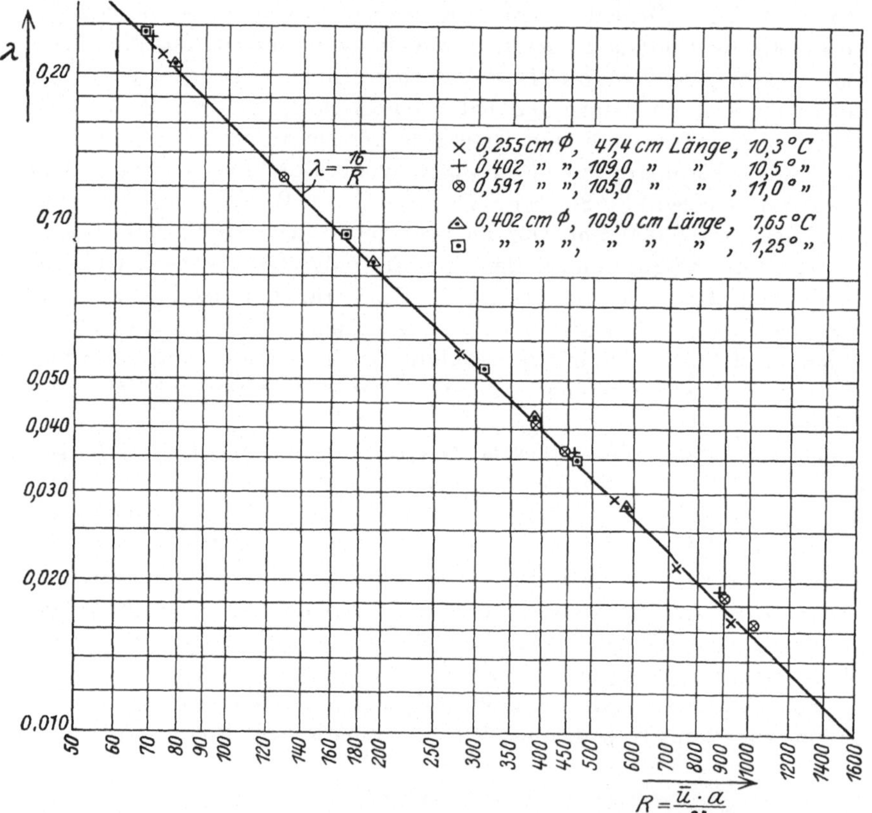

Abb. 7. Abhängigkeit des Widerstandskoeffizienten von der Reynoldsschen Zahl (Hagensche Meßergebnisse).

Trägt man λ als Funktion von R auf, wobei man zweckmäßig ein logarithmisch eingeteiltes Koordinatennetz benutzt, um zu vermeiden, daß die kleineren Reynoldsschen Zahlen gegenüber den großen allzusehr zusammenrücken, so ergibt sich eine unter 45^0 zu den Koordinaten-achsen geneigte Gerade, die bei $R = 100$ durch $\lambda = 0{,}16$ geht. In Abb. 7 sind die aus den Hagenschen Messungen — unter Berücksichtigung der von ihm angegebenen Korrektur für die kinetische Energie — berechneten Werte von λ als Funktion von R aufgetragen. Man erkennt, wie die einzelnen Werte, obwohl die Messungen mit Rohren von verschiedenen Durchmessern und Rohrlängen und bei beträchtlich verschiedenen Temperaturen vorgenommen wurden, sehr gut auf der Geraden $\lambda = \dfrac{16}{R}$ liegen.

12. Ableitung des Hagen-Poiseuilleschen Gesetzes aus dem Newtonschen Reibungsansatz. Betrachten wir jetzt — um das Hagen-Poiseuillesche Gesetz aus dem Newtonschen Reibungsansatz (S. 6) abzuleiten — in Abb. 8 einen kreiszylindrischen Flüssigkeitskörper im Innern eines durchströmten Rohres von ebenfalls kreisförmigem

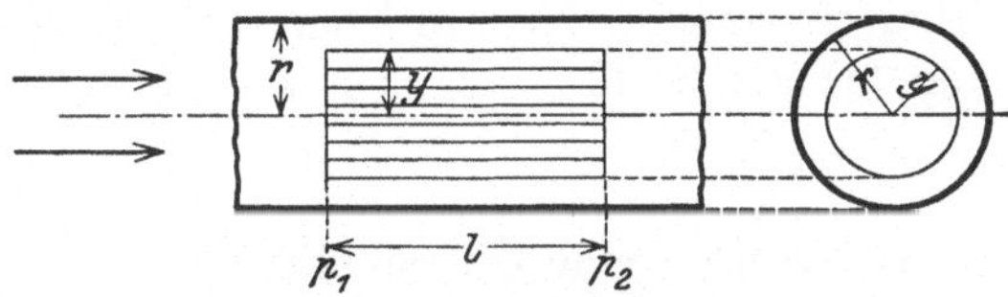

Abb. 8. Konzentrischer Flüssigkeitszylinder im Innern eines zylindrischen Rohres.

Querschnitt, so können wir sagen, daß die Druckdifferenz $p_1 - p_2$, die auf die Stirnfläche des betrachteten Zylinders mit einer Kraft $(p_1 - p_2)\,\pi y^2$ wirkt, in der Mantelfläche $2\,\pi y l$ eine gewisse Schubspannung τ hervorruft. Und zwar muß — wenn wir annehmen, daß der Strömungszustand in verschiedenen Querschnitten des Rohres derselbe ist, eine Beschleunigung in der x-Richtung also nicht stattfindet,

$$(p_1 - p_2)\,\pi y^2 = 2\,\pi y l \cdot \tau$$

sein. Daraus erhalten wir

$$\tau = \frac{p_1 - p_2}{l} \cdot \frac{y}{2}$$

und mit dem Newtonschen Reibungsansatz $\tau = \mu \dfrac{du}{dy}$ unter Berücksichtigung, daß $\dfrac{du}{dy}$ negativ ist,

$$\frac{du}{dy} = -\frac{p_1 - p_2}{\mu l} \cdot \frac{y}{2}$$

oder

$$\int\limits_{r}^{y} du = \frac{p_1 - p_2}{2\,\mu l} \int\limits_{y}^{r} y\,dy\,,$$

also, wenn man noch berücksichtigt, daß die Flüssigkeit an der Rohrwandung haftet, d. h. $u(r) = 0$ ist,

$$u(y) = \frac{p_1 - p_2}{4\,\mu l}\,(r^2 - y^2)\,.$$

Wir erkennen also, daß bei der ausgebildeten Laminarströmung in kreiszylindrischen Rohren eine Geschwindigkeitsverteilung nach Art eines Rotationsparaboloids besteht. Die maximale Geschwindigkeit für $y = 0$ soll mit u_0 bezeichnet werden. Da das Volumen Q eines derartigen Rotationsparaboloids gleich $\dfrac{\pi\, r^2\, u_0}{2}$ ist, haben wir also

$$Q = \frac{p_1 - p_2}{8\,\mu\,l}\,\pi\,r^4$$

oder

$$p_1 - p_2 = \Delta\, p = 8\,\mu\,\frac{l}{r^2}\cdot\frac{Q}{\pi\,r^2}\,.$$

Führen wir noch die mittlere Geschwindigkeit $\bar{u} = \dfrac{Q}{\pi\,r^2}$ ein, so erhalten wir schließlich in Übereinstimmung mit dem Reibungsglied $\Delta\,p_1$ von (1) auf S. 18.

$$\Delta\, p = 8\,\mu\,\frac{l\,\bar{u}}{r^2}\,. \tag{3}$$

Die weitgehende Übereinstimmung der Versuche (unter Verwendung von Rohren von verschiedenen Durchmessern) mit dem theoretisch abgeleiteten Ausdruck (Gl. 3) kann betrachtet werden als eine experimentelle Bestätigung des Reibungsansatzes, daß die Schubspannung der Deformationsgeschwindigkeit proportional ist, und daß anderseits die Flüssigkeit an den Wandungen haftet und nicht mit einer endlichen Geschwindigkeit an ihr entlang gleitet. Wegen der großen Genauigkeit, mit der sich diese Versuche ausführen lassen, eignen sie sich auch am besten zur genauen Bestimmung des Zähigkeitsmaßes μ[1]. In hoch verdünnten Gasen allerdings, wo die freie Weglänge nicht mehr klein ist gegen den Rohrradius, zeigen sich Abweichungen, die in Übereinstimmung mit der Theorie als Gleitung aufgefaßt werden können.

13. Grenzen hinsichtlich der Gültigkeit des Hagen-Poiseuilleschen Gesetzes. Über die Gültigkeit des Hagen-Poiseuilleschen Gesetzes bei sehr zähen Flüssigkeiten sowie bei Flüssigkeiten unter sehr hohen Drucken sind in neuerer Zeit mehrere Untersuchungen ausgeführt. So haben u. a. Reiger[2], Ladenburg[3] und Glaser[4] festgestellt, daß selbst bei Flüssigkeiten (Kolophonium in Terpentinöl) von etwa $\mu = 10^6$ das Hagen-Poiseuillesche Gesetz noch weitgehend erfüllt ist.

---

[1] Erk, S.: Zähigkeitsmessungen an Flüssigkeiten und Untersuchungen von Viskosimetern. Forsch.-Arb. Ing. 1927, H. 288.

[2] Reiger, R.: Über die Gültigkeit des Poiseuilleschen Gesetzes bei zähflüssigen und festen Körpern. Diss. Braunschweig 1901, oder Ann. Physik Bd. 19, S. 985. 1906.

[3] Ladenburg, R.: Über die innere Reibung zäher Flüssigkeiten und ihre Abhängigkeit vom Druck. Ann. Physik Bd. 22, S. 287. 1907.

[4] Glaser, H.: Über die innere Reibung zäher und plastisch-fester Körper und die Gültigkeit des Poiseuilleschen Gesetzes. Ann. Physik. Bd. 22, S. 694. 1907.

Allerdings gilt nach Versuchen von Glaser das Hagen-Poiseuillesche Gesetz nicht mehr, wenn der Rohrradius eine von dem Zähigkeitsmaß abhängige Grenze unterschreitet. Als untere Grenzwerte der Radien fand er für

$$\mu = 10^5\,g\,\mathrm{cm}^{-1}\,\mathrm{s}^{-1} \cdots r = 0,1\,\mathrm{cm}; \quad \mu = 10^7 \cdots r = 0,5;$$
$$\mu = 10^9 \cdots r = 1,0\,\mathrm{cm}.$$

Es zeigt sich nämlich nach den Glaserschen Messungen für kleinere Radien ein sehr starkes Ansteigen von μ. In neuester Zeit sind auch kolloidale Flüssigkeiten daraufhin untersucht, ob sie das Hagen-Poiseuillesche Gesetz befolgen[1].

14. Die Vorgänge im laminaren Anlauf. Die in Nr. 12 abgeleitete (Gl. 3) bezog sich auf die sogenannte ausgebildete Laminarströmung, d. h. auf diejenige laminare Strömung, wie sie in großer Entfernung vom Einlauf vorhanden ist.

Am Einlauf selbst, den wir zunächst der Einfachheit halber abgerundet annehmen wollen, gemäß Abb. 9, um dadurch die sonst auftretende Einschnürung des Strahles zu verhindern, kann von vornherein keine parabolische Geschwindigkeitsverteilung vorhanden sein. Vielmehr tritt die Flüssigkeit mit einer über dem Querschnitt nahezu konstanten Geschwindigkeitsverteilung in das Rohr ein, und nur unmittelbar an der Wand findet wegen des Haftens der Flüssigkeit an der Rohrwandung in einer außerordentlich dünnen Schicht ein fast plötzlicher Geschwindigkeitsabfall bis auf Null statt. Unter dem Einfluß der inneren Reibung werden nun mit wachsender Entfernung vom Einlauf immer weitere der Rohrachse näherliegende Flüssigkeitsschichten abgebremst, d. h. die am Einlauf sehr dünne Grenzschicht wächst mit zunehmender Entfernung vom Einlauf mehr und mehr an.

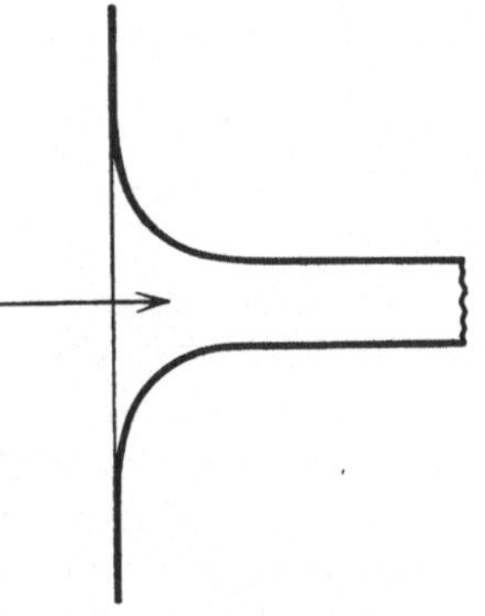

Abb. 9. Abgerundeter Rohreinlauf zur Vermeidung von Anfangsstörungen.

Anderseits wird, damit trotz der Verlangsamung der Randschichten die Durchflußmenge dieselbe bleibt, durch einen Druckabfall der noch nicht oder nur wenig abgebremste Teil, der sogenannte Kern, der Strömung in der Richtung der Rohrachse beschleunigt $\Big($für diesenTeil gilt weitgehend die Bernoullische Gleichung $\dfrac{d\,p}{d\,x} = -\dfrac{\varrho}{2}\,u\,\dfrac{d\,u}{d\,x}\Big)$, bis sich schließlich asymptotisch der in der vorigen Nummer behandelte Gleichgewichtszustand zwischen Druckabfall und Reibungswiderstand eingestellt hat.

---

[1] Reiner, M.: Zur Hydrodynamik der Kolloide. Z. f. ang. Math. Mech. Bd. 10, S. 400. 1930.

Wie wir gesehen haben, gibt die Theorie für diesen Zustand eine parabolische Geschwindigkeitsverteilung, und da ein Rotationsparaboloid die doppelte Höhe eines ihm inhaltgleichen Zylinders von gleicher Grundfläche hat (entsprechend der Geschwindigkeitsverteilung am Einlauf), so hat sich die Geschwindigkeit in der Mitte u_0 unter dem Einfluß des Druckabfalles bis auf den doppelten Wert der durchschnittlichen Geschwindigkeit $\bar{u}$ beschleunigt. Beziehen wir die Geschwindigkeit u auf die durchschnittliche Geschwindigkeit $\bar{u}$, so können wir also sagen, daß die Strömung am Rohranfang, d. h. für $x = 0$ mit der Verteilung $\dfrac{u}{\bar{u}} = 1$ beginnt und sich mit wachsendem x der parabolischen Verteilung $\dfrac{u}{\bar{u}} = 2\left[1 - \left(\dfrac{y}{r}\right)^2\right]$ asymptotisch nähert. Wenn diese Verteilung, streng genommen, auch nie erreicht wird, so hat es doch einen guten Sinn, sich zu fragen: In welcher Entfernung vom Einlauf, d. h. bei welchem Wert von x ist die wirkliche Geschwindigkeitsverteilung nur noch wenig vom parabolischen Profil verschieden, so daß die Geschwindigkeit in der Mitte sich von derjenigen der Parabel um, sagen wir, 1% unterscheidet. Diese Rohrstrecke nennen wir die laminare Anlaufstrecke.

15. Die Länge der laminaren Anlaufstrecke. Boussinesq[1] hat als erster (1891) in zwei Arbeiten es unternommen, die Gesetze der laminaren Anlaufströmung theoretisch zu untersuchen. Wenn die von ihm gefundene Entwicklung der Geschwindigkeitsprofile in der laminaren Anlaufstrecke für die dem Einlauf näher gelegenen Gebiete auch vollkommen unbefriedigend ist, so stimmen seine errechneten Geschwindigkeitsverteilungen für die vom Einlauf weiter entfernten parabelähnlichen Profile recht gut mit den später experimentell bestimmten überein. Auch für die Länge der Anlaufstrecke erhält er einen Wert, der mit der Erfahrung in guter Übereinstimmung ist, und zwar ergibt seine Rechnung die Ungleichung:

$$\frac{x_1}{r\,R} > 0{,}26 , \tag{4}$$

worin x_1 die Anlaufstrecke und $R = \dfrac{\bar{u} \cdot r}{\nu}$ die Reynoldssche Zahl ist.

Bei einem Rohr von beispielsweise 1 cm Durchmesser, einer Reynoldsschen Zahl von etwa $R = 4000^{*}$ und Wasser von $20^{0}\,\mathrm{C}$ ist nach der obigen Beziehung eine Rohrstrecke von mindestens $x = 5$ m erforderlich, damit sich das Geschwindigkeitsprofil dem Parabelprofil in dem Maße angenähert hat, daß seine Geschwindigkeit in der Mitte

---

[1] Boussinesq, J.: Comptes Rendus Bd. 113, S 9. u. 49. 1891.

* Wie wir in Nr. 24 noch sehen werden, lassen sich bei Rohren mit gut abgerundetem Einlauf ohne Schwierigkeit so hohe Reynoldssche Zahlen erreichen, ohne daß Turbulenz eintritt.

sich von derjenigen eines volumengleichen Paraboloids um weniger
als 1% unterscheidet. Nur unter Vorschaltung einer aus (4) sich ergebenden Anlaufstrecke gilt also das Hagen-Poiseuillesche Gesetz in der
Form (3).

16. Die Druckverhältnisse im laminaren Anlauf. Bezieht sich der
Druck p_1 oder beide Drucke p_1 und p_2 auf Rohrquerschnitte, die in der
Anlaufstrecke liegen, so müssen wir eine größere Druckdifferenz pro
Längeneinheit aufwenden, als der (Gl. 3) entspricht, da ein Teil des
Druckes zur Beschleunigung der Kernströmung und damit zur Ver-
größerung der kinetischen Energie der Strömung im Rohr verbraucht
wird. Das Nichtbeachten dieser Tatsache bzw. die Unkenntnis in dieser
Hinsicht sind in vielen Fällen die Ursache gewesen, daß Meßergebnisse
falsch verstanden und mit anderen in Widerspruch gefunden wurden.

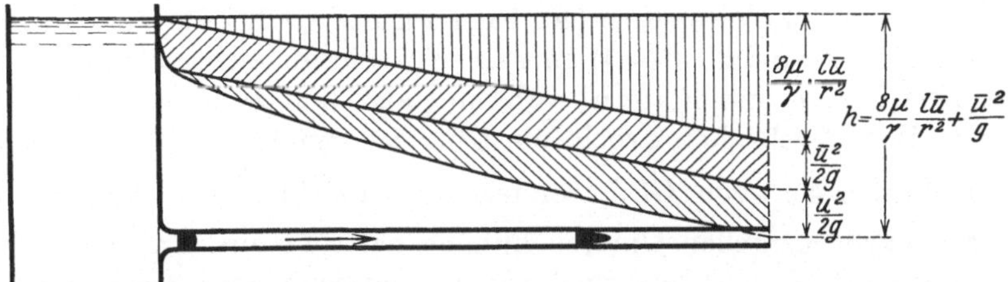

Abb. 10. Druckverhältnisse entlang einem Rohre beim Ausfließen aus einem Vorratstrog
bei konstanter Höhe des Wasserspiegels im Trog.

Um diese Vorgänge noch besser zu übersehen, betrachten wir in Abb. 10
die Strömung aus einem großen Vorratskessel durch ein Rohr mit abgerundetem Einlaufstück. Bezeichnen wir den Druck im Kessel (der
so groß sein möge, daß wir die Geschwindigkeiten in ihm vernachlässigen können) in der Höhe der Rohrachse mit $p_0 = h\gamma$, so wird
wegen der Beschleunigung der Flüssigkeit bis zur gleichförmigen Geschwindigkeitsverteilung $\bar{u}$ im Einlauf der Druck an dieser Stelle ($x = 0$)
bis auf $p_1 = p_0 - \dfrac{\varrho\,\bar{u}^2}{2}$ sinken. Das Äquivalent dieses Verlustes an Druckenergie steckt in der gewonnenen kinetischen Energie der Strömung im
Einlauf. Wie wir wissen, geht jetzt innerhalb der Anlaufstrecke unter
der Wirkung der inneren Reibung der Flüssigkeit das über dem Querschnitt konstante Profil allmählich in die parabolische Geschwindigkeitsverteilung über. Das bedeutet jedoch eine weitere Zunahme des
Transports an kinetischer Energie, und zwar nochmals um den
Betrag $\dfrac{\varrho\,\bar{u}^2}{2}$. (Der Transport von kinetischer Energie durch den Quer-
schnitt πr^2, $\displaystyle\int_0^r \frac{\varrho\,u^3}{2}\cdot 2\,\pi\,y\,dy$, ergibt sich für das Geschwindigkeitspara-
boloid gerade doppelt so groß wie der des Geschwindigkeitszylinders

am Einlauf.) Der gesamte Druckverlust, der zur Erzeugung der lebendigen Kraft der Parabelströmung verbraucht wird, beträgt also $p_0 - p_2 = 2 \frac{\varrho \bar{u}^2}{2}$.

Dazu kommt noch die Überwindung der Reibung im Rohr. Setzen wir hierfür das Hagen-Poiseuillesche Gesetz (Gl. 3) an, so erhalten wir schließlich unter der Voraussetzung, daß p_2 den Druck in einem Querschnitt mit ausgebildeter Parabelströmung bedeutet, als vollständiges Gesetz:

$$\varDelta p = p_0 - p_2 = 8 \mu \frac{l \bar{u}}{r^2} + 2 \frac{\varrho \bar{u}^2}{2}. \tag{5}$$

17. Das Korrektionsglied der lebendigen Kraft. Das Glied $2 \frac{\varrho \bar{u}^2}{2}$ wird häufig als die Hagenbachsche Korrektion bezeichnet, jedoch nicht ganz zu Recht. Denn erstens hat Fr. Neumann[1] bereits vor Hagenbach die vollständige (Gl. 5) in seinen Vorlesungen gegeben, wie sie Jacobson[2] kurz vor Hagenbach[3] mitteilt, und zweitens findet sich in der Hagenbachschen Arbeit ein Überlegungsfehler, infolgedessen er gar nicht den Wert von (Gl. 5), sondern den zu kleinen Wert $2^{\frac{2}{3}} \frac{\varrho \bar{u}^2}{2}$ erhält.

Aus experimentellen Untersuchungen hatte bereits Hagen die Bedeutung eines „Korrektionsgliedes der lebendigen Kraft" erkannt und aus seinen Messungen zu $2{,}7 \frac{\varrho \bar{u}^2}{2}$ bestimmt. Daß dieser Wert bedeutend größer ist, hängt damit zusammen, daß Hagen bei seinen Rohren keinen abgerundeten, sondern einen scharfkantigen Einlauf benutzte. Daher fand bei den von ihm benutzten Rohren am Einlauf eine Einschnürung des Strahles mit darauffolgender Erweiterung statt, was einen zusätzlichen Druckverlust bedingt.

Auf einen Umstand hinsichtlich der (Gl. 5) ist noch hinzuweisen: Wir haben dort angenommen, daß im Anlaufgebiet trotz der hier vorhandenen beträchtlichen Abweichungen der Geschwindigkeitsverteilungen von der Parabel dennoch das Hagen-Poiseuillesche Gesetz gilt das doch nur für die ausgebildete Parabel theoretisch abgeleitet ist. Einen Grund für die Berechtigung zu dieser Annahme können wir nicht geben. Es ist vielmehr wahrscheinlich, daß im Anlaufgebiet die zur Überwindung der Reibung erforderliche Druckdifferenz pro Längeneinheit größer ist als die entsprechende Druckdifferenz der Parabel-

[1] Neumann, Fr.: Einleitung in die theoretische Physik. Vorlesungen, gehalten 1859/60, hrsg. von C. Pape. Leipzig 1883.

[2] Jacobson, H.: Beiträge zur Hämodynamik. Arch. f. Anat. u. Physiol. 1860, S. 80.

[3] Hagenbach, Ed.: Über die Bestimmung der Zähigkeit einer Flüssigkeit durch den Ausfluß aus Röhren. Pogg. Ann. Bd. 109, S. 385. 1860.

strömung. Die Genauigkeit der bis jetzt vorhandenen Messungen, soweit sie mit abgerundetem Einlauf vorgenommen sind, reicht jedoch nicht aus, um diese Frage zu entscheiden.

18. Die Geschwindigkeitsverteilung im laminaren Anlauf. Um die Vorgänge im Anlaufgebiet theoretisch zu untersuchen, machte L. Prandtl den Vorschlag, unter einer gewissen Annahme hinsichtlich der Gestalt der Profile im Anlauf eine Gleichgewichtsbetrachtung zwischen Impulsänderung, Druckabfall und Reibungskraft für ein senkrecht zur Strömung begrenztes Zylinderelement als Ausgangsgleichung zu nehmen. Die Geschwindigkeitsprofile in der Anlaufstrecke näherte er durch die Annahme an, daß die Geschwindigkeit in einem mittleren Teil konstant war und sich daran tangential Parabeln so anschlossen, daß an der Wand die Geschwindigkeit Null war (vgl. Abb. 11). Die Parabelstücke hatten

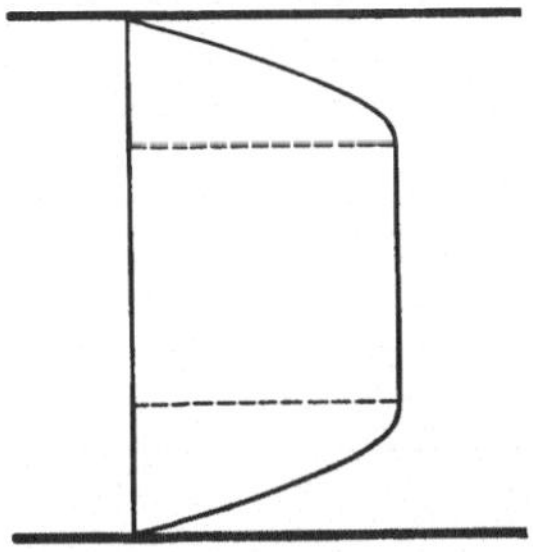

Abb. 11. Annäherung eines laminaren Geschwindigkeitsprofils in der Anlaufstrecke durch ein mittleres Geradenstück und zwei Parabeläste.

beim Einlauf die Breite Null und wuchsen in der Strömungsrichtung beständig an, bis sie an einem bestimmten Punkt sich zu der einfachen Parabel vereinigten. Die Geschwindigkeit der „Kernströmung" mußte dabei in solcher Weise anwachsen, daß die Kontinuität befriedigt war, d. h. überall dieselbe Durchflußmenge vorhanden war. Für die Kernströmung wurde die Bernoullische Gleichung erfüllt und für den ganzen Inhalt eines Querschnittes der Impulssatz. Die von L. Schiller[1] durchgeführte Rechnung ergab eine sehr gute Übereinstimmung der Entwicklung der Geschwindigkeitsprofile mit

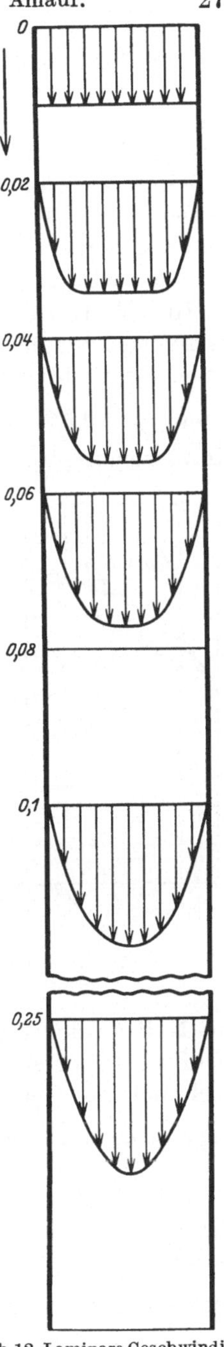

Abb. 12. Laminare Geschwindigkeitsverteilung in der Anlaufstrecke, nach Messungen von J. Nikuradse.

---

[1] Schiller, L.: Untersuchungen über laminare und turbulente Strömung. Forsch.-Arb. Ing. 1922, H. 248 oder Z. ang. Math. Mech. Bd. 2, S. 96. 1922 oder Phys. Z. Bd. 23. S. 14. 1922.

den späteren experimentellen Messungen, wenigstens für das wichtigere erste Drittel der Anlaufstrecke. Bei weiterer Entfernung vom Einlauf wächst nach der Schillerschen Rechnung die Geschwindigkeit der Kernströmung zu schnell. Auch haben die Profilmessungen ergeben, daß in Wirklichkeit die Kernströmung nur in den einlaufnahen Gebieten (wo die Grenzschicht noch nicht zu dick geworden ist) konstante Geschwindigkeit besitzt, während sie weiter vom Einlauf entfernt ein zunächst schwach, dann immer stärker gewölbtes Profil zeigt.

In Abb. 12 zeigen wir die Entwicklung der laminaren Geschwindigkeitsverteilung im Anlaufgebiet bei abgerundetem Einlauf nach noch unveröffentlichten Messungen von J. Nikuradse. Man erkennt, wie bis etwa $\frac{x}{rR} = 0{,}04$ die Annahme einer von der Reibung unbeeinflußten Kernströmung und eines parabelartigen Abfalls der Geschwindigkeit bis

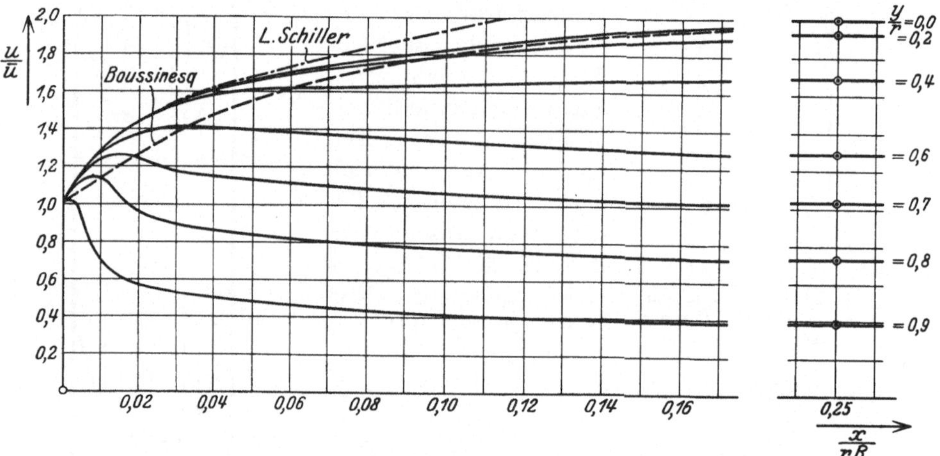

Abb. 13. Schnitte in Richtung der Rohrachse durch laminare Geschwindigkeitsprofile in der Anlaufstrecke eines Rohres, nach Messungen von J. Nikuradse.

auf Null an der Wand gerechtfertigt ist, daß aber von hier ab nicht mehr von einer eigentlichen Kernströmung, innerhalb der die Reibung noch nicht zur Geltung gekommen ist, gesprochen werden kann. Abb. 13 zeigt in mehreren Kurven die Geschwindigkeit $\frac{u}{\bar{u}}$ als Funktion von $\frac{x}{rR}$ für verschiedene Abstände $\frac{y}{r}$ von der Achse. Für $\frac{y}{r} = 0$, d. h. für die Geschwindigkeit in der Rohrachse sind die Werte nach der Boussinesqschen und Schillerschen Rechnung als gestrichelte Kurven eingetragen. Man sieht, daß bis etwa $\frac{x}{rR} = 0{,}05$ die Schillersche Kurve sehr gut mit den Messungen übereinstimmt, während vor allem die Länge des Anlaufs, die Schiller zu $\frac{x}{rR} = 0{,}115$ berechnet, wesentlich

zu klein ist. Die Boussinesqschen Werte stimmen anderseits nicht
für die dem Einläuf näher gelegenen Gebiete, wohl aber von etwa
$\frac{x}{rR} = 0{,}1$ ab, wo die Profile schon mehr parabelähnliche Gestalt haben.

Auch die Länge der Anlaufstrecke dürfte von Boussinesq mit $\frac{x}{rR} = 0{,}26$
— soweit die Genauigkeit der bisherigen Messungen eine Entscheidung
darüber zuläßt — richtig angegeben sein.

19. Der Druckverlust im laminaren Anlauf. Was den gesamten
Druckverlust im Anlaufgebiet anbelangt, so gibt die Schillersche
Rechnung wie auch die Boussinesqsche Theorie für die Korrektion
der lebendigen Kraft einen größeren Wert, als es der kinetischen Energie
des Parabelprofils entspricht. Während Schiller den Wert $2{,}16\,\frac{\varrho\,\bar{u}^2}{2}$
berechnet, gibt Boussinesq als Korrektion $2{,}24\,\frac{\varrho\,\bar{u}^2}{2}$ an. Da beide Rechnungen Näherungsrechnungen
sind, muß es späteren Experimenten, die allerdings sehr
sorgfältig ausgeführt sein müssen, vorbehalten bleiben, den
richtigen Wert zu bestimmen.

Eine sehr gute Überein-
stimmung hat sich ergeben
zwischen dem von Schiller
berechneten Druckverlust pro
Längeneinheit im Anlaufgebiet und den von ihm experimentell bestimmten Werten.
Es wurde u. a. ein Rohr von
2,399 cm lichter Weite benutzt,

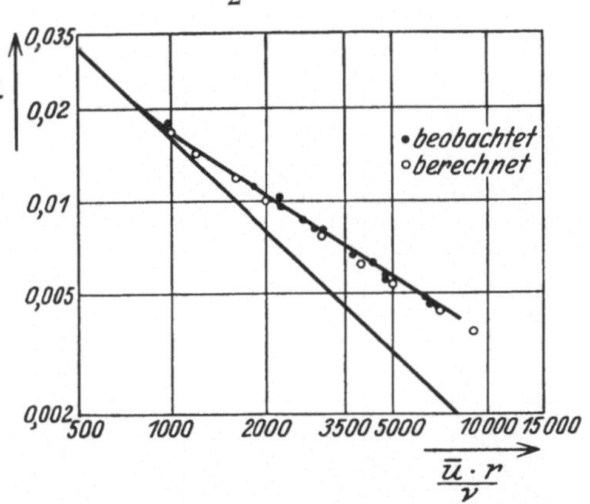

Abb. 14. Widerstandszahl im laminaren Anlauf.

wobei sich die Meßstelle p_1 in einer Entfernung von 104,15 cm, die
Meßstelle p_2 von 196,77 cm vom abgerundeten Einlauf befand. Abb. 14
zeigt neben der Hagen-Poiseuilleschen Geraden die durch die Meßpunkte gelegte Kurve, aus der man erkennt, daß im Anlaufgebiet die
Abweichungen vom Hagen-Poiseuilleschen Gesetz ganz beträchtlich
sind. Die als kleine Kreise eingezeichneten, von Schiller berechneten
Werte fügen sich in Anbetracht, daß es sich um eine Näherungs-
rechnung handelt, außerordentlich gut der experimentellen Kurve ein.
Die Schillersche Rechnung ergibt, wenn man wie bisher mit p_0 den Druck
im Kessel und mit p den Druck in der Entfernung x vom abgerundeten
Einlauf bezeichnet, die in Abb. 15 gegebene Abhängigkeit von

$$\frac{p_0 - p}{\frac{\varrho\,\bar{u}^2}{2}} \quad \text{als Funktion von} \quad \frac{x}{rR}.$$

Unter Berücksichtigung der Definitionsgleichung

$$\lambda = \frac{p_1 - p_2}{\dfrac{\varrho\,\bar{u}^2}{2}} \cdot \frac{r}{x_2 - x_1}$$

läßt sich dann λ aus Abb. 15 vermittels der Beziehung

$$\lambda = \left[\left(\frac{p_0 - p_2}{\dfrac{\varrho\,\bar{u}^2}{2}} \right)_{x_2} - \left(\frac{p_0 - p_1}{\dfrac{\varrho\,\bar{u}^2}{2}} \right)_{x_1} \right] \frac{r}{x_2 - x_1}$$

bestimmen.

20. Bedeutung des Druckverlustes im laminaren Anlauf für Zähigkeitsmessungen nach der Durchflußmethode. Die Kenntnis der Strömung im Anlauf ist besonders wichtig für Zähigkeitsbestimmungen nach der Durchflußmethode; obwohl hier in den meisten Fällen mit relativ kleinen Rohrlängen bzw. $\dfrac{x}{r\,R}$ gearbeitet wird, setzt man allgemein die Gültigkeit des Hagen-Poiseuilleschen Gesetzes auch für dieses Gebiet voraus. In den Fällen, wo die Rohre so lang sind, daß wenigstens in der Ausflußöffnung die parabolische Geschwindigkeitsverteilung nahezu erreicht ist, genügt es im allgemeinen, die Korrektion für die lebendige Kraft in einer der angegebenen Formen in Rechnung zu setzen sind die benutzten Rohrlängen jedoch so kurz (z. B. beim Englerschen Zähigkeitsmesser), daß $\dfrac{x}{r\,R}$ wesentlich kleiner als etwa 0,1 ist, so kann man, wie Schiller gezeigt hat, aus Abb. 15 für den gemessenen Druckverlust $p_0 - p_1$ das dazu gehörige $\dfrac{x}{r\,R} = \dfrac{x\,\mu}{r^2\,\bar{u}\,\varrho}$ und damit das μ bestimmen. Es ist dazu nur nötig, daß man außer $p_0 - p_1$ entsprechend einem mittleren Höhenunterschied die sekundliche Durchflußmenge, die Rohrlänge, den Radius sowie die Dichte der Flüssigkeit kennt bzw. mißt.

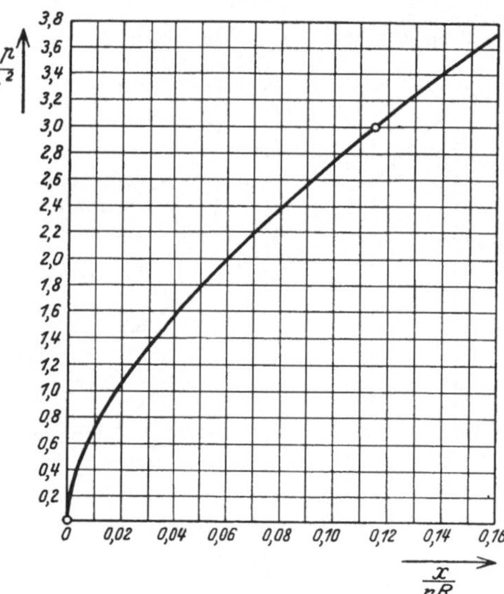

Abb. 15. Druckverlauf im Anlaufgebiet
(nach L. Schiller).

B. Übergang der laminaren Strömung in die turbulente.

21. Die ersten Hagenschen Feststellungen. Bereits in seiner ersten Arbeit über die Bewegung des Wassers in zylindrischen Rohren (1839) macht Hagen darauf aufmerksam, daß die von ihm untersuchte Strömungsform aufhört zu existieren, sobald bei stärkeren Drucken die Geschwindigkeit eine gewisse Grenze überschreitet. Er beobachtete, daß der frei ausfließende Strahl unterhalb dieser Grenze das Aussehen eines festen Glasstabes hatte, daß der Strahl jedoch zu schwanken

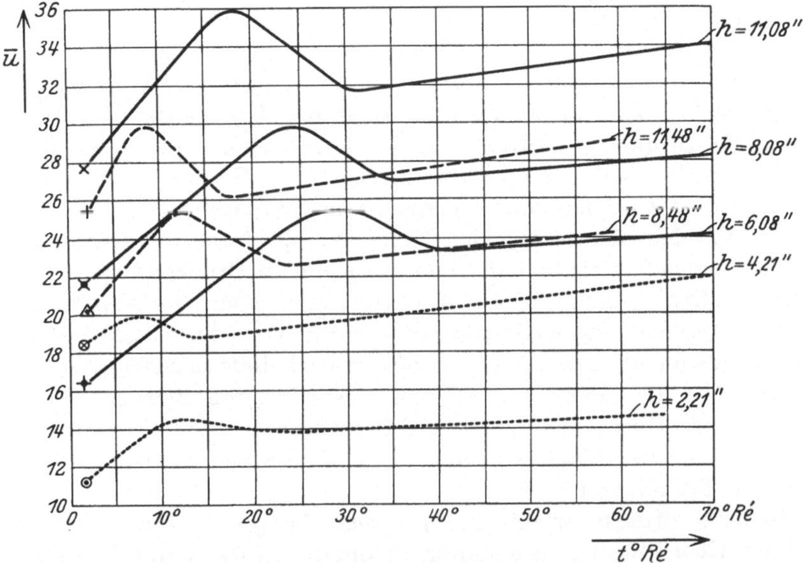

Abb. 16. Abhängigkeit der Geschwindigkeit $\bar{u}$ in Rhein. Zoll/sek von der Temperatur in °Ré für verschiedene Rohrdurchmesser und verschiedene Druckhöhen h (in Rhein. Zoll) im Vorratskessel (nach Messungen von G. Hagen).
———— 0,281 cm $\varnothing$,   — — — — 0,405 cm $\varnothing$,   - - - - - 0,596 cm $\varnothing$.

anfing und der Ausfluß nicht mehr gleichförmig, sondern stoßweise geschah, sobald eine gewisse Geschwindigkeit überschritten wurde.

Daß anderseits der Übergang der laminaren Strömung in die turbulente nicht nur von der Geschwindigkeit, sondern in hohem Maße auch von der Temperatur der benutzten Flüssigkeit und damit von deren Zähigkeit abhängt zeigte Hagen 1854 in seiner zweiten Arbeit: ,,Über den Einfluß der Temperatur auf die Bewegung des Wassers in Röhren"[1]. Unter Benutzung der in seiner ersten Arbeit verwendeten, nochmals sorgfältig ausgeschliffenen Rohre stellte er bei verschiedenen — für je eine Versuchsreihe konstant gehaltenen — Druckhöhen die Abhängigkeit der Durchflußmenge von der Temperatur fest. Abb. 16 zeigt die von Hagen

---

[1] Hagen, G.: Abh. Akad. Wiss., S. 17. Berlin 1854.

gegebene Zusammenstellung seiner Ergebnisse. Jeder Kurve entspricht eine bestimmte Druckhöhe, wobei die Kurven für das enge Rohr (ca. 2,8 mm Durchmesser) ausgezogen, für das mittlere Rohr (ca. 4 mm Durchmesser) gestrichelt und für das weite Rohr (ca. 6 mm Durchmesser) punktiert sind.

Man erkennt z. B. bei der obersten Kurve, wie bei konstanter Druckhöhe mit zunehmender Temperatur (entsprechend abnehmender Zähigkeit) die durchschnittliche Geschwindigkeit zunächst wächst, dann aber bei weiterer Temperaturzunahme nach Überschreiten eines Maximums fällt, um später von einem Minimum an wieder — wenn auch langsamer als früher — zu steigen. Dem ersten aufsteigenden Ast entspricht der laminare Strömungszustand, dem Gebiet vom Maximum der Kurve bis zum Minimum entspricht der Übergang von der laminaren zur turbulenten Strömung, der letzte langsamer steigende Ast bezeichnet den turbulenten Strömungszustand. Hagen stellte das dadurch fest, daß er besondere Versuche mit Glasrohren ausführte, indem er mit dem Wasser zugleich Holzfeilspäne durch das Rohr treiben ließ und dabei feststellte, daß diese bei geringen Drucken bzw. geringen Geschwindigkeiten nur in der Richtung der Röhre fortschritten, bei starken Drucken dagegen außerdem noch von der einen Seite zur andern geschleudert wurden und oft in wirbelnde Bewegung gerieten. Als Ursache für das erste Auftreten dieser inneren Bewegung hält er jede kleinste Unregelmäßigkeit der Röhrenwand oder vielleicht schon das Eintreten des Wassers in den nicht abgerundeten, sondern scharfkantigen Rohreinlauf.

In einer dritten Arbeit (1869) spricht Hagen[1] es mehrfach aus, daß der Übergang der turbulenten Strömung in die laminare abhängig sei vom Rohrradius, von der Geschwindigkeit und der Temperatur des Wassers insofern, als die turbulente Strömung in die laminare übergeht, sobald einzelne jener Größen oder alle zusammen einen gewissen Wert unterschreiten.

22. Die grundlegende Untersuchung von Reynolds. Trotzdem Hagen eine für die damalige Zeit beträchtliche Einsicht in die Vorgänge der laminaren und turbulenten Strömung besaß, ist es ihm nicht gelungen, für seine in Abb. 16 dargelegten Meßergebnisse ein ordnendes Prinzip zu finden. Diesen Schritt getan zu haben ist das besondere Verdienst von Osborne Reynolds[2]. In einer bahnbrechenden Arbeit hat er auf Grund von Dimensionsbetrachtungen gezeigt (1883), daß der

---

[1] Hagen, G.: Abh. Akad. Wiss. Berlin 1869.

[2] Reynolds, O.: An Experimental Investigation of the Circumstances which determine whether the Motion of Water shall be Direct or Sinuous, and of the Law of Resistance in Parallel Channels. Phil. Trans. Roy. Soc. London 1883 oder Scient. Papers vol. II, S. 51.

Übergang der laminaren Strömung in die turbulente nur abhängig sein kann von der dimensionslosen Größe

$$\frac{\overline{u} \cdot r}{\nu}.$$

Das später nach ihm benannte Ähnlichkeitsgesetz (Nr. 4) bringt zum Ausdruck, daß zwei Bewegungsvorgänge — unter Voraussetzung der geometrischen Ähnlichkeit der Begrenzung der Flüssigkeit — immer dann mechanisch ähnlich sind, wenn die obige Größe, die sogenannte Reynoldssche Zahl, für die verglichenen Strömungen die gleiche ist[1].

Wie außerordentlich übersichtlich verschiedene Strömungsvorgänge — geometrische Ähnlichkeit der Begrenzung vorausgesetzt — sich dar-

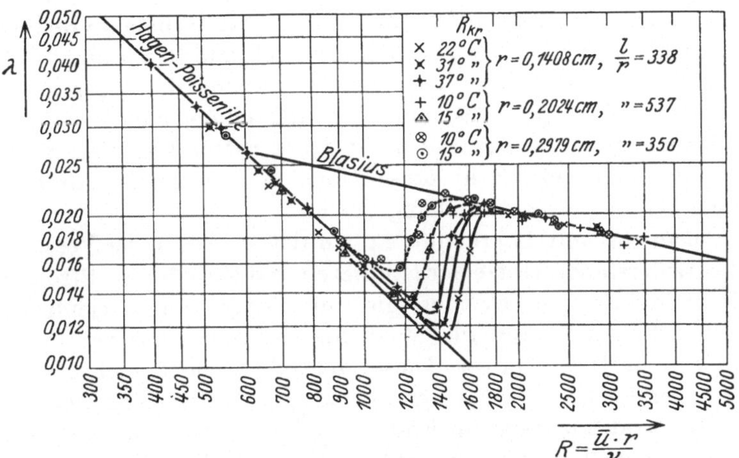

Abb. 17. Die Widerstandsziffer als Funktion der Reynoldsschen Zahl, umgerechnet nach den Hagenschen Messungen der Abb. 16 (scharfkantiger Einlauf).

stellen lassen, wenn man sie auf die Reynoldssche Zahl bezieht, erkennt man aus Abb. 17, in der die Kurven von Abb. 16 umgerechnet und auf die Reynoldssche Zahl als unabhängige Variable bezogen sind. Als Ordinate ist die gleichfalls dimensionslose Größe

$$\lambda = \frac{\Delta p}{\dfrac{\varrho\,\overline{u}^2}{2}} \cdot \frac{r}{l} = \frac{hg}{\dfrac{\overline{u}^2}{2}} \cdot \frac{r}{l}$$

gewählt. Dabei ist von den bei Hagen angegebenen Druckhöhen h_0 für den laminaren Ast als „Korrektionsglied der lebendigen Kraft" entsprechend der früheren Festsetzung von Hagen (S. 18) der Betrag

---

[1] Es kommen hier nur solche Bewegungsvorgänge inkompressibler Flüssigkeiten in Frage, wo außer den Trägheitskräften nur noch die Reibungskräfte zur Wirkung kommen, nicht aber die Schwerkraft, wie bei Flüssigkeitsbewegungen mit freien Oberflächen.

$2{,}7\,\dfrac{\bar{u}^2}{2g}$ und für den **turbulenten** Ast der Betrag $1{,}4\dfrac{\bar{u}^2}{2g}$ (vgl. Nr. 36) abgezogen.

Man erkennt in Abb. 17, wie alle umgerechneten Kurven der Abb. 16 einen ganz gleichartigen Charakter aufweisen: Bis zu einem gewissen Bereich von Reynoldsschen Zahlen $\left(\text{etwa } \dfrac{\bar{u} \cdot r}{\nu} = 1100 \text{ bis } 1400\right)$ liegen die Widerstandszahlen auf der uns bereits bekannten Hagen-Poiseuilleschen Geraden der laminaren Strömung (Abb. 7); dann zeigt sich ein ziemlich plötzlicher Anstieg von λ bis zu einem gewissen Maximum, um mit weiter zunehmender Reynoldsscher Zahl wieder — jetzt aber langsamer — abzunehmen. Dem Gebiet der wachsenden λ entspricht der eigentliche Übergang in die turbulente Strömung. Von da ab haben wir mit zunehmenden Reynoldsschen Zahlen die turbulente Bewegungsform, wobei wir beachten wollen, daß die Meßpunkte auf einer Geraden mit der Neigung $1:4$ liegen, so daß wir wegen der logarithmischen Einteilung des Koordinatensystems sagen können, daß für die turbulente Strömung die Widerstandsziffer λ der reziproken vierten Wurzel aus der Reynoldsschen Zahl proportional ist. In Nr. 30 kommen wir ausführlicher auf diese Beziehung zurück.

Wie man aus Abb. 17 erkennt, eignen sich — wegen der Verschiedenheit der Widerstandsgesetze der laminaren und turbulenten Strömung — Druckabfallmessungen besonders gut zur Bestimmung derjenigen Reynoldsschen Zahlen, unterhalb denen die Strömung laminar und oberhalb denen sie turbulent ist. Diese Methode wendet auch Reynolds an, wobei er jedoch — im Gegensatz zu Hagen — nicht den Gesamtdruck im Vorratstrog gegenüber dem Druck am Rohrende mißt, sondern — unter Vorschaltung einer beträchtlichen Anlaufstrecke — den Druckabfall $p_2 - p_1 = \Delta p$ für eine gewisse Rohrstrecke $x_2 - x_1 = l$ am Ende des Rohres. Bei den von ihm benutzten Rohren von $0{,}615$ cm und $1{,}27$ cm Durchmesser, die beide eine Länge von 488 cm hatten, betrug das Anlaufstück, d. h. die Rohrstrecke vom scharfkantigen Einlauf bis zur ersten Druckmeßstelle etwa 330 cm, also beim engeren Rohr ungefähr 530, beim weiteren 260 Durchmesser.

23. Die kritische Reynoldssche Zahl. Reynolds findet aus seinen Messungen mit diesen beiden Rohren eine volle Bestätigung des von ihm aus Dimensionsbetrachtungen gewonnenen Satzes, daß unter sonst gleichen Bedingungen für Rohre von verschiedenen Durchmessern ein bestimmter Wert von $\dfrac{\bar{u} \cdot r}{\nu}$ die Grenze zwischen laminarer und turbulenter Strömung bildet. Rechnet man die Reynoldsschen Meßergebnisse um auf die dimensionslosen Größen λ und $\dfrac{\bar{u} \cdot r}{\nu}$,* so erkennt man, daß

---

* Reynolds selbst hat in seinen Diagrammen $\log \Delta p$ in Abhängigkeit von $\log \bar{u}$ aufgetragen.

für beide Rohre die ersten Abweichungen der Widerstandszahlen λ von der Hagen-Poiseuilleschen Geraden bei etwa $\dfrac{\overline{u} \cdot r}{\nu} = 1000$ bis 1100 liegen[1].

Denjenigen Wert von R nun, bei dem sich infolge des ersten Auftretens der Turbulenz eine Abweichung in der Lage der Widerstandswerte von der Hagen-Poiseuilleschen Geraden zeigt, nennen wir die kritische Reynoldssche Zahl und die dieser Zahl entsprechende mittlere Geschwindigkeit $\overline{u}$ die kritische Geschwindigkeit.

Was sagen uns nun die in Abb. 17 aufgetragenen Hagenschen Meßergebnisse und die Resultate der Reynoldsschen Versuche? Zunächst nicht etwa — wie es meistens dargestellt wird —, daß die laminare Strömung oder gar die Parabelströmung bei einer Reynoldsschen Zahl von etwa 1000 in die turbulente übergeht. Denn von einer laminaren Strömung, d. h. von einer Strömung in zur Rohrwandung parallelen Schichten kann bei diesen Versuchen im Einlauf und im ersten Teil des Rohres keine Rede sein, noch viel weniger von einer Strömung mit parabelförmiger Geschwindigkeitsverteilung, da nach Nr. 15 zu deren Ausbildung eine nicht unerhebliche laminare Anlaufstrecke nötig ist. Vielmehr strömt die Flüssigkeit — bei Hagen bedingt durch den scharfkantigen Einlauf, bei Reynolds, weil er das Versuchsrohr direkt an die Wasserleitung anschloß — mehr oder weniger durchwirbelt in das Versuchsrohr ein. Es ist also in diesen Fällen so, daß unterhalb der kritischen Reynoldsschen Zahl die am Einlauf sich bildenden bzw. aus der Wasserleitung mitgebrachten Störungen abklingen, oberhalb der kritischen Reynoldsschen Zahl — in dem Gebiet, in dem die λ-Werte auf der im Verhältnis $1:4$ geneigten Kurve liegen — jedoch nicht abklingen, sondern in die der turbulenten Strömung eigentümliche Mischbewegung übergehen.

24. Abhängigkeit der kritischen Reynoldsschen Zahl von der Einlaufstörung. Es fragt sich nun, ob diese kritische Zahl für alle Rohre und Versuchsanordnungen die gleiche ist. Schon die verschiedenen Ergebnisse der Hagenschen Messungen und der hiermit verglichenen Reynoldsschen Werte lassen einigen Zweifel aufkommen. Tatsächlich zeigt sich auch — wie spätere Messungen, so besonders von L. Schiller[2] ergeben haben —, daß geringere Störungen im Einlaufgebiet als die bei Hagen und Reynolds auch noch bei beträchtlich größeren Werten von R abklingen. Geht man in dem Bestreben, die groben Störungen im Einlauf mehr und mehr zu verringern, weiter, indem man das aus der Leitung fließende Wasser sich erst in einem Vorratstrog beruhigen

---

[1] An dieser Stelle mag noch erwähnt werden, daß der von Reynolds gemessene Druckabfall pro Längeneinheit für den Bereich der turbulenten Strömung wesentlich geringer ist, als es den späteren Messungen anderer Forscher entspricht.

[2] Vgl. Fußnote S. 27.

läßt und ferner durch eine geeignete Abrundung des Einlaufs nach Möglichkeit dafür sorgt, daß sich hier keine Einschnürung oder sonstige Störung ausbildet, so kommt man ohne jede weitere Vorsichtsmaßregel zu ganz bedeutend höheren kritischen Reynoldsschen Zahlen. In diesen Fällen kann man dann davon sprechen, daß die sich zunächst ausbildende laminare Strömung infolge der nicht zu vermeidenden kleinen Störungen bei einer gewissen durchweg sehr hohen kritischen Reynoldsschen Zahl in die turbulente Strömung übergeht. Reynolds, von dem die ersten Versuche dieser Art stammen, erhält als kritische Zahl für Rohre von verschiedenen Durchmessern und für Wasser verschiedener Temperatur etwa $\frac{\bar{u} \cdot r}{\nu} = 6000$ bis 7000. Die von ihm benutzte, später von anderen ebenfalls angewandte Methode bestand darin, daß er aus einer feinen Düse, die sich vor dem sorgfältig abgerundeten Einlauf befand, gefärbtes Wasser fließen ließ (Abb. 18). Solange die Strömung im Rohr laminar war, floß die Farblösung als ein scharf

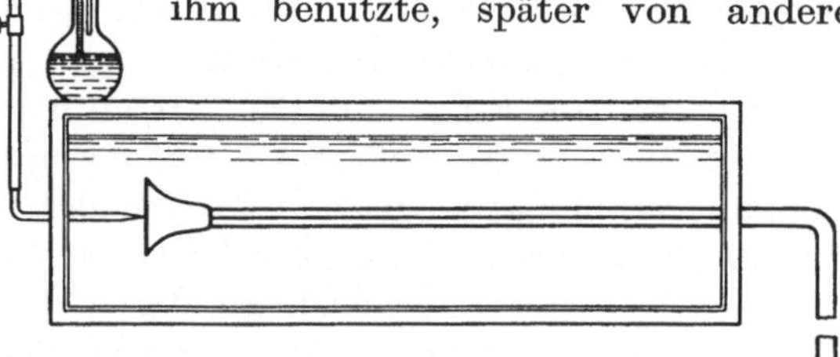

Abb. 18. Schematische Darstellung der Reynoldsschen Versuchsanordnung zur Bestimmung der kritischen Geschwindigkeit.

begrenzter Faden durch das Rohr, sobald aber die Strömung turbulent wurde, zerflatterte der Farbfaden und ließ die Flüssigkeit im Rohr gleichmäßig gefärbt erscheinen.

Die von Reynolds ausgesprochene Vermutung, daß die kritische Zahl um so größer sei, je kleiner die Störung ist, wird durch spätere Versuche von Barnes und Coker[1] bestätigt. Die bei möglichster Vermeidung anfänglicher Störungen erreichten Reynoldsschen Zahlen gehen bei einem Rohr von etwa 2 cm Durchmesser weit über die von Reynolds gefundenen Werte hinaus $\left(\text{bis über } \frac{\bar{u} \cdot r}{\nu} = 10000\right)$. Mit zunehmender Temperatur des Vorratswassers und der dadurch bedingten im Einlauf Störung verursachenden Konvektionsströme im Vorratstrog nimmt die kritische Reynoldssche Zahl beträchtlich ab $\left(\text{bei } 75^0 \text{ C}\right.$ auf etwa $\left. \frac{\bar{u} \cdot r}{\nu} = 5000\right)$*. In dem Bestreben, die kritische Zahl — bei

---

[1] Barnes, H. T. u. E. G. Coker: The Flow of Water through Pipes. Proc. Roy. Soc. London Bd. 74, S. 341. 1905.

* Die von Barnes und Coker erreichten Reynoldsschen Zahlen mit einem Rohr von 5,41 cm Durchmesser haben für die Bestimmung der kritischen Zahl keine Bedeutung, da das Rohr für diesen Zweck zu kurz war (seine Länge betrug nicht einmal 28 Rohrdurchmesser).

sorgfältigster Vermeidung jeglicher Störung im Vorratstrog und besonders guter Ausführung des abgerundeten Einlaufstückes — immer höher zu treiben, gelang es Ekman[1], an der Reynoldsschen Originalapparatur bis zu Werten von $\frac{\bar{u} \cdot r}{\nu} = 20000$, in Einzelfällen auch bis zu $\frac{\bar{u} \cdot r}{\nu} = 25000$, zu kommen. Es scheint also, daß die kritische Reynoldssche Zahl bei immer größerer Störungsfreiheit nicht einem festen Wert zustrebt, sondern mit abnehmender Störung der Laminarströmung jeden Wert überschreitet.

Auf jeden Fall lassen die Versuche erkennen, daß die kritische Reynoldssche Zahl eine monotone Funktion der Anfangsstörung ist insofern, als die kritische Zahl zunimmt, wenn die Anfangsstörung abnimmt. Ob es bei nach Null konvergierender Störung einen oberen Grenzwert der kritischen Reynoldsschen Zahl gibt, ist — wie gesagt — noch unentschieden, wenn auch nicht sehr wahrscheinlich. Dagegen gibt es, wie die verschiedensten Experimente gezeigt haben, einen unteren Grenzwert der kritischen Reynoldsschen Zahl, der ungefähr bei $\frac{\bar{u} \cdot r}{\nu} = 1000$ oder etwas darüber liegt. Unterhalb dieser kritischen Zahl klingen auch die stärksten Störungen mit der Zeit ab, d. h. unterhalb $\frac{\bar{u} \cdot r}{\nu} = 1000$ ist eine turbulente Strömung mit der ihr eigentümlichen Mischbewegung und der sich daraus ergebenden typischen Geschwindigkeitsverteilung (Nr. 34) nicht dauernd aufrecht zu erhalten.

Bisher haben wir im Zusammenhang mit den Experimenten, die eine möglichst hohe Reynoldssche Zahl erstrebten, ganz allgemein von Störungen der Laminarbewegung gesprochen, die Frage aber offen gelassen, welche Art von Störungen das Eintreten der Turbulenz besonders begünstigt und ferner, welche Teile des Rohres im Hinblick auf das Eintreten der Turbulenz in besonders hohem Maße empfindlich gegen Störungen sind. Während wir über die erste Frage bis jetzt noch keine Angaben machen können, läßt sich die zweite Frage dahin beantworten, daß besonders der Rohreinlauf als Störungsherd in Frage kommt. Sorgt man dafür, daß das Vorratswasser im Trog sich einigermaßen beruhigt hat, was im allgemeinen in einigen Stunden nach Auffüllung des Troges geschehen ist, so zeigt sich, daß es in bezug auf die kritische Reynoldssche Zahl vor allem wesentlich ist, mit welcher Sorgfalt der abgerundete Rohreinlauf hergestellt ist. Geringe Unregelmäßigkeiten im Abrundungsstück — dort also, wo die Grenzschicht noch sehr dünn ist — (etwa Rauhigkeiten oder scharfe Kanten) bewirken gleich sehr beträchtliche Erniedrigungen der kritischen Reynoldsschen

---

[1] Ekman, V. W.: On the Change from Steady to Turbulent Motion of Liquids. Arkiv Mat., Astron. och Fysik Bd. 6. 1910.

Zahl, während die gleichen und selbst wesentlich stärkere Unregelmäßigkeiten der Rohrwandung weiter vom Einlauf entfernt die kritische Reynoldssche Zahl gar nicht beeinflussen. So gelang es z. B. Schiller[1] mit einem Rohr von 1,6 cm Durchmesser, in das ein Gewinde von 0,3 mm Tiefe geschnitten war, unter Benutzung eines guten und glatten Abrundungsstückes die höchsten von ihm erreichten kritischen Zahlen von etwa $\dfrac{\bar{u}\cdot r}{\nu} = 10000$ zu erhalten.

25. Der Strömungszustand beim Übergang der laminaren Strömung in die turbulente. Wir kommen jetzt zu der Frage: Wie müssen wir uns im einzelnen den Übergang der laminaren Strömung in die turbulente vorstellen; was für ein Strömungszustand entspricht dem Gebiet derjenigen Reynoldsschen Zahlen, in dem die Widerstandsbeiwerte λ weder auf der laminaren noch auf der turbulenten Kurve liegen? Reynolds hatte vermutet, daß bei einem geringen Überschreiten der kritischen Zahl ein zunächst schwaches, bei weiterer Steigerung der Geschwindigkeit dann kräftigeres Anwachsen der Wirbelung eintreten würde. Seine schon erwähnten Versuche mit Glasrohren und der Farbfadenmethode zeigten jedoch, daß das geringste Überschreiten der kritischen Zahl einen fast plötzlichen Umschlag der laminaren Strömung in die turbulente Strömungsform zur Folge hatte. Während noch kurz vor der kritischen Geschwindigkeit der Farbfaden wie ein scharf abgegrenzter Strich durch das ganze Rohr zu verfolgen war, verschwand er wie auf einen Schlag, sobald durch sehr vorsichtiges Weiteröffnen des Ausflußhahnes die kritische Geschwindigkeit erreicht wurde. Dabei schien allerdings in allen Fällen die Laminarströmung für den Anfang des Rohres (bis etwa 20 oder 30 Durchmesser vom abgerundeten Einlauf) bestehen zu bleiben, insofern als für diese Strecke der Farbfaden auch beim Überschreiten der kritischen Zahl erhalten blieb, um sich weiter stromabwärts in einer relativ kurzen Strecke von einigen Rohrdurchmessern vollständig zu vermischen. Daß demnach die Störungen beim kritischen Strömungszustand sich sehr schnell zur vollen Turbulenz ausbilden, ist von Wichtigkeit im Zusammenhang mit einer später noch zu besprechenden, als unrichtig erwiesenen Vermutung, nach der die kritische Reynoldssche Zahl von der Rohrlänge abhängig sein soll.

26. Intermittierendes Auftreten der Turbulenz. Bereits Reynolds machte die Beobachtung, daß in vielen Fällen (besonders bei engeren Röhren) die plötzliche Durchmischung des Farbfadens mit dem umgebenden Wasser sich nicht auf das ganze Rohr bis zu seinem Ende erstreckte, sondern nur auf einen Teil desselben. Wurde durch vor-

---

[1] Schiller, L.: Rauhigkeit und kritische Zahl. Z. Physik Bd. 3, S. 412. 1920.

sichtiges Öffnen des Ausflußhahnes die — den vorhandenen Störungen entsprechende — kritische Geschwindigkeit erreicht, so schlug plötzlich für eine gewisse Strecke im Rohr (beginnend bei etwa 30 Durchmesser vom Einlauf) die laminare Strömung in die turbulente um, während weiter stromabwärts der Farbfaden sichtbar blieb. Sobald die turbulente Flüssigkeitsmasse, die sich wie ein Pfropfen durch das Rohr bewegte, dieses verlassen hatte, bildete sich an derselben Stelle ein neues Turbulenzgebiet und so fort.

Berücksichtigt man, daß der Strömungswiderstand für das ganze Rohr zunimmt, die durchschnittliche Geschwindigkeit also abnimmt, wenn die Strömung in einem Teil des Rohres turbulent wird, so ergibt sich ohne weiteres der Zusammenhang dieser Erscheinung mit früheren Beobachtungen von Hagen[1] hinsichtlich des schwankenden Verhaltens des aus der Röhre frei ausfließenden Strahles, sobald die kritische Geschwindigkeit erreicht wird. Couette[2], der diese Vorgänge ebenfalls eingehend untersucht und beschrieben hat, beobachtete beim Ausfließen von Wasser aus einem großen Gefäß durch ein Rohr, daß die Oberfläche des frei ausfließenden Strahles zunächst ein schwach geriefeltes Aussehen hatte, wie ein grob mattierter Glasstab (turbulenter Zustand). Bei weiterer Spiegelsenkung wurde der ausfließende Strahl abwechselnd glasklar und wieder trübe, und zwar wurden die Perioden zunächst immer schneller. Während des Klarwerdens des Strahles erhob er sich jedesmal über seine normale Lage, um sich dann wieder zu senken, pendelte also in diesem Zustand in regelmäßigen Perioden auf und ab. Bei noch weiterem Fallen des Wasserspiegels wurden die Perioden seltener; für gewöhnlich war der Strahl klar (laminarer Zustand), nur mitunter matt, was immer mit einer Senkung des Strahles unterhalb seiner gewöhnlichen Lage verbunden war. Ließ Couette den Wasserspiegel im Gefäß langsam wieder steigen, so zeigten sich die gleichen Erscheinungen, nur in umgekehrter Reihenfolge.

Wie außerordentlich gleichmäßig das Auf- und Abpendeln des Strahles im Gebiet der kritischen Reynoldsschen Zahl ist, erkennt man aus Abb. 19, in der die Ausflußgeschwindigkeit in Abhängigkeit von der Zeit aufgetragen ist. Die Geschwindigkeiten sind dabei in folgender Weise bestimmt worden: Der sich bewegende Strahl wurde vom Verfasser kinematographisch aufgenommen und dann aus jedem Kinobildchen die Geschwindigkeit aus der Gestalt der Ausflußparabel bestimmt. Dabei entsprechen den Höchstwerten der Geschwindigkeiten immer diejenigen Augenblicke, in denen plötzlich innerhalb einer gewissen Rohrstrecke Turbulenz einsetzt. Durch den hiermit bedingten

---

[1] Vgl. Fußnote S. 31.

[2] Couette, M.: Études sur le frottement des liquides. Ann. chim. Phys. Bd. 21, S. 433. 1890.

größeren Strömungswiderstand im Rohr nimmt die Ausflußgeschwindigkeit auf dem fallenden Ast der Geschwindigkeitskurve, Abb. 19, mit

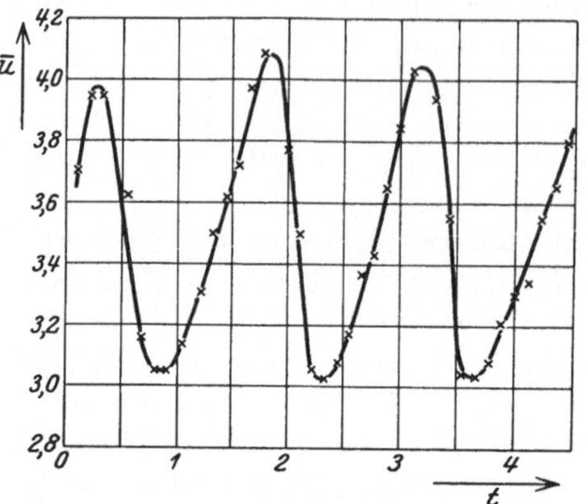

Abb. 19. Schwankungen der Ausflußgeschwindig-
keit $\bar{u}$ in m/sec mit der Zeit t in sec im kritischen
Zustand.

der Zeit ab, währenddessen die
turbulent strömende Flüssigkeitsmasse durch das Rohr hindurch-
strömt. Sobald diese das Rohr
zu verlassen beginnt, nimmt der
Widerstand im Rohr wieder ab,
was eine Zunahme der Geschwindigkeit (aufsteigender Ast) zur
Folge hat, bis beim Maximum
wieder teilweise Turbulenz einsetzt und der eben beschriebene
Vorgang sich wiederholt.

Wir können diese Erscheinung
der periodisch einsetzenden Turbulenz auch in Abb. 20 schematisch verfolgen[1]: Befinden wir
uns unterhalb der kritischen Reynoldsschen Zahl etwa in A, so haben
wir im Rohr dauernd laminare Strömung. Steigern wir durch Weiter-

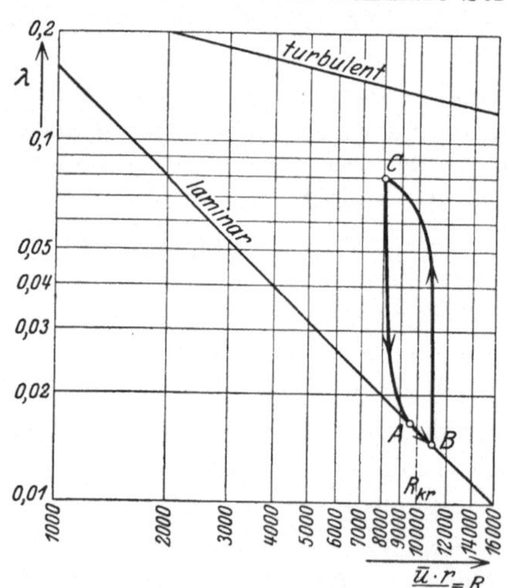

Abb. 20. Schwankungen der Widerstandszahl im
kritischen Zustand.

öffnen des Ausflußhahnes die
Geschwindigkeit bis etwas über
den kritischen Wert, etwa B,
so entsteht — sobald die Strömung stationär geworden ist —
plötzlich in etwa 30 Durchmesser
Entfernung vom abgerundeten
Einlauf auf einer gewissen Länge
Turbulenz. Dieser „Turbulenz-
pfropfen" schiebt sich dann durch
das Rohr, wobei das stromabwärts gelegene Ende etwa mit
der durchschnittlichen Geschwindigkeit $\bar{u}$, das stromaufwärts befindliche Ende mit geringerer
Geschwindigkeit durch das Rohr
fließt. An diesem Ende bauen
sich nämlich dauernd neue Tur-
bulenzgebiete an, so daß der turbulent strömende Teil beim Durch-

---

[1] Wir lassen dabei unberücksichtigt, daß der Ort der Entstehung der Turbulenz
im allgemeinen im laminaren Anlaufgebiet liegt, so daß wir uns mit den Punkten
A und B eigentlich nicht auf der Hagen-Poisseuilleschen Geraden, sondern auf
einer etwas höher gelegenen Anlaufkurve befinden.

fließen des Rohres allmählich größer wird. Entsprechend dem Verhältnis der turbulent strömenden Strecke zu derjenigen der Laminarströmung nimmt die Widerstandsziffer λ zu, was eine Abnahme der Geschwindigkeit $\bar{u}$ und damit der Reynoldsschen Zahl zur Folge hat (Kurve B bis C). Fließt die turbulent strömende Flüssigkeitsmasse dann aus dem Rohr hinaus, so nimmt λ wieder bei zunehmender Geschwindigkeit im Rohr ab (Kurve C bis A). Punkt A entspricht dem Augenblick, wo der turbulent fließende Teil das Rohr gerade verlassen hat. Dieser Zustand ist aber entsprechend der konstant angenommenen Druckhöhe im Vorratskessel und der Öffnung des Ausflußhahnes nicht stationär, vielmehr wird die Flüssigkeit weiterhin beschleunigt, bis Punkt B erreicht ist und das Spiel von neuem beginnt.

27. Druckabfallmessungen beim Übergang der laminaren Strömung in die turbulente. Untersucht man den Übergang der laminaren Strömung in die turbulente mittels Druckabfallmessungen, so zeigt sich, daß beim Erreichen der kritischen Reynoldsschen Zahl der Meniskus des Manometers, der bis dahin vollkommen ruhig war, unruhig zu werden beginnt. Bei konstanter Stellung des Ausflußhahnes bewegt sich der Meniskus unregelmäßig auf und ab, so daß kaum eine Ablesung des Manometers möglich ist. Es ist nun — sofern man der Meßstrecke eine Anlaufstrecke von etwa 50 Durchmessern voransetzt — nicht etwa so, daß diesen ersten Schwankungen des Manometers Wirbel oder Störungen entsprechen, die innerhalb der Meßstrecke sich noch nicht zur vollen Turbulenz ausgebildet haben. Vielmehr ist es — wie die Beobachtung zeigt — so, daß dem Zustand des auf und ab schwankenden Meniskus das periodische Einsetzen der Turbulenz entspricht. Wegen der mehr oder weniger großen Dämpfung, welche die allgemein benutzten Flüssigkeitsmanometer besitzen, können sie allerdings dem raschen Wechsel von laminarer und turbulenter Strömung nicht folgen. Verwendet man ein Manometer mit außerordentlich großer Dämpfung, so daß es nur Mittelwerte über größere Zeitintervalle (etwa ½ Min.) anzeigt, so kann man erreichen — wie nach der Couetteschen Beobachtung des ausfließenden Strahles (S. 39) auch zu erwarten ist —, daß der Meniskus sich allmählich und nicht sprungweise ändert, wenn man von der ausschließlich laminaren Strömung über die periodische Turbulenz zur dauernden turbulenten Strömung übergeht. Es ist allerdings dazu nötig, als Ausflußhahn ein Drosselventil zu benutzen, das außerordentlich geringe Geschwindigkeitsänderungen vorzunehmen gestattet.

28. Unabhängigkeit der kritischen Reynoldsschen Zahl von der Rohrlänge. Daß die vom Einlauf kommenden Störungen, sofern sie zur Turbulenz anwachsen, dieses in einer relativ kurzen Wegstrecke tun (und zwar bei hohen wie bei niedrigeren Reynoldsschen Zahlen) ist

— wie wir schon S. 38 erwähnten — von Bedeutung im Hinblick auf eine von Schiller[1] aufgestellte These, daß die kritische Reynoldssche Zahl von der Länge des Rohres abhängig sein soll. Seinen Messungen stehen jedoch diejenigen anderer entgegen. Bereits Couette gewann aus seinen Experimenten die Überzeugung, daß die kritische Geschwindigkeit, oberhalb welcher das periodische Einsetzen der Turbulenz stattfindet, unabhängig von der Länge des Rohres ist; ebenso erhielten Barnes und Coker die gleiche kritische Reynoldssche Zahl $\frac{\bar{u} \cdot r}{\nu} = 10000$ bei zwei Rohren, deren Längen 180 bzw. 360 Durchmesser betrugen. Ferner ist Ekman zu erwähnen, der sich ausdrücklich dagegen wendet, daß die von ihm erreichten hohen kritischen Reynoldsschen Zahlen dadurch ihre Erklärung fänden, daß die von ihm benutzten Rohre zu kurz gewesen seien, als daß innerhalb derselben die geringen Störungen Zeit genug gehabt hätten, sich zur vollen Turbulenz auszubilden. Denn das würde nach ihm erfordern, daß die Turbulenz immer am äußersten Ende des Rohres zuerst in Erscheinung träte, um dann mit zunehmender Geschwindigkeit sich allmählich dem Einlauf zu nähern, was jedoch durch die Versuche keineswegs bestätigt wurde. Auch die Reynoldsschen Experimente sind hier nochmals zu vermerken, bei denen sich die gleiche kritische Zahl von etwa $\frac{\bar{u} \cdot r}{\nu} = 6000$ ergab, obwohl die Rohre sich bei gleicher Länge im Durchmesser wie $1 : 1{,}75 : 3{,}4$ verhielten.

In diesem Zusammenhang mag auf eine Bemerkung von Heisenberg[2] gelegentlich einer Untersuchung über die Stabilität und Labilität von Flüssigkeitsströmen hingewiesen werden. In dieser Arbeit wird untersucht, ob und unter welchen Bedingungen eine Störung von der Form $e^{i(\beta t - \alpha x)} \varphi(y)$* zeitlich anwächst oder abklingt, d. h. ob der imaginäre Teil von β, die Anfachung, positiv oder negativ ist. Aus theoretischen Erwägungen erhält er die Beziehung, daß die Anfachung von der Ordnung $(\alpha R)^{-\frac{1}{3}}$ ist und schließt (auf S. 607) daraus, daß besonders bei sehr großen Reynoldsschen Zahlen die Anfachung sehr klein wird, so daß die betreffende Flüssigkeitsmasse, um deren Stabilität es sich handelt, das Rohr schon wieder verlassen hat, wenn ihre Labilität in Erscheinung tritt. Dabei ist jedoch zu berücksichtigen, daß in jener Arbeit sämtliche Größen und so auch β durch Einführung von neuen Variablen dimensionslos gemacht worden sind. Das hat aber zur Folge, daß das Zeitmaß, mit dem die Anfachung gemessen

---

[1] Schiller, L.: Neue Versuche zum Turbulenzproblem. Phys. Z. Bd. 25, S. 541. 1924.

[2] Heisenberg, W.: Über Stabilität und Turbulenz von Flüssigkeitsströmen. Ann. Physik IV, Bd. 74, S. 597. 1924.

* x die Koordinate in Strömungsrichtung, y senkrecht dazu; t die Zeit.

wird, selber von der Reynoldsschen Zahl abhängt, da die dimensionslose Variable t mit der entsprechenden dimensionsbehafteten Variablen t' durch die Gleichung $t = \dfrac{\bar{u}}{r} \cdot t'$ zusammenhängt (wobei als charakteristische Länge der Radius r des Rohres angenommen sei). Mißt man also die Zeit t in Sekunden und die Länge x in Zentimetern, so ergibt sich, da dann $[\Im m\,\beta] = \dfrac{1}{\sec} = \left[\dfrac{\bar{u}}{r}\right]$ ist, daß die sekundliche Anfachung der Störung von der Größenordnung

$$(\alpha\, r\, R)^{-\frac{1}{2}} \cdot \frac{\bar{u}}{r} = (\alpha\, r)^{-\frac{1}{2}} \cdot \left(\frac{\bar{u} \cdot v}{r^3}\right)^{\frac{1}{2}} = \frac{1}{\alpha^2} \cdot \frac{(\bar{u} \cdot v)^{\frac{1}{2}}}{r^2}$$

ist. Die sekundliche Anfachung wird also bei einem Rohr von gegebenem Durchmesser um so stärker, je größer die Geschwindigkeit und damit die Reynoldssche Zahl wird.

Daß das Anwachsen der vom Einlauf kommenden kleinen Störungen bis zur ausgebildeten Turbulenz sich in einer verhältnismäßig kurzen Wegstrecke vollzieht, erkennen wir auch aus der Abb. 69 der Tafel 28. Diese kinematographischen Strömungsbilder der entstehenden Turbulenz in einem Glasrohr von 2 cm Durchmesser und etwa 180 cm Länge wurden vom Verfasser in der Art hergestellt, daß ein vor dem abgerundeten Einlauf durch eine feine Düse eingeführter Farbfaden mit einem Hochfrequenzkinoapparat[1] aufgenommen wurde. Die Anzahl der in der Sekunde aufgenommenen Bilder betrug etwa 400. Der Bilderserie entspricht eine kritische Reynoldssche Zahl von $R = \dfrac{\bar{u} \cdot r}{v} = 8000$.

C. Turbulente Strömung.

29. Ältere Formeln für den Druckabfall. Während wir in der Lage sind, die Laminarbewegung in Rohren von kreisförmigem Querschnitt hinsichtlich des Druckabfalles wie auch der Geschwindigkeitsverteilung aus den Differentialgleichungen abzuleiten, sind wir weit davon entfernt, ein gleiches für die turbulente Strömungsform tun zu können. Betrachten wir in Abb. 69 der Tafel 28 die Vorgänge bei der Entstehung der Turbulenz und in Abb. 39 und 40 der Tafel 16 die ausgebildete Turbulenz in einem langen und tiefen Gerinne von rechteckigem Querschnitt, so erkennt man, wie außerordentlich verwickelt diese Bewegungen sind, und wie fast hoffnungslos es erscheint, ein tieferes Verständnis des Mechanismus der Turbulenz aus den Navier-Stokesschen Gleichungen ableiten zu wollen. Abb. 39 und 40 der Tafel 16 sind vom Verfasser in der Weise hergestellt, daß die Wasseroberfläche in einem Gerinne, nachdem mit Aluminiumpulver bestreut, photogra-

---

[1] Hierfür stellte Herr R. Thun, Berlin, den von ihm konstruierten „Zeitdehnerapparat" in liebenswürdiger Weise zur Verfügung.

phisch aufgenommen wurde. Dabei ist in Abb. 39 die Geschwindigkeit der aufnehmenden Kamera sehr klein, nämlich gleich der Geschwindigkeit der wandnahen Teilchen, von denen diejenigen, deren Geschwindigkeit genau mit derjenigen der Kamera übereinstimmen, als Pünktchen erscheinen. In Abb. 40 ist die Geschwindigkeit der photographischen Kamera nahezu gleich der maximalen Geschwindigkeit der Teilchen in der Mitte des Gerinnes.

Anderseits besteht gerade für die turbulente Strömung, die ja — im Gegensatz zur Laminarströmung — in Natur und Technik fast ausschließlich vorkommt, ein besonderes Interesse. So haben denn die Hydrauliker seit mehr als einem Jahrhundert z. T. sehr umfangreiche Versuche ausgeführt, um die für die Praxis so wichtige Frage nach der Abhängigkeit des Druckgefälles von der Ergiebigkeit der Röhren bzw. der Kanäle zu bestimmen. Vergleicht man die Resultate dieser vielen Messungen und die aus den einzelnen Versuchsreihen abgeleiteten Gesetzmäßigkeiten zwischen Druckgefälle und durchschnittlicher Geschwindigkeit, so ergibt sich ein sehr verworrenes und unübersichtliches Bild. Fast jeder Forscher stellte aus den Ergebnissen seiner Versuche ein eigenes — von den übrigen verschiedenes — Widerstandsgesetz auf. Das hängt einmal damit zusammen, daß das ordnende Prinzip des von Reynolds aufgestellten Ähnlichkeitsgesetzes noch unbekannt war oder wenigstens nicht benutzt wurde, dann aber auch damit, daß bei den meisten Versuchen der Wandbeschaffenheit der Rohre und Kanäle keine genügende Beachtung geschenkt wurde. Diese ist aber, wie wir noch sehen werden, für den Widerstand der turbulenten Strömungsform — im Gegensatz zu demjenigen der Laminarströmung — von ausschlaggebender Bedeutung.

Die ersten Widerstandsformeln kann man — wenn wir diejenigen unberücksichtigt lassen (Darcy, Weißbach), die nicht den Forderungen des Ähnlichkeitsgesetzes entsprechen — im wesentlichen in drei Klassen einteilen, die Hagen (1869)[1] unter Benutzung der Messungen von Darcy ausführlich diskutiert:

$$\frac{\Delta p}{l} = \frac{C}{r} \cdot \overline{u}^2, \quad \text{Chezy (1775)}, \quad \text{Eytelwein (1822)},$$

$$\frac{\Delta p}{l} = \frac{C_1}{r} \overline{u}^2 + \frac{C_2}{r^2} \cdot \overline{u}, \quad \text{Prony (1804)},$$

$$\frac{\Delta p}{l} = C \cdot \frac{\overline{u}^{1,75}}{r^{1,25}}, \quad \text{Woltmann (1804)}, \quad \text{Flammant (1892)}.$$

Die Zähigkeit, die in allen diesen Formeln gar nicht auftritt, wird zum erstenmal von Reynolds berücksichtigt, indem er den Druckabfall in Beziehung setzt zu der später nach ihm benannten Zahl

---

[1] Vgl. Fußnote S. 32.

$\dfrac{\bar{u} \cdot r}{\nu}$. Das von Reynolds auf Grund seiner Ähnlichkeitsbetrachtungen aus seinen Versuchen abgeleitete Gesetz lautet:

$$\frac{\Delta p}{l} = \text{konst.} \cdot \left(\frac{r \cdot \bar{u}}{P}\right)^{1,723} \cdot \frac{P^2}{r^3}, \qquad \text{Reynolds (1883)},$$

wo P die aus der Poiseuilleschen Formel entnommene Zähigkeitszahl ist, deren Zusammenhang mit der kinematischen Zähigkeit durch die Formel

$$\frac{\mu}{\varrho} = \frac{0,01779}{1 + 0,03368\ T + 0,000221\ T^2} = 0,01779\ P$$

gegeben ist (T die Temperatur).

Die Konstante stimmt allerdings mit den Ergebnissen späterer Messungen nicht überein, insofern als der nach dieser Formel berechnete Druckverlust beträchtlich zu klein ist.

Hiernach ist der Druckabfall der 1,723. Potenz der Geschwindigkeit proportional. Die durch Reynolds nach älteren Messungen von Darcy im logarithmischen Maßstab aufgetragene Abhängigkeit des Druckabfalls pro Längeneinheit von der Geschwindigkeit zeigten jedoch bereits, daß je nach dem Material der Rohre, also der Wandbeschaffenheit, der Exponent in den Grenzen von 1,79 bis 2,00 schwankte.

30. Die Blasiussche Widerstandsformel für glatte Rohre. Unter Anwendung des Reynoldsschen Ähnlichkeitsgesetzes und eines außerordentlich reichhaltigen Versuchsmaterials bis $\dfrac{\bar{u} \cdot r}{\nu} = 50000$ (besonders des von Saph u. Schoder[1]) hat Blasius[2] für den Druckverlust in glatten Rohren die Beziehung aufgestellt

$$\frac{\Delta p}{l} = \lambda \cdot \frac{1}{r} \cdot \frac{\varrho\, \bar{u}^2}{2} \tag{1}$$

mit

$$\lambda = \frac{0,133}{R^{0,25}}, \qquad R = \frac{\bar{u} \cdot r}{\nu}. \tag{2}$$

Der Vorteil des Widerstandsgesetzes (1), das sich in dieser Form auch bei v. Mises[3] findet, gegenüber den früheren, ist — abgesehen von der Unabhängigkeit vom benutzten Maßsystem — besonders in folgendem zu erblicken. Haben wir für glatte Rohre von verschiedenen Durchmessern, Geschwindigkeiten und kinematischen Zähigkeiten (Temperaturen) die gleiche Reynoldssche Zahl, so ist auch die in Staudrucken gemessene Druckdifferenz für eine in Radien gemessene Strecke die gleiche. Durch die einzige Kurve $\lambda = f(R)$ ist somit das Widerstandsgesetz für glatte Rohre vollständig gegeben. Daß anderseits aus Experi-

---

[1] Saph u. Schoder: Amer. Soc. Civ. Eng. Trans. Bd. 47, S. 312. 1902.

[2] Blasius, H.: Das Ähnlichkeitsgesetz bei Reibungsvorgängen. Phys. Z. Bd. 12, S. 1175. 1911 oder ausführlicher: Forsch.-Arb. Ing. H. 131.

[3] Mises, R. v.: Elemente der technischen Hydromechanik. Leipzig 1914.

menten mit verschiedenen Rohrdurchmessern, verschiedenen Geschwindigkeiten und verschiedenen Flüssigkeiten (Wasser, Luft) die nach Gl. (1) berechneten Werte von λ in Abhängigkeit von R tatsächlich auf einer Kurve liegen, soweit man von der unvermeidlichen Streuung der Werte absieht ($\pm 2\%$ im Maximum), ist als eine Bestätigung des Ähnlichkeitsgesetzes anzusehen.

Weitere Messungen über $\dfrac{\bar{u} \cdot r}{\nu} = 50\,000$ hinaus, besonders die von Stanton u. Pannell[1] sowie von Jakob u. Erk[2] $\left(\text{bis etwa } R = \dfrac{\bar{u} \cdot r}{\nu}\right.$ $= 230\,000\Big)$ zeigten, daß die Abhängigkeit der Widerstandszahl λ von R für große Bereiche von R nicht durch ein einfaches Potenzgesetz wiederzugeben sei. Nach diesen Versuchen ordnen sich die Meßpunkte ohne systematische Abweichungen gut dem Kurvenzug

$$\lambda = 0,00357 + \frac{0,3052}{(2\,R)^{0,35}} \tag{3}$$

ein, vgl. auch Lees[3]. Nach den Messungen von Nikuradse[4] $\left(\text{bis etwa } \dfrac{\bar{u} \cdot r}{\nu} = 1,6 \cdot 10^6\right)$ zeigt sich eine systematische Abweichung von der Leesschen Kurve von $\dfrac{\bar{u} \cdot r}{\nu} = 200\,000$ ab.

Bei Rohren von nicht kreisförmigem Querschnitt oder bei offenen Gerinnen ist es nicht ohne weiteres klar, welche Größe als charakteristische Länge in der Reynoldsschen Zahl zu nehmen ist. Berücksichtigt man jedoch, daß es für den Rohrwiderstand vor allem auf das Verhältnis von Querschnittsfläche (F) zum benetzten Querschnittsumfang (U) ankommt, so bietet sich als charakteristische Länge die Größe

$$r = \frac{2\,F}{U}$$

dar. Dabei ist die doppelte Querschnittsfläche genommen, weil dann die so definierte Größe r beim kreisförmigen Querschnitt in den Radius übergeht. Diese von den Hydraulikern zuerst bei offenen Gerinnen angewandte Bezugslänge heißt der Profilradius oder auch der hydraulische Radius. In der technischen Literatur findet man vielfach

---

[1] Stanton, T. E. u. J. R. Pannell: Similarity of Motion in Relation to the Surface Friction of Fluids. Phil. Trans. Roy. Soc. London (A) Bd. 214, S. 199. 1914.

[2] Jakob, M. u. S. Erk: Der Druckabfall in glatten Rohren und die Durchflußziffer von Normaldüsen. Forsch.-Arb. Ing. 1924, H. 267.

[3] Lees: Proc. Roy. Soc. London (A) Bd. 91, S. 46. 1915.

[4] Nikuradse, J.: Über turbulente Wasserströmungen in geraden Rohren bei sehr großen Reynoldsschen Zahlen. Vorträge aus dem Gebiet der Aerodynamik. Hrsg. von A. Gilles, L. Hopf, Th. v. Kármán. Berlin 1930.

auch die Hälfte dieser Länge, $t = \dfrac{F}{U}$, als hydraulischen Radius eingeführt. In sehr breiten Flüssen ist t dann die mittlere Tiefe. Da man
jedoch nicht wie beim kreisförmigen Querschnitt im allgemeinen voraussetzen kann, daß die einzelnen Teile der Umrandung gleiche Beiträge
zum Widerstand liefern, bedarf es für die Brauchbarkeit der Einführung des Profilradius einer experimentellen Bestätigung. Es hat sich
nun nach Versuchen von Schiller[1], Fromm[2] und noch unveröffentlichten Messungen von J. Nikuradse gezeigt, daß der Einfluß der
Querschnittsform unbedeutend ist, wenigstens solange es sich nicht um
gar zu gestreckte Querschnittsformen handelt. Für die laminare Strömung hat Boussinesq[3] für rechteckige und elliptische Querschnitte
von beliebigem Seiten- bzw. Achsenverhältnisse den Einfluß der Querschnittsform festgestellt. So ergibt sich nach der Boussinesqschen
Rechnung z. B. für den quadratischen Querschnitt $\lambda = \dfrac{14{,}225}{R}$ gegenüber $\lambda = \dfrac{16}{R}$ für kreisförmige Querschnitte.

31. Das Widerstandsgesetz bei rauher Wandung. Während das Widerstandsgesetz bis zu relativ großen Werten von R für glatte Rohre durch
die Blasiussche bzw. Leessche Kurve vollständig gegeben ist, trifft das
für Rohre mit mehr oder weniger rauher Wandung keineswegs zu.
Wandrauhigkeit vergrößert stets den Widerstand der turbulenten
Strömung, auch fallen die einzelnen Kurven $\lambda = f(R)$ für verschiedene
Rauhigkeiten nicht zusammen. Hier ist das Reynoldssche Ähnlichkeitsgesetz nicht mehr erfüllt, insofern als bei Rohren von gleichem Radius,
aber verschiedener Rauhigkeit oder bei Rohren von verschiedenen
Radien, aber gleicher Rauhigkeit die notwendige geometrische Ähnlichkeit nicht mehr gewahrt ist.

Blasius[4] und v. Mises[4] führen deshalb eine neue, den Rauhigkeitserhebungen proportionale Größe ε ein und setzen die Widerstandszahl λ aus Ähnlichkeitserwägungen in Abhängigkeit zu ε/r, der „relativen Rauhigkeit". Es ist somit

$$\lambda = f\left(R, \frac{\varepsilon}{r}\right).$$

Blasius geht noch einen Schritt weiter, indem er den Einfluß der
Rauhigkeit nicht durch die Größe ε als gegeben betrachtet, also nicht

---

[1] Schiller, L.: Über den Strömungswiderstand von Rohren verschiedenen
Querschnitts und Rauhigkeitsgrades. Z. ang. Math. Mech. Bd. 3, S. 2. 1923.

[2] Fromm, K.: Strömungswiderstand in rauhen Rohren. Z. ang. Math. Mech.
Bd. 3, S. 339. 1923.

[3] Boussinesq, J.: Mémoire sur l'influence des frottements dans les mouvements réguliers des fluides. J. math. pur et appl. (2) Bd. 13, S. 377. 1868.

[4] Vgl. Fußnote S. 45.

durch die Größe der Rauhigkeitserhebungen, sondern durch eine empirische Feststellung: Der die Rauhigkeit charakterisierende Parameter ist nach Blasius für 2 Rohre von verschiedenen Radien dann derselbe, wenn beide Rohre für irgend eine Reynoldssche Zahl denselben Wert von λ ergeben. Haben dann 2 Rohre einen auf diese Art bestimmten gleichen Rauhigkeitsparameter, so fallen die λ-Werte der beiden Rohre für alle Reynoldsschen Zahlen auf nur eine Kurve. Das Widerstandsgesetz wäre hiernach also durch eine einparametrische Kurvenschar mit der Blasiusschen bzw. Leesschen Kurve für glatte Rohre als untere Grenze vollständig gegeben.

32. Wandrauhigkeit und Wandwelligkeit. Leider sind die Widerstandsvorgänge bei rauhen Rohren, wie eine diesbezügliche umfassende Zusammenstellung von Hopf[1] und spezielle Messungen von Fromm und Schiller gezeigt haben, weniger einfach. Außer der relativen Größe der einzelnen Rauhigkeitserhebungen ist noch deren Form von maßgebender Bedeutung für das Widerstandsgesetz. Und zwar lassen sich nach Hopf und Fromm zwei prinzipiell verschiedene Rauhigkeitstypen unterscheiden:

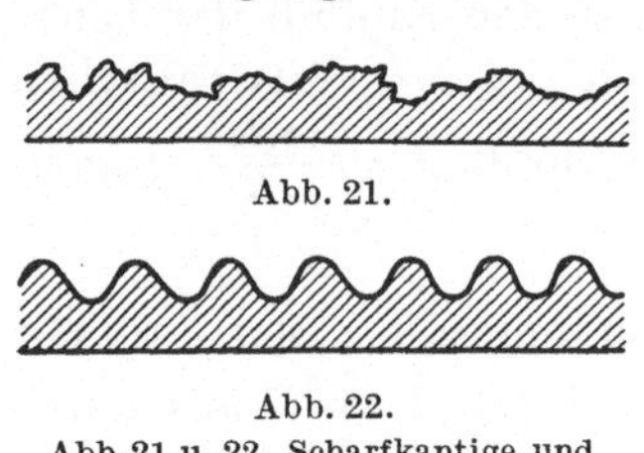

Abb. 21.

Abb. 22.

Abb. 21 u. 22. Scharfkantige und kurzwellige Erhebungen, kurz „Wandrauhigkeit".

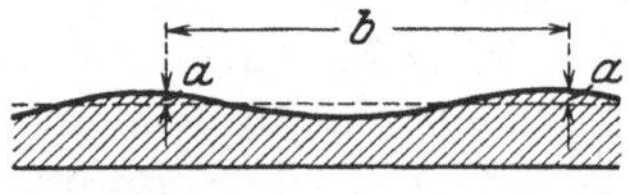

Abb. 23. Langwellige abgerundete Erhebungen, kurz „Wandwelligkeit".

1. scharfkantige und kurzwellige Rauhigkeitserhebungen, kurz „Wandrauhigkeit" genannt, von der Art der Abb. 21 und 22. Beispiele dieser ersten Art sind z. B. Zementwände, verrostetes Eisen, Gußeisen, Waffelblech;

2. sanft abgerundete langwellige Rauhigkeitserhebungen, kurz „Wandwelligkeit" genannt, wie z. B. gehobeltes Holz, asphaltiertes Eisenblech, mehr oder weniger stark niedergewalztes Waffelblech in der Art der Abb. 23.

Für den ersten Rauhigkeitstyp ergibt sich ein von der Reynoldsschen Zahl unabhängiges λ, d. h. ein mit der Geschwindigkeit quadratisches Widerstandsgesetz, wobei λ stark von der „relativen Rauhigkeit" ε/r abhängt, Abb. 24.

Für den zweiten Rauhigkeitstyp erhält man zwar größere Widerstandszahlen als beim glatten Rohr, sonst aber die gleiche Abhängigkeit der Größe λ von R wie bei diesem, so daß in Abb. 24 die einer bestimmten Welligkeit zugehörige Kurve $\lambda = f(R)$ derjenigen der glatten Rohre parallel ist. Während λ bei „rauhen" Wänden in starkem Maße vom

---

[1] Hopf, L.: Die Messung der hydraulischen Rauhigkeit. Z. ang. Math. Mech. Bd. 3, S. 329. 1923.

Profilradius abhängig ist, insofern als bei Rohren von gleicher Wandbeschaffenheit λ mit abnehmendem Radius beträchtlich zunimmt, ist λ bei „Wandwelligkeit" vom Radius mehr oder weniger unabhängig, und zwar um so mehr, je kleiner das Verhältnis von $\dfrac{\text{Wellenerhebung}}{\text{Wellenlänge}} = \dfrac{a}{b}$ in der Abb. 23 ist.

Messungen an gezogenen Metallrohren mit nicht ganz glatter Oberfläche — deren Wandbeschaffenheit etwa die Mitte bildet zwischen einer ausgesprochenen Wandrauhigkeit und einer Wandwelligkeit — zeigen mit wachsender Reynoldsscher Zahl einen allmählichen Übergang zum quadratischen Gesetz. Das legt die zuerst von Schiller[1] ausgesprochene Vermutung nahe, daß bei genügend großen Reynoldsschen Zahlen auch für die glattesten Rohre schließlich das quadratische Widerstandsgesetz gilt. Und zwar würde — da es ja auf die

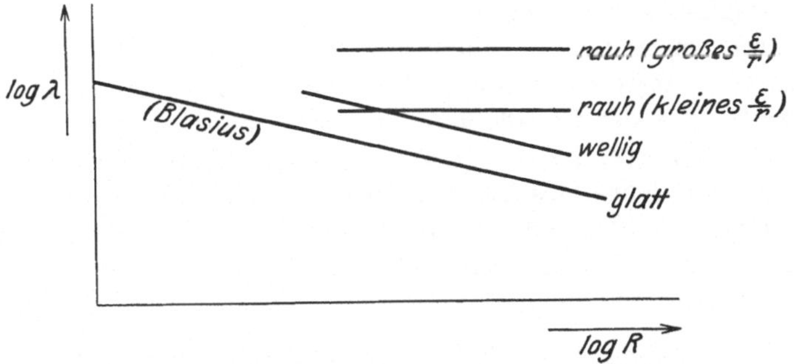

Abb. 24. Abhängigkeit der Widerstandszahl von der Reynoldsschen Zahl für Rohre von verschiedener Wandbeschaffenheit.

„relative" Rauhigkeit ankommt — das quadratische Gesetz bei um so geringeren Reynoldsschen Zahlen erreicht werden, je enger das Rohr ist.

33. Messung der Mittelwerte der Geschwindigkeit einer turbulenten Strömung mittels Pitotrohr. In engem Zusammenhang mit der gegenüber der Laminarströmung beträchtlich größeren Widerstandzahl steht das für die turbulente Strömung charakteristische Geschwindigkeitsprofil mit dem fast unmittelbar an der Wand sich vollziehenden Geschwindigkeitsanstieg und der über dem Durchmesser fast gleichmäßigen Geschwindigkeitsverteilung. Es ist, wie wir in Nr. 54 sehen werden, sogar möglich, unter gewissen Annahmen allein aus dem Widerstandsgesetz die turbulente Geschwindigkeitsverteilung (bis auf einen kleinen Bereich in der Rohrmitte) abzuleiten.

Dabei verstehen wir bei einer turbulenten Strömung unter der Geschwindigkeit in einem Punkt den zeitlichen Mittelwert der Geschwindig-

---

[1] Schiller, L.: Das Turbulenzproblem und verwandte Fragen. Phys. Z. Bd. 26, S. 566. 1925.

keiten in diesem Punkt. Bezeichnen U, V, W die rechtwinkligen Komponenten der Geschwindigkeiten in einem Punkt einer turbulenten Strömung, so zerlegen wir diese Größen in eine von der Zeit unabhängige Grundgeschwindigkeit mit den Komponenten u, v, w und den von der Zeit abhängigen Schwankungen u', v', w', also

$$U = u + u', \quad V = v + v', \quad W = w + w'.$$

Daß trotz der scheinbar regellosen und wilden Bewegungen einer turbulenten Strömung eine solche zeitliche Mittelwertbildung — wie die Erfahrung zeigt — möglich ist, daß also die zeitlichen Mittelwerte von u', v', w' schon für sehr kurze Zeitintervalle verschwinden, ist eine wesentliche Eigenart der turbulenten Strömung, durch die zum Ausdruck kommt, daß die Strömung doch nicht so „regellos" ist, sondern daß gewisse, wenn auch wohl nur statistisch zu erfassende Gesetzmäßigkeiten bestehen.

Die durchweg übliche Methode der Messung von Geschwindigkeitsverteilungen mittels Pitotrohr und Flüssigkeitsmanometer gibt schon von selbst wegen der im allgemeinen vorhandenen großen Dämpfung zeitliche Mittelwerte. In dieser Weise hat wohl als einer der ersten Bazin die turbulente Geschwindigkeitsverteilung gemessen und dafür die Form einer halben Ellipse mit einem Achsenverhältnis von etwa $3,5 : 1$ gefunden, wobei in „unmittelbarer Nähe" der Wand die auf die durchschnittliche Geschwindigkeit $\bar{u}$ bezogene Geschwindigkeit mit $\frac{u}{\bar{u}} = 0,741$ angegeben wird. Sehr sorgfältig sind später von Stanton[1] Geschwindigkeitsverteilungen in Rohren von kreisförmigem Querschnitt gemessen, wobei besonderer Wert auf die Messung des steilen Geschwindigkeitsanstieges dicht an der Wand gelegt wurde. Zu dem Zweck wurde das Pitotrohr selbst nahezu ganz in die Rohrwandung hineinverlegt, wodurch es möglich wurde, noch in $^3/_{100}$ mm von der Wandung die Geschwindigkeit zu messen.

Es ist jedoch bei der Geschwindigkeitsmessung mittels Pitotrohr zu berücksichtigen, daß die Dämpfung im Manometer und in den Zuführungsschläuchen nicht den gesuchten zeitlichen Mittelwert u, sondern, da im Manometer lediglich Drucke bzw. Geschwindigkeitshöhen gemittelt werden, den zeitlichen Mittelwert von U^2 ergibt. Nun ist in

$$U^2 = (u + u')^2 = u^2 + 2\,u\,u' + u'^2$$

zwar der zeitliche Mittelwert von $2\,u\,u'$ gleich Null, nicht aber der von u'^2. Da der zeitliche Mittelwert von u'^2 vielmehr stets positiv ist, mißt man also eine in der Stärke schwankende Geschwindigkeit mit dem

---

[1] Stanton, T. E.: The Mechanical Viscosity of Fluids. Proc. Roy. Soc. London (A) Bd. 85, S. 366. 1911.

Pitotrohr immer zu hoch. Ändert sich die Geschwindigkeit in kurzen Zeitintervallen, z. B. um $\pm$ 20%, so ist der am Manometer abgelesene zeitliche Mittelwert der Geschwindigkeitshöhe bzw. von U^2 gleich

$$u^2\left(1 + \frac{u'^2}{u^2}\right) = u^2\left(1 + \frac{20^2}{100^2}\right).$$

Wenn wir hieraus noch die Wurzel ziehen, haben wir also

$$u\sqrt{1 + \frac{u'^2}{u^2}} = u\sqrt{1 + \frac{400}{10\,000}} = 1{,}02\,u,$$

d. h. wir haben einen um 2% zu großen Wert gemessen.

Immerhin sind Schwankungen von $\pm$ 20% der Geschwindigkeit schon recht groß. Sie kommen wohl vor bei stark sich erweiternden Rohren und Kanälen (Diffusoren), vgl. Kröner[1], bei gewöhnlicher Turbulenz haben wir es aber wohl mit kleineren Schwankungen zu tun. Nach Messungen von Burgers[2], der mittels Hitzdrahtmethode die einzelnen Schwankungen eines turbulenten Luftstromes registriert hat, betragen die Schwankungen weniger als $\pm$ 5%. Das würde dann nur einen Fehler von etwa 1,5 Promille ausmachen.

34. Die turbulente Geschwindigkeitsverteilung. Von Stanton wurde auch die Frage untersucht, ob die Form des Geschwindigkeitsprofils $\frac{u}{\overline{u}} = f(r)$, nachdem es in einer genügend langen Anlaufstrecke Gelegenheit gehabt hat, sich endgültig auszubilden, von der Reynoldsschen Zahl abhängt. Seine Messungen für glatte Rohre ergeben, daß bei gleicher Reynoldsscher Zahl (aber verschiedenen Durchmessern, also auch verschiedenen Geschwindigkeiten) sich genau die gleichen Geschwindigkeitsverteilungen ausbilden, daß jedoch bei verschiedenen Reynoldsschen Zahlen die Profile sich insofern voneinander unterscheiden, daß bei wachsender Reynoldsscher Zahl der Geschwindigkeitsanstieg an der Wand in geringem Maße zunimmt. Immerhin wird — besonders bei großen Reynoldsschen Zahlen — die Abhängigkeit mit wachsendem R geringer, so daß man wohl nicht fehl geht, wenn man eine ganz bestimmte asymptotische Geschwindigkeitsverteilung der turbulenten Strömung für glatte Rohre annimmt. Für Rohre von beträchtlicher Wandrauhigkeit (eingeschnittenes Gewinde) ergaben die Stantonschen Messungen Unabhängigkeit der Profile von der Reynoldsschen Zahl, was auch im Zusammenhang damit steht, daß für

---

[1] Kröner, R.: Versuche über Strömungen in stark erweiterten Kanälen. Diss. Charlottenburg 1915 oder Forsch.-Arb. Ing. H. 222.

[2] Burgers, J. M.: Experiments on the Fluctuations of the Velocity in a Current of Air. Proc. XXIX, Nr. 4. Koninglijke Akad. van Wetenschappen te Amsterdam.

rauhe Rohre $\lambda =$ konst. ist. Nach Messungen von Fritsch[1] beschränkt sich der Einfluß der Wandrauhigkeit hinsichtlich der Geschwindigkeitsprofile lediglich auf die wandnahen Teile derselben. Es hat sich gezeigt, daß für gleichen Druckabfall Rohre verschiedener Rauhigkeit bis nahe an die Rohrwandung (bis zu einer Wandentfernung von etwa $^1/_{10}$ Rohrradius) fast gleiche Profile liefern. Mit andern Worten, die Profilform ist im wesentlichen nur von der zu übertragenden Schubspannung, nicht aber von der besonderen Beschaffenheit der Wand abhängig.

Die Änderung der Profilform mit der Reynoldsschen Zahl ist auch von praktischer Bedeutung. Denn bestände diese Abhängigkeit nicht, wäre also auch $\frac{u_{max}}{\bar{u}}$ von R unabhängig, so hätte man bei Kenntnis dieses Wertes ein einfaches Mittel, die sonst häufig schwer festzustellende durchschnittliche Geschwindigkeit durch eine Geschwindigkeitsmessung in der Rohrachse zu bestimmen. Unter andern haben besonders Stanton u. Pannell[2] die Abhängigkeit von $\frac{u_{max}}{\bar{u}}$ von R bis zu Reynoldsschen Zahlen von 42 000 untersucht und gefunden, daß $\frac{u_{max}}{\bar{u}}$ mit wachsendem R, wenn auch langsam, abnimmt. Vergleicht man die Resultate der einzelnen Autoren, so zeigt sich, daß $\frac{u_{max}}{\bar{u}}$ mit zunehmendem R sich dem Wert 1,22 bis 1,25 asymptotisch nähert.

35. Die Geschwindigkeitsverteilung im turbulenten Anlauf. Ebenso wie bei der Laminarströmung haben wir auch hier eine Anlaufstrecke, innerhalb der die turbulente Strömung mit der ihr eigenen Geschwindigkeitsverteilung sich ausbildet. Nur ist, wie H. Kirsten[3] und noch unveröffentlichte Messungen von J. Nikuradse gezeigt haben, die turbulente Anlaufstrecke im allgemeinen wesentlich kürzer als die laminare und im Gegensatz zu dieser nicht in dem Maße von der Reynoldsschen Zahl abhängig. Kirsten gibt an, daß man mit einer Anlaufstrecke von etwa 100 bis 200 Radien rechnen muß, während die Nikuradseschen Messungen bereits ein konstantes Profil bei etwa 50 bis 80 Radien zeigen. Eine noch kürzere (aber wohl zu kurze) Anlaufstrecke ergibt die turbulente Anlauftheorie von Latzko[4], nach der sich für eine R.-Zahl von etwa 20 000 bereits bei ungefähr 20 Radien die endgültige Geschwindigkeitsverteilung eingestellt haben soll.

---

[1] Fritsch, W.: Der Einfluß der Wandrauhigkeit auf die turbulente Geschwindigkeitsverteilung in Rinnen. Z. ang. Math. Mech. Bd. 8, S. 199. 1928.

[2] Vgl. Fußnote S. 46.

[3] Kirsten, H.: Experimentelle Untersuchung der Entwicklung der Geschwindigkeitsverteilung bei der turbulenten Rohrströmung. Diss. Leipzig 1927.

[4] Latzko, H.: Der Wärmeübergang an einen turbulenten Flüssigkeits- oder Gasstrom. Z. ang. Math. Mech. Bd. 1, S. 268. 1921.

Abb. 25 zeigt nach Messungen von Nikuradse, wie sich in einem Rohr mit abgerundetem Einlauf die endgültige Geschwindigkeits-

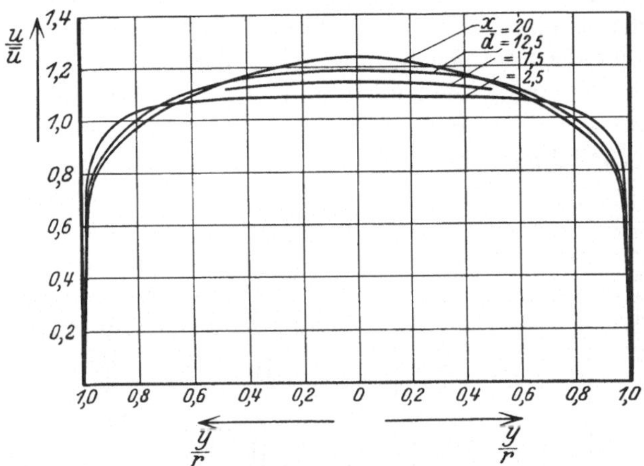

Abb. 25. Ausbildung der turbulenten Geschwindigkeitsverteilung in der Anlaufstrecke, nach Messungen von **J. Nikuradse.**

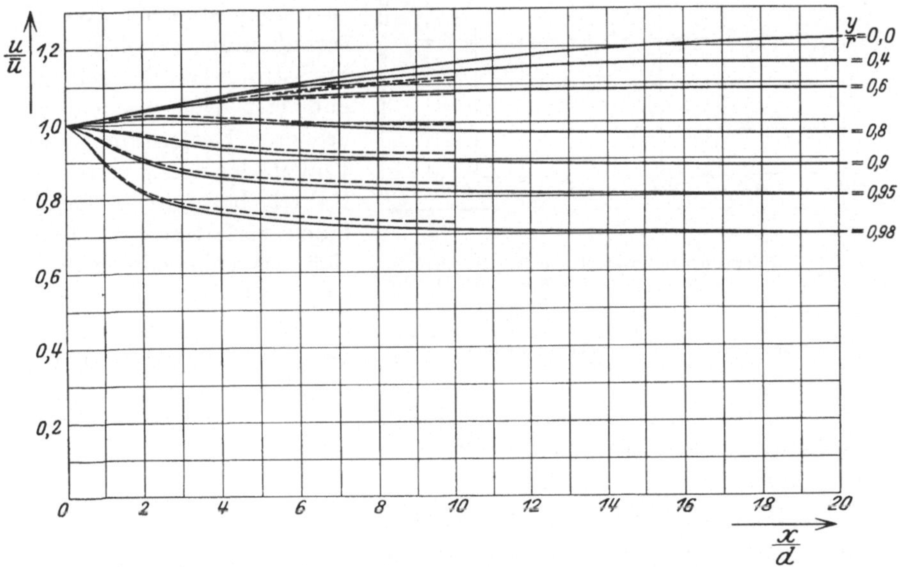

Abb. 26. Schnitte in Richtung der Rohrachse durch turbulente Geschwindigkeitsprofile in der Anlaufstrecke eines Rohres, nach Messungen von **J. Nikuradse.**

verteilung allmählich einstellt $\left(R = \dfrac{\bar{u}\cdot r}{\nu} = 25000\right)$. In Abb. 26 sind Schnitte durch diese Geschwindigkeitsprofile in Richtung der Rohrachse für verschiedene Wandabstände aufgetragen und zum Vergleich die nach der Latzkoschen Theorie berechneten Werte gestrichelt eingezeichnet.

Zu bemerken ist, daß bereits die dem Einlauf recht nahen Profile sich von den entsprechenden der laminaren Anlaufströmung wesentlich unterscheiden. Vergleicht man in Abb. 27 z. B. das Profil einer turbulenten Strömung, das sich in einer Entfernung von 5 Rohrradien vom Einlauf ausbildet, mit einem laminaren Profil von gleich großer Geschwindigkeit im mittleren Teil des Rohres (bezogen auf die durchschnittliche Geschwindigkeit), so erkennt man den für die turbulente Strömung charakteristischen außerordentlich steilen Geschwindigkeitsanstieg an der Rohrwandung. Man kann also bereits in einer Entfernung von 5 Rohrradien vom Einlauf nicht mehr von einer laminaren Strömung sprechen. Wenn trotzdem die Reynoldsschen Farbstrahlversuche zeigen, daß erst nach wesentlich größerer Entfernung vom Einlauf der in der Mitte des Rohres befindliche Farbfaden zerflattert, so läßt sich das vielleicht so deuten, daß die ersten Turbulenzerscheinungen nicht von der Mitte, sondern von der Rohrwandung am Einlauf ihren Ausgang nehmen. Abb. 28 zeigt die Geschwindigkeitsverteilung für die ausgebildete turbulente Strömung im Rohr von kreisförmigem Querschnitt.

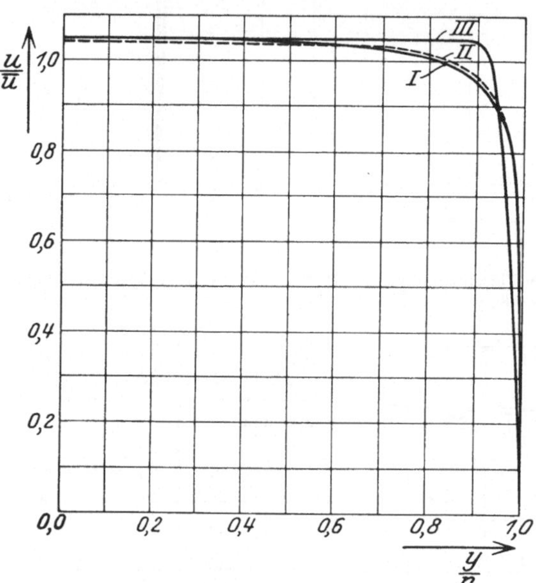

Abb. 27. *I* Geschwindigkeitsprofil einer turbulenten Strömung in einer Entfernung von 5 Rohrradien vom abgerundeten Einlauf. *II* Das entsprechende Profil berechnet nach der Methode von Latzko. *III* Das in dieser Entfernung vom Einlauf vorhandene laminare Geschwindigkeitsprofil von gleicher durchschnittlicher Geschwindigkeit.

36. Der Druckverlust im turbulenten Anlauf. Im Gegensatz zur Laminarströmung hat die turbulente Strömung bei abgerundetem Rohreinlauf nur einen sehr geringen „Anlaufverlust" an Druckhöhe.

Am Rohreintritt direkt haben beide Strömungsarten einen Druckhöhenverlust von der Größe einer Geschwindigkeitshöhe $\left(\dfrac{\bar{u}^2}{2g}\right)$. Während der Anlaufverlust der Laminarströmung jedoch eine weitere Geschwindigkeitshöhe ausmacht (entsprechend der Tatsache, daß sich die kinetische Energie der Strömung bis zur Ausbildung des endgültigen Parabelprofils verdoppelt), beträgt dieser Verlust an Druckhöhe bei der turbulenten Strömung nur etwa den elften Teil $0,09\,\dfrac{\bar{u}^2}{2g}$ (die kinetische Energie des ausgebildeten Geschwindigkeitsprofils der turbulenten Strömung ist um etwa 9% größer als diejenige des Eintrittsprofils).

Handelt es sich um ein Rohr mit scharfkantigem Einlauf, so kommt noch ein Verlust an Druckhöhe hinzu, der dadurch bedingt ist, daß der im Einlauf kontrahierte Strahl sich verhältnismäßig rasch wieder auf den vollen Rohrquerschnitt erweitert. Da der durch eine plötzliche Erweiterung verursachte Druckhöhenverlust nach S. 228 des ersten Bandes

$$h = \frac{1}{2g}\,(u_1 - \bar{u})^2$$

ist, wenn u_1 die durchschnittliche Geschwindigkeit an der Stelle des kleinsten Querschnitts (F_1) und $\bar{u}$ diejenige des auf den Rohrquerschnitt (F) erweiterten Strahles bedeutet, so ergibt sich mit Einführung des Kontraktionskoeffizienten α wegen

$$\frac{u_1}{\bar{u}} = \frac{F}{F_1} = \frac{1}{\alpha}\,,$$

$$h = \frac{\bar{u}^2}{2g}\left(\frac{1}{\alpha} - 1\right)^2.$$

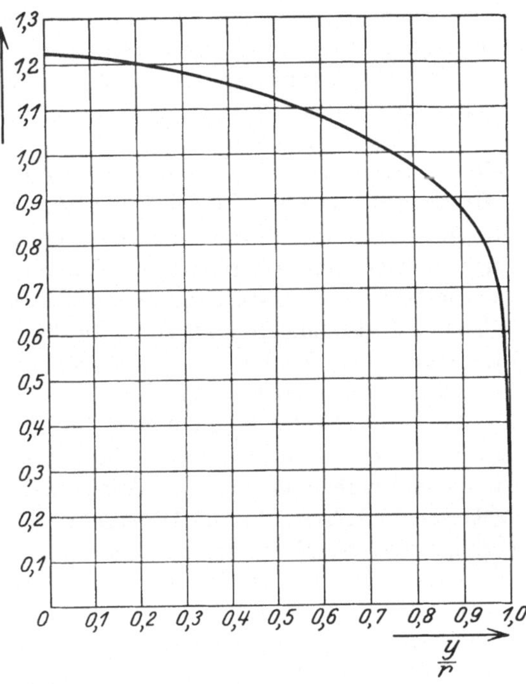

Abb. 28. Geschwindigkeitsverteilung der turbulenten Strömung im Rohr.

Setzt man für α etwa 0,64, so erhält man für den durch Kontraktion bedingten Druckhöhenverlust

$$h = 0,31\,\frac{\bar{u}^2}{2g}\,.$$

Im ganzen kommt also zu dem eigentlichen Strömungsverlust hinzu: Eintrittsverlust h_1, Anlaufsverlust h_2 und — wenn es sich um scharfkantigen Einlauf handelt — Kontraktionsverlust h_3.

$$h = h_1 + h_2 + h_3 = \frac{\bar{u}^2}{2g}\,(1 + 0,09 + 0,31) = 1,40\,\frac{\bar{u}^2}{2g}\,.$$

Daß die Summe h dieser drei Größen mit $1{,}40\,\dfrac{\bar{u}^2}{2\,g}$ gut wiedergegeben ist, zeigt auch Abb. 17, bei der für den turbulenten Kurventeil von den gemessenen Druckhöhen der Betrag $1{,}4\,\dfrac{\bar{u}^2}{2\,g}$ in Abzug gebracht worden ist.

37. Konvergente und divergente Strömungen. Bereits eine sehr geringe Konvergenz bzw. Divergenz der Rohrwandung oder der Wandung von Kanälen hat eine wesentliche Einwirkung auf die laminare Strömungsform. Einerseits wird der Übergang der laminaren Strömung in die turbulente, d. h. die kritische Reynoldssche Zahl, beträchtlich beeinflußt, sobald man — wenn auch nur wenig — von der Parallelität der Wandung abgeht. Anderseits ändert sich die Geschwindigkeitsverteilung über dem Rohrdurchmesser und damit der Druckabfall in der Strömungsrichtung schon bei sehr wenig sich verengernden bzw. sich erweiternden Rohren oder Kanälen.

Und zwar wirkt eine wenn auch nur schwache Konvergenz im Sinne einer Stabilisierung der laminaren Strömung, d. h. unter sonst gleichen Umständen (Einlauf, Beruhigung des Wassers) geht die kritische Reynoldssche Zahl gleich beträchtlich in die Höhe, wenn das Rohr sich in Richtung der Strömung schwach verjüngt. Umgekehrt sind die Verhältnisse bei schwach divergenter Wandung. Hier tritt unter sonst gleichen Bedingungen die turbulente Strömung bereits bei viel kleineren Reynoldsschen Zahlen auf. Genauere zahlenmäßige Angaben liegen hierüber jedoch noch nicht vor.

Wie die Geschwindigkeitsverteilungen bei laminarer Strömung in Kanälen und Rohren von wechselnder Breite aussehen, hat zuerst Blasius[1] berechnet unter der Annahme, daß die Neigung der Wandung relativ zur Achse, d. h. die Divergenz nur klein ist. Es bildet sich dann infolge der Geschwindigkeitsabnahme ein Druckanstieg aus, der sich dem Reibungsdruckgefälle überlagert. Resultiert hieraus nun ein Druckanstieg in Strömungsrichtung, so besteht — wie wir in Nr. 48 und 52 sehen werden — die Möglichkeit, daß die Flüssigkeitsteilchen in der Wandnähe eine rückläufige Bewegung ausführen. Bezeichnet $y(x)$ die Kontur der divergenten Wandung der zweidimensionalen Strömung und R die Reynoldssche Zahl, so erhält Blasius als Bedingungsgleichung dafür, daß die Rückströmung beginnt, die Beziehung

$$R \cdot \frac{d\,y}{d\,x} = \frac{35}{4}\,.$$

Ein Vergleich dieser Näherungstheorie mit der strengen Lösung von Hamel[2], die auf elliptische Integrale führt, zeigt jedoch, daß nur

---

[1] Blasius, H.: Laminare Strömung in Kanälen wechselnder Breite. Z. Math. Phys. Bd. 58, S. 225. 1910.

[2] Hamel, G.: Spiralförmige Bewegungen zäher Flüssigkeiten. Jahresber. d. dtsch. Mathem.-Ver. Bd. 25, S. 34. 1916.

bis etwa $R \cdot \dfrac{dy}{dx} = 3$ die Blasiussche Rechnung mit der exakten Lösung von Hamel einigermaßen übereinstimmt.

Für geradlinig begrenzte Diffusoren (zweidimensional) erhält K. Pohlhausen[1] das Resultat, daß selbst bei beliebig geringer Divergenz eine Rückströmung in der laminaren Grenzschicht eintritt, sobald sich der Querschnitt um etwa 22% gegenüber dem Eintrittsquerschnitt vergrößert hat.

Allerdings ist dazu zu sagen, daß in Wirklichkeit wohl kaum derartige laminare Geschwindigkeitsprofile mit Wendepunkten auftreten, da wegen des zur Turbulenz neigenden Charakters einer divergenten Strömung der laminare Zustand kaum aufrechterhalten werden kann, ganz abgesehen davon, daß — wie Rayleigh[2] gezeigt hat — Strömungen mit Wendepunkten in der Geschwindigkeitsverteilung ganz besonders labilen Charakter besitzen.

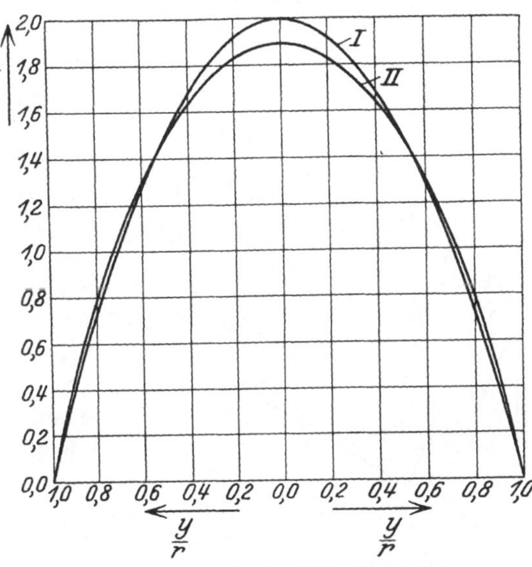

Abb. 29. Laminare Geschwindigkeitsverteilung. *I* Konstanter Durchmesser. *II* In Richtung der Strömung schwach konvergentes Rohr; $R \dfrac{dy}{dx} = 1$.

In wie starkem Maße die Geschwindigkeitsverteilung einer laminaren Strömung durch eine geringe Konvergenz bzw. Divergenz abgeändert wird, zeigt Abb. 29. Bei einer Reynoldsschen Zahl von $R = 1000$ stellt sich im Falle einer konvergenten Strömung das in der Abbildung mit II bezeichnete Profil bereits ein, wenn auf $x = 1$ m Länge des Rohres der Radius sich um nur $y = 1$ mm ändert $\left(R \dfrac{dy}{dx} = 1 \right)$.

Man erkennt, daß sich die Geschwindigkeitsverteilung beim konvergenten Rohr in der Mitte gegenüber der Parabel abgeflacht hat, während der Geschwindigkeitsanstieg an der Wand etwas größer geworden ist. Umgekehrt haben wir bei der divergenten Strömung an

---

[1] Pohlhausen, K.: Zur näherungsweisen Integration der Differentialgleichung der laminaren Grenzschicht. Z. ang. Math. Mech. Bd. 1, S. 252. 1921.

[2] Rayleigh: On the Stability or Instability of Certain Fluid Motions. II. Proc. Lond. Math. Soc. XIX, p. 67. 1887 oder Papers Vol. III, p. 17.

der Wand einen geringeren Geschwindigkeitsgradienten, während das
Profil in der Rohrmitte eine Zuspitzung erfahren hat. Daß die Einwirkung der Querschnittsänderung des Rohres auf das Profil gerade
eine solche ist, daß konvergente Strömungen abgeflachte, divergente
Strömungen zugespitzte Profile ergeben, kann man sich auch leicht
in folgender Art anschaulich klarmachen: Handelt es sich beispielsweise um eine konvergente Strömung, so nimmt die durchschnittliche
Geschwindigkeit in Richtung der Strömung zu, was — abgesehen vom
Reibungsdruckverlust — einem zusätzlichen Druckabfall entspricht.

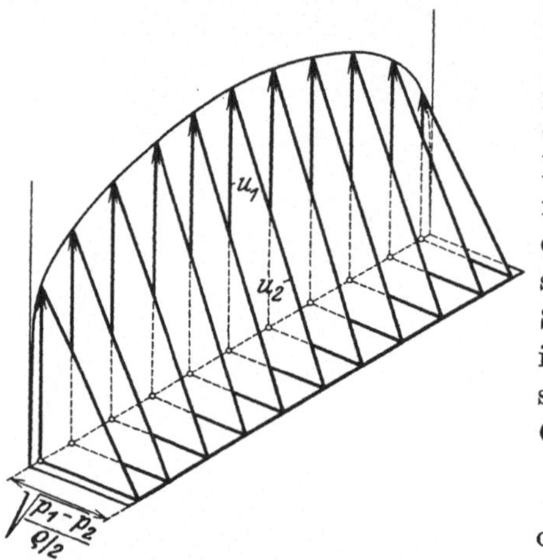

Abb. 30. Graphische Darstellung des Einflusses
der Konvergenz der Wände auf das Geschwindigkeitsprofil.

Betrachten wir zwei Querschnitte 1
und 2 mit den Drucken p_1 und
p_2 $(p_1 > p_2)$ und bezeichnen wir
die Geschwindigkeit in irgendeinem
Punkt des ersten Querschnittes
mit u_1 und die Geschwindigkeit in
demjenigen Punkt des zweiten Querschnittes, der auf der gleichen
Stromlinie wie u_1 liegt, mit u_2, so
ist, wenn wir von der Reibung absehen, nach der Bernoullischen
Gleichung

$$p_1 - p_2 = \frac{\varrho}{2}\,(u_2^2 - u_1^2)$$

oder

$$u_2^2 = u_1^2 + \frac{p_1 - p_2}{\varrho/2}\,.$$

Betrachtet man in Abb. 30 u_1 und $\sqrt{\dfrac{p_1 - p_2}{\varrho/2}}$ als Katheten eines rechtwinkligen Dreiecks, so hat man in der Hypotenuse die gesuchte Ge-
schwindigkeit u_2 und man erkennt, da $\sqrt{\dfrac{p_1 - p_2}{\varrho/2}}$ über dem ganzen
Durchmesser konstant ist, daß das Profil flacher geworden ist. Für
divergente Strömungen gilt die analoge Überlegung, nur sind u_1 und u_2
in Abb. 30 zu vertauschen.

Von praktischer Bedeutung ist jedoch — besonders bei divergenten
Strömungen — lediglich die turbulente Strömungsform. Obwohl die
Praxis gerade für die in dieses Gebiet fallenden Fragen ein großes
Interesse hat, z. B. für die Fragen, in welcher Weise die Verluste bei
der Umsetzung von Geschwindigkeit in Druck von dem Öffnungswinkel
der Rohre abhängt, welcher Öffnungswinkel gerade noch zulässig ist,
ohne daß eine Rückströmung an der Rohrwandung eintritt, an welchem
Ort der divergenten Strömungen die Hauptverluste eintreten usw. —
so sind diese Fragen im einzelnen noch wenig geklärt. Ansätze dazu

finden sich in den Arbeiten von Gibson[1], Andres[2], Hochschild[3], Kröner[4], Dönch[5] und Nikuradse[6].

Die Versuche sind teils mit Wasser, teils mit Luft ausgeführt, wobei in einer speziellen Untersuchung[3] der Nachweis der mechanischen Ähnlichkeit von Luft- und Wasserströmungen erbracht wurde.

Die Querschnitte der benutzten Rohre bzw. geschlossenen Kanäle hatten meist rechteckige Gestalt, wobei der Abstand der kleinen Rechteckseiten konstant gehalten wurde. Der Einfluß der Konvergenz bzw. Divergenz der Kanalwände auf die Geschwindigkeitsverteilung ist prinzipiell der gleiche wie bei der laminaren Strömung: Auch hier wird bei konvergenten Wänden das Profil in der Mitte abgeflacht, bei divergenten Wänden zugespitzt. Abb. 31 zeigt drei von Dönch gemessene Profile, die dieses veranschaulichen.

Bei weiterer Steigerung des Öffnungswinkels ergibt sich dann Rückströmung und Ablösung der Flüssigkeit von der Wand; allerdings nicht beiderseitig, sondern stets nur an einer Seite. Der Flüssigkeitsstrahl legt sich der einen Wandfläche an, ist jedoch

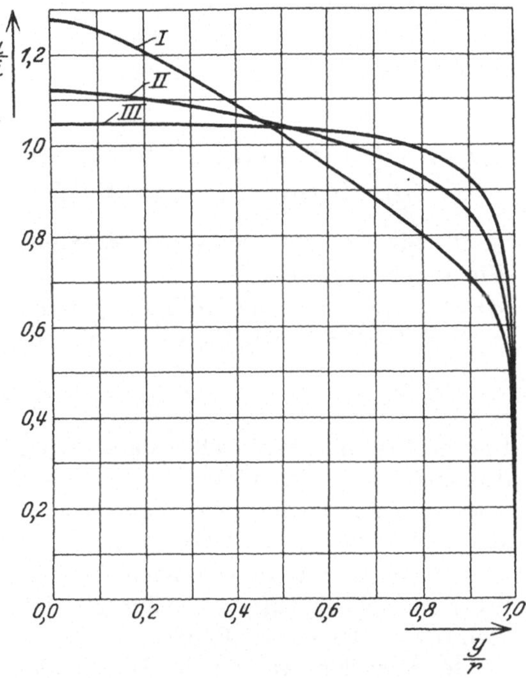

Abb. 31. Geschwindigkeitsverteilung der turbulenten Strömung in einem Kanal, nach Fr. Dönch. *I* Divergente Kanalwände (6°). *II* Parallele Kanalwände. *III* Konvergente Kanalwände (5,8°).

---

[1] Gibson, A. H.: Proc. Roy. Soc. London (A) Bd. 83. 1910.

[2] Andres: Versuche über die Umsetzung von Wassergeschwindigkeit in Druck. Forsch.-Arb. Ing. H. 76.

[3] Hochschild: Versuche über die Strömungsvorgänge in erweiterten und verengten Kanälen. Ebenda H. 114.

[4] Kröner, Rich.: Versuche über Strömungen in stark erweiterten Kanälen. Ebenda 1915, H. 222.

[5] Dönch, Fr.: Divergente und konvergente turbulente Strömungen mit kleinen Öffnungswinkeln. Ebenda 1926, H. 282.

[6] Nikuradse, J.: Untersuchungen über die Strömungen des Wassers in konvergenten und divergenten Kanälen. Ebenda H. 289.

häufig durch sehr geringe Änderungen in den Zuströmungsbedingungen zum Anlegen an die gegenüberliegende Wandfläche zu bringen. Dabei macht sich nun — wie zuerst Kröner erwähnt und später auch J. Nikuradse gefunden hat — sehr unangenehm bemerkbar, daß in diesen Fällen die vorausgesetzte Zweidimensionalität der Strömung verloren geht. Selbst bei einem Seitenverhältnis des Eintrittsquerschnittes von etwa 1:8 hört die Strömung auf, zweidimensional zu sein, sobald oder vielleicht schon bevor bei einem Öffnungswinkel von etwa 8 bis 10° die Ablösung eintritt.

IV. Differentialgleichung der zähen Flüssigkeit (dreidimensionale Differentialgleichung).

38. Die Grundgleichung der Mechanik der Flüssigkeitsbewegungen. Wir knüpfen an die Aussage an, daß für jedes Flüssigkeitsteilchen die Grundgleichung der Mechanik gelten muß: Masse × Beschleunigung = resultierende Kraft, für die Volumeneinheit also:

$$\varrho \frac{D\mathfrak{w}}{dt} = \mathfrak{K} + \mathfrak{R}. \tag{1}$$

Die resultierende Kraft läßt sich zerlegen in Massenkräfte $\mathfrak{K}$ und Oberflächenkräfte $\mathfrak{R}$. Sehen wir davon ab, daß in beschleunigten Systemen gewisse Zusatzkräfte, wie Zentrifugalkraft, Corioliskraft, auftreten können, so bleibt als Massenkraft die Schwerkraft pro Volumeneinheit $\mathfrak{K} = \varrho\, \mathfrak{g}$. Für die Oberflächenkräfte pro Volumeneinheit verbleibt bei Vernachlässigung der Reibungskräfte das Druckgefälle — grad p (vgl. Nr. 56 des ersten Bandes).

Jetzt wollen wir die in Wirklichkeit immer vorhandene innere Reibung oder Zähigkeit nicht mehr vernachlässigen, sondern uns vielmehr fragen, inwiefern sich die Bewegungsgleichung einer wirklichen Flüssigkeit von derjenigen einer ideal reibungslosen Flüssigkeit unterscheidet.

Wir setzen voraus, daß $\mathfrak{R}$ eine analytische Funktion des Ortes ist und daß es sich bei Flüssigkeiten im allgemeinen um isotrope Körper handelt, bei denen irgendwelche ausgezeichnete Richtungen nicht vorhanden sind und speziell also die Koeffizienten der inneren Reibung unabhängig von der Richtung sind. Betrachten wir nun in Abb. 32 einen Quader von infinitesimalen Abmessungen, so setzt sich die auf die Oberfläche dieses Volumenelements

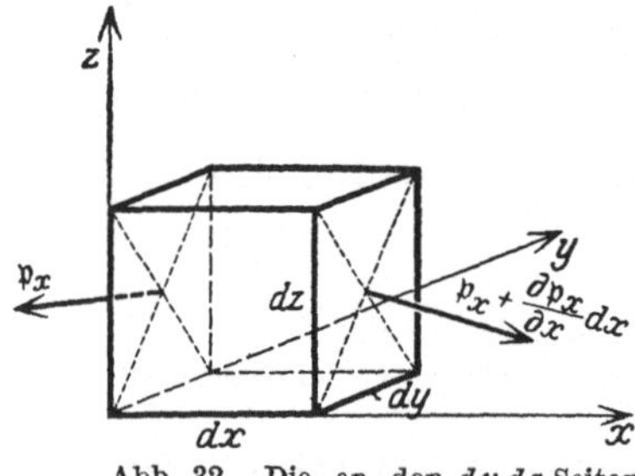

Abb. 32. Die an den *dy dz*-Seiten eines Volumenelementes *(dx dy dz)* einer zähen Flüssigkeit angreifenden Kräfte.

$dV = dx\,dy\,dz$ wirkende Kraft zusammen aus den drei Vektoren

$$\frac{\partial \mathfrak{p}_x}{\partial x}\,dx \cdot dy\,dz\,, \qquad \frac{\partial \mathfrak{p}_y}{\partial y}\,dy \cdot dz\,dx\,, \qquad \frac{\partial \mathfrak{p}_z}{\partial z}\,dz \cdot dx\,dy\,.$$

Wir bezeichnen dabei, um im Einklang mit den Benennungen in der Elastizitätstheorie zu bleiben, Zugkräfte als positiv, Druckkräfte als negativ. Mithin haben wir für die Resultierende:

$$\mathfrak{R} = \left(\frac{\partial \mathfrak{p}_x}{\partial x} + \frac{\partial \mathfrak{p}_y}{\partial y} + \frac{\partial \mathfrak{p}_z}{\partial z}\right) dV\,.$$

39. Zerlegung der resultierenden Oberflächenkraft in die Elemente eines Spannungsaffinors. Zerlegen wir jetzt die Vektoren $\mathfrak{p}_x$, $\mathfrak{p}_y$, $\mathfrak{p}_z$ in ihre rechtwinkligen Komponenten, z. B. $\mathfrak{p}_x = \mathfrak{i}\sigma_x + \mathfrak{j}\tau_{xy} + \mathfrak{k}\tau_{xz}$, so erhalten wir für die resultierende Kraft, bezogen auf die Volumeneinheit — wenn wir noch berücksichtigen, daß im Gleichgewichtszustand eines elastischen Körpers[1] das Moment um eine beliebige Achse verschwinden muß — also z. B.

$$\tau_{xy}\,dy\,dz \cdot dx = \tau_{yx}\,dx\,dz \cdot dy\,,$$

mithin

$$\tau_{xy} = \tau_{yx}; \text{ analog } \tau_{xz} = \tau_{zx} \quad \text{und} \quad \tau_{yz} = \tau_{zy}\,,$$

folgenden neungliedrigen Ausdruck:

$$\mathfrak{R} = \mathfrak{i}\left(\frac{\partial \sigma_x}{\partial x} + \frac{\partial \tau_{xy}}{\partial y} + \frac{\partial \tau_{xz}}{\partial z}\right) \ldots x\text{-Komponente}\,,$$

$$\mathfrak{j}\left(\frac{\partial \tau_{xy}}{\partial x} + \frac{\partial \sigma_y}{\partial y} + \frac{\partial \tau_{yz}}{\partial z}\right) \ldots y\text{-} \qquad ,,$$

$$\mathfrak{k}\underbrace{\left(\frac{\partial \tau_{xz}}{\partial x}\right.}_{\substack{yz\text{-}\\ \text{Fläche}}} + \underbrace{\frac{\partial \tau_{yz}}{\partial y}}_{\substack{zx\text{-}\\ \text{Fläche}}} + \underbrace{\left.\frac{\partial \sigma_z}{\partial z}\right)}_{\substack{xy\text{-}\\ \text{Fläche}}} \ldots z\text{-} \qquad ,,$$

Dieser Ausdruck für $\mathfrak{R}$ läßt sich auch noch in der Form schreiben[2]:

---

[1] Wir können zur Ableitung dieser Beziehung statt eines Flüssigkeitsvolumens einen elastischen Körper verwenden, da wir ganz allgemein annehmen, daß der Spannungszustand einer zähen Flüssigkeit ein gleichartiger ist wie bei einem elastischen Körper, nur daß der Spannungszustand beim elastischen Körper den Formänderungen, beim flüssigen Körper jedoch den Formänderungsgeschwindigkeiten proportional gesetzt wird. Für ein Flüssigkeitsvolumen lassen sich die obigen Beziehungen unter Zurückgehen auf den Gleichgewichtsfall nicht ableiten, da man geradezu als Definition einer Flüssigkeit angeben kann, daß im Gleichgewichtsfall jegliche Schubspannungen verschwinden.

[2] Das Zeichen o bedeutet das skalare Produkt der durch dieses Zeichen verbundenen Größen, z. B.

$$\mathfrak{i}\,\frac{\partial}{\partial x} \circ \mathfrak{i}\,\mathfrak{i}\sigma_x = \underbrace{\mathfrak{i} \circ \mathfrak{i}}_{1}\,\mathfrak{i}\,\frac{\partial \sigma_x}{\partial x} = \mathfrak{i}\,\frac{\partial \sigma_x}{\partial x}\,, \qquad \mathfrak{j}\,\frac{\partial}{\partial y} \circ \mathfrak{i}\,\mathfrak{i}\sigma_x = \underbrace{\mathfrak{j} \circ \mathfrak{i}}_{0}\,\mathfrak{i}\,\frac{\partial \sigma_y}{\partial y} = 0\,,$$

vgl. Nr. 43 des ersten Bandes.

$$\Re = \left(\mathfrak{i}\,\frac{\partial}{\partial x} + \mathfrak{j}\,\frac{\partial}{\partial y} + \mathfrak{k}\,\frac{\partial}{\partial z} \right) \circ (\mathfrak{i}\mathfrak{i}\sigma_x + \mathfrak{i}\mathfrak{j}\tau_{xy} + \mathfrak{i}\mathfrak{k}\tau_{xz}$$
$$+\, \mathfrak{j}\mathfrak{i}\tau_{xy} + \mathfrak{j}\mathfrak{j}\sigma_y + \mathfrak{j}\mathfrak{k}\tau_{yz}$$
$$+\, \mathfrak{k}\mathfrak{i}\tau_{xz} + \mathfrak{k}\mathfrak{j}\tau_{yz} + \mathfrak{k}\mathfrak{k}\sigma_z)$$

oder auch mit Einführung des Operators $V = \mathfrak{i}\,\dfrac{\partial}{\partial x} + \mathfrak{j}\,\dfrac{\partial}{\partial y} + \mathfrak{k}\,\dfrac{\partial}{\partial z}$,

$$\Re = V \circ \mathfrak{i}\;
\begin{array}{c|ccc}
 & \mathfrak{i} & \mathfrak{j} & \mathfrak{k} \\
\hline
 & \sigma_x & \tau_{xy} & \tau_{xz} \\
\mathfrak{j} & \tau_{xy} & \sigma_y & \tau_{yz} \\
\mathfrak{k} & \tau_{xz} & \tau_{yz} & \sigma_z
\end{array}$$

oder in einer abgekürzten Schreibweise

$$\Re = V \circ \Pi, \tag{2}$$

wo

$$\Pi = \left\{ \begin{array}{ccc} \sigma_x & \tau_{xy} & \tau_{xz} \\ \tau_{xy} & \sigma_y & \tau_{yz} \\ \tau_{xz} & \tau_{yz} & \sigma_z \end{array} \right\}$$

den charakteristischen Ausdruck für den Spannungszustand des betrachteten Volumenelements bedeutet.

Dieser sogenannte Spannungsaffinor, dessen Zusammenhang mit der resultierenden Oberflächenkraft durch die (Gl. 2) zum Ausdruck kommt, ist wegen der Beziehungen $\tau_{xy} = \tau_{yx}$ usw. ein symmetrischer Affinor oder Tensor. Er ist also durch 6 Größen vollständig bestimmt.

40. Zusammenhang der Elemente des Spannungsaffinors mit den entsprechenden Deformationsgeschwindigkeiten. Nachdem wir die resultierende Oberflächenkraft in ihre einzelnen (im symmetrischen Affinor Π auftretenden) Elemente zerlegt haben, ist jetzt der Zusammenhang zwischen dem Spannungszustand (Π) und der Deformationsgeschwindigkeit ($\mathfrak{w}$) herzustellen. Zu dem Zweck suchen wir zunächst die Beziehung zwischen den einzelnen Elementen des Spannungsaffinors mit den in Frage kommenden Deformationsgeschwindigkeiten.

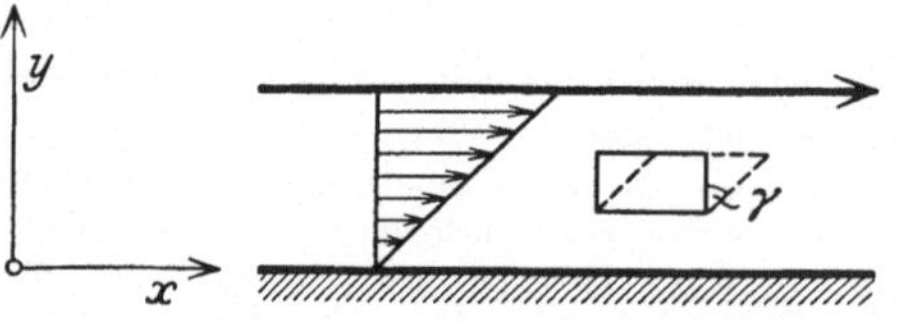

Abb. 33. Geschwindigkeitsverteilung einer zähen Flüssigkeit zwischen einer bewegten und einer ruhenden Platte.

Auf Grund der Erfahrung wissen wir, daß bei einem aus Abb. 33 ersichtlichen stationären Strömungszustand die Tangentialkraft pro Flächeneinheit der oberen beweglichen Platte, d. h. die Schubspannung τ mit dem Geschwindigkeitsgradienten in folgender Beziehung steht:

$$\tau = \mu\,\frac{\partial u}{\partial y},$$

wo μ, das Zähigkeitsmaß, eine (besonders von der Temperatur abhängige) Materialkonstante der Flüssigkeit bedeutet. Bezeichnen wir den Winkel, um den sich ein ursprünglich rechter Winkel eines Flüssigkeitselementes verkleinert hat, mit γ, so ergibt sich nach Nr. 3

$$\tau = \mu \frac{\partial \gamma}{\partial t},$$

d. h. die Schubspannung ist der Deformations- oder Formänderungsgeschwindigkeit proportional mit μ als Proportionalitätsfaktor.

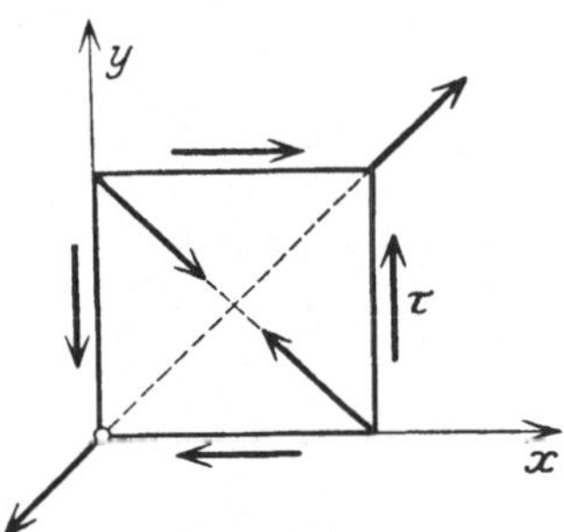

Abb. 34. An einem infinitesimalen Würfel angreifende Schubspannungen.

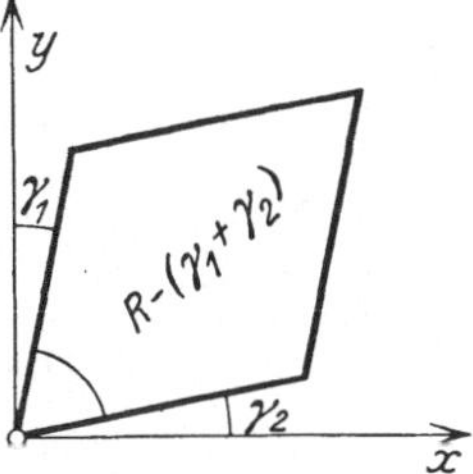

Abb. 35. Änderung des rechten Winkels eines Würfels unter der Einwirkung von Schubkräften.

Betrachten wir in Abb. 34 ein infinitesimales Quadrat, so ergeben die eingezeichneten Schubspannungen $\tau_{xy} = \tau_{yx} = \tau$ eine gewisse sekundliche Änderung des ursprünglich rechten Winkels (Abb. 35). Mithin haben wir

$$\tau = \mu \frac{\partial \gamma}{\partial t} = \mu \left(\frac{\partial \gamma_1}{\partial t} + \frac{\partial \gamma_2}{\partial t} \right) = \mu \left(\frac{\partial u}{\partial y} + \frac{\partial v}{\partial x} \right).$$

Wir erhalten also, wenn wir die analogen Überlegungen auf τ_{yz} und τ_{xz} anwenden:

$$\tau_{xy} = \mu \left(\frac{\partial u}{\partial y} + \frac{\partial v}{\partial x} \right), \qquad \tau_{yz} = \mu \left(\frac{\partial v}{\partial z} + \frac{\partial w}{\partial y} \right),$$

$$\tau_{xz} = \mu \left(\frac{\partial w}{\partial x} + \frac{\partial u}{\partial z} \right).$$

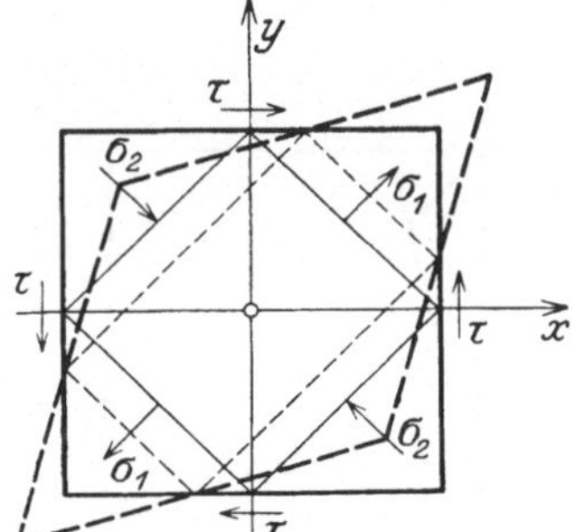

Abb. 36. Deformation des auf der Spitze stehenden Quadrates in ein Rechteck, unter Einwirkungen von Schubspannungen auf das stark gezeichnete (große) Quadrat.

Wir kommen jetzt zu den Normalspannungen $\sigma_x, \sigma_y, \sigma_z$. Zeichnen wir in das stark ausgezogene Quadrat der Abb. 36 ein auf der Spitze stehendes zweites (dünn ausgezogenes) Quadrat, so erkennen wir, daß dieses Quadrat in ein Rechteck übergeht, wenn das große Quadrat in der angegebenen Weise deformiert wird. Das Kräftegleichgewicht an dem durch eine Diagonale abgetrennten rechtwinkligen Dreieck zeigt, daß in den Diagonalen Zug- bzw. Druckkräfte auftreten. Aus Abb. 37 ergibt sich

$$2 \cdot a\tau \sin \frac{\pi}{4} - a \sqrt{2}\, \sigma_1 = 0,$$

oder wegen

$$\sin \frac{\pi}{4} = \frac{1}{\sqrt{2}},$$

$$\sigma_1 = \tau.$$

Analog ergibt sich aus dem Gleichgewicht eines durch die andere Diagonale abgetrennten rechtwinkligen Dreiecks

$$\sigma_2 = -\tau$$

und somit

$$\sigma_1 - \sigma_2 = 2\,\tau.$$

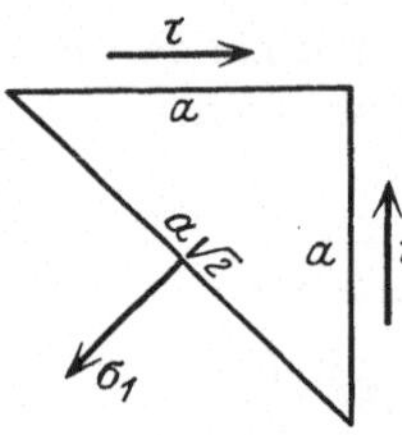

Abb. 37. Kräftegleichgewicht zwischen Schub- und Normalspannungen.

Wir wollen jetzt bestimmen, um wieviel sich die Diagonale eines Quadrates verlängert (bzw. verkürzt), wenn es entsprechend Abb. 38 deformiert wird. $A\,B\,C\,D$ geht also über in $A\,B'\,C'\,D'$ und der rechte Winkel bei A in $R - \gamma$.

Da

$$\overline{DD'} = \overline{EM'} = \overline{AB} \cdot \frac{\gamma}{2},$$

also

$$\overline{MM'} = \frac{\overline{EM'}}{\sqrt{2}} = \frac{\overline{AB}}{\sqrt{2}} \cdot \frac{\gamma}{2},$$

und anderseits

$$\overline{AM} = \frac{\overline{AB}\,\sqrt{2}}{2}$$

ist, so haben wir für die Dehnung (ε_1) der Diagonale $\overline{AC}$

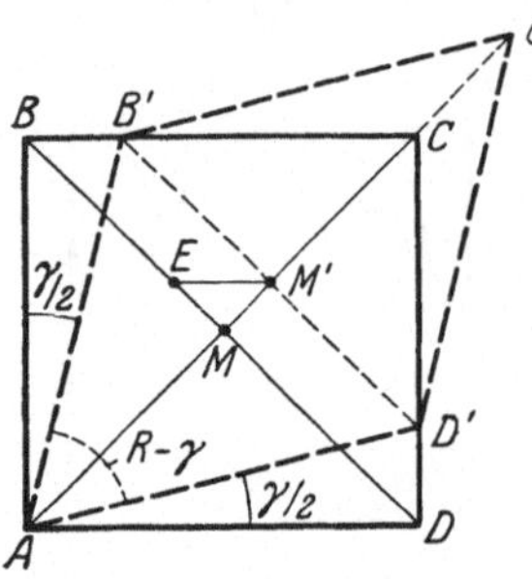

$$\varepsilon_1 = \frac{\overline{CC'}}{\overline{AC}} = \frac{\overline{MM'}}{\overline{AM}} = \frac{\gamma}{2}.$$

Entsprechend haben wir für die andere Diagonale $\overline{BD}$

$$\varepsilon_2 = -\frac{\gamma}{2},$$

also

$$\varepsilon_1 - \varepsilon_2 = \gamma.$$

Abb. 38. Längenänderung der Diagonalen eines Quadrates bei infinitesimaler Deformation unter der Wirkung von Schubspannungen.

Beziehen wir jetzt das Quadrat der Abb. 38 auf ein um 45^0 gedrehtes Koordinatensystem, so haben wir

$$\sigma_x - \sigma_y = 2\tau_{xy} = 2\mu\,\frac{\partial\gamma}{\partial t} = 2\mu\,\frac{\partial}{\partial t}\,(\varepsilon_1 - \varepsilon_2).$$

Bezogen auf dieses Koordinatensystem, haben wir aber

$$\frac{\partial\varepsilon_1}{\partial t} = \frac{\partial u}{\partial x}, \qquad \frac{\partial\varepsilon_2}{\partial t} = \frac{\partial v}{\partial y},$$

mithin

$$\sigma_x - \sigma_y = 2\mu\left(\frac{\partial u}{\partial x} - \frac{\partial v}{\partial y}\right). \qquad\qquad (3\,\mathrm{a})$$

Analog erhält man:

$$\sigma_x - \sigma_z = 2\,\mu \left(\frac{\partial u}{\partial x} - \frac{\partial w}{\partial z} \right). \tag{3b}$$

Man pflegt durch Definition festzusetzen, daß der Mittelwert der Normalspannungen auf der Einheitskugel wieder als negativer „Flüssigkeitsdruck" $(-p)$ bezeichnet wird. Die Durchführung der Rechnung[1] liefert:

$$p = -\frac{1}{3} \left(\sigma_x + \sigma_y + \sigma_z \right). \tag{4}$$

Addiert man zu den beiden (Gl. 3a und 3b) die Identität:

$$\sigma_x - \sigma_x = 2\,\mu \left(\frac{\partial u}{\partial x} - \frac{\partial u}{\partial x} \right)$$

und addiert dann beide Gleichungen, so ergibt sich unter Berücksichtigung von (Gl. 4)

$$3\,\sigma_x - 3\,p = 2\,\mu \left(3 \frac{\partial u}{\partial x} - \left(\frac{\partial u}{\partial x} + \frac{\partial v}{\partial y} + \frac{\partial w}{\partial z} \right) \right)$$

oder

$$\sigma_x = -p - \frac{2}{3}\,\mu \left(\frac{\partial u}{\partial x} + \frac{\partial v}{\partial y} + \frac{\partial w}{\partial z} \right) + 2\,\mu \frac{\partial u}{\partial x}.$$

---

[1] Der Mittelwert der Normalspannungen auf eine Kugel vom Radius 1 kann erhalten werden, indem man zunächst in jedem Flächenelement dF die Normalkomponente der Spannkraft berechnet. Dies kann so geschehen, daß man die im allgemeinen schräg gerichtete Kraft $\mathfrak{p}\,dF$ mit dem Radius $\mathfrak{r}$ skalar multipliziert $(|\mathfrak{r}| = 1)$. Da die Oberfläche der Einheitskugel gleich $4\,\pi$ ist, ergibt sich also für unseren Mittelwert:

$$\frac{1}{4\pi} \oiint \mathfrak{r} \circ \mathfrak{p}\, dF = \frac{1}{4\pi} \oiint \mathfrak{r} \circ (dF_x\, \mathfrak{p}_x + dF_y\, \mathfrak{p}_y + dF_z\, \mathfrak{p}_z)$$

oder mit

$$d\mathfrak{F} = \mathfrak{i}\, dF_x + \mathfrak{j}\, dF_y + \mathfrak{k}\, dF_z \quad \text{und} \quad \varPi = \mathfrak{i}\, \mathfrak{p}_x + \mathfrak{j}\, \mathfrak{p}_y + \mathfrak{k}\, \mathfrak{p}_z$$

$$\frac{1}{4\pi} \oiint \mathfrak{r} \circ (d\mathfrak{F} \circ \varPi)$$

oder, da $\mathfrak{r} \parallel d\mathfrak{F}$ ist:

$$\frac{1}{4\pi} \oiint d\mathfrak{F} \circ (\mathfrak{r} \circ \varPi)$$

oder nach dem Gaußschen Satz

$$\frac{1}{4\pi} \oiint d\mathfrak{F} \circ (\mathfrak{r} \circ \varPi) = \frac{1}{4\pi} \iiint \operatorname{div} (\mathfrak{r} \circ \varPi)\, dV = \frac{1}{3} \operatorname{div} (\mathfrak{r} \circ \varPi),$$

unter Berücksichtigung, daß das Volumen der Einheitskugel gleich $\frac{4}{3}\,\pi$ ist. Da man jeden Spannungszustand als homogenen Spannungszustand auffassen kann, sofern es sich nur um eine genügend kleine Umgebung eines Punktes handelt, haben wir

$$\frac{1}{4\pi} \oiint \mathfrak{r} \circ \mathfrak{p}\, dF = \frac{1}{3} \operatorname{div} \mathfrak{r} \circ \varPi = \frac{1}{3} (\mathfrak{i} \circ \mathfrak{p}_x + \mathfrak{j} \circ \mathfrak{p}_y + \mathfrak{k} \circ \mathfrak{p}_z) = \frac{1}{3} (\sigma_x + \sigma_y + \sigma_z).$$

Entsprechend erhält man

$$\sigma_y = -p - \frac{2}{3}\,\mu\left(\frac{\partial u}{\partial x} + \frac{\partial v}{\partial y} + \frac{\partial w}{\partial z}\right) + 2\,\mu\,\frac{\partial v}{\partial y}$$

und

$$\sigma_z = -p - \frac{2}{3}\,\mu\left(\frac{\partial u}{\partial x} + \frac{\partial v}{\partial y} + \frac{\partial w}{\partial z}\right) + 2\,\mu\,\frac{\partial w}{\partial z}.$$

41. Zusammenhang des Spannungsaffinors mit dem Geschwindigkeitsaffinor. Nachdem wir hiermit für die verschiedenen Einzelfälle den Zusammenhang zwischen Spannungszustand und Deformationsgeschwindigkeiten gefunden haben, müssen wir noch diejenige Beziehung zwischen dem allgemeinen Spannungszustand und dem dadurch bedingten Geschwindigkeitsfeld feststellen, die jene Einzelfälle in sich enthält.

Ebenso wie wir für den Spannungszustand einen ihn charakterisierenden Ausdruck Π gefunden haben, läßt sich für das Geschwindigkeitsfeld ein analoger neungliedriger Ausdruck herleiten, der aus den partiellen Ableitungen der drei Geschwindigkeitskomponenten nach den drei Koordinatenrichtungen besteht (vgl. Nr. 40 des ersten Bandes). Da der Spannungsaffinor — wie wir gesehen haben — symmetrisch ist, müssen wir ihn mit dem symmetrischen Teil des Geschwindigkeitsaffinors in Beziehung setzen (in Nr. 44 des ersten Bandes haben wir gefunden, daß der symmetrische Teil des Affinors der Dehnungsgeschwindigkeit entspricht, während der antisymmetrische Teil einen Ausdruck für die Rotation darstellt). Unter Berücksichtigung, daß die Summe aus einem Affinor und seinem konjugierten Affinor (bei dem die Kolonnen mit den Zeilen vertauscht sind) einen symmetrischen Affinor darstellt, haben wir in symbolischer Ausdrucksweise

$$\begin{Bmatrix}\sigma_x & \tau_{xy} & \tau_{xz}\\ \tau_{xy} & \sigma_y & \tau_{yz}\\ \tau_{xz} & \tau_{yz} & \sigma_z\end{Bmatrix} = \mu\begin{Bmatrix}\dfrac{\partial u}{\partial x} & \dfrac{\partial v}{\partial x} & \dfrac{\partial w}{\partial x}\\[2mm] \dfrac{\partial u}{\partial y} & \dfrac{\partial v}{\partial y} & \dfrac{\partial w}{\partial y}\\[2mm] \dfrac{\partial u}{\partial z} & \dfrac{\partial v}{\partial z} & \dfrac{\partial w}{\partial z}\end{Bmatrix} + \mu\begin{Bmatrix}\dfrac{\partial u}{\partial x} & \dfrac{\partial u}{\partial y} & \dfrac{\partial u}{\partial z}\\[2mm] \dfrac{\partial v}{\partial x} & \dfrac{\partial v}{\partial y} & \dfrac{\partial v}{\partial z}\\[2mm] \dfrac{\partial w}{\partial x} & \dfrac{\partial w}{\partial y} & \dfrac{\partial w}{\partial z}\end{Bmatrix} - \begin{Bmatrix}p & 0 & 0\\ 0 & p & 0\\ 0 & 0 & p\end{Bmatrix} - \frac{2}{3}\,\mu\begin{Bmatrix}\operatorname{div}\mathfrak{w} & 0 & 0\\ 0 & \operatorname{div}\mathfrak{w} & 0\\ 0 & 0 & \operatorname{div}\mathfrak{w}\end{Bmatrix}.$$

In vektoranalytischer Schreibweise haben wir für diesen Ausdruck:

$$\Pi = \mu\,(\nabla\mathfrak{w} + \mathfrak{w}\nabla) - p - \tfrac{2}{3}\,\mu\operatorname{div}\mathfrak{w}.$$

Um zu erkennen, daß der durch diese Formel gegebene Zusammenhang zwischen dem Spannungszustand und dem Geschwindigkeitsfeld die oben abgeleiteten Spezialfälle enthält, brauchen wir nur die auf entsprechenden Plätzen stehenden Ausdrücke miteinander zu verbinden, z. B.

$$\sigma_x = 2\,\mu\,\frac{\partial u}{\partial x} - p - \frac{2}{3}\,\mu\operatorname{div}\mathfrak{w}, \quad \tau_{xy} = \mu\left(\frac{\partial v}{\partial x} + \frac{\partial u}{\partial y}\right) \text{ usw.}$$

42. Die Navier-Stokessche Gleichung. Jetzt sind wir so weit, die resultierende Oberflächenkraft $\Re$ als Funktion der Deformationsgeschwindigkeiten auszudrücken. Nehmen wir zunächst die x-Komponente von $\Re$, so haben wir

$$\Re_x = \left(\frac{\partial \sigma_x}{\partial x} + \frac{\partial \tau_{xy}}{\partial y} + \frac{\partial \tau_{xz}}{\partial z} \right)$$

und wenn wir die oben gefundenen Ausdrücke für σ_x, τ_{xy}, τ_{xz} einsetzen:

$$\Re_x = - \frac{\partial p}{\partial x} + \mu \left(\frac{\partial^2 u}{\partial x^2} + \frac{\partial^2 u}{\partial y^2} + \frac{\partial^2 u}{\partial z^2} \right) + \frac{1}{3} \mu \frac{\partial}{\partial x} \left(\frac{\partial u}{\partial x} + \frac{\partial v}{\partial y} + \frac{\partial w}{\partial z} \right).$$

In der gleichen Weise findet man die y- und z-Komponente von $\Re$. In Vektorsymbolik erhält man:

$$\Re = \nabla \circ \Pi = \mu \nabla \circ (\nabla \mathfrak{w} + \mathfrak{w} \nabla) - \operatorname{grad} p - \tfrac{2}{3} \operatorname{grad} \operatorname{div} \mathfrak{w}$$

oder, da

$$\mu \nabla \circ (\nabla \mathfrak{w} + \mathfrak{w} \nabla) = \mu \nabla \circ \nabla \mathfrak{w} + \mu \operatorname{grad} \operatorname{div} \mathfrak{w}$$

ist,

$$\Re = - \operatorname{grad} p + \tfrac{1}{3} \mu \operatorname{grad} \operatorname{div} \mathfrak{w} + \mu \, \Delta \, \mathfrak{w}.$$

Setzen wir diesen Ausdruck in die am Anfang dieses Kapitels aufgestellte Grundgleichung ein, so erhalten wir mit $v = \dfrac{\mu}{\varrho}$

$$\frac{D \mathfrak{w}}{dt} = \mathfrak{g} - \frac{1}{\varrho} \operatorname{grad} p + \frac{1}{3} v \operatorname{grad} \operatorname{div} \mathfrak{w} + v \, \Delta \, \mathfrak{w} \qquad (5)$$

oder in Koordinaten für die x-Komponente:

$$\frac{\partial u}{\partial t} + u \frac{\partial u}{\partial x} + v \frac{\partial u}{\partial y} + w \frac{\partial u}{\partial z}$$
$$= X - \frac{1}{\varrho} \frac{\partial p}{\partial x} + \frac{1}{3} v \frac{\partial}{\partial x} \left(\frac{\partial u}{\partial x} + \frac{\partial v}{\partial y} + \frac{\partial w}{\partial z} \right) + v \left(\frac{\partial^2 u}{\partial x^2} + \frac{\partial^2 u}{\partial y^2} + \frac{\partial^2 u}{\partial z^2} \right).$$

Diese unter dem Namen „Navier-Stokessche Gleichung" bekannte Differentialgleichung bildet die Grundlage der gesamten Hydrodynamik. Sie gilt sowohl für kompressible wie für inkompressible Flüssigkeiten. Für den letzteren Fall vereinfacht sie sich wegen $\operatorname{div} \mathfrak{w} = 0$ zu

$$\frac{D \mathfrak{w}}{dt} = \mathfrak{g} - \frac{1}{\varrho} \operatorname{grad} p + v \, \Delta \, \mathfrak{w}. \qquad (6)$$

Wie man erkennt, unterscheidet sie sich in diesem Fall von der Eulerschen Gleichung für reibungslose Flüssigkeiten durch das Reibungsglied $v \, \Delta \, \mathfrak{w}$.

Die obige Gleichung wurde zuerst aufgestellt von Navier[1] (1827) und Poisson[2] (1831), und zwar lagen ihrer Ableitung Betrachtungen

---

[1] Navier: Mémoire sur les Lois du Mouvement des Fluides. Mém. de l'Acad. des Sciences Bd. 6, S. 389. 1827.

[2] Poisson: Mémoire sur les Équations générales de l'Équilibre et du Mouvement des Corps solides élastiques et des Fluides. J. de l'École polytechn. Bd. 13, S. 1. 1831.

über die Wirkungen von intermolekularen Kräften zugrunde. Ohne irgendwelche Hypothesen dieser Art fanden Saint Venant[1] (1843) und Stokes[2] (1845) dieselbe Gleichung unter der (auch von uns gemachten) Voraussetzung, daß die Normal- und die Schubspannungen lineare Funktionen der Deformationsgeschwindigkeiten sind (Newtonscher Reibungssatz) und daß — sofern man die Kompressibilität der Flüssigkeit bzw. des Gases berücksichtigt — der mittlere Normaldruck nicht von der Dilatationsgeschwindigkeit abhänge. Es wird also angenommen, daß die innere Reibung lediglich zur Wirkung kommt, wenn Flüssigkeitsschichten relativ zueinander gleiten, nicht aber, wenn bei einer reinen Dilatation das Volumen einer Flüssigkeitsmasse sich ändert, ohne daß ein Gleiten auftritt.

Die Frage, ob diese der obigen Gleichung zugrunde liegenden Hypothesen berechtigt sind und ob diese Gleichung tatsächlich den Bewegungsvorgängen einer wirklichen Flüssigkeit entspricht, wird mit einer gewissen Wahrscheinlichkeit in bejahendem Sinne beantwortet durch die Übereinstimmung von einigen Experimenten mit den entsprechenden aus (Gl. 6) abgeleiteten Resultaten. Besonders daß die zuerst experimentell gefundenen Gesetze der Laminarbewegung in geraden Rohren von kreisförmigem Querschnitt sich aus (Gl. 6) ableiten lassen, stellen einen überzeugenden Beweis für die Gültigkeit der Navier-Stokesschen Gleichung bei volumenbeständigen Strömungen dar[3]. Dabei ist allerdings zu berücksichtigen, daß wegen der großen mathematischen Schwierigkeiten in der Behandlung dieser Gleichung keine einzige strenge Lösung bekannt ist, bei welcher die für eine Flüssigkeitsbewegung charakteristischen konvektiven Glieder in voller Allgemeinheit mit den Reibungsgliedern in Wechselwirkung treten. Denn auch bei der strengen Lösung der Laminarbewegung in Rohren fallen die konvektiven Glieder fort, und auch bei den strengen Lösungen, bei denen die konvektiven Glieder von Null verschieden sind[4], liegen immer sehr spezielle Fälle vor, wo die Geschwindigkeiten von den Koordinaten von besonders einfacher Weise abhängen.

43. Bemerkungen zur Navier-Stokesschen Gleichung. Bei dieser Gelegenheit möge erwähnt werden, daß auch die volumbeständigen Potentialströmungen als strenge Lösungen der Navier-Stokesschen

---

[1] St. Venant: Comptes Rendus Bd. 17, S. 1240. 1843.

[2] Stokes: On the Theories of the Internal Friction of Fluids in Motion. Trans. of the Cambr. Phil. Soc. Bd. 8. 1845.

[3] Für den Einfluß der Volumenänderungsgeschwindigkeit div $\mathfrak{w}$ auf die Reibung und den Druck von kompressiblen Flüssigkeiten fehlt allerdings noch die experimentelle Prüfung.

[4] Hamel, G.: Vgl. Fußnote S. 56. Kármán, Th. v.: Über laminare und turbulente Reibung. Z. ang. Math. Mech. Bd. 1, S. 233. 1921.

Gleichung aufgefaßt werden können, da bei ihnen das Reibungsglied identisch verschwindet. Denn bedeutet Φ die Potentialfunktion, so gilt für eine Potentialbewegung

$$\Delta \Phi = 0 \,,$$

also auch

$$\operatorname{grad} \Delta \Phi = \Delta \operatorname{grad} \Phi = 0 \,,$$

oder wegen

$$\operatorname{grad} \Phi = \mathfrak{w}$$

$$\Delta \mathfrak{w} = 0 \,.$$

Also halten bei der Potentialbewegung die Schubspannungen an jedem Volumenelement sich selbst das Gleichgewicht. Es lassen sich jedoch bei der Potentialbewegung nicht die beiden erfahrungsgemäß als notwendig erwiesenen Grenzbedingungen gleichzeitig erfüllen, daß sowohl die Normal- als auch die Tangentialkomponente der Geschwindigkeit eines Flüssigkeitsteilchens unmittelbar an einer festen ruhenden Wand verschwinden müssen. Ist die Normalkomponente gegeben, so folgt aus $\Delta \Phi = 0$ bereits eindeutig die Tangentialkomponente. Eine Vorschrift für diese ist bei einer Differentialgleichung 2. Ordnung in Φ nicht mehr möglich. Hierzu ist eine Differentialgleichung höherer Ordnung nötig.

Diese erhält man bei Einführung der Stromfunktion und Elimination des Druckes. Im Falle einer homogenen volumenbeständigen Flüssigkeit kann man, wie auf S. 12 erwähnt wurde, den „Ruhedruck" und die Massenkraft fortlassen, da die Wirkung der Schwerkraft auf die einzelnen Flüssigkeitsteilchen im Innern der Flüssigkeit durch den Auftrieb der einzelnen Teilchen eliminiert ist. Das Auftreten von freien Flüssigkeitsoberflächen müssen wir in diesem Fall ausschließen.

Wir schreiben also:

$$\frac{D \mathfrak{w}}{d t} = - \frac{1}{\varrho} \operatorname{grad} p + \nu \Delta \mathfrak{w} \,. \tag{7}$$

Handelt es sich speziell um zweidimensionale Bewegungen, so ist es zweckmäßig, die Stromfunktion ψ

$$u = \frac{\partial \psi}{\partial y} \,, \qquad v = - \frac{\partial \psi}{\partial x}$$

einzuführen, wodurch dann die Kontinuitätsbedingung bereits befriedigt ist. Differentiiert man die x-Komponente von (Gl. 7) nach y und die y-Komponente derselben Gleichung nach x und subtrahiert beide Gleichungen, so fällt der Druck heraus, und man erhält nach einigen Umformungen

$$\frac{\partial}{\partial t} \Delta \psi + u \frac{\partial}{\partial x} \Delta \psi + v \frac{\partial}{\partial y} \Delta \psi = \nu \Delta \Delta \psi \,. \tag{8}$$

$\varDelta \psi$ ist hierin nichts anderes als — rot $\mathfrak{w}$. Die linke Seite der Gleichung ist der substantielle Differentialquotient von $\varDelta \psi$. Die ganze Gleichung handelt also von der Änderung der Drehung eines Teilchens durch die Reibung. Wegen des Gliedes auf der rechten Seite ist die Gleichung von der vierten Ordnung.

44. Die Differentialgleichung der schleichenden Bewegung. Die großen und bisher unüberwindlichen mathematischen Schwierigkeiten, die sich bei dem Versuch einer Integration der (Gl. 7) oder auch (Gl. 8) ergeben, zwingen dazu, gewisse vereinfachende Annahmen zu machen. Die Schwierigkeiten hängen einerseits mit dem quadratischen Charakter der Gleichung (keine Superpositionen von Partikularlösungen möglich), anderseits mit der höheren Ordnung der mit ν multiplizierten Glieder zusammen. Vernachlässigt man diese Reibungsglieder vollständig, so ergeben sich Potentialbewegungen, die — wie wir gesehen haben — zwar die vollständige Differentialgleichung befriedigen, nicht aber im allgemeinen zur Befriedigung der Randbedingungen genügen.

Beschränkt man sich auf diejenigen Fälle, in denen die Zähigkeit außerordentlich groß oder die Geschwindigkeiten oder Körperabmessungen, also auch die Reynoldssche Zahl, sehr klein ist, so läßt sich immer erreichen, daß das quadratische Glied

$$\mathfrak{w} \circ \nabla \mathfrak{w} \quad \text{bzw.} \quad u \frac{\partial u}{\partial x}, \qquad v \frac{\partial u}{\partial y} \quad \text{usw.}$$

gegenüber dem Reibungsglied

$$\nu \varDelta \mathfrak{w}$$

beliebig klein wird. Wie Stokes[1], zuerst gezeigt hat, läßt sich unter Vernachlässigung des quadratischen Gliedes die (Gl. 7) in gewissen Fällen integrieren. Es mag jedoch besonders betont werden, daß die so gewonnene Näherungslösung — wie die Erfahrung gezeigt hat — lediglich Gültigkeit besitzt für sehr kleine R ($< \frac{1}{5}$). Derartige sogenannte „schleichende Bewegungen" hat man, wie schon erwähnt, z. B. in der Bewegung eines Körpers in Sirup oder in der Bewegung fallender Nebeltröpfchen (nicht aber Regentröpfchen, hier ist die Reynoldssche Zahl schon viel zu groß).

Nimmt man noch an, daß die Bewegung stationär ist, so geht (Gl. 7) über in

$$\mu \varDelta \mathfrak{w} = \operatorname{grad} p \,,$$

d. h. $\varDelta \mathfrak{w}$ muß der Gradient einer Ortsfunktion sein. Man kann die Gleichung noch etwas umformen, wenn man die Rotation bildet und

---

[1] Stokes, G. G.: Cambr. Phil. Trans. Bd. 8. 1845; Bd. 9. 1851 oder Papers Vol. I, p. 75.

dadurch den Druck eliminiert. Man erhält dann unter Berücksichtigung, daß rot grad $p \equiv 0$ ist,

$$\text{rot } \Delta \mathfrak{w} = 0 \,.$$

Da die Kontinuitätsgleichung div $\mathfrak{w} = 0$ immer erfüllt ist, wenn wir die Geschwindigkeit $\mathfrak{w}$ als Rotation eines beliebigen Vektors $\mathfrak{A}$ ansehen (vgl. Nr. 47 des ersten Bandes),

$$\mathfrak{w} = \text{rot } \mathfrak{A} \,,$$

so ergibt sich:

$$0 = \text{rot } \Delta \,(\text{rot } \mathfrak{A}) = \Delta \,(\text{rot rot } \mathfrak{A}) \,.$$

Wenn man noch die Bedingung div $\mathfrak{A} = 0$ hinzunimmt, was immer erlaubt ist, so wird ferner

$$\text{rot rot } \mathfrak{A} = - \,\Delta \mathfrak{A} \,;$$

hiermit erhalten wir also als Differentialgleichung der schleichenden Bewegung:

$$\Delta \Delta \mathfrak{A} = 0 \,.$$

Hat man Lösungen dieser Differentialgleichung gefunden, die den vorgegebenen Grenzbedingungen genügen, so ist noch der Druck aus der vereinfachten Navier-Stokesschen Gleichung zu bestimmen.

Stokes hat als erster den Fall der schleichenden Bewegung um eine Kugel berechnet und durch Integration der Druck- und Reibungsspannungen über der ganzen Oberfläche den Widerstand bestimmt (vgl. Nr. 81).

Linear bleibt die Differentialgleichung (Gl. 7) auch noch, wenn wir von dem substantiellen Differentialquotienten die lokale Beschleunigung $\frac{\partial \mathfrak{w}}{\partial t}$ berücksichtigen. Das genügt im allgemeinen bei Oszillationen mit kleinen Amplituden, wo das quadratische Glied (die Beschleunigung durch Konvektion) klein bleibt gegen die lokale Beschleunigung. Ist die Verschiebung ξ aus der Ruhelage z. B. gegeben durch den Ansatz

$$\xi = a \sin \alpha t \,,$$

so ist

$$u = \frac{\partial \xi}{\partial t} = a \alpha \cos \alpha t$$

und

$$\frac{\partial u}{\partial t} = \frac{\partial^2 \xi}{\partial t^2} = - \,a \alpha^2 \sin \alpha t \,.$$

Bezeichnet nun l irgendeine für den Vorgang charakteristische Länge, so daß z. B. $\frac{\partial u}{\partial x}$ von der Größenordnung $\frac{u}{l}$ ist, so hat zwar $u \frac{\partial u}{\partial x}$ und also auch $\frac{u^2}{l}$ die gleiche Dimension wie $\frac{\partial u}{\partial t}$, es ist aber wegen

$$\frac{u^2}{l} = \frac{a^2}{l} \alpha^2 \cos^2 \alpha t$$

gegen die lokale Beschleunigung $\dfrac{\partial u}{\partial t}$ zu vernachlässigen, wenn $\dfrac{a}{l}$ klein gegen 1 ist.

Als Beispiel möge der Strömungsvorgang einer ruhenden Flüssigkeit in der Nähe einer in ihrer Ebene schwingenden Wand betrachtet werden (Abb. 39). Die Verschiebung ξ aus der Ruhelage sei

$$\xi = f(y)\,e^{i\alpha t}\,.$$

Hier ist $u\,\dfrac{\partial u}{\partial x}$ exakt $= 0$, die Rechnung gilt hier also ohne Einschränkung der Amplitude a.

Da $p = $ konst. ist wegen der fehlenden Beschleunigung in der y-Richtung, bleibt

$$\frac{\partial u}{\partial t} = \nu\,\frac{\partial^2 u}{\partial y^2}\,,$$

also wegen

$$u = \frac{\partial \xi}{\partial t} = i\alpha f(y)\,e^{i\alpha t}\,,$$

$$i\alpha f(y) = \nu f''(y)\,.$$

Mit $f(y) = C e^{\beta y}$ als Ansatz ergibt sich $i\alpha = \nu\beta^2$ und somit

$$\beta = \pm\sqrt{\frac{i\alpha}{\nu}} = \pm(1+i)\sqrt{\frac{\alpha}{2\nu}}\,.$$

Da $f(y) = 0$ für $y \to \infty$ ist, erhält man schließlich mit A und B als Konstanten den reellen Ausdruck

$$f(y) = e^{-\,y\,\sqrt{\frac{\alpha}{2\nu}}}\left(A\cos y\,\sqrt{\frac{\alpha}{2\nu}} + B\sin y\,\sqrt{\frac{\alpha}{2\nu}}\right).$$

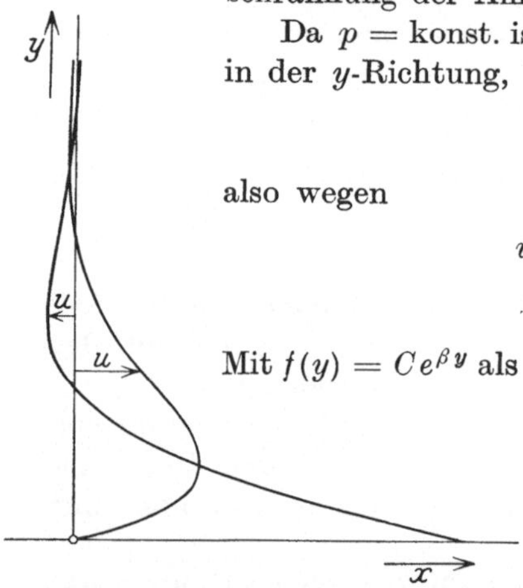

Abb. 39. Zwei Phasen der Geschwindigkeitsverteilung senkrecht zu einer schwingenden Wand in ruhender, zäher Flüssigkeit.

45. Verbesserung durch Oseen. Obwohl der Strömungszustand in der Nähe einer Kugel usw. (und damit auch der Widerstand) durch die Stokessche Rechnung im wesentlichen richtig wiedergegeben wird, trifft dies in größerer Entfernung vom Körper nicht mehr zu. Wie in Nr. 84 näher ausgeführt ist, nehmen die an und für sich kleinen Trägheitskräfte mit einer geringeren Potenz der Entfernung vom Körper ab als die Zähigkeitskräfte, so daß man — obwohl die Zähigkeitskräfte in der Nähe des umströmten Körpers den ausschlaggebenden Einfluß ausüben — in genügend großer Entfernung vom Körper die Trägheitskräfte nicht mehr dagegen vernachlässigen darf. Eine in dieser Beziehung prinzipielle Verbesserung stammt von Oseen[1].

In dieser Arbeit, deren Resultate Lamb[2] in wesentlich einfacherer

---

[1] Oseen, C. W.: Über die Stokessche Formel. Arkiv f. Math. Astr. och Fysik Bd. 6. 1910; Bd. 7. 1911.

[2] Lamb, H.: On the Uniforme Motion of a Sphere through a Viscous Fluid. Phil. Mag. Bd. 21, S. 120. 1911.

Form abgeleitet und in physikalischer Hinsicht interpretiert hat, wird die Wirkung der Trägheit wenigstens teilweise dadurch berücksichtigt, daß für das quadratische Glied $\mathfrak{w} \circ \nabla \mathfrak{w}$ die Größe $\mathfrak{W} \circ \nabla \mathfrak{w}$ gesetzt wird, wo $\mathfrak{W}$ die konstante Anströmungsgeschwindigkeit im Unendlichen bedeutet. Die Variable $\mathfrak{w}$ tritt also wieder nur in linearer Form auf. Da allein in großer Entfernung vom umströmten Körper die Wirkung der Trägheitsglieder gegenüber den Reibungsgliedern zur Geltung kommt, hier aber $\mathfrak{W}$ nicht sehr verschieden von $\mathfrak{w}$ ist, wird durch den Oseenschen Ansatz das Hauptglied der konvektiven Beschleunigung berücksichtigt. Der nach dem Stokesschen Ansatz berechnete Strömungszustand fällt nach vorne und hinten symmetrisch aus, während die Oseensche Rechnung ein unsymmetrisches Stromlinienbild ergibt. Allerdings tritt eine merkliche Abweichung von der nach Stokes berechneten Strömung erst in größerer Entfernung vom Körper auf; mit zunehmender Annäherung an den Körper geht das Oseensche Stromlinienbild in das Stokessche über.

Da die Lösung der Differentialgleichung $\Delta \Delta \psi = 0$, mit ψ als Stromfunktion — in diese Gleichung geht die Navier-Stokessche Gleichung für den Fall der zweidimensionalen schleichenden Bewegung um einen Kreiszylinder über —, ausartet, hatte Stokes bei dem Versuch, die Strömung um einen Zylinder in derselben Weise zu behandeln wie die Strömung um eine Kugel, keinen Erfolg. Lamb löste dann später unter Berücksichtigung des Hauptträgheitsgliedes $\mathfrak{W} \circ \nabla \mathfrak{w}$ diese Aufgabe in ähnlicher Weise, wie Oseen es vorher für die Kugel getan hatte.

Abb. 56 der Tafel 23 zeigt eine photographische Aufnahme der Umströmung eines Kreiszylinders bei einer Reynoldsschen Zahl $\dfrac{|\mathfrak{W}|\, d}{\nu} = \dfrac{1}{4}$ (hier sind die Verhältnisse ähnlich wie bei der Kugel). Wie man erkennt, ist die Symmetrie der Strömung weitgehend erhalten.

V. Grenzschichten.

46. Der Wirkungsbereich der Zähigkeit bei großen Reynoldsschen Zahlen. Die teilweise Berücksichtigung der Trägheitswirkung neben der Zähigkeitswirkung, wie sie in der Oseenschen Theorie zum Ausdruck kommt, läßt sich nur durchführen bei sehr zähen Flüssigkeiten oder bei sehr geringen Geschwindigkeiten und Körperabmessungen, d. h. bei sehr kleinen Reynoldsschen Zahlen. Denn nur dann kommen die konvektiven Glieder erst in sehr großer Entfernung vom umströmten Körper zur Geltung, dort, wo die Geschwindigkeiten sich kaum noch von der Anströmungsgeschwindigkeit im Unendlichen unterscheiden, so daß der Oseensche Ansatz als Näherung gesetzt werden kann. In der näheren Umgebung des Körpers hingegen, wo die Geschwindigkeiten sich wesentlich von der Anströmungsgeschwindigkeit unterscheiden, wird die Strömungsform in diesen Fällen fast ausschließlich durch die Zähigkeitswirkungen bedingt, und es ist ohne Bedeutung, wenn dort die kleinen Trägheitswirkungen falsch berechnet werden.

Ganz anders werden die Verhältnisse bei großen Reynoldsschen Zahlen, wenn also die Geschwindigkeiten oder die Körperabmessungen sehr groß oder aber die kinematische Zähigkeit sehr klein wird. In diesem Fall überwiegen im Innern der Flüssigkeit (d. h. abgesehen von den Begrenzungsgebieten zwischen Flüssigkeit und festem Körper) die Trägheitswirkungen, während die Zähigkeitswirkungen dagegen nahezu verschwinden. Daß wir jedoch trotzdem die Zähigkeitswirkungen in der Differentialgleichung nicht vollständig vernachlässigen dürfen, sahen wir auf S. 1. Bei vollkommener Vernachlässigung erhalten wir aus den Navier-Stokesschen Gleichungen die Eulerschen Gleichungen, bei denen — wie wir bereits auf S. 69 bemerkten — eine Erfüllung der notwendigen Grenzbedingung des Haftens der Flüssigkeit an der die Flüssigkeit begrenzenden Wandung unmöglich ist.

Ein bedeutsamer Vorstoß in der Behandlung der Flüssigkeitsbewegungen bei großen Reynoldsschen Zahlen, d. h. im allgemeinen also bei Flüssigkeiten sehr geringer Zähigkeit, ist von L. Prandtl[1] unternommen, der 1904 in einem Vortrag auf dem Internationalen Mathematikerkongreß zu Heidelberg „Über Flüssigkeitsbewegung bei sehr kleiner Reibung,, gezeigt hat, in welcher Weise die Wirkung der Zähigkeit, wenn diese sehr klein ist, wesentlich zur Geltung kommt, und wie die allgemeinen Differentialgleichungen für diesen Fall sich vereinfachen lassen, so daß wenigstens eine Näherungslösung möglich wird.

Ziehen wir zunächst die Beobachtung von Flüssigkeitsbewegungen (z. B. die Bewegung um einen zylindrischen festen Körper) zu Rate, so ergibt sich, daß im Fall einer geringen Zähigkeit der Flüssigkeit, z. B. Wasser oder Luft (im Gegensatz zu dickflüssigem Öl), die Geschwindigkeiten bis sehr nahe an die Oberfläche des umströmten Körpers von der Größenordnung der Anströmungsgeschwindigkeit sind. Die Form der Stromlinien sowohl wie die Geschwindigkeiten stimmen in dem Fall der Umströmung eines Körpers wie etwa in Abb. 40 nahezu

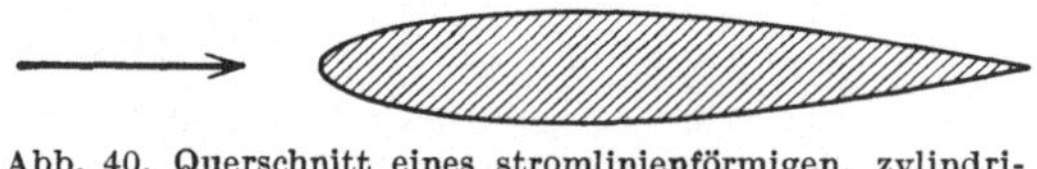

Abb. 40. Querschnitt eines stromlinienförmigen, zylindrischen Körpers (Strebe).

mit denen einer drehungsfreien Strömung einer reibungslosen Flüssigkeit (Potentialströmung) überein. Genauere Untersuchungen des Geschwindigkeitsfeldes als die bloße Beobachtung haben dann aber gezeigt, daß

---

[1] Prandtl, L.: Über Flüssigkeitsbewegung bei sehr kleiner Reibung. Verhandl. d. III. Int. Math. Kongreß in Heidelberg 1904. Leipzig 1905.

die Flüssigkeit direkt am Körper nicht etwa gleitet, sondern an ihm haftet, und daß der Übergang zur Geschwindigkeit, wie sie dicht am Körper zu beobachten ist, sich in einer im allgemeinen sehr dünnen Flüssigkeitsschicht vollzieht.

Wir haben offenbar zwei allerdings nicht scharf voneinander zu trennende Gebiete: In der unmittelbaren Nähe des festen Körpers haben wir ein Gebiet von der Form einer dünnen Schicht, in welcher der Geschwindigkeitsgradient $\frac{\partial w}{\partial n}$ im allgemeinen sehr große Werte annimmt, in welcher also eine an sich sehr geringe Zähigkeit μ doch wesentlich zur Geltung kommt, insofern als die durch die Zähigkeit bedingten Schubspannungen $\tau = \mu \frac{\partial w}{\partial n}$ in diesem Gebiet beträchtliche Werte annehmen können. In dem übrigen Gebiet außerhalb dieser Schicht treten im allgemeinen nicht so große Geschwindigkeitsgradienten auf, so daß die Wirkung der Zähigkeit hier bedeutungslos wird. Das Strömungsbild in diesem Gebiet ist lediglich durch Druckwirkungen bedingt, d. h. wir haben das Strömungsbild einer Potentialströmung.

Allgemein können wir sagen, daß die Schicht, in der die Geschwindigkeit durch Zähigkeitswirkung abgebremst wird (bis auf Null unmittelbar am umströmten Körper), umso dünner ist, je geringer die Zähigkeit oder, allgemeiner, je größer die Reynoldssche Zahl ist. Gerade aus diesem Grunde ist es möglich — wie wir im einzelnen noch sehen werden — die Navier-Stokesschen Gleichungen für diese dünne sogenannte Grenzschicht derartig zu vereinfachen, daß eine Näherungslösung möglich wird; und zwar sind die zu machenden Vernachlässigungen in der Differentialgleichung der Grenzschicht um so mehr berechtigt, je dünner diese ist. Die Lösungen dieser Grenzschichtgleichung haben somit asymptotischen Charakter für nach Unendlich zunehmende Reynoldssche Zahlen.

47. Die Größenordnung der einzelnen in der Navier-Stokesschen Gleichung auftretenden Glieder bei großen Reynoldsschen Zahlen. Um jetzt die Vereinfachungen der Navier-Stokesschen Gleichung für die Grenzschicht vorzunehmen, um also die Differentialgleichung der Grenzschicht abzuleiten, stellen wir zunächst für die Grenzschicht einige Betrachtungen an über die Größenordnungen der einzelnen in der Navier-Stokesschen Gleichung auftretenden Größen. Zu dem Zweck betrachten wir der Einfachheit halber eine zweidimensionale Strömung längs einer ebenen, sehr dünnen Platte wie in Abb. 41. Hierbei empfiehlt sich eine

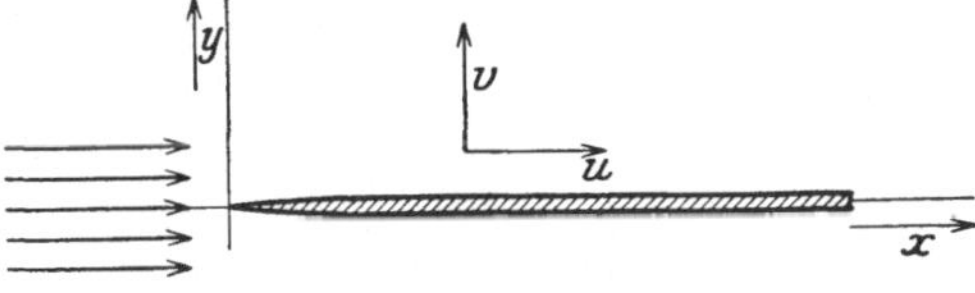

Abb. 41. Strömung längs einer dünnen, ebenen, vorn zugeschärften Platte.

dimensionslose Darstellung der vorkommenden Variablen, wie sie schon einmal S. 13 eingeführt wurde. Es sollen also die Geschwindigkeiten in der ungestörten Geschwindigkeit, die Längen in einer Körperlänge usw. ausgedrückt werden, wobei dann gemäß dem Früheren an Stelle der kinematischen Zähigkeit v die reziproke Reynoldssche Zahl, $\dfrac{v}{Vl} = \dfrac{1}{R}$ tritt.

Die x-Komponente u der Geschwindigkeit, möge außerhalb der Grenzschicht gegeben und von der Größenordnung 1 sein. Nehmen wir jetzt an, daß die Grenzschichtdicke δ klein ist von erster Ordnung, so ergibt sich aus der Identität

$$u \equiv \int\limits_0^\delta \frac{\partial u}{\partial y}\,dy \sim 1\,,$$

daß der Geschwindigkeitsgradient in der Richtung senkrecht zur Wand, $\dfrac{\partial u}{\partial y}$, groß ist von der Größenordnung $\dfrac{1}{\delta}$. Wir erkennen dies auch, wenn wir innerhalb der Grenzschicht die Variable $\eta = \dfrac{y}{\delta}$ einführen (η hat dann dieselbe Größenordnung wie x); die Koordinaten werden gewissermaßen mit verschiedenem Maßstab gemessen. Wir haben dann

$$\frac{\partial u}{\partial y} = \frac{1}{\delta}\,\frac{\partial u}{\partial \eta} \qquad \text{und} \qquad \frac{\partial^2 u}{\partial y^2} = \frac{1}{\delta^2}\,\frac{\partial^2 u}{\partial \eta^2}\,,$$

woran wir erkennen, da $\dfrac{\partial u}{\partial \eta}$ und $\dfrac{\partial^2 u}{\partial \eta^2}$ von der Größenordnung 1 sind, daß $\dfrac{\partial u}{\partial y}$ von der Größenordnung $\dfrac{1}{\delta}$ und $\dfrac{\partial^2 u}{\partial y^2}$ von der Größenordnung $\dfrac{1}{\delta^2}$ ist.

Da ferner $\dfrac{\partial u}{\partial x}$ von der Größenordnung 1 ist, ergibt weiterhin die Kontinuitätsgleichung

$$\frac{\partial u}{\partial x} + \frac{\partial v}{\partial y} = 0\,,$$

daß $\dfrac{\partial v}{\partial y}$ ebenfalls von der Größenordnung 1 ist, woraus wir mit Hilfe der Identität

$$v \equiv \int\limits_0^\delta \frac{\partial v}{\partial y}\,dy$$

ersehen, daß v von der Größenordnung δ sein muß; dasselbe gilt von den Größen $\dfrac{\partial v}{\partial x}$ und $\dfrac{\partial^2 v}{\partial x^2}$, während $\dfrac{\partial^2 v}{\partial y^2}$ von der Größenordnung $\dfrac{\delta}{\delta^2} = \dfrac{1}{\delta}$ ist.

Schreiben wir jetzt unter die einzelnen dimensionslosen Glieder der Navier-Stokesschen Gleichung (bis auf die Druckglieder und die Zähigkeit enthaltende reziproke Reynoldssche Zahl) die entsprechenden

Größenordnungen, so erhalten wir für die vorausgesetzte zweidimensionale Strömung längs einer ebenen Platte:

$$\frac{\partial u}{\partial t} + u\frac{\partial u}{\partial x} + v\frac{\partial u}{\partial y} = -\frac{1}{\varrho}\frac{\partial p}{\partial x} + \frac{1}{R}\left(\frac{\partial^2 u}{\partial x^2} + \frac{\partial^2 u}{\partial y^2}\right), \qquad (1\,\mathrm{a})$$

$$\underset{1}{} \qquad \underset{1\cdot 1}{} \qquad \underset{\delta'\cdot\frac{1}{\delta'}}{} \qquad\qquad \underset{1}{} \qquad \underset{\frac{1}{\delta'^2}}{}$$

$$\frac{\partial v}{\partial t} + u\frac{\partial v}{\partial x} + v\frac{\partial v}{\partial y} = -\frac{1}{\varrho}\frac{\partial p}{\partial y} + \frac{1}{R}\left(\frac{\partial^2 v}{\partial x^2} + \frac{\partial^2 v}{\partial y^2}\right). \qquad (1\,\mathrm{b})$$

$$\underset{\delta'}{} \qquad \underset{1\cdot\delta'}{} \qquad \underset{\delta'\cdot 1}{} \qquad\qquad \underset{\delta'}{} \qquad \underset{\frac{\delta'}{\delta'^2}=\frac{1}{\delta'}}{}$$

δ' ist eine „dimensionslose Grenzschichtdicke", d. h. gleich der Maßzahl, die sich ergibt, wenn man die Dicke δ der Grenzschicht mit der in der Reynoldsschen Zahl auftretenden charakteristischen Länge l als Einheit mißt, also $\delta' = \dfrac{\delta}{l}$.

Auf der rechten Seite von Gl. (1a) ist $\dfrac{\partial^2 u}{\partial x^2}$ so klein gegen $\dfrac{\partial^2 u}{\partial y^2}$, daß wir es vernachlässigen dürfen. Aus dem gleichen Grunde ist auch $\dfrac{\partial^2 v}{\partial x^2}$ in Gl. (1b) gegen $\dfrac{\partial^2 v}{\partial y^2}$ zu vernachlässigen.

Da die Reibungswirkungen innerhalb der Grenzschicht von gleicher Größenordnung sein müssen wie die Trägheitswirkungen, weil hier die Geschwindigkeit von ihrem Betrag bis auf Null abgeändert wird, die den Trägheitswirkungen entsprechenden konvektiven Glieder auf der linken Seite von (1a) aber von der Größenordnung 1 sind, so ergibt sich, daß $\dfrac{1}{R}$ von der Größenordnung δ'^2 sein muß. Man kann auch umgekehrt sagen: Wenn bei einem Strömungsvorgang die Zähigkeit der Flüssigkeit so klein ist, daß im Innern der Flüssigkeit die Zähigkeitswirkungen gegenüber den Trägheitswirkungen zu vernachlässigen sind — die Reynoldssche Zahl, d. h. also, das Verhältnis von Trägheitswirkung zur Zähigkeitswirkung ist dann sehr groß —, so bildet sich an der Begrenzung der strömenden Flüssigkeit durch einen festen Körper eine Grenzschicht aus, deren Dicke $\delta' = \dfrac{\delta}{l}$ von der Größenordnung $\sqrt{\dfrac{v}{u\cdot l}} = \dfrac{1}{\sqrt{R}}$ ist.

Um die Anschauung zu beleben, fragen wir uns: Wie groß ist beispielsweise bei einem Strömungsvorgang wie in Abb. 41 ungefähr die Dicke der Grenzschicht in einer Entfernung $l = 100$ cm von der scharfen Kante der Platte, wenn die Anströmungsgeschwindigkeit 100 cm/s ist und als Flüssigkeit Wasser von 20^0 C (v ist dann 0,01 cm²/s) angenommen wird. Als Reynoldssche Zahl erhalten wir $R = \dfrac{u\cdot l}{v} = \dfrac{100\cdot 100}{0{,}01} = 10^6$ und somit δ' von der Größenordnung 10^{-3}, also die Grenzschichtdicke

$\delta = \delta' \cdot l$ von der Größenordnung $10^{-3} \cdot 10^2$ cm, also eine Dicke von der Größenordnung eines Millimeters. In einer derartig dünnen Schicht findet somit der Übergang der Geschwindigkeit der äußeren Strömung auf Null am Körper selbst statt.

48. Die Differentialgleichung der Grenzschicht. Da in (Gl. 1b) die einzelnen Glieder von der Größenordnung δ' sind, muß auch $\dfrac{\partial p}{\partial y}$ von derselben Größenordnung sein. Wir sehen also, daß wir von einer Abhängigkeit des Druckes in der y-Richtung innerhalb der Grenzschicht — solange diese als dünn anzunehmen ist — absehen können, d. h. also: Innerhalb der Grenzschicht herrscht näherungsweise der Druck der umgebenden äußeren Strömung. Der Druck innerhalb der Grenzschicht wird ihr gewissermaßen von der äußeren Strömung aufgeprägt. Die Gleichung (1b) hat damit für uns ihre Schuldigkeit getan und braucht nicht weiter beobachtet zu werden.

Da nunmehr p im Bereich der Grenzschicht nur noch von x und nicht mehr von y abhängt, ferner $\dfrac{\partial^2 u}{\partial x^2}$, wie erwähnt, gegen $\dfrac{\partial^2 u}{\partial y^2}$ zu vernachlässigen ist, geht die Navier-Stokessche Gleichung für die Grenzschicht über in die Gleichung

$$\frac{\partial u}{\partial t} + u\frac{\partial u}{\partial x} + v\frac{\partial u}{\partial y} = -\frac{1}{\varrho}\frac{dp}{dx} + \frac{1}{R}\frac{\partial^2 u}{\partial y^2}. \tag{2}$$

Dazu kommt die Kontinuitätsgleichung

$$\frac{\partial u}{\partial x} + \frac{\partial v}{\partial y} = 0.$$

Erfüllen wir die letztere Gleichung durch Einführung der Stromfunktion Ψ

$$u = \frac{\partial \Psi}{\partial y}, \qquad v = -\frac{\partial \Psi}{\partial x},$$

so erhalten wir für (Gl. 2)

$$\frac{\partial^2 \Psi}{\partial t\,\partial y} + \frac{\partial \Psi}{\partial y}\frac{\partial^2 \Psi}{\partial x\,\partial y} - \frac{\partial \Psi}{\partial x}\frac{\partial^2 \Psi}{\partial y^2} = -\frac{1}{\varrho}\frac{dp}{dx} + \frac{1}{R}\frac{\partial^3 \Psi}{\partial y^3}. \tag{2a}$$

Die hier für eine Strömung längs einer ebenen Wand abgeleitete Grenzschichtgleichung läßt sich in gleicher, nur etwas umständlicherer Weise auch für krummlinige Begrenzungen durchführen[1].

Als Grenzbedingungen für die (Gl. 2a) haben folgende zu gelten:

1. Für $y = 0$, d. h. an der Wand muß sein:

$$\Psi = 0, \qquad \frac{\partial \Psi}{\partial y} = 0.$$

---

[1] Hiemenz, K.: Die Grenzschicht an einem in den gleichförmigen Flüssigkeitsstrom eingetauchten geraden Kreiszylinder. Diss. Göttingen 1911 oder Dingler Bd. 326, S. 321. 1911.

2. Für y von der Größenordnung δ' muß die Geschwindigkeit in der Grenzschicht asymptotisch in die der äußeren Strömung übergehen oder, da wir v in der Grenzschicht vernachlässigen, muß u übergehen in $\bar{u}$, wenn $\bar{u}$ die Geschwindigkeit parallel zur Wandung im Abstand der Grenzschichtdicke bedeutet.

Ist z. B. die Druckverteilung längs der Kontur des umströmten Körpers experimentell gegeben (durch Anbohrung der Oberfläche, vgl. Nr. 93), so ergibt sich die Geschwindigkeit $\bar{u}$ aus der Bernoullischen Gleichung

$$\frac{\bar{u}^2}{2} = \text{konst.} - \frac{p}{\varrho}\,.$$

Die gesamte Strömung um den festen Körper wird also zerlegt in eine Strömung innerhalb einer im allgemeinen sehr dünnen Schicht, in der die innere Reibung einer jeden auch noch so wenig zähen Flüssigkeit (bzw. Gas) wesentlich zur Wirkung kommt und in eine äußere Strömung, in der von der Zähigkeit keine Wirkungen mehr zu spüren sind. Dabei ist der Druck innerhalb der Grenzschicht (wegen der geringen Dicke) durch den Strömungsverlauf außerhalb der Grenzschicht bestimmt.

Diese Überlegung gilt jedoch nur so lange, als die Grenzschicht tatsächlich dünn genug ist, so daß die gemachten Vernachlässigungen gerechtfertigt sind. Nicht immer ist jedoch diese Voraussetzung erfüllt. Betrachten wir z. B. die Druckverteilung der Potentialströmung um einen senkrecht zur Strömung gestellten Zylinder, so wissen wir, daß wir vom vorderen Staupunkt aus entlang der kreisförmigen Querschnittskontur nach beiden Seiten einen Druckabfall haben, entsprechend der hier herrschenden Beschleunigung der den Zylinder umströmenden Flüssigkeitsteilchen bis auf den doppelten Wert der Anströmungsgeschwindigkeit. Von da ab tritt eine Verzögerung der Flüssigkeitsteilchen bis zum hinteren Staupunkt ein, verbunden mit einer entsprechenden Drucksteigerung. Innerhalb der Grenzschicht nun werden die einzelnen Flüssigkeitsteilchen durch Reibungswirkungen verzögert. Diese Bremswirkung hat jedoch keinen besonderen Einfluß auf die Strömung außerhalb der Grenzschicht, solange die Teilchen sich noch im Gebiet des Druckgefälles befinden. Im Gebiet des Druckanstieges kann es aber vorkommen, daß Flüssigkeitsteilchen, die durch Reibungswirkungen an kinetischer Energie verloren haben, nicht mehr in der Lage sind, gegen den Druckanstieg vorzudringen (bei der Potentialströmung reicht die kinetische Energie gerade dazu aus, um in den hinteren Staupunkt zu gelangen). Solche Flüssigkeitsteilchen werden im Gebiet des Druckanstieges zur Ruhe kommen, von dem Augenblick an aber unter der Einwirkung des Druckgradienten allmählich in entgegengesetzter Richtung beschleunigt werden. An welcher Stelle diese rückläufige Bewegung einsetzt, läßt sich nur durch Integration der Grenzschichtgleichung feststellen, wie Blasius[1] es für die Um-strömung eines Zylinders getan hat. Als Kennzeichen für die Grenze zwischen dem Gebiet mit Rückströmung in der Grenz-schicht und demjenigen ohne Rückströmung ergibt sich wegen $u = 0$ an der Wand offenbar

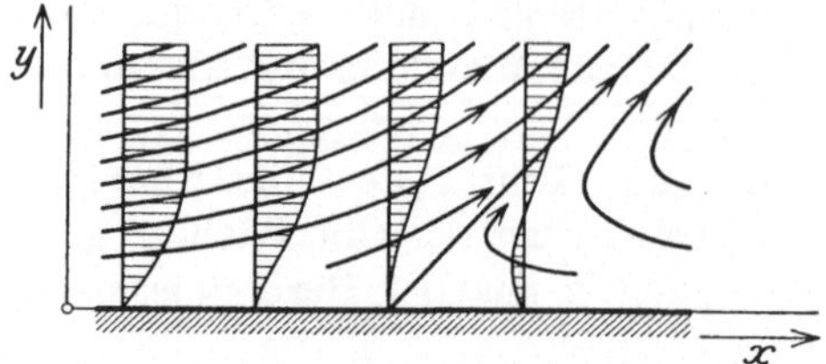

Abb. 42. Strömung in der Grenzschicht bei Druck-anstieg in Strömungsrichtung.

$$\frac{\partial u}{\partial y} = \frac{\partial^2 \Psi}{\partial y^2} = 0 \quad \text{für} \quad y = 0,$$

vgl. Abb. 42.

49. Definition der Dicke der Grenzschicht. Hinsichtlich der Definition der „Grenzschichtdicke" läßt sich eine gewisse Willkür nicht vermeiden, da theoretisch sich der Übergang der Geschwindigkeit in der Grenz-schicht nach außen hin asymptotisch vollzieht. Dies ist jedoch nur von geringer Bedeutung, da praktisch die Geschwindigkeit in der Grenzschicht bereits auf kurzer Strecke in die Geschwindigkeit der äußeren Strömung übergeht. Haben wir z. B. in Abb. 43 die Ge-

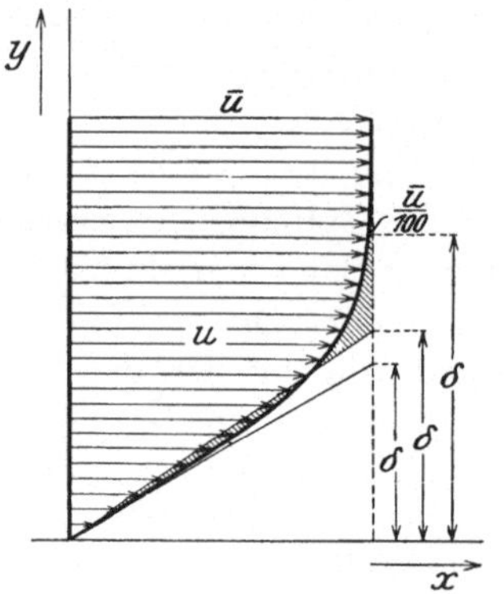

Abb. 43. Je nach der Definition verschiedene Grenzschichtdicken.

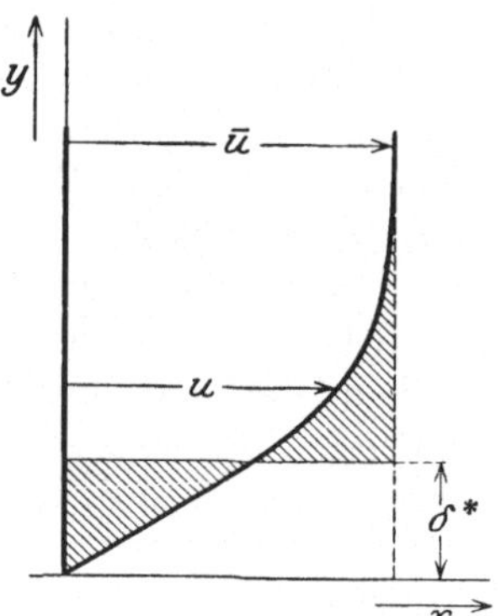

Abb. 44. Dicke der Verdrängungs-schicht.

schwindigkeitsverteilung in der Grenzschicht mit dem Übergang in die äußere Strömung, entsprechend einem Strömungsvorgang, wie wir ihn am Schlusse von Nr. 47 (Abb. 41) besprochen haben — die y-Ordinate ist also gegenüber der x-Ordinate um das 1000 fache überhöht —, so könnten wir z. B. als Grenzschichtdicke diejenige Entfernung von der Wand definieren, wo die Geschwindigkeit sich um 1% von der äußeren Strömungsgeschwindigkeit unterscheidet.

---

[1] Blasius, H.: Grenzschichten in Flüssigkeiten mit kleiner Reibung. Diss. Göttingen 1907 oder Z. Math. Phys. Bd. 56, S. 1. 1908.

Eine etwas kleinere Grenzschichtdicke für dasselbe Geschwindigkeitsprofil erhält man, wenn man — wie in Abb. 43 — als δ diejenige Entfernung definiert, in der die Asymptote von einer Geraden durch den Ursprung des Profils geschnitten wird, wobei diese Gerade so gezogen ist, daß die schraffierten Flächen gleich sind. Eine nur wenig kleinere Grenzschichtdicke ergibt sich, wenn man den Schnittpunkt der Asymptote mit der Tangente an das Grenzschichtprofil im Punkte $y = 0$ wählt. Anstatt der Grenzschichtdicke δ wird manchmal auch die Verdrängungsdicke $\delta*$ eingeführt (Abb. 44), die definiert ist durch

$$\overline{u} \cdot \delta* = \int\limits_0^\delta (\overline{u} - u)\, dy\,.$$

Die Verdrängungsdicke bedeutet somit diejenige Größe, um welche die Stromlinien der äußeren Strömung durch Bildung der Grenzschicht vom Körper nach außen verschoben wird.

50. Abschätzung der Größenordnung der Grenzschichtdicke für die Strömung längs einer Platte. Eine Abschätzung für die Größenordnung der Grenzschicht, wie wir sie in Nr. 47 aus der Grenzschichtgleichung erschlossen haben, läßt sich für den Fall einer in ihrer Ebene stationär angeströmten Platte leicht mittels einer Impulsbetrachtung gewinnen. Wir

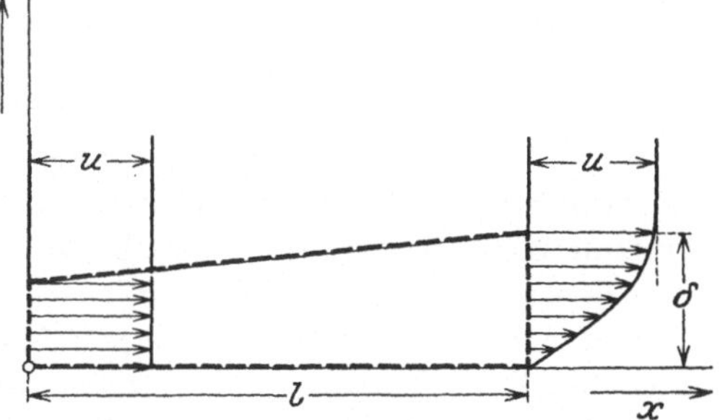

Abb. 45. Anwendung des Impulssatzes zur Bestimmung der Größenordnung der Grenzschichtdicke. (Die gestrichelte Kurve bedeutet die Kontrollinie.)

nehmen in Abb. 45 als Kontrollkurve den gestrichelten Linienzug, bestehend aus einem Stück der Wandung von der Länge l, beginnend an der vorderen Kante der Platte, ferner zwei Geradenstücken senkrecht zur Wand im Punkte $x = 0$ und $x = l$ sowie einer Stromlinie, die im Punkte $x = l$ gerade die Entfernung δ von der Wand besitzt. Der Impulssatz sagt dann aus (vgl. Nr. 100, erster Band), daß der Impulsfluß durch die Kontrollfläche gleich ist dem Druckintegral auf der Kontrollfläche und der Reibungskraft längs des Wandstückes von der Länge l. Da wir als obere Kontrollinie eine Stromlinie angenommen haben, strömt durch sie keine Flüssigkeit hindurch, d. h. die durch die beiden senkrechten Teile der Kontrollinie sekundlich durchfließende Flüssigkeitsmenge ist die gleiche; und zwar ist die durchfließende Masse, wenn b die Breite in der z-Richtung ist, je nach der Definition der Grenzschichtdicke nahezu gleich $\varrho\, \dfrac{\delta}{2}\, b\, u$, jedenfalls aber proportional

$\varrho\,\delta\,b\,u$. Diese Masse, die mit der Geschwindigkeit u in die linke Kontrollfläche eintritt, verliert nun auf dem Wege bis zur rechten Kontrollfläche einen gewissen Teil ihrer Geschwindigkeit, so daß wir eine Impulsverminderung feststellen. Wie groß diese Impulsänderung ist, wissen wir ohne weiteres nicht, da wir zu dem Zweck das Geschwindigkeitsprofil im Punkt $x = l$ und damit die Grenzschichtdicke — für die wir ja einen Ausdruck erst ableiten wollen — kennen müßten. Jedenfalls können wir aber sagen, daß die Impulsänderung proportional $\varrho\,\delta\,b\,u^2$ ist.

Da bei der betrachteten Strömung längs einer ebenen Platte $\dfrac{dp}{dx} = 0$ ist, fällt das Druckintegral auf der Kontrollfläche fort, und es bleibt als Äquivalent für die Impulsänderung lediglich die Reibungskraft an der Wand für ein Stück von der Länge l. Diese Reibungskraft ist aber nach S. 6 proportional $\mu\,l\,b\,\dfrac{u}{\delta}$. Wir haben somit gefunden, daß

$$\varrho\,\delta\,b\,u^2 = C\,\mu\,l\,b\,\frac{u}{\delta}$$

oder

$$\frac{\delta}{l} = C\,\sqrt{\frac{\mu}{\varrho\,l\,u}} = C\,\sqrt{\frac{1}{R}}$$

ist, wo C ein Zahlenfaktor ist, der sich aus dieser Impulsbetrachtung freilich nicht bestimmen läßt. Diese Beziehung, die wir hier für die ebene Platte abgeleitet haben, gilt — wie aus der Ableitung in Nr. 47 hervorgeht — für alle stationären Grenzschichten. Für Bewegungen aus der Ruhe heraus (nicht stationäre Bewegungen) ergibt sich die Beziehung (gültig für die erste Zeit):

$$\delta = \sqrt{\nu\,t}\,.$$

Der in der Impulsbetrachtung noch offen gebliebene Proportionalitätsfaktor läßt sich auf Grund der exakten Lösung von Blasius[1] für die aus der Anfangstangente und Asymptote bestimmten Grenzschichtdicke zu 3,4 feststellen, so daß man für die Grenzschichtdicke längs einer ebenen Platte hat

$$\delta = 3{,}4\,\sqrt{\frac{x\,\nu}{u}} = \frac{3{,}4}{\sqrt{R}}\cdot x\,.$$

51. Reibungswiderstand bei laminarer Grenzschicht. Für den Reibungswiderstand pro Flächeneinheit $\tau_0 = \mu\left(\dfrac{\partial u}{\partial y}\right)_{y=0}$, abhängig von der x-Richtung, erhält Blasius durch Integration der Grenzschichtgleichung

$$\tau_0 = 0{,}332\,\sqrt{\frac{\mu\,\varrho\,u^3}{x}}\,;$$

---

[1] Vgl. Fußnote S. 80.

also für den Reibungswiderstand längs einer Seite einer ebenen Platte von der Länge l und der Breite b $(l \cdot b = F)$

$$W = b \int_0^l \tau\, dx = 0{,}332\, b\, \sqrt{\mu \varrho u^3} \int_0^l \frac{dx}{\sqrt{x}} = 0{,}664\, b\, \sqrt{\mu \varrho u^3 l}$$

oder, wenn man mit Einführung des Reibungskoeffizienten c_f

$$W = c_f F \cdot \frac{\varrho}{2}\, u^2$$

setzt:

$$W = \frac{1{,}328}{\sqrt{R}} \cdot F\, \frac{\varrho}{2}\, u^2\,, \quad \text{also} \quad c_f = \frac{1{,}328}{\sqrt{R}}\,,$$

einen Wert, der mit dem experimentell gefundenen Reibungskoeffizienten für glatte Oberflächen gut übereinstimmt.

Abb. 46 stellt die von Blasius berechnete Geschwindigkeitsverteilung in der Grenzschicht für eine Strömung längs einer ebenen Platte dar. Die in die Abbildung eingezeichneten Kreuze zeigen die von Hansen[1] mittels sehr feiner Pitotröhrchen bestimmte Geschwindigkeitsverteilung, die, wie man erkennt, gut mit der berechneten übereinstimmt.

Für den allgemeinen Fall, δ als Funktion von x bzw. von x und t, sowie des weiteren den Reibungskoeffizienten c_f bei beliebig geformten Körpern zu berechnen — soweit die für die Grenzschichttheorie notwendige Bedingung hinsichtlich der geringen Dicke der Grenzschicht erfüllt ist —, hat v. Kármán[2] unter Zuhilfenahme von gewissen plausiblen Annahmen hinsichtlich der Art der Geschwindigkeitsver

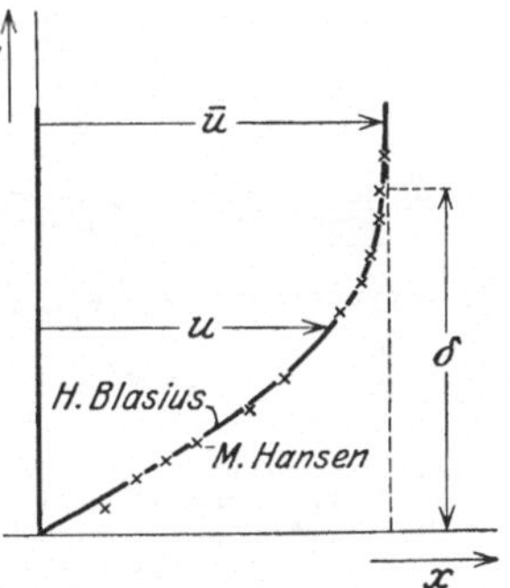

Abb. 46. Geschwindigkeitsverteilung innerhalb der Grenzschicht bei Strömung entlang einer ebenen Platte.

teilung in der Grenzschicht ein auf eine Impulsbetrachtung begründetes Näherungsverfahren angegeben. Auch bei diesem Näherungsverfahren wird der Druckverlauf längs der Begrenzungsfläche als vorgegeben betrachtet, und zwar entweder — sofern es möglich ist — die der Potentialströmung entsprechende Druckverteilung der Rechnung zugrunde gelegt oder — was eine etwas bessere Übereinstimmung mit der Beobachtung ergibt, wie Hiemenz[3] gezeigt hat — die Druckverteilung zunächst experimentell bestimmt. Die von K. Pohlhausen[4] nach der Kármánschen Methode an einigen Beispielen

[1] Hansen, M.: Die Geschwindigkeitsverteilung in der Grenzschicht an einer eingetauchten Platte. Diss. Aachen 1927. Z. ang. Math. Mech. Bd. 8, S. 185. 1928.

[2] Kármán, Th. v.: Über laminare und turbulente Reibung. Z. ang. Math. Mech. Bd. 1, S. 233. 1921.

[3] Hiemenz, K.: vgl. S. 78.   [4] Pohlhausen, K.: vgl. S. 57.

durchgeführte Rechnung ergab eine sehr gute Übereinstimmung mit
den von Blasius berechneten Werten, wobei zu bemerken ist, daß
nach der Kármánschen Methode die Resultate mit wesentlich einfacheren mathematischen Hilfsmitteln und mit viel geringerer Mühe
zu erhalten sind als mit der von Blasius durchgeführten genauen
Lösung der Grenzschichtgleichung durch Reihenentwicklung.

52. Rückströmung in der Grenzschicht als Ursache der Wirbelbildung.
Die besondere Bedeutung der Grenzschicht liegt nun darin, daß es
— wie wir bereits am Ende der Nr. 48 ausführten — unter gewissen
Bedingungen zu einer Rückströmung in der Grenzschicht kommt,
was, wie wir an einzelnen photographischen Aufnahmen auch noch

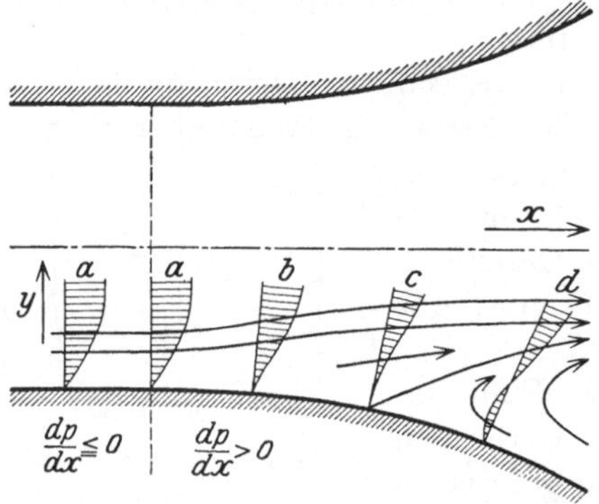

Abb. 47. Strömung innerhalb der Grenzschicht
bei einem sich erweiternden Kanal (Druckanstieg).
Die zur Wandung senkrechte y-Komponente ist
sehr stark überhöht.

zeigen werden, im weiteren Verlauf
zu Wirbelbildungen und einer vollständigen Umgestaltung der sich
zu Beginn der Strömung einstellenden Potentialströmung führt.

Betrachten wir in Abb. 47
die zweidimensional angenommene
Strömung durch einen sich in der
Strömungsrichtung erweiternden
Kanal, so stellt sich im ersten
Augenblick bei Bewegung der Strömung aus der Ruhe heraus Potentialströmung ein, mit einer Geschwindigkeitsabnahme in der Strömungsrichtung, entsprechend der
Zunahme des Strömungsquerschnittes. Mit dieser Geschwindigkeitszunahme ist nun, wie es der Bernoullischen Gleichung entspricht, ein
Druckanstieg in der Bewegungsrichtung verbunden, d. h. es findet eine
den Gesetzen der Potentialströmung entsprechende Umsetzung von
kinetischer Energie in Druckenergie statt. Jedoch schon nach sehr kurzer
Zeit verlieren die in der zunächst außerordentlich dünnen Grenzschicht
befindlichen Flüssigkeitsteilchen infolge der großen hier auftretenden
Reibungswirkungen so viel an kinetischer Energie, daß sie nicht weiter
in das Gebiet ansteigenden Druckes vorzudringen vermögen, sehr bald
zur Ruhe kommen und nun auf Grund der durch die äußere Potentialströmung der Grenzschicht aufgeprägten Druckverteilung nach rückwärts sich zu bewegen beginnen. Die diesem Zustand entsprechende
Geschwindigkeitsverteilung in der Grenzschicht zeigt Abb. 47, wo die
zur Wandung senkrechte Koordinate der Deutlichkeit der Profile halber
wieder stark überhöht ist. Die photographischen Aufnahmen (Vergrößerungen von Kinobildern) Abb. 24 bis Abb. 33 der Tafeln 12 bis 14 zeigen
einen entsprechenden Vorgang bei der Umströmung eines abgerundeten

Körpers. Die Strömungsrichtung ist von links nach rechts. In Abb. 24 sehen wir ein Stromlinienbild, wie es der Potentialströmung entspricht; jedoch bereits auf Abb. 25 erkennen wir, wie einzelne Flüssigkeitsteilchen direkt an der Wand zur Ruhe gekommen sind. Diese Teilchen sind als kleine weiße Punkte erkenntlich. Wir haben ein Geschwindigkeitsprofil etwa wie in Abb. 47c. Auf dem nächsten Bildchen Abb. 26 derselben Tafel sehen wir, wie diese Teilchen eine rückläufige Bewegung von rechts nach links angenommen haben, und wie die relativ zum Körper ruhenden Teilchen eine Linie in einem gewissen Abstand vom Körper bilden; weiter außerhalb dieser Punktreihe haben wir die ursprüngliche Geschwindigkeitsrichtung von links nach rechts. Diesem Zustand entspricht ungefähr ein Geschwindigkeitsverteilung wie in Abb. 47d. Auf den folgenden Bildern sehen wir dann des weiteren, wie diese Punktreihe, die als eine Trennungslinie von Flüssigkeitsmassen verschiedener Geschwindigkeitsrichtung aufgefaßt werden kann — wie alle solche Trennungslinien (vgl. Nr. 94, erster Band) —, labil ist und in einzelne Wirbel zerfällt, wodurch das ursprüngliche Strömungsbild und damit auch die Druckverteilung am Körper vollkommen abgeändert wird.

53. Turbulente Reibungsschichten. Später, bei der Behandlung der Widerstandsgesetze von umströmten Körpern, werden wir sehen, daß die laminare Grenzschicht vor der Ablösungsstelle einer umströmten Kugel beim Überschreiten einer gewissen sehr großen Reynoldsschen Zahl in eine entsprechende turbulente Schicht übergeht. Auch bei Strömungen in Rohren haben wir den Umschlag der laminaren Strömung in die turbulente wohl aufzufassen als den Über-

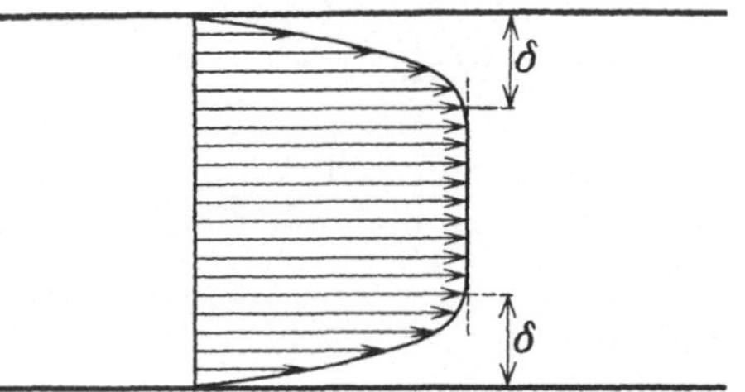

Abb. 48. Laminare Geschwindigkeitsverteilung im Anlaufgebiet. $\dfrac{x}{r\,R} = 0{,}02$.

gang einer laminaren Grenzschicht in eine turbulent fließende Schicht, nur daß in diesem Fall auch das Innere des Rohres den Übergang der einen Strömungsform in die andere mitmacht. Erinnern wir uns, daß der Übergang der laminaren Rohrströmung in die turbulente durchweg bei Geschwindigkeitsprofilen von der Art der Abb. 48 erfolgt (vgl. S. 38), so erkennen wir, daß wir hier eine der Zylinderwand anliegende Grenzschicht haben, die beim Überschreiten der von der Störungsfreiheit abhängigen kritischen Reynoldsschen Zahl in eine turbulent strömende Schicht übergeht. Diese turbulente Reibungsschicht unterscheidet sich, wie Experimente gezeigt haben, von der laminaren vor allem durch einen wesentlich schärferen Geschwindigkeitsanstieg an der Wand, wie aus Abb. 49 ersichtlich.

54. Das $^1/_7$-Potenzgesetz der turbulenten Geschwindigkeitsverteilung.
Es ist L. Prandtl[1] gelungen, für diesen turbulenten Geschwindigkeitsanstieg mit Hilfe einer einfachen Betrachtung einen Ausdruck zu
finden, allein unter Benutzung
des empirisch bekannten Widerstandsgesetzes für turbulente
Strömungen in glatten Rohren.
Die Annahme, die dieser Betrachtung zugrunde liegt, ist vor
allem die, daß die Geschwindigkeitsverteilung in der Nähe der
Wand nicht abhängig sein kann
vom Radius des Rohres, sondern

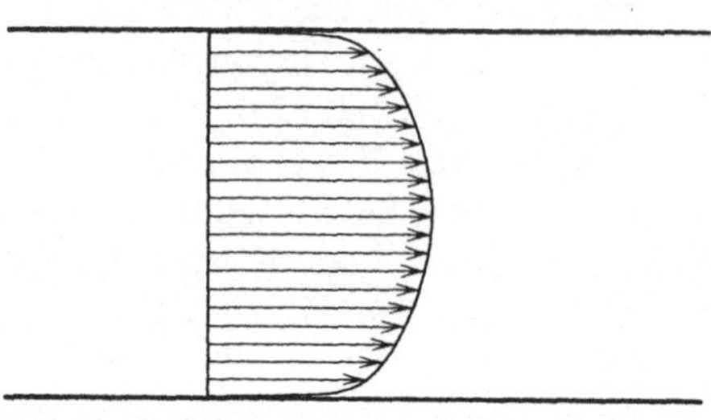

Abb. 49. Turbulente Geschwindigkeitsverteilung.

lediglich von den Größen μ und ϱ sowie von der von der Wand übertragenen Schubspannung τ_0; ferner wird angenommen, daß sich die
Geschwindigkeitsprofile bei Änderung der Durchflußmenge affin verändern, d. h. wenn die Durchflußmenge oder wenn die maximale Geschwindigkeit in der Rohrmitte u_{max} sich z. B. verdoppelt, so verdoppeln
sich alle Geschwindigkeiten, so daß man schreiben kann

$$u = u_{max} f\left(\frac{y}{r}\right), \tag{3}$$

wo y den Abstand von der Wandung des Rohres mit dem Halbmesser r
bedeutet.

Da für einen Teil von der Länge l des Rohres zwischen dem Druckabfall $p_1 - p_2$ und der Schubspannung τ_0 am Rande die Beziehung

$$(p_1 - p_2)\,\pi\,r^2 = 2\,\pi\,r\,l\tau_0$$

gilt, also

$$p_1 - p_2 = \frac{2l}{r}\tau_0,$$

anderseits unter Annahme der Gültigkeit des Blasiusschen Gesetzes für
den Druckabfall bei glatter Rohrwandung (vgl. S. 45)

$$p_1 - p_2 = \frac{0{,}133}{\sqrt[4]{R}} \cdot \frac{l}{r} \cdot \frac{\varrho}{2}\,\overline{u}^2$$

ist, so haben wir für die Schubspannung an der Wand

$$\tau_0 = \frac{0{,}033}{\sqrt[4]{R}}\,\varrho\,\overline{u}^2 = 0{,}033\,\varrho\,v^{\frac{1}{4}}\,r^{-\frac{1}{4}}\,\overline{u}^{\frac{7}{4}}. \tag{4}$$

Nehmen wir jetzt statt der obigen allgemeinen Beziehung (Gl. 3)

---

[1] Prandtl, L.: Bericht über Untersuchungen zur ausgebildeten Turbulenz.
Z. ang. Math. Mech. Bd. 5, S. 136. 1925. Vgl. auch Th. v. Kármán: Fußnote S. 83.

speziell an, daß sich die Geschwindigkeit u mit einer zunächst noch unbekannten Potenz q des Wandabstandes ändert, also

$$u = u_{\mathrm{max}} \cdot \left(\frac{y}{r}\right)^q ,$$

so ergibt sich, wenn wir noch die Geschwindigkeit in der Rohrmitte u_{max} proportional der durchschnittlichen Geschwindigkeit $\bar{u}$ setzen, $u_{\mathrm{max}} = \mathrm{konst.}\ \bar{u}$, und nun aus (Gl. 4) $\bar{u}$ fortschaffen

$$\tau_0 = \mathrm{konst.}\ \varrho\, v^{\frac{1}{4}}\, r^{-\frac{1}{4}}\, u^{\frac{7}{4}} \left(\frac{r}{y}\right)^{\frac{7}{4} \cdot q}$$

oder

$$\tau_0 = \mathrm{konst.}\ \varrho\, v^{\frac{1}{4}}\, u^{\frac{7}{4}}\, \frac{r^{\frac{7q}{4} - \frac{1}{4}}}{y^{\frac{7 \cdot q}{4}}} . \tag{5}$$

Berücksichtigen wir jetzt die anfangs erwähnte Grundannahme, daß die Schubspannung an der Wand nur von den Vorgängen unmittelbar in der Nähe der Wand abhängt, nicht aber von der Berandung des Rohres und speziell nicht vom Rohrradius, so folgt, daß der Exponent von r gleich 0 sein muß, woraus sich der gesuchte Exponent q ergibt:

$$\frac{7}{4}\, q - \frac{1}{4} = 0 ,$$

also

$$q = \frac{1}{7} .$$

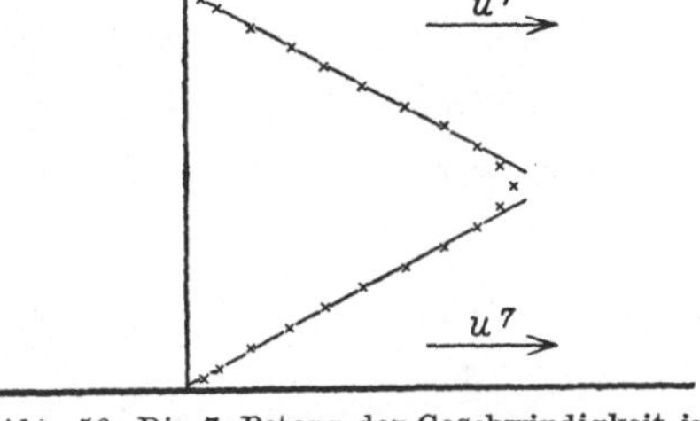

Abb. 50. Die 7. Potenz der Geschwindigkeit in Abhängigkeit vom Wandabstand bei turbulenter Strömung.

Hiermit haben wir also lediglich unter Benutzung des experimentell gegebenen Blasiusschen Druckabfallgesetzes und der erwähnten Annahmen die Beziehung gefunden, daß bei turbulenter Strömung in glattwandigen Rohren die Geschwindigkeit mit der $^1/_7$-Potenz des Wandabstandes zunimmt:

$$u = u_{\mathrm{max}} \left(\frac{y}{r}\right)^{\frac{1}{7}} .$$

In Abb. 50 ist die 7. Potenz der experimentell bestimmten Geschwindigkeit in Abhängigkeit vom Wandabstand aufgetragen. An der Geradlinigkeit dieser Kurve erkennt man, daß dieses sogenannte $^1/_7$-Gesetz nicht nur in unmittelbarer Nähe der Wand sehr gut bestätigt wird, sondern überraschenderweise bis tief in das Innere des Rohres gilt.

Da, wie wir in Nr. 30 gesehen haben, das Blasiussche Potenzgesetz bei sehr großen Reynoldsschen Zahlen (etwa von $R = \dfrac{\bar{u} \cdot r}{v}$ $= 50\,000$ an) nicht mehr mit den Experimenten genügend übereinstimmt, hat für so große Reynoldssche Zahlen auch die Überlegung, die zum $^1/_7$-Gesetz führte, eine entsprechende Änderung zu erfahren. So hat sich z. B. ergeben, daß bei Reynoldsschen Zahlen von etwa $\dfrac{\bar{u}\cdot r}{\nu} = 200\,000$ die Geschwindigkeitsverteilung in der Wandnähe durch ein $^1/_8$-Potenzgesetz besser dargestellt wird. Bei einer zehnmal höheren Reynoldsschen Zahl ist bereits $^1/_{10}$ erreicht. Wie L. Prandtl[1] gezeigt hat, läßt sich die obige Überlegung so verallgemeinern, daß sie für jedes experimentell gegebene Widerstandsgesetz durchführbar ist.

Zusatz bei der Korrektur. Ganz neuerdings hat v. Kármán in einer in den „Göttinger Nachrichten" 1930, S. 58, erschienenen Abhandlung gezeigt, daß aus theoretischen Gründen bei sehr großen Reynoldsschen Zahlen der Ausdruck $\dfrac{u_{\max} - u}{\sqrt{\tau_0/\varrho}}$ nur von y/r abhängen könne, mit Ausnahme einer schmalen Randpartie, in der die Zähigkeit eine merkliche Rolle spielt. $\sqrt{\tau_0/\varrho}$ ist, wie nebenher bemerkt, eine Geschwindigkeit von der Größenordnung der turbulenten Schwankungsgeschwindigkeiten u' und v', vgl. Nr. 33. Die Kármánschen Betrachtungen, die auf der Annahme fußen, daß der innere Mechanismus der Turbulenz an allen Stellen der Flüssigkeit von derselben Art sei und sich nur im Längen- und Zeitmaßstabe der bewegten Teile unterscheide, führt zu einer Schubspannung an irgendeiner Stelle, die nicht in der erwähnten Randpartie liegt, $\tau = k^2\varrho \left(\dfrac{du}{dy}\right)^4 \Big/ \left(\dfrac{d^2u}{dy^2}\right)^2$. k ist dabei eine empirische Konstante von universellem Charakter. Da $\tau = \tau_0\,(1 - y/r)$ ist, liefert die Formel für τ eine Differentialgleichung für $\dfrac{du}{dy}$, die unschwer integriert werden kann und nach der zweiten Integration auch $u(y)$ liefert.

v. Kármán findet: $\dfrac{u_{\max} - u}{\sqrt{\tau_0/\varrho}} = \dfrac{1}{k}\left(\ln\dfrac{1}{1 - \sqrt{1 - y/r}} - \sqrt{1 - y/r}\right)$, was für kleine y/r in $\dfrac{1}{k}\left(\ln\dfrac{2r}{y} - 1\right)$ übergeht. Die Übereinstimmung dieser Formel mit den bei großen Reynoldsschen Zahlen gemessenen Geschwindigkeitsverteilungen ist ziemlich gut. Die empirische Konstante k ergibt sich hieraus ungefähr zu 0,36.

Die Grenze zwischen diesem Gebiet und dem Randgebiet, in dem die Zähigkeit wesentlich wird, ist durch einen bestimmten Wert R_1 der Reynoldsschen Zahl $\dfrac{y_1\sqrt{\tau_0/\varrho}}{\nu}$ charakterisiert, so daß der zugehörige Wandabstand also $y_1 = R_1\cdot\dfrac{\nu}{\sqrt{\tau_0/\varrho}}$ wird. Damit ergibt sich aus obiger Formel $u_{\max} - u_1$, wo u_1 die zu y_1 gehörige Geschwindigkeit bedeutet; u_1 muß, da die zähigkeitsbeeinflußten Schichten in ihrem Mechanismus auch untereinander übereinstimmen, ein Vielfaches von $\sqrt{\tau_0/\varrho}$ sein: $u_1 = \beta\sqrt{\tau_0/\varrho}$.

Damit wird unter Benützung der Näherungsformel

$$u_{\max} = \sqrt{\tau_0/\varrho}\left(\beta + \dfrac{1}{k}\left(\ln\dfrac{2\,r\sqrt{\tau_0/\varrho}}{R_1\,\nu} - 1\right)\right).$$

Nun hängt τ_0 mit der Rohrreibungszahl λ, die wir hier auf die maximale Geschwindigkeit beziehen wollen, durch die Beziehung $\lambda = 4\,\tau_0/\varrho\,u_{\max}^2$ zusammen,

---

[1] Vgl. Fußnote S. 86.

also $\sqrt{\dfrac{\tau_0}{\varrho}} = \dfrac{u_{\max}}{2}\sqrt{\lambda}$. Führt man noch die ebenfalls auf $u_{\max}$ bezogene Reynoldssche Zahl $R = \dfrac{u_{\max}\, r}{\nu}$ ein, so ergibt sich

$$\lambda = \frac{4\,k^2}{(\ln R\,\sqrt{\lambda} - \ln R_1 + k(\beta - 1))^2}\,,$$

oder kürzer:

$$\lambda = \frac{4\,k^2}{(\ln R\,\sqrt{\lambda} + C)^2}\,.$$

Diese Formel gestattet die Berechnung von λ für gegebenes R allerdings nur in schrittweiser Annäherung, die aber gut konvergiert. Weiter läßt sich auch die mittlere Geschwindigkeit berechnen, so daß auch der Vergleich mit den Versuchen möglich ist. Die Übereinstimmung mit den neuesten Messungen von Nikuradse[1] und Schiller und Hermann[2], die bis $R = 1,8 \cdot 10^6$ gehen, hat sich im Bereich der sehr großen Reynoldsschen Zahlen als sehr gut erwiesen. Für k ergab sich dabei 0,44, für $C = 2,83$. Geht man zur mittleren Geschwindigkeit $\bar{u}$ über $\left(\text{mit } R_m = \dfrac{\bar{u}\, r}{\nu}\right)$, so läßt sich dieselbe Form der Gleichung noch als Näherungsformel verwenden:

$$\lambda_m = \frac{A}{(\log_{10}(R_m\,\sqrt{\lambda_m}) + B)^2}\,.$$

Für A und B ergibt sich dabei nach Nikuradse: $A = 0,133$, $B = 0,18$.

55. Schubspannung an der Wand bei turbulenter Strömung in der Reibungsschicht und Dicke dieser Schicht. Für die Konstante in (Gl. 5) erhalten wir einen Zahlenwert, wenn wir berücksichtigen, daß — wie die Experimente ergeben, vgl. S. 52 — die maximale Geschwindigkeit in der Rohrmitte etwa gleich dem 1,22- bis 1,25fachen der durchschnittlichen Geschwindigkeit $\bar{u}$ ist. Nehmen wir einen mittleren Wert, also $u_{\max} = 1,235\,\bar{u}$, so ergibt sich in Verbindung mit (Gl. 4) für die Schubspannung an der Wand

$$\tau_0 = \frac{0,033}{1,235^{\frac{7}{4}}} \cdot \varrho\, \nu^{\frac{1}{4}}\, r^{-\frac{1}{4}}\, u_{\max}^{\frac{7}{4}}\,,$$

oder mit Einführung des $^1/_7$-Potenzgesetzes $u = u_{\max}\left(\dfrac{y}{r}\right)^{\frac{1}{7}}$

$$\tau_0 = 0,0228\,\varrho\, \nu^{\frac{1}{4}}\, u^{\frac{7}{4}}\, y^{-\frac{1}{4}}\,. \tag{6}$$

---

[1] Nikuradse, J.: Über turbulente Wasserströmungen in geraden Rohren bei sehr großen Reynoldsschen Zahlen. Vorträge aus dem Gebiete der Aerodynamik und verwandter Gebiete (Aachen 1929), S. 63. Berlin: Julius Springer 1930.

[2] Schiller, L.: Rohrwiderstand bei hohen Reynoldsschen Zahlen. Vorträge aus dem Gebiete der Aerodynamik und verwandter Gebiete (Aachen 1929), S. 69. Berlin: Julius Springer 1930. — Hermann, R.: Experim. Untersuchung zum Widerstandsgesetz des Kreisrohres bei hohen Reynoldsschen Zahlen und großen Anlauflängen. Diss. Leipzig 1930, wieder abgedruckt in Hermann und Burbach: Strömungswiderstand und Wärmeübergang in Rohren. Leipzig 1930.

Formel (6), die bei Einführung der dimensionslosen Zahl $\dfrac{u \cdot y}{\nu}$

$$\tau_0 = 0{,}0228\, \varrho\, u^2 \left(\frac{\nu}{u\,y}\right)^{\frac{1}{4}} \tag{6a}$$

geschrieben werden kann, gilt natürlich nur für den Bereich, in dem das Blasiussche Gesetz zutrifft.

Man kann diese Formel, die den Rohrradius nicht mehr enthält, auch auf andere turbulente Strömungen längs glatten Wänden anwenden, so z. B. auf die Strömung entlang einer ebenen Platte, wo eine verhältnismäßig schmale turbulente Reibungsschicht neben der Platte vorhanden ist. Bei dieser Strömung ist der Druck längs der Platte in erster Näherung als konstant anzusehen (ebenso wie bei der entsprechenden laminaren Strömung); der Reibungswiderstand wirkt sich in einem Anwachsen der Reibungsschicht längs der Platte aus.

Nach dem Vorgang von Prandtl[1] und v. Kármán[2], die beide unabhängig diese Rechnung angestellt haben, nimmt man in dieser Reibungsschicht in Analogie zum Rohr eine Geschwindigkeitsverteilung

$$u = \overline{u} \left(\frac{y}{\delta}\right)^{\frac{1}{7}}$$

an, wo $\overline{u}$ hier die ungestörte Geschwindigkeit und δ die Reibungsschichtdicke bezeichnet; hiermit kann die Schubspannung an der Wand auch geschrieben werden

$$\tau_0 = 0{,}0228\, \varrho\, \overline{u}^2 \left(\frac{\nu}{\overline{u}\,\delta}\right)^{\frac{1}{4}}. \tag{6b}$$

Der gesamte Reibungswiderstand der einen Seite der Platte ist dann bei einer Breite b und einer Länge l

$$W_f = b \int\limits_0^l \tau_0\, dx.$$

Dieser Widerstand ist gleich dem Impulsverlust der Strömung zu setzen. Vor der Platte hat jedes Flüssigkeitsteilchen die Geschwindigkeit $\overline{u}$, an ihrem Ende ist sie auf u verkleinert. Die zugehörige sekundliche Masse ist $= \varrho\, u \cdot b\, dy$, der Impulsverlust also $= b\, \varrho \int u\, (\overline{u} - u)\, dy$, was mit obiger Geschwindigkeitsverteilung ausintegriert werden kann und $\dfrac{7}{12}\, \varrho\, \overline{u}^2 \cdot b \cdot \delta$ ergibt.

Setzt man diesen Ausdruck gleich dem Widerstand, wobei τ_0 aus Gl. (6b) einzusetzen ist, so ergibt sich eine Beziehung, aus der δ ermit-

---

[1] Prandtl, L.: Über den Reibungswiderstand strömender Luft. Ergebnisse der Aerodyn. Versuchsanstalt zu Göttingen. 3. Lieferung 1927, S. 1.
[2] Kármán, Th. v.: Siehe Fußnote S. 83.

telt werden kann. Man bildet zweckmäßig zunächst $\frac{1}{b} \cdot \frac{dW_f}{dx} = \tau_0$, was

$$\frac{7}{72} \varrho \,\bar{u}^2 \cdot \frac{d\delta}{dx} = 0{,}0228 \, \varrho \, \bar{u}^2 \left(\frac{\nu}{\bar{u}\,d}\right)^{\frac{1}{4}}$$

oder

$$\delta^{\frac{1}{4}} \cdot \frac{d\delta}{dx} = 0{,}235 \left(\frac{\nu}{\bar{u}}\right)^{\frac{1}{4}}$$

ergibt. Durch Integration wird daraus erhalten

$$\frac{4}{5} \, \delta^{\frac{5}{4}} = 0{,}235 \left(\frac{\nu}{\bar{u}}\right)^{\frac{1}{4}} \cdot x$$

oder

$$\delta = 0{,}37 \left(\frac{\nu}{\bar{u}}\right)^{\frac{1}{5}} \cdot x^{\frac{4}{5}} = \frac{0{,}37}{\sqrt[5]{\dfrac{\bar{u}\cdot x}{\nu}}} \cdot x \,. \tag{7}$$

Wie man durch Vergleich mit dem entsprechenden Ausdruck für die laminare Reibungsschicht auf S. 82 erkennt, nimmt die turbulente Reibungsschichtdicke schneller zu, nämlich wie $x^{\frac{4}{5}}$, während die laminare Grenzschichtdicke wie $x^{\frac{1}{2}}$ wächst.

56. Reibungswiderstand bei turbulenter Reibungsschicht. Für die Abhängigkeit der Schubspannung von der x-Richtung ergibt sich bei turbulenter Strömung weiterhin:

$$\tau_0 = 0{,}0288 \, \varrho \, \bar{u}^2 \left(\frac{\nu}{\bar{u}}\right)^{\frac{1}{5}} \frac{1}{\sqrt[5]{x}}$$

und somit als Widerstand für eine Seite einer ebenen Platte von der Länge l und der Breite b $(l \cdot b = F)$

$$W = b \int_0^l \tau \, dx = 0{,}0288 \, \varrho \, \bar{u}^2 \left(\frac{\nu}{\bar{u}}\right)^{\frac{1}{5}} \cdot b \int_0^l \frac{dx}{\sqrt[5]{x}} \,,$$

oder

$$W = 0{,}036 \, \varrho \, \bar{u}^2 \, l \cdot b \left(\frac{\nu}{\bar{u}\,l}\right)^{\frac{1}{5}} = \frac{0{,}036}{\sqrt[5]{R}} \, \varrho \, \bar{u}^2 \, l \cdot b \,, \tag{8}$$

wobei $\dfrac{\bar{u}\,l}{\nu} = R$ gesetzt ist. Führen wir in bekannter Weise die Reibungsziffer c_f ein, so erhalten wir schließlich

$$W = c_f \cdot F \cdot \frac{\varrho}{2} \, \bar{u}^2 = \frac{0{,}072}{\sqrt[5]{R}} \cdot F \frac{\varrho}{2} \, \bar{u}^2 \,. \tag{8a}$$

In Abb. 86 ist die Kurve $c_f = \dfrac{0{,}072}{\sqrt[5]{R}}$ eingetragen. Dabei ist zu bemerken, daß am vorderen gut zugeschärften Ende einer ebenen Platte die Reibungsschicht zunächst laminar strömt, um bei einer gewissen kritischen Reynoldsschen Zahl in den turbulenten Zustand überzugehen. Dies tritt nach den Messungen von van der Hegge-Zijnen bei einer auf die Reibungsschichtdicke bezogenen Reynoldsschen Zahl von etwa

$$R_{kr} = \left(\frac{\bar{u} \cdot \delta}{\nu}\right)_{kr} = 3000 \text{ ein}^1.$$

Zusatz bei der Korrektur. Die Abweichungen von dem Blasiusschen Gesetz, die in Nr. 30 und 54 erwähnt wurden, machen sich bei größeren Reynoldsschen Zahlen $\dfrac{ul}{\nu}$ auch hier geltend (etwa von 5 000 000 an). Eine Übertragung der Überlegungen von Nr. 55 und 56 auf diesen verwickelteren Fall ist von Schiller und Hermann[2] vorgenommen worden. Ferner hat v. Kármán[3] seinen im Zusatz zu Nr. 54 erwähnten Widerstandsansatz auf die Platte übertragen. Beide Verfahren liefern gute Übereinstimmung mit den Versuchen.

In ähnlicher Weise wie sich der Reibungswiderstand der Strömung längs einer ebenen Platte berechnen läßt, kann man — wie v. Kármán in der auf S. 83 zitierten Arbeit gezeigt hat — auch den Reibungswiderstand rotierender Scheiben erhalten. Bedeutet M das Moment einer aus einer unendlich groß gedachten rotierenden Scheibe ausgeschnittenen Scheibe (einseitige Benetzung), vom Radius r und einer Umfangsgeschwindigkeit U, so ergibt sich für:

laminare Reibungsschichten

$$M = 1{,}84 \, r^3 \frac{\varrho}{2} \, U^2 \frac{1}{\sqrt{R}} \, ,$$

turbulente Reibungsschichten

$$M = 0{,}146 \, r^3 \frac{\varrho}{2} \, U^2 \frac{1}{\sqrt[5]{R}} \, ,$$

mit $R = \dfrac{U \cdot r}{\nu}$.

57. Laminare Grenzschicht innerhalb turbulenter Reibungsschichten. Wenn wir bei turbulenten Strömungen von Geschwindigkeitsverteilungen oder von einer Geschwindigkeit in einem Punkt sprachen, so meinten wir — wie wir auf S. 50 ausführten — den zeitlichen Mittelwert der Geschwindigkeit in dem betreffenden Punkt. Die tatsächliche Geschwindigkeit, die in jedem Zeitpunkt verschieden ist und um diesen Mittelwert schwankt, ergibt sich durch Überlagerung des zeitlichen Mittelwertes mit der für die Turbulenz charakteristischen Schwankung. Dabei ist der Betrag dieser Schwankung etwa von der

---

[1] Hierin ist unter δ etwa die Entfernung zu verstehen, bei der die Geschwindigkeit sich nur noch um 1% von der ungestörten unterscheidet.

[2] Schiller u. Hermann: Widerstand von Platte und Rohr bei hohen Reynoldsschen Zahlen. Ingenieur-Arch. Bd. 1, S. 391. 1930.

[3] v. Kármán: Vortrag auf dem Internat. Kongreß f. techn. Mechanik in Stockholm 1930.

Größenordnung $\pm\,5\%$ der mittleren Geschwindigkeit. Betrachtet man jedoch die Vorgänge in immer geringerem Abstand von der Wand, so müssen wegen der Wandnähe die Schwankungen sehr rasch abnehmen. Allerdings sind die Schwankungen von u auch nahe der Wand recht beträchtlich, vielleicht prozentual größer als weiter innen; vor allem ist es die Normalkomponente, die rasch abnimmt. Unmittelbar an der Wand jedoch erhält man für den zeitlichen Mittelwert wieder die Beziehung

$$\tau_0 = \mu \left(\frac{\partial u}{\partial y}\right)_{y\,=\,0}.$$

Nimmt man jetzt aber an, daß das für die turbulente Reibungsschicht gültige $^1/_7$-Gesetz bis direkt an die Wand gilt, so ergibt sich, da $\dfrac{\partial u}{\partial y}$ für $y = 0$ unendlich wird, daß auch die Schubspannung über alle Grenzen

wächst. Diese mit der Erfahrung im Widerspruch stehende Folgerung wird jedoch dadurch hinfällig, daß das für die turbulente Strömung gültige $^1/_7$-Gesetz zwar bis dicht vor die Wandung gilt, nicht aber bis unmittelbar an die Wand heran, da hier der Impulstransport durch die turbulenten Schwankungen verschwindet. Wir haben somit zwischen der turbulenten Reibungsschicht mit dem in ihr gültigen $^1/_7$-Gesetz und der Wand eine sehr dünne laminare Grenzschicht, innerhalb welcher der mittlere Geschwindigkeitsgradient sich aus der obigen

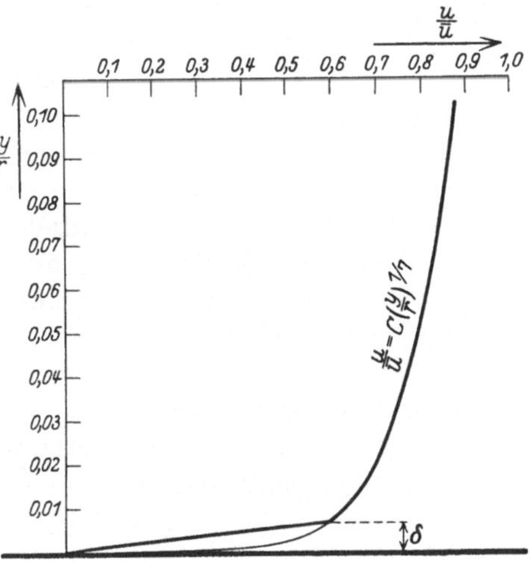

Abb. 51. Laminare Grenzschicht in unmittelbarer Wandnähe bei turbulenter Strömung im Rohr.

Gleichung für τ_0 ergibt, wobei τ_0 sich aus (Gl. 6) bestimmt. Übertragen wir in Abb. 51 den wandnahen Teil des Geschwindigkeitsprofils, Abb. 28, der ausgebildeten turbulenten Strömung (etwa bis $y/r = 0{,}1$, wo y/r im Gegensatz zu Abb. 28 von der Wand aus gerechnet werden möge) in etwa 10facher Verzerrung der y/r-Richtung, so sehen wir, daß das $^1/_7$-Gesetz — wenn wir es bis zur Wand extrapolieren — mit verschwindendem Tangentenwinkel aufsetzt. Da wir, besonders bei größeren Reynoldsschen Zahlen, annehmen können, daß die laminare Grenzschicht direkt an der Wand sehr dünn ist, so daß der Geschwindigkeitsanstieg hier näherungsweise linear angenommen werden kann:

$$\tau_0 = \mu\,\frac{u}{y},$$

so ergibt dies mit der (Gl. 4):

$$\tau_0 = \frac{0,033}{\sqrt[4]{R}}\, \varrho\, \overline{u}^2 \, ,$$

$$0,033\, R^{-\frac{1}{4}}\, \frac{\overline{u}\cdot r}{\nu}\cdot \overline{u} = u\, \frac{r}{y} \, ,$$

oder mit Berücksichtigung des $\frac{1}{7}$-Gesetzes und der Beziehung $u_{\max} = 1,235\, \overline{u}$

$$u = u_{\max}\left(\frac{y}{r}\right)^{\frac{1}{7}} = 1,235\, \overline{u}\cdot\left(\frac{y}{r}\right)^{\frac{1}{7}} ,$$

$$\frac{y}{r} = \frac{68,4}{R^{\frac{7}{8}}} . \tag{9}$$

Verbinden wir in Abb. 51, die einer Reynoldsschen Zahl von etwa $R = \frac{\overline{u}\cdot r}{\nu} = 40000$ entspricht, in einer Entfernung von der Wand gleich $\frac{y}{r} = \frac{68,4}{40000^{\frac{7}{8}}} = 0,0065$ die $\frac{1}{7}$-Potenzkurve durch eine Gerade mit dem Ursprung, so erhalten wir angenähert die laminare Grenzschicht in der turbulenten Reibungsschicht. In Wirklichkeit ist allerdings der Knick in dem Geschwindigkeitsprofil nicht vorhanden, sondern vielmehr ein allmählicher Übergang, entsprechend dem Umstand, daß die turbulenten Schwankungen wohl nicht in einer endlichen Entfernung bereits vollkommen abgeklungen sind, sondern zur Wand hin asymptotisch abnehmen. Fragt man noch, wie groß an dieser Stelle die Geschwindigkeit u bezogen auf die durchschnittliche Geschwindigkeit $\overline{u}$ ist, in der Entfernung der laminaren Grenzschichtdicke von der Wand, so ergibt sich wegen

$$\tau_0 = \mu\, \frac{u}{y} \quad \text{und} \quad \tau_0 = \frac{0,033}{\sqrt[4]{R}}\, \varrho\, \overline{u}^2$$

$$\frac{u}{\overline{u}} = 0,033\, R^{\frac{3}{4}}\, \frac{y}{r}$$

und in Verbindung mit (Gl. 7)

$$\frac{u}{\overline{u}} = 0,033\, R^{\frac{3}{4}}\cdot\frac{68,4}{R^{\frac{7}{8}}} = \frac{2,26}{R^{\frac{1}{8}}} . \tag{10}$$

In diesem Zusammenhang sei auch auf die Messungen von Stanton[1] hingewiesen, der bereits aus seinen Experimenten auf das Vorhandensein solcher laminarer Grenzschichten innerhalb turbulenter Reibungsschichten hinweist.

Wenn auch diese laminaren Grenzschichten im allgemeinen außerordentlich dünn sind, so können sie doch für die Probleme der Wärme-

---

[1] Vgl. Fußnote S. 50.

konvektion bei der Umströmung fester Körper bedeutungsvoll werden. Hier sei auf diesen Umstand nicht näher eingegangen, sondern auf die diesbezüglichen Arbeiten von L. Prandtl[1], sowie auf die experimentellen Feststellungen von L. Schiller[2] verwiesen.

58. Vermeidung der Ausbildung von freien Trennungsschichten und der daraus entstehenden Wirbelbildung. Wie wir in Nr. 48 gesehen haben, kann es zu Rückströmungen innerhalb einer Grenzschicht nur dann kommen, wenn es sich um eine sich verzögernde Bewegung entgegen einem Druckanstieg — wie z. B. in einem Diffusor mit zu großem Öffnungswinkel — handelt. Die Folge dieser Rückströmung war, wie in den Abb. 24 bis 31 der Tafel 12 u. 13 dargestellt, daß sich eine freie Trennungsschicht mit in der Richtung entgegengesetzten Geschwindigkeiten — im Gegensatz zu der Körper haftenden Grenzschicht — in die Flüssigkeit hinausschob und sich infolge des labilen Charakters dieser Trennungsschicht im weiteren Verlauf in Wirbel auflöste.

Will man diese Wirbelbildung vermeiden, die nicht nur an und für sich einen Energie verzehrenden Faktor darstellt, sondern die vor allem das Strömungsbild derartig ändert, daß z. B. der im Diffusor von großem Öffnungswinkel gewünschte Druckanstieg fast völlig ausbleibt, so ist dies offenbar nur möglich, wenn man den Öffnungswinkel des Diffusors und damit den Druckgradienten genügend klein macht. Dann ist nämlich die außen an der Grenzschicht vorbeiströmende Flüssigkeit — bei laminarer Strömung lediglich durch Zähigkeitswirkungen, bei turbulenter Strömung in weit stärkerem Maße durch Impulsaustausch — in der Lage, die in der Grenzschicht durch Reibungswirkungen verzögernden Teilchen entgegen dem schwachen Druckanstieg mitzuschleppen und so an der Rückströmung zu verhindern. Ähnlich ist es bei der Umströmung von schlanken sogenannten stromlinienartigen Körpern, z. B. Luftschiffkörpern oder Tragflügeln. Auch hier kann der Druckanstieg an dem hinteren, sich allmählich verjüngenden Körper durch eine genügend schlanke Form so gering gemacht werden, daß eine Rückströmung in der Grenzschicht und damit Wirbelbildung vermieden wird. Es sei nochmals besonders betont, daß die mitschleppende Wirkung der äußeren Strömung auf die Flüssigkeitsteilchen in der Grenzschicht wesentlich größer ist, wenn die Strömung in der Grenzschicht turbulent ist, infolge des Impulsaustausches von Flüssigkeitsteilchen innerhalb der Grenzschicht mit solchen außerhalb.

59. Beeinflussung der Strömung durch teilweises Absaugen der Grenzschicht. Für weniger schlanke Körper, so z. B. für eine Kugel

---

[1] Prandtl, L.: Eine Beziehung zwischen Wärmeaustausch und Strömungswiderstand der Flüssigkeiten. Phys. Z. Bd. 11, S. 1072. 1910. — Bemerkung über den Wärmeübergang im Rohr. Phys. Z. Bd. 29, S. 487. 1928.

[2] Untersuchungen zum Wärmeübergangsproblem. Z. ang. Math. Mech. Bd. 8, S. 458. 1928.

oder senkrecht zur Strömung gestellte Kreiszylinder oder für stärker sich erweiternde Diffusoren, bei denen Rückströmung und Wirbelbildung eintreten würde, hat Prandtl 1904 in seiner Grenzschichtarbeit eine Methode zur Vermeidung dieser Wirbelbildung angegeben, die darin besteht, dasjenige Flüssigkeitsmaterial, das gerade im Begriff ist, relativ zum Körper stehenzubleiben und sich entgegen der Anströmungsrichtung zurückzubewegen, in das Innere des umströmten Körpers zu saugen und es so für eine sonst eintretende Wirbelbildung unschädlich zu machen. Die von Prandtl 1904 veröffentlichten photographischen Strömungsaufnahmen um einen Kreiszylinder mit Absaugung an einer Seite zeigen deutlich, wie durch die Absaugung eine Wirbelbildung auf dieser Seite verhindert wird. Dabei ist die Absaugeleistung, wie J. Ackeret[1] für eine Diffusorströmung und O. Schrenk[2] für eine Strömung um eine Kugel und um Tragflügel gezeigt haben, relativ gering, da es sich bei der Absaugung nur um kleine Flüssigkeitsmengen handelt. Abb. 36 bis 38 der Tafel 15 zeigen, in wie starkem Maße man durch Absaugen von Grenzschichtmaterial in der Lage ist, die Strömungsform zu beeinflussen. Abb. 36 zeigt die von links nach rechts gerichtete Strömung durch einen sehr stark sich erweiternden Diffusor (Strömung nahezu zweidimensional) ohne irgendwelche Absaugung, und man sieht — wie zu erwarten ist —, daß die Flüssigkeit keineswegs den Wänden des Diffusors anliegt, sondern sie schon sehr am Anfang verläßt. Es war bei der Versuchsanordnung die Einrichtung getroffen, auf einer oder auf beiden Seiten durch je zwei schmale Schlitze geringe Mengen von Flüssigkeit nach außen hin abzusaugen. Abb. 37 derselben Tafel zeigt den Strömungsvorgang, wie er sich ausbildet, wenn an einer (der oberen) Seite geringe Flüssigkeitsmengen abgesaugt werden; Abb. 38 zeigt denselben Vorgang bei beiderseitiger Absaugung. Bei dieser auf den ersten Blick recht fremdartig anmutenden Strömung (Strömungsrichtung von links nach rechts!) haben wir eine ziemlich vollkommene Potentialströmung und eine der Bernoullischen Gleichung entsprechende Umsetzung von kinetischer Energie in Druckenergie.

60. Rotierender Zylinder, Magnuseffekt. Eine andere, ebenfalls von Prandtl angegebene Methode zur Vermeidung der Wirbelbildung besteht darin, die Oberfläche des umströmten Körpers mit der Strömung mitlaufen zu lassen, so daß eine Bremsung der Flüssigkeitsteilchen an der jetzt sich mitbewegenden Oberfläche und damit eine Wirbelbildung fortfällt. Praktisch ist dies jedoch im allgemeinen viel schwieriger zu

---

[1] Ackeret, J.: Grenzschichtabsaugung. Z. V. d. I. Bd. 35, S. 1153. 1926.

[2] Schrenk, O.: Versuche an einer Kugel mit Grenzschichtabsaugung. Z.F.M. Bd. 17, S. 366. 1926. — Tragflügel mit Grenzschichtabsaugung. Luftfahrtforschung Bd. 2, H. 2, S. 49. 1928. — Versuche mit einem Absaugeflügel. Z.F.M. Bd. 22, S. 259. 1931.

erreichen als die Verhinderung der Wirbelbildung durch Absaugung von Grenzschichtmaterial. Der Fall zweier sich berührender rotierender Zylinder von entgegengesetzter Drehrichtung läßt sich noch verhältnismäßig leicht verwirklichen. Das sich in diesem Fall ausbildende Stromlinienbild hat die in Abb. 52 dargestellte Form.

Nicht nur diesen Fall, sondern auch einen andern, der in technischer Hinsicht beim sogenannten Flettner-Rotor eine gewisse Bedeutung erlangt hat, hat Prandtl (etwa 1906) untersucht, nämlich einen einzelnen rotierenden Zylinder. Hier sind allerdings die Bedingungen zur Verhinderung der Wirbelbildung

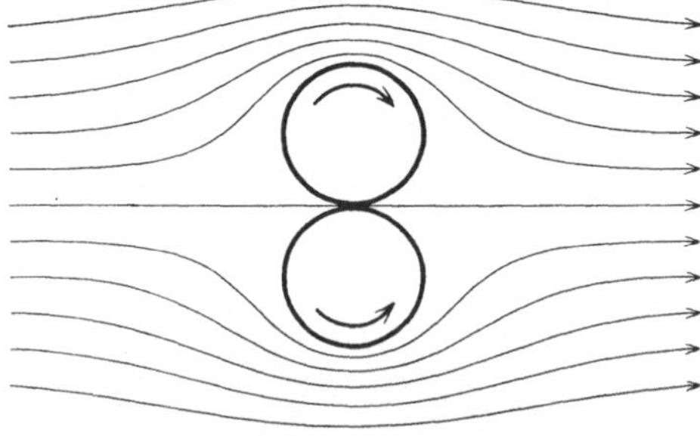

Abb. 52. Strömung um zwei gegenläufig rotierende Zylinder.

nur an einer Seite gegeben, und zwar auf derjenigen, wo die Umfangsgeschwindigkeit mit der Anströmungsgeschwindigkeit zusammenfällt; auf der anderen Seite, wo die Umfangsgeschwindigkeit entgegengesetzt der Anströmungsrichtung ist, haben wir eine um so günstigere Bedingung zur Wirbelausbildung. Was nun diesen Vorgang besonders bedeutsam macht, ist — wie wir noch sehen werden — die Tatsache, daß durch die einseitige Wirbelausbildung das ganze Stromlinienbild unsymmetrisch wird. Abb. 8 der Tafel 5 stellt in Kinobildern den Strömungsvorgang eines rotierenden Zylinders aus der Ruhe dar. Die Anströmungsrichtung ist wieder von links nach rechts, die Rotation erfolgt im Uhrzeigersinn; das Verhältnis der Umfangsgeschwindigkeit u zur Anströmungsgeschwindigkeit v ist konstant, und zwar gleich $\frac{u}{v} = 4$ gehalten. Man erkennt besonders im 3. und 4. Bilde, wie nur an der unteren Seite, wo die Richtung der Umfangsgeschwindigkeit derjenigen der Anströmungsgeschwindigkeit entgegengesetzt ist, sich eine Ansammlung von Grenzschichtmaterial bildet. Die Rückströmung innerhalb der Grenzschicht ist der Kleinheit der Bilder wegen nicht ersichtlich. Auf dem 5. und folgenden Bildern erkennt man dann, wie aus dieser Ansammlung von Grenzschichtmaterial ein zunächst immer stärker werdender sogenannter Anfahrwirbel entsteht, der entsprechend den Helmholtzschen Wirbelsätzen an dieselben Flüssigkeitsteilchen gebunden, mit der Flüssigkeit wegschwimmt. Der Vorgang ist ganz analog der in Nr. 107 beschriebenen Anfahrt eines Tragflügels, und ebenso wie dort läßt sich das nach dem Fortströmen des Anfahrwirbels verbleibende Stromlinienbild auffassen als die Überlagerung einer Potentialströmung um den Zylinder mit einer Zirkulation, die in diesem Fall von einer solchen Stärke angenommen ist, daß beide Staupunkte nahezu zusammenfallen. Abb. 53 zeigt ein in dieser Weise konstruiertes Stromlinienbild, und man erkennt die große Übereinstimmung mit den letzten Bildern der Abb. 8 auf

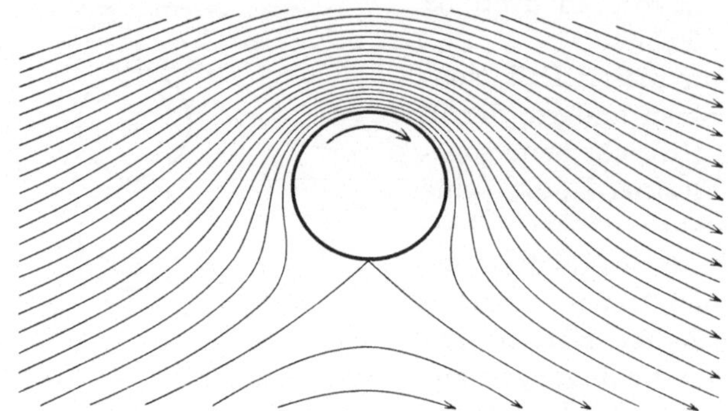

Abb. 53. Strömung um einen rotierenden Zylinder, dessen Umfangsgeschwindigkeit gleich der vierfachen Anströmungsgeschwindigkeit ist; $\dfrac{u}{v} = 4$.

Tafel 5. Für kleinere Werte von $\dfrac{u}{v}$, etwa für $\dfrac{u}{v} = 2$, ergibt die theoretische Strömung die Abb. 54; eine entsprechende photographische Aufnahme zeigt Abb. 13 auf Tafel 8. Für größere Werte als $\dfrac{u}{v} = 4$ legt sich ein umlaufender Flüssigkeitsring um den Zylinder. Abb. 9 der Tafel 6 zeigt diese Verhältnisse für $\dfrac{u}{v} = 6$.

Ebenso wie die nach dem Fortströmen des Anfahrwirbels verbleibende zirkulationsbehaftete Strömung um einen Tragflügel eine zur Anströmungsrichtung senkrechte Komponente, einen Auftrieb, liefert, so auch der rotierende Zylinder. Betrach

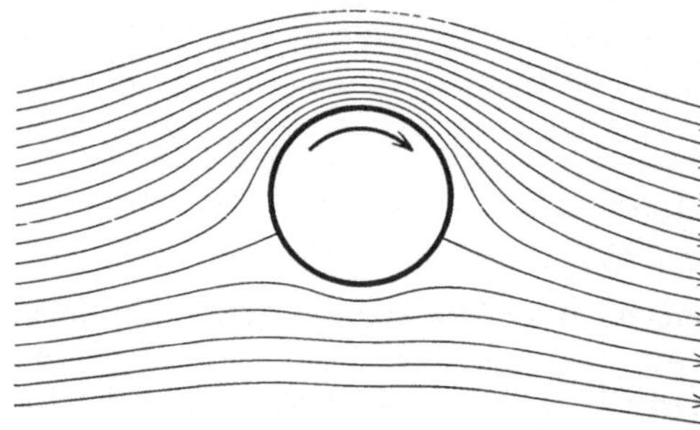

Abb. 54. Wie Abb. 53, jedoch $\dfrac{u}{v} = 2$.

tet man die Stromlinien, so erkennt man, wie sie sich über dem Zylinder außerordentlich dicht zusammendrängen, während unterhalb des Zylinders der Abstand zwischen den einzelnen Stromlinien wesentlich größer ist. Oberhalb haben wir somit große Geschwindigkeiten, unterhalb des Zylinders kleine Geschwindigkeiten. Wenden wir die Bernoullische Gleichung an, was wir außerhalb der Grenzschicht tun dürfen, so ergibt sich oberhalb des Zylinders Unterdruck, während wir unterhalb des Zylinders Überdruck haben, d. h. wir haben eine Kraftkomponente senkrecht zur Anströmungsrichtung. Da der Auftrieb proportional ist der Zirkulation, haben wir eine starke Abhängigkeit des Auftriebes von dem Wert für $\frac{u}{v}$. Für $\frac{u}{v} = 4$ (Abb. 53) — hier fallen gemäß den photographischen Aufnahmen die Staupunkte gerade zusammen — ergibt die Berechnung den Auftrieb

$$A = 4\pi\frac{\varrho}{2}\,v^2 \cdot l \cdot d, \quad \text{also} \quad c_a = 4\pi \qquad \text{(vgl. Nr. 97)},$$

wo d der Durchmesser und l die Länge des Zylinders bedeutet. Messungen im Luftkanal ergaben zunächst einen wesentlich kleineren Auftrieb,

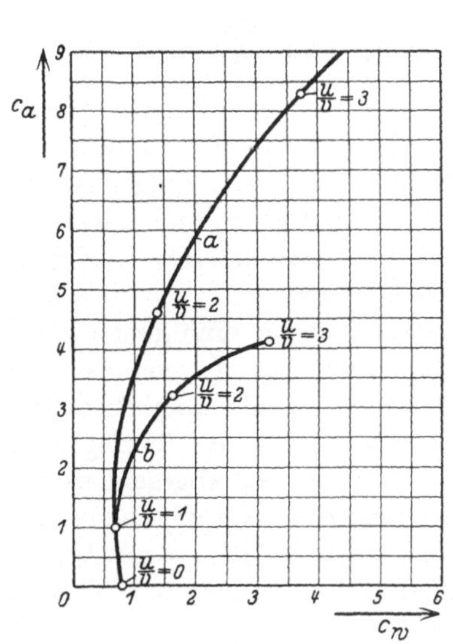

Abb. 55. Auftriebs- (Quertriebs-) Beiwerte eines rotierenden Zylinders als Funktion von den Widerstandsbeiwerten für verschiedene $\frac{u}{v}$.
a mit Endscheiben gleich dem doppelten Durchmesser des Zylinders. b ohne Endscheiben.

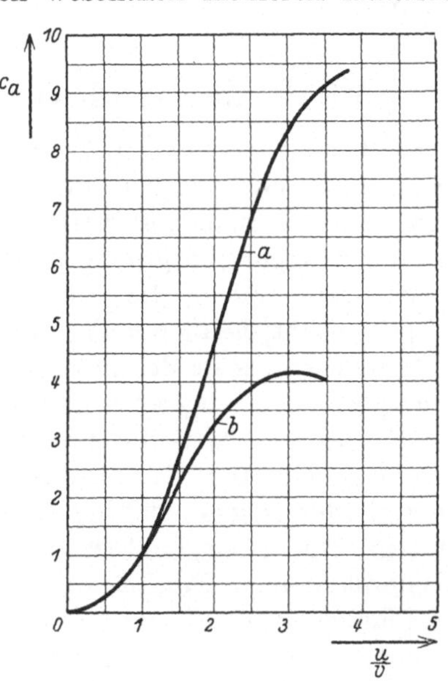

Abb. 56. Auftriebs-(Quertriebs-)Beiwerte eines rotierenden Zylinders in Abhängigkeit vom Verhältnis Umfangsgeschwindigkeit zur Fortschreitungsgeschwindigkeit, $\frac{u}{v}$.
a und b wie in Abb. 55.

bis man erkannte, daß die Strömung nicht genügend zweidimensional war, wie es in der Rechnung angenommen ist. Dies wurde nach einem Vorschlag von Prandtl dann weitgehend dadurch erreicht, daß an den Enden des Zylinders mitrotierende Scheiben von größerem Durchmesser angebracht werden. Abb. 55 ergibt die sogenannte Polarkurve (vgl. Nr. 98) des Zylinders, ohne und mit Scheiben. Wie man erkennt, läßt sich mit einem rotierenden Zylinder ein wesentlich höherer Auftrieb erzeugen als mit einem Tragflügel von gleicher Projektionsfläche. Allerdings ist auch der Widerstand um ein Vielfaches größer. Abb. 56

zeigt die Abhängigkeit der Auftriebszahl vom Verhältnis der Umfangsgeschwindigkeit zur Anströmungsgeschwindigkeit mit und ohne Scheiben.

Von einer weiteren Möglichkeit, die Wirbelbildung zu vermeiden dadurch, daß man den in der Grenzschicht abgebremsten Flüssigkeitsteilchen neue Energie zuführt, wird bei der Behandlung der Tragflügel noch die Rede sein. Das Prinzip beruht darauf, durch Düsen Flüssigkeitsstrahlen von großer kinetischer Energie in die Grenzschicht zu schicken, um die dort abgebremsten Flüssigkeitsteilchen wieder anzutreiben. Erwähnt mag nur werden, daß die hierzu notwendige Leistung größer ist als im Falle der Absaugung von Grenzschichtmaterial in das Innere des Flügels und von dorthin nach außen.

VI. Widerstand von umströmten Körpern.

61. Grundvorstellungen. Bewegt man einen Körper mit einer gleichförmigen Geschwindigkeit geradlinig durch eine ruhende Flüssigkeit (bzw. Gas), so muß zur Aufrechterhaltung dieser Bewegung dauernd eine der Bewegung entgegengesetzt gerichtete Kraft überwunden werden. Diese Kraft, welche die Flüssigkeit auf den gleichförmig bewegten Körper ausübt, heißt der Widerstand des Körpers.

Erteilt man jetzt der Flüssigkeit wie dem Körper eine gemeinsame Bewegung entgegengesetzt gleich der Bewegung des Körpers, so ruht der Körper, während die Flüssigkeit ihn mit der gleichen entgegengesetzt gerichteten Geschwindigkeit anströmt. Da die Überlagerung einer gleichförmig geradlinigen Geschwindigkeit zu dem abgeschlossenen System Flüssigkeit und Körper nach dem Relativitätsprinzip der Mechanik keinen Einfluß haben kann auf die Vorgänge im Innern der Flüssigkeit, so erkennt man, daß es für den Widerstand eines Körpers gleichgültig ist, ob die Flüssigkeit ruht und der Körper sich geradlinig und gleichförmig in ihr bewegt, oder ob umgekehrt der Körper ruht und die Flüssigkeit mit der gleichen, aber entgegengesetzt gerichteten Geschwindigkeit den Körper anströmt.

Dabei ist allerdings vorausgesetzt, daß die einzelnen Teile der anströmenden Flüssigkeit (genügend weit vor dem ruhenden Körper) sich vollkommen gleichförmig und parallel zueinander bewegen. Daß dies bei natürlichen Flüssigkeitsströmungen (Wind, Flußströmung usw.) nicht der Fall ist und wieweit man bei künstlichen Luftströmungen diese Gleichförmigkeit erreicht hat, werden wir in Nr. 149 und 150 sehen.

62. Newtonsches Widerstandsgesetz. Bereits Newton, der Begründer der Mechanik, hat das im wesentlichen noch heute gültige Gesetz vom Flüssigkeitswiderstand aufgestellt, soweit es sich um Trägheitswirkungen handelt, d. h. soweit Flüssigkeiten (Gase) sehr geringer Zähigkeit, wie z. B. Wasser, Luft usw., in Betracht kommen.

Er fand, daß der Widerstand (W) eines in einer Flüssigkeit gleich-förmig bewegten Körpers proportional sei der „dargebotenen Fläche" (F), der Dichte der Flüssigkeit (ϱ) und dem Quadrat der Geschwindigkeit (w). Unter „dargebotener Fläche" wird dabei die Projektion des Körpers auf die zur Strömungsrichtung senkrechte Ebene verstanden. Der Ausdruck für den Widerstand läßt sich nach Newton also schreiben:

$$W = \text{Zahl} \cdot F\,\varrho\,w^2\,.$$

Über die beträchtliche Abhängigkeit des Widerstandes von der Gestalt des Körpers sagt dieses Newtonsche Gesetz allerdings nichts aus.

Das Widerstandsgesetz, das Newton seinerzeit in spezieller Anwendung auf den Luftwiderstand abgeleitet hatte, beruht auf dem Satz von der Bewegungsgröße: Die auf einen Körper von der ihn umströmenden Flüssigkeit ausgeübte Kraft ist gleich der vom Körper erzeugten sekundlichen Impulsänderung der umgebenden Flüssigkeit.

Newton nahm statt der Flüssigkeit (bzw. der Luft) ein hypothetisches Medium folgender Art an: Der den Widerstandskörper umgebende Raum sei von einer großen Anzahl materieller Teilchen erfüllt, die zwar Masse, aber keine merkliche Größe besitzen; ferner wird angenommen, daß die Teilchen in Ruhe sind und weder miteinander verbunden sind noch aufeinander einwirken. Bewegt sich nun ein Körper durch ein derartiges Medium, so kommt er mit allen denjenigen Massenteilchen, die sich in seiner Bahn befinden, zum Stoß, wobei er diesen Massenteilchen einen Impuls erteilt.

Mit den oben angegebenen Bezeichnungen ist die Masse, mit welcher der Körper bei seiner Bewegung in der Zeiteinheit zum Stoß kommt,

$$\varrho F w\,.$$

Dieser Masse wird eine Geschwindigkeit w' erteilt, die der Geschwindigkeit (w) des Körpers proportional gesetzt werden kann:

$$w' = \text{Zahl} \cdot w\,.$$

Man erhält somit für den sekundlich erzeugten Impuls, der dem Widerstand des Körpers gleich sein muß:

$$W = \varrho F w \cdot w' = \text{Zahl} \cdot F \cdot \varrho\,w^2\,.$$

Je nachdem man annimmt, daß die Zusammenstöße des Körpers mit den einzelnen Massenteilchen nach den Gesetzen des elastischen oder unelastischen Stoßes erfolgen, erhält man verschiedene Impulsbeiträge. Die Versuche sprachen mehr für den unelastischen Stoß. Bei einer unter dem Winkel α gegen die Bewegungsrichtung geneigten Fläche rechnete Newton, indem er die Fläche als vollkommen glatt annahm, so, als ob nur die zur Fläche senkrechte Geschwindigkeitskomponente vernichtet würde. Die erfaßte Masse pro Sekunde ist $= \varrho F \sin\alpha\,w$ und die vernichtete Geschwindigkeit $= w \sin\alpha$, so daß sich eine Kraft senkrecht zur Platte von der Größe $= \varrho F w^2 \sin^2 \alpha$ ergibt.

63. Neuere Auffassung vom Wesen des Flüssigkeitswiderstandes. Die Newtonsche Annahme ergab zwar eine einfache Rechenvorschrift für den Proportionalitätsfaktor, es zeigte sich jedoch später, daß die so berechneten Zahlen mit den experimentell gewonnenen in den wenigsten Fällen übereinstimmten. So ergibt sich z. B. für eine senkrecht zur Bewegungsrichtung befindliche Platte von quadratischer Form der Proportionalitätsfaktor 1, während das Experiment den Wert 0,55 liefert. Eine noch wesentlich schlechtere Übereinstimmung findet sich bei schrägen Platten, ferner bei abgerundeten Körpern, wie z. B. bei der Kugel oder gar bei luftschiffartigen Körpern, deren Widerstand viel geringer ist als der nach der Newtonschen Theorie berechnete. Die Ursache für diese Unstimmigkeit hängt eng damit zusammen, daß bei der Newtonschen Auffassung nur die Vorgänge an der Vorderseite des Widerstandskörpers beachtet wurden, nicht aber die seitlichen und die an dem hinteren Teil desselben. Gerade die letzteren sind aber für die Größe des Widerstandes sehr wesentlich.

Die neuere Auffassung vom Wesen des Flüssigkeitswiderstandes geht von der Tatsache aus, daß die freie Weglänge der einzelnen Massenteilchen (Moleküle) viel zu gering ist, als daß die Newtonsche Vorstellung der Wirklichkeit entsprechen könnte. Man muß daher annehmen, daß die Bewegung eines Flüssigkeitsteilchens durch die seiner Nachbarteilchen so beeinflußt wird, daß die Nachbarn innerhalb kürzerer Zeit immer zusammenbleiben und auch immer annähernd denselben Raum beanspruchen. Die Bahnen der Teilchen beeinflussen sich daher gegenseitig (vgl. Nr. 1 des ersten Bandes). Hieraus folgt auch, daß es nicht angängig ist, den Widerstand irgendeines Körpers durch einfaches Summieren der Widerstände der einzelnen — vom Körper losgelösten — Flächenelemente zu bestimmen, wie es die Newtonsche Theorie vorschreibt. Vielmehr ist die Gestalt des ganzen Körpers — wegen der gegenseitigen Beeinflussung der Flüssigkeitsteilchen — für den Widerstand eines Flächenelementes der Körperoberfläche von wesentlicher Bedeutung.

64. Der Deformationswiderstand bei sehr kleinen Reynoldsschen Zahlen. Nehmen wir im folgenden zunächst an, daß der gleichförmig und geradlinig bewegte Körper allseitig von einer homogenen, inkompressiblen Flüssigkeit umgeben ist, daß also freie Oberflächen nicht vorhanden sind und daher die Schwerewirkungen durch den statischen Auftrieb eliminiert werden, so kommen außer den Trägheitskräften nur noch Reibungskräfte in Frage[1].

---

[1] Der Fall, daß an vorhandenen freien Flüssigkeitsoberflächen die Schwerkraft sich im Auftreten von Wellen geltend machen kann, wird in Nr. 73 behandelt werden.

Da nach Nr. 4 das Verhältnis der Trägheitskräfte zu den Zähigkeitskräften gegeben ist durch die Reynoldssche Zahl, d. h. durch einen Ausdruck von der Form $\frac{w \cdot l}{v}$, wo w die Geschwindigkeit des Körpers, l eine charakteristische Länge desselben und v die kinematische Zähigkeit der Flüssigkeit bedeutet, so erkennt man, daß für sehr große v, d. h. für sehr zähe Flüssigkeiten (z. B. Sirup) oder aber auch für sehr kleine Geschwindigkeiten oder Körperabmessungen (z. B. sinkende Nebeltröpfchen) die Reynoldssche Zahl sehr klein werden kann, daß also in diesen Fällen die Zähigkeitswirkungen auf die Strömungsform und damit auf den Widerstand von wesentlich größerer Bedeutung werden können als die Trägheitswirkungen. Bei derartigen Strömungsvorgängen, bei denen sich der Körper gleichsam durch die Flüssigkeit hindurchschiebt, indem er sie dabei deformiert, ist der Widerstand im wesentlichen dadurch bedingt, daß zu dieser Deformation Kräfte erforderlich sind. Es bildet sich ein Spannungssystem in der Flüssigkeit aus, das die auf den Körper ausgeübte Kraft in die Flüssigkeit hinein fortpflanzt. In dem Fall, daß sich in hinreichender Nähe feste Wände befinden, werden die Spannungen von diesen aufgenommen. In unendlich ausgedehnter Flüssigkeit wirken sie sich aber in Beschleunigung der Flüssigkeit aus. Bei kleinen Reynoldsschen Zahlen erfolgt diese Auswirkung erst in großem Abstand vom Körper, bei großen Reynoldsschen Zahlen dagegen in seiner Nähe. In diesem letzteren Falle nennt man die unmittelbare Auswirkung der Zähigkeitsspannungen den „Reibungswiderstand". Dem Deformationswiderstand gegenüber sind Reibungswiderstände an der Körperoberfläche oder Druckwiderstände — beide setzen eine wesentliche Wirkung der Trägheitskräfte voraus — bei diesen sogenannten schleichenden Bewegungen im allgemeinen zu vernachlässigen.

65. Die Bedeutung einer noch so geringen inneren Reibung (Zähigkeit) einer Flüssigkeit für den Widerstand. Bei weniger zähen Flüssigkeiten und noch dazu bei größeren Geschwindigkeiten und Körperabmessungen sind jedoch die Trägheitskräfte ganz außerordentlich den Zähigkeitskräften überlegen; z. B. haben wir bei einer mit 1 m/s in Wasser bewegten Kugel von 5 cm Radius bereits ein Verhältnis der Trägheitskräfte zu den Zähigkeitskräften von der Größenordnung 50000 zu 1, da diesem Strömungszustand die Reynoldssche Zahl 50000 entspricht. Man möchte meinen, daß unter diesen Umständen der Einfluß der Zähigkeit auf den Widerstand vollständig zu vernachlässigen ist, und daß allein die Trägheitskräfte für ihn maßgebend sind. Geht man dieser Vorstellung nach, nimmt man also eine vollkommen reibungslose Flüssigkeit an und berechnet die Trägheitswirkungen der Flüssigkeit auf den Körper, die in Druckkräften auf seiner Oberfläche zur Geltung kommen, so ergibt sich das schon lange bekannte Resultat (Nr. 76), daß die Resultierende dieser Druckkräfte verschwindet. Die Wirkung der Trägheitskräfte einer vollkommen reibungslosen Flüssigkeit ergibt also keinen Widerstand. Es müssen mithin doch die Zähigkeitskräfte, so gering sie auch den Trägheitskräften gegenüber erscheinen mögen, für das Vorhandensein des Widerstandes verantwortlich gemacht werden.

Die Bedeutung einer auch noch so geringen inneren Reibung einer Flüssigkeit für den Widerstand eines in ihr bewegten Körpers liegt nun darin, daß auch die geringste Zähigkeit das Strömungsbild einer reibungslos gedachten Flüssigkeit (Potentialströmung) in gewissen Fällen vollkommen verändern kann (Grenzschichtbildung, Entstehung von Wirbeln, vgl. Nr. 52). Dadurch wird nun aber das durch die Trägheitskräfte bedingte Druckfeld an der Oberfläche des Körpers derartig umgestaltet, daß eine von Null verschiedene Resultierende der Druckkräfte verbleibt. Die in der Bewegungsrichtung des Körpers gelegene Komponente dieser Resultierenden heißt der Druckwiderstand. Die Zähigkeit ist also indirekt die Ursache für das Auftreten des Druckwiderstandes.

Wenn auch in den weitaus meisten Fällen im Innern der Flüssigkeit die Trägheitskräfte außerordentlich viel größer sind als die Zähigkeitskräfte, so daß sie hier mit Recht vernachlässigt werden können, gilt dieses — wie wir im V. Kapitel gesehen haben — nicht in einer dem umströmten Körper anliegenden, im allgemeinen sehr dünnen Schicht. Denn da die Erfahrung lehrt, daß die den Körper berührenden Flüssigkeitsteilchen an ihm haften, anderseits die reibungslosen Strömungen gemäß der Theorie nur mit endlichen Geschwindigkeiten am Körper gleiten können, so müssen in der unmittelbaren Nähe der Körperoberfläche die Zähigkeitskräfte von gleicher Größenordnung sein wie die Trägheitskräfte. Dieser in einer dünnen Schicht sich vollziehenden Geschwindigkeitsabnahme von der äußeren Umströmungsgeschwindigkeit bis auf die Geschwindigkeit des Körpers entspricht an jedem Oberflächenelement ein System von Reibungsspannungen, das sich der Körperoberfläche überträgt und — über die gesamte Oberfläche integriert — den sogenannten Reibungswiderstand ergibt.

Die Bedeutung der inneren Reibung für den Widerstand eines umströmten Körpers tritt also — wenn wir von den nur bei sehr kleinen Reynoldsschen Zahlen in Betracht kommenden Zähigkeitswirkungen im Innern der Flüssigkeit (Deformationswiderstand) absehen — in zweifacher Hinsicht in Erscheinung. Einmal treten an der Oberfläche des Körpers tangential zu ihr gerichtete Reibungskräfte auf, deren Resultierende der Reibungswiderstand genannt wird, andererseits bewirkt die Zähigkeit eine Umgestaltung des ohne innere Reibung entstehenden Strömungsbildes, was wieder eine Änderung des Druckfeldes und damit das Auftreten eines Druckwiderstandes zur Folge hat.

66. Der je nach der Gestalt des Körpers verschiedene Anteil an Druck-widerstand und Reibungswiderstand. Welcher Anteil des Gesamtwider-standes — ob Druckwiderstand oder Reibungswiderstand — der vor-herrschende ist, hängt im wesentlichen von der Form und der Lage des Körpers ab. Gibt man dem Körper eine derartige Form und Lage (Abb. 57), so daß die Zähigkeit keine wesentliche Umgestaltung des Strömungsbildes bewirkt, d. h. vermeidet man durch geeignete Formgebung ein durch die innere Reibung beding-tes Ablösen der Flüssig-keit vom Körper und eine damit im Zusam-menhang stehende Wir-

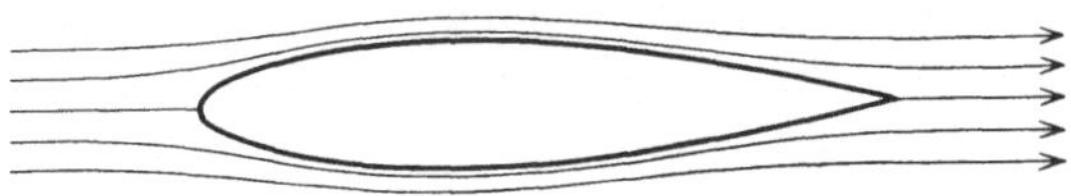

Abb. 57. Strömung um einen stromlinienförmigen Körper.

belbildung, so ist der Druckwiderstand nur klein, und zwar meist von der Größenordnung des Reibungswiderstandes. Die Druckverteilung er-gibt in diesem Fall eine kaum von Null verschiedene Resultierende.

In wie starkem Maße die Lage des Körpers von Einfluß ist für den Anteil an Druck- und Reibungswiderstand, zeigt die ebene Platte: Bewegen wir eine solche Platte in der Richtung senkrecht zu ihrer Ebene durch eine Flüssigkeit oder Gas, so ist der Gesamtwiderstand fast völlig Druckwiderstand, während der Reibungswiderstand dagegen zu vernachlässigen ist. In diesem Falle haben wir nur an der Anströ-mungsseite der Platte nahezu Potentialströmung, während die Strömung an der hinteren Seite — und damit das Druckfeld — durch die Zähig-keitswirkung der Flüssigkeit vollständig verändert worden ist. Be-wegen wir dagegen die Platte in Richtung ihrer Ebene, so tritt eine wesentliche Beeinflussung der Potentialströmung durch die innere Reibung der Flüssigkeit nicht ein. Die Resultierende der Druckkräfte ist nahezu Null, so daß der gesamte Widerstand (der wesentlich kleiner ist als im vorigen Fall) als Reibungswiderstand aufzufassen ist.

Experimentell läßt sich die Teilung des Gesamtwiderstandes in Druck- und Reibungswiderstand in der Weise durchführen, daß man von dem an der aerodynamischen Waage gemessenen Gesamtwiderstand den auf Grund von Ermittlung der Druckverteilung (vgl. Nr. 93) errechneten Druckwiderstand subtrahiert. Die Differenz ist der Reibungswiderstand.

Man kann die Trennung in Druck- und Reibungswiderstand formal auch so vornehmen, daß man die einzelnen auf die Oberflächenelemente des umströmten Körpers ausgeübten Kräfte in zum Flächenelement normal und tangential gerichtete Komponenten zerlegt. Die Normal-komponenten bilden Druckkräfte und deren Resultierende — soweit sie in die Bewegungsrichtung der anströmenden Flüssigkeit fällt — den Druckwiderstand. Die Tangentialkomponenten sind Reibungs-kräfte, die in ihrer Gesamtheit bzw. in ihrer in der Bewegungsrichtung liegenden Komponente den Reibungswiderstand bilden.

Bei rauhen Oberflächen ist es aus praktischen Gründen vorteilhaft, die Zerlegung in Normal- und Tangentialkomponente für eine fingierte glatte Fläche, die sich möglichst gut dem mittleren Verlauf der rauhen Fläche anpaßt, vorzunehmen. Es ist dabei allerdings zu berücksichtigen, daß dadurch der auf die einzelnen Rauhigkeiten entfallende Druckwiderstand als Reibungswiderstand aufgefaßt und diesem zugerechnet wird.

Unter Berücksichtigung, daß der Druckwiderstand in hohem Maße von der Form des Körpers, der Reibungswiderstand hingegen in erster Linie von der Größe der Oberfläche abhängt, hat man auch von Form- und Oberflächenwiderstand gesprochen. Diese Bezeichnungen sind jedoch nicht sehr glücklich, da auch der Reibungswiderstand im allgemeinen von der Form des Körpers abhängig ist.

67. Allgemeines über die Abhängigkeit des Widerstandes von der Reynoldsschen Zahl. Wie wir gesehen haben, läßt sich der durch innere Reibung der Flüssigkeit bedingte Widerstand zusammensetzen aus dem Deformationswiderstand[1], dem Reibungswiderstand an der Oberfläche des umströmten Körpers sowie dem Druckwiderstand, der seinerseits zurückzuführen ist auf die umgestaltende Wirkung der Zähigkeit auf das Stromlinienbild (Ablösung der Grenzschicht). Je nach der Größe der Reynoldsschen Zahl besteht der Gesamtwiderstand im wesentlichen entweder aus dem ersten Anteil, dem Deformationswiderstand, oder aus den beiden letzten Anteilen, wobei je nach der Form und Lage des Körpers wiederum entweder der Druck- oder der Reibungswiderstand vorherrschend sein kann. Es läßt sich also sagen, daß ganz allgemein die Auswirkung der inneren Reibung einer Flüssigkeit auf einen in ihr bewegten Körper und damit dessen Widerstandsgesetz nicht nur abhängig ist von der Form und der Lage des Körpers, sondern auch noch von der Geschwindigkeit und der Größe des Körpers sowie von der Art der Flüssigkeit. Man erkennt daraus, wie fast hoffnungslos kompliziert das Widerstandsproblem in seiner Allgemeinheit ist.

Man hat deshalb bisher im wesentlichen lediglich die Abhängigkeit des Gesamtwiderstandes — ohne auf die jeweilige Zusammensetzung desselben aus den oben erwähnten drei Anteilen näher einzugehen — von gewissen physikalischen Größen auf experimentellem Wege untersucht. Da das in Nr. 62 angegebene Newtonsche Widerstandsgesetz (obwohl die dieser Theorie zugrunde liegende Vorstellung sich als un-

---

[1] Die vom Verfasser vorgenommene Unterscheidung des Deformationswiderstandes bei sehr kleinen Reynoldsschen Zahlen vom Oberflächenwiderstand bei großen Reynoldsschen Zahlen läßt sich energetisch so definieren, daß man unter Deformationswiderstand bzw. -arbeit die Energie versteht, die in der weiteren Umgebung des Körpers in Wärme umgewandelt wird mit Ausnahme der Vorgänge im Nachlauf. Damit wird der Deformationswiderstand ein Teil des Reibungswiderstandes plus einem kleinen Teil des Druckwiderstandes.

zutreffend erwiesen hat) in vielen Fällen mit der Erfahrung im Einklang steht, ist man übereingekommen, ganz allgemein den Widerstand in der Form:

$$W = \text{Zahl} \cdot F \varrho\, w^2$$

(F die Projektionsfläche des Körpers auf eine Ebene[1], senkrecht zur Bewegungsrichtung; ϱ die Dichte der Flüssigkeit; w die Geschwindigkeit des Körpers relativ zur ungestörten Flüssigkeit) anzusetzen, oder unter Einführung des sogenannten Staudruckes $\dfrac{\varrho\, w^2}{2}$

$$W = c \cdot F \frac{\varrho\, w^2}{2}.$$

Hierbei hat der Proportionalitätsfaktor c oder, wie man ihn auch bezeichnet, die Widerstandszahl, für jede Körperform und Körperlage eine andere Größe. Ausgehend von der Newtonschen Vorstellung vom Luftwiderstand war man lange Zeit der Meinung, daß für eine bestimmte Körperform und -lage die Widerstandszahl konstant, d. h. unabhängig von der Größe des Körpers und seiner Geschwindigkeit sei. Man glaubte daher, das einer bestimmten Körperform zugehörige Widerstandsgesetz vollständig zu kennen, wenn man die Widerstandszahl für einen gegebenen Körper dieser Form bei einer einzigen Geschwindigkeit bestimmt hatte. Insbesondere glaubte man, mit Hilfe der so gewonnenen Widerstandszahl den Widerstand eines jeden — dem Versuchskörper geometrisch ähnlichen — Körpers für jede Geschwindigkeit unter Benutzung des obigen Widerstandsgesetzes berechnen zu können.

Es hat sich jedoch gezeigt, daß die Verhältnisse bedeutend verwickelter sind, was sich nach den Darlegungen der vorigen Nummer auch schon vermuten läßt. Allein für solche Körper, deren Gesamtwiderstand fast ausschließlich aus Druckwiderstand besteht und bei denen die Strömungsform (Ablösungsstelle) durch scharfe Kanten festgelegt ist (z. B. senkrecht zur Strömung gestellte Platten) hat die lange Zeit hindurch herrschende Ansicht, daß die Widerstandszahl nur von der geometrischen Form des Körpers und seiner Lage abhängig sei, in einem weiten Bereich Gültigkeit. In allen anderen Fällen, in denen also außer dem Druckwiderstand mehr oder weniger der Reibungswiderstand an der Körperoberfläche oder gar bei sehr zähen Flüssigkeiten oder sehr kleinen Körperdimensionen oder Geschwindig-

---

[1] Statt der aus praktischen Gründen für F meistens genommenen Projektion des Körpers in die Bewegungsrichtung kann man auch eine beliebige andere charakteristische Fläche des Körpers nehmen oder das Quadrat einer charakteristischen Länge desselben. Bei Tragflügeln ist es üblich, die größte Projektion zu nehmen. Bei gegebenem Volumen (V), z. B. bei Vergleich der Widerstände von verschiedenen Luftschiffkörpern, kann man auch $F = V^{\frac{2}{3}}$ nehmen, d. h. die Seitenfläche eines dem Volumen V inhaltgleichen Würfels.

keiten der Deformationswiderstand eine Rolle spielt, ist die Widerstandszahl außer von der Art der Flüssigkeit noch von der Geschwindigkeit des Körpers und seiner Größe abhängig. Der Grund dafür liegt darin, daß geometrische Ähnlichkeit der Körper noch keineswegs geometrisch ähnliche Strömungen, d. h. mechanische Ähnlichkeit, in sich schließt.

Nach Nr. 4 wissen wir, daß die Forderung nach mechanischer Ähnlichkeit — geometrische Ähnlichkeit der Körper vorausgesetzt — ein gleiches Verhältnis der Druckdifferenzen zu den Reibungsspannungen an ähnlich gelegenen Punkten der verglichenen Körper, d. h. eine gleiche Reynoldssche Zahl, bedingt. Also nur, wenn die Reynoldssche Zahl zweier Strömungsvorgänge um geometrisch ähnliche Körper dieselbe ist, braucht die Widerstandszahl die gleiche zu sein; eine Änderung der Reynoldsschen Zahl hat im allgemeinen auch eine Änderung der Widerstandszahl zur Folge, d. h. die Widerstandszahl ist eine Funktion der Reynoldsschen Zahl. Die weiter unten angeführten experimentellen Ergebnisse haben diese Anschauung durchaus bestätigt. Wir haben somit:

$$W = c \cdot F \frac{\varrho w^2}{2} = f(R) \cdot F \frac{\varrho w^2}{2}.$$

Dadurch also, daß wir ganz allgemein formal an dem quadratischen Widerstandsgesetz festhalten, verlegen wir die ganze Kompliziertheit der verschiedenartigen Auswirkungen der inneren Reibung der Flüssigkeit in die funktionelle Abhängigkeit der Widerstandszahl von der Reynoldsschen Zahl. Die Erkenntnis dieses Ähnlichkeitsgesetzes bedeutet einen großen Gewinn, da man bei einer Versuchsreihe nur noch eine Größe, z. B. die Geschwindigkeit zu variieren braucht, um damit gleich die Abhängigkeit von der Körperabmessung und der kinematischen Zähigkeit mit zu erhalten.

Durch die (bis jetzt nur durch das Experiment zu erlangende) Kenntnis der Abhängigkeit der Widerstandszahl von der Reynoldsschen Zahl $c = f(R)$ ist man somit in der Lage, den Gesamtwiderstand einer bestimmten Körperform für alle Flüssigkeiten, Geschwindigkeiten und Körperabmessungen berechnen zu können, soweit keine anderen Einflüsse als die der Trägheit und der Zähigkeit in Frage kommen. Für eine andere Körperform und -lage bedarf es jedoch der Kenntnis der für diese Körpergestalt charakteristischen Abhängigkeit der Widerstandszahl von der Reynoldsschen Zahl. Jede Körperform und -lage hat mithin die ihr eigene Funktion $c = f(R)$.

68. Die Gesetze des Druckwiderstandes, Reibungswiderstandes und Deformationswiderstandes. Zunächst einige allgemeine Gesichtspunkte betreffs dieser Funktion:

1. Besteht der Gesamtwiderstand eines Körpers fast ausschließlich aus Druckwiderstand, wie z. B. bei Platten, die senkrecht zu ihrer Ebene bewegt werden oder überhaupt bei scharfkantigen Körper

formen, bei denen die Bedingungen des Ablösens der Flüssigkeit durch die scharfen Kanten gegeben sind, so ist — wie schon erwähnt — die Funktion $f(R)$ von verhältnismäßig niedrigen Reynoldsschen Zahlen an fast genau eine Konstante:

$$W = \text{konst.}\, F\, \frac{\varrho\, w^2}{2} \qquad \text{(Druckwiderstand)}.$$

2. Handelt es sich hingegen im wesentlichen um **Reibungswiderstände** wie bei Platten, die in ihrer Ebene bewegt werden, so hat man — wie wir in Nr. 94 noch sehen werden — zwei verschiedene Widerstandsgesetze zu unterscheiden, je nachdem die Reynoldssche Zahl $R = \dfrac{lw}{v}$ (l die Länge der Platte in der Strömungsrichtung) kleiner oder größer als etwa $5 \cdot 10^5$ ist. Dabei ist vorausgesetzt, daß die Oberfläche von glatter Beschaffenheit ist.

a) Für Werte von R, die kleiner als etwa $5 \cdot 10^5$ sind, gilt das von Blasius[1] unter Zugrundelegung der Prandtlschen Grenzschichttheorie abgeleitete Gesetz, daß c der reziproken Wurzel der Reynoldsschen Zahl proportional ist, und zwar ist für $F =$ gesamte Oberfläche $c = \dfrac{1{,}327}{\sqrt{\dfrac{w\,l}{v}}}$, so daß das Widerstandsgesetz für diesen Bereich der

Reynoldsschen Zahl die Form annimmt:

$$W = \frac{1{,}327}{\sqrt{\dfrac{w \cdot l}{v}}} \cdot F\, \frac{\varrho\, w^2}{2} \left(\text{Reibungswiderstand für } R = \frac{w \cdot l}{v} < 5 \cdot 10^5 \right).$$

b) Für Reynoldssche Zahlen von etwa $5 \cdot 10^6$, also dem 10fachen der obigen Grenze ab, kann man nach Wieselsbergerschen[2] und Gebersschen[3] Versuchen die Widerstandszahl proportional der reziproken fünften Wurzel aus der Reynoldsschen Zahl ansetzen, und zwar

$$W = \frac{0{,}074}{\sqrt[5]{\dfrac{w \cdot l}{v}}} \cdot F\, \frac{\varrho\, w^2}{2} \left(\text{Reibungswiderstand für } R = \frac{w \cdot l}{v} > 5 \cdot 10^6 \right).$$

Die Ursache für die Änderung des Widerstandsgesetzes ist darin zu finden, daß bei so großen Reynoldsschen Zahlen die Strömung an der Wand nicht mehr laminar, sondern turbulent verläuft (vgl. Nr. 71).

c) In dem Zwischengebiet findet der Übergang des einen Wider-

---

[1] Blasius, H.: Grenzschichten in Flüssigkeiten mit kleiner Reibung. Z. Math. Phys. Bd. 56, S. 1. 1908.

[2] Wieselsberger, C.: Untersuchungen über den Reibungswiderstand von stoffbespannten Flächen. Ergebnisse der Aerodyn. Versuchsanstalt zu Göttingen. 1. Lieferung 1925, S. 121.

[3] Gebers: Ein Beitrag zur experimentellen Ermittlung des Wasserwiderstandes gegen bewegte Körper. Schiffbau Bd. 9. 1908.

standsgesetzes zum anderen statt, der nach L. Prandtl[1] gut wiedergegeben wird durch die folgende Beziehung (vgl. Nr. 94):

$$c = \frac{0,074}{\sqrt[5]{R}} - \frac{1700}{R} \text{ (Widerstandszahl für } 5 \cdot 10^5 < R < 5 \cdot 10^6).$$

3. Für außerordentlich kleine Geschwindigkeiten oder Körperabmessungen bzw. für sehr zähe Flüssigkeiten (Reynoldssche Zahl klein gegen 1) ergibt das Stokessche Gesetz (Nr. 81)
eine Proportionalität des Widerstandes mit der ersten Potenz der
Geschwindigkeit und der ersten Potenz der Länge, was sich unter
Zugrundelegung des Newtonschen Widerstandsgesetzes formal durch
eine Proportionalität der Widerstandszahl mit der reziproken Reynoldsschen Zahl ausdrücken läßt:

$$W = \text{konst. } \mu \, l \, w = \frac{C}{\frac{w \cdot l}{\nu}} \cdot F \frac{\varrho \, w^2}{2} \text{ (Widerstandsgesetz für } R = \frac{w \cdot l}{\nu} \ll 1),$$

wo l eine charakteristische Länge des Körpers ist. Wir stellen also
fest, daß der Deformations- oder Zähigkeitswiderstand nicht mehr dem
Quadrat, sondern nur der ersten Potenz der Geschwindigkeit proportional ist.

69. Allgemeines hinsichtlich der experimentellen Ergebnisse. Obwohl
bereits seit ungefähr einem halben Jahrhundert gerade den Widerstandsmessungen in Luft und Wasser ein großes Interesse entgegen-
gebracht wurde, so daß die Literatur hierüber keineswegs gering ist[2],
haben doch erst die Messungen der letzten zwei Jahrzehnte größere
Bedeutung. Die Ursache dafür ist darin zu erblicken, daß den älteren
Versuchen fast durchweg die Newtonsche Stoßtheorie zugrunde gelegt
wurde, nach der allein die Vorgänge an der Vorderseite der Körper
für deren Widerstand maßgebend sein sollten. Erst seit dem Aufkommen der hydrodynamischen Betrachtungsweise, daß die Strömungsvorgänge um einen Körper als das Fließen eines Kontinuums aufzufassen sind, hat man die notwendigen Bedingungen für einwandfreie Widerstandsmessungen erkannt. Insbesondere hat man eingesehen,
wie wichtig es ist, daß der Flüssigkeit beim Umströmen des (beispielsweise in einem künstlichen Windstrom aufgehängten) Körpers genügend
Raum zum Ausweichen zur Verfügung steht. Ferner hat man erkannt,
daß peinlichst dafür zu sorgen ist, daß der Strömungsvorgang um den
Widerstandskörper nicht durch Fremdkörper, die sich etwa seitlich
oder auch hinter dem Körper befinden, gestört wird. Die älteren Messungen, die diese Bedingungen mehr oder weniger vernachlässigten,

---

[1] Vgl. Fußnote S. 90.
[2] Eine Übersicht der Messungen (bis 1910) mit Angabe der Literatur findet
sich bei G. Eiffel: La résistance de l'air. Paris 1910.

zeigten denn auch je nach den Versuchsmethoden eine relativ große Verschiedenheit der Widerstandszahl bei gleichen Körpern und Geschwindigkeiten, während die neueren Experimente gute Übereinstimmung ergeben. Auch sind die Widerstandszahlen — geometrische Ähnlichkeit der Körperformen und gleiche Reynoldssche Zahl vorausgesetzt — bei in ruhendem Medium geschleppten Körpern die gleichen wie bei ruhenden Körpern im anströmenden Medium, sofern man dafür sorgt, daß die den Körper anströmende Flüssigkeit (bzw. Luft) sich vollkommen gleichmäßig und ohne innere Wirbligkeit bewegt.

Im folgenden geben wir nun — ohne auf die älteren Ergebnisse der Widerstandsmessungen einzugehen, die im wesentlichen nur noch historisches Interesse verdienen — für eine Anzahl von Körperformen die experimentell gewonnenen Kurven der Abhängigkeit der Widerstandszahl von der Reynoldsschen Zahl.

70. Die Abhängigkeit von $c = f(R)$ für den unendlich langen Zylinder. Abb. 58 zeigt diese Abhängigkeit für einen unendlich langen quer

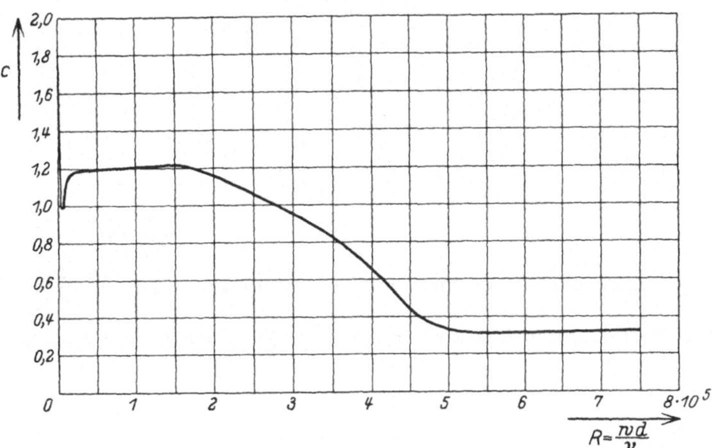

Abb. 58. Abhängigkeit der Widerstandszahl des Zylinders (ebene Strömung) von der Reynoldsschen Zahl.

gestellten Zylinder, d. h. für eine zweidimensionale Strömung um einen Zylinder, dessen Achse senkrecht zur Strömungsrichtung steht. Da der Bereich der in Betracht kommenden Reynoldsschen Zahlen außerordentlich groß ist (im vorliegenden Fall bis etwa $8 \cdot 10^5$), so schrumpfen bei der gewöhnlichen Auftragungsweise die Gebiete der kleineren Reynoldsschen Zahlen $\left(\text{bis etwa } R = \dfrac{w \cdot d}{\nu} = 10000\right)$ so sehr zusammen, daß man hier keine Einzelheiten der Kurve mehr erkennen kann. Um dieses doch zu ermöglichen, hat es sich als praktisch erwiesen, statt der Reynoldsschen Zahlen sowie der Widerstandszahlen deren

Logarithmen zu nehmen oder — was auf das gleiche hinauskommt —
die Reynoldsschen Zahlen und die Widerstandszahlen selbst auf logarithmisch geteiltem Koordinatenpapier aufzutragen. Abb. 59 zeigt in
der oberen Kurve die auf diese Weise aufgetragene Widerstandskurve
der Abb. 58. Sie wurde von C. Wieselsberger[1] in der Art gefunden, daß die Widerstände einer Anzahl Zylinder von verschiedenen
Durchmessern (0,05 bis 300 mm Durchmesser) bei verschiedenen Ge-

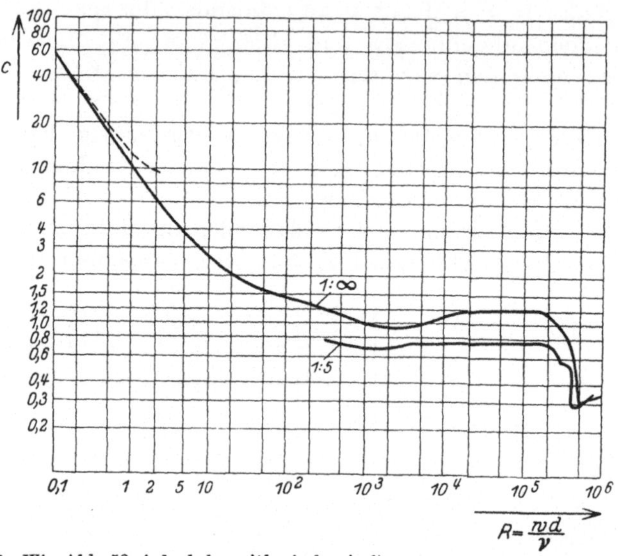

Abb. 59. Wie Abb. 58, jedoch logarithmische Auftragung. 1 : ∞ = ebene Strömung,
1 : 5 = Durchmesser : Länge des Zylinders (nach C. Wieselsberger).

schwindigkeiten gemessen und daraus die jeweiligen Widerstandszahlen
aus der Beziehung

$$c = \frac{W}{F\,\dfrac{\varrho\,w^2}{2}}$$

bestimmt wurden. Die Tatsache, daß die Widerstandszahlen bei Zylindern von verschiedenen Durchmessern auf einem einzigen Kurvenzuge liegen und sich z. T. überdecken, kann als eine experimentelle
Bestätigung des Ähnlichkeitsgesetzes aufgefaßt werden.

In dem Gebiet von $R = \dfrac{w \cdot d}{\nu} = 16\,000$ bis etwa $180\,000$ ist das
quadratische Widerstandsgesetz gut erfüllt; hier ist die Widerstandszahl nahezu eine Konstante ($c = 1,2$). Bei abnehmender Reynoldsscher
Zahl werden dann zunächst die Widerstandszahlen kleiner — eine Erscheinung, die auch von anderer Seite beobachtet und untersucht

<hr>

[1] Wieselsberger, C.: Neuere Feststellungen über die Gesetze des Flüssigkeits- und Luftwiderstandes. Phys. Z. Bd. 22, S. 321. 1921.

worden ist[1] — um bei noch weiterer Abnahme von R wieder mehr
und mehr zu wachsen. Der kleinste Wert von R, bei dem die Widerstandszahl bestimmt wurde, war 2,1. Für sehr kleine Werte von
R ($R \ll 1$) hat Lamb[2] unter der Annahme einer ganz überwiegen-
den Zähigkeitswirkung aus den allgemeinen Gleichungen für zähe
Flüssigkeiten eine Formel für den Widerstand aufgestellt (vgl.
S. 73). Die Abhängigkeit der Widerstandszahl von R, wie sie sich
nach dieser Theorie ergibt, ist auf dem Kurvenblatt als gestrichelte Linie eingetragen. Man erkennt, daß eine Extrapolation
der gemessenen Kurve sich ohne Schwierigkeit der theoretischen nach
Lamb anschließt.

71. Das überkritische Widerstandsgebiet. Wir kommen jetzt kurz
noch auf eine sehr eigenartige Erscheinung im Widerstandsgesetz zu
sprechen: Im Bereich der Reynoldsschen Zahlen von etwa $\dfrac{w \cdot d}{\nu} = 2 \cdot 10^5$
bis $5 \cdot 10^5$ senkt sich die Widerstandskurve der Abb. 58 bzw. 59 fast
plötzlich von $c = 1,2$ bis $c = 0,3$, d. h.
auf den vierten Teil. Diese Abnahme
der Widerstandszahl ist derartig groß,
daß der Widerstand selbst — der bei
konstantem c ja quadratisch mit der Geschwindigkeit zunehmen müßte — in
diesem Bereich von R mit zunehmender
Geschwindigkeit sogar abnimmt. Trägt
man für einen Zylinder von z. B. 30 cm
Durchmesser den auf ein Stück von 100 cm
Länge entfallenden Widerstand abhängig
von der Geschwindigkeit der anströmenden Luft auf (Abb. 60), so erkennt
man, wie der Widerstand des 1 m

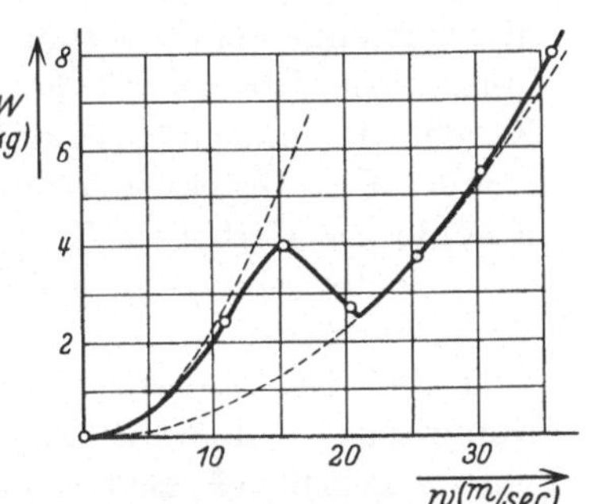

Abb. 60. Widerstandsabnahme eines
Kreiszylinders bei Zunahme der Ge-
schwindigkeit im Gebiet der kritischen
Reynoldsschen Zahl (nach
C. Wieselsberger).

langen Zylinderstückes von 4 kg bei 15 m/s Windgeschwindigkeit
auf etwa 2,5 kg fällt, obwohl die Geschwindigkeit auf etwa 20 m/s
zunimmt.

Diese zuerst von G. Constanzi[3] (bei Kugeln in Wasser) und
G. Eiffel[4] (bei Kugeln in Luft) beobachtete Tatsache, die durch

---

[1] Relf, E. F.: Discussion of the Results of Measurements of the Resistance
of Wires. R. a. M. 1913/14, S. 47.

[2] Lamb, H.: On the Uniforme Motion of a Sphere through a Viscous
Fluid. Phil. Mag. Bd. 21, S. 120. 1911.

[3] Constanzi, G.: Alcune esperienze di idrodinamica; Rendiconti della
esperienze e studi nello stab. di esp. e constr. aeronautiche del genio Bd. 2,
S. 169. Roma 1912.

[4] Eiffel, G.: Sur la résistance des sphères dans l'air en mouvement.
Comptes Rendus Bd. 155, S. 1597. 1912.

L. Prandtl[1] ihre Bestätigung und Erklärung fand, hängt damit zusammen, daß beim Überschreiten einer gewissen Geschwindigkeit und somit einer bestimmten Reynoldsschen Zahl der Strömungsvorgang in der Grenzschicht am vorderen Teil des Körpers sich wesentlich ändert. Während unterhalb dieser sogenannten kritischen Reynoldsschen Zahl die Strömung in der Grenzschicht eine gleichmäßige sogenannte laminare (vgl. Nr. 53) war, geht sie beim Überschreiten dieser Reynoldsschen Zahl plötzlich in eine wirblige, in eine turbulente Strömung über.

Wie eine nähere Untersuchung zeigt, müssen wir uns die Wirkung des Turbulentwerdens der Strömung in der Grenzschicht beim Überschreiten der kritischen Reynoldsschen Zahl so vorstellen, daß durch die Wirbelchen der turbulent gewordenen Strömung in der Grenzschicht immer etwas Flüssigkeit aus dem keilartigen Totwassergebiet an der Ablösungsstelle fortgespült wird, so daß sich die Strömung wieder anlegt und somit die Ablösungsstelle weiter nach hinten rückt; dies hat eine Verkleinerung des gesamten wirbligen Totwassergebietes hinter dem Körper zur Folge. Da nun aber bei der Bewegung eines Körpers in einer Flüssigkeit die zu überwindende Widerstandsarbeit (soweit der Druckwiderstand in Frage kommt) in der kinetischen Energie der Wirbel im Totwassergebiet des Körpers sich wiederfindet, so bedeutet eine Verkleinerung dieses Gebietes eine Abnahme des Widerstandes.

Dabei ist es, wie spezielle Untersuchungen[2] gezeigt haben — wenigstens für den Fall abgerundeter Körper (ohne scharfe Kanten) — von wesentlicher Bedeutung, welche Befestigungs- und Aufhängevorrichtung des Körpers im künstlichen Luftstrom gewählt wurde, und in welchem Grade die anströmende Luft turbulent ist. Sorgt man durch eine geeignete Befestigung dafür, daß die Strömung in der Grenzschicht in keiner Weise — auch nicht durch sehr dünne Befestigungsdrähte am Körper — gestört wird (der Körper wird zu dem Zweck am besten durch einen ganz im Wirbelgebiet des Körpers befindlichen Stiel gehalten), so kann man eine beträchtliche Widerstandsverminderung im überkritischen Gebiet erzielen, ohne daß dadurch die kritische Reynoldssche Zahl wesentlich beeinflußt wird. Macht man anderseits den ankommenden Luftstrom besonders turbulent, z. B. durch Vorschalten eines Drahtsiebes oder einzelner Drähte, oder beeinflußt man die Strömung in der Grenzschicht in gröberer Weise durch Umlegen eines wenn auch nur dünnen Drahtringes um den Körper (Prandtl-

---

[1] Prandtl, L.: Der Luftwiderstand von Kugeln. Nachr. Ges. Wiss. Göttingen, Math.-physik. Kl. 1914.

[2] Flachsbarth, O.: Neue Untersuchungen über den Luftwiderstand von Kugeln. Physik. Z. Bd. 28, S. 461. 1927.

Wieselsberger[1]), so erhält man den Umschwung des einen Widerstandsgesetzes in das andere bereits bei bedeutend kleineren Reynoldsschen Zahlen. Man könnte — einem Vorschlag von L. Prandtl folgend — die für eine Kugel von glatter Oberflächenbeschaffenheit und wohldefinierter Aufhängevorrichtung erreichte kritische Zahl geradezu als Maß für die Gleichmäßigkeit und Turbulenzfreiheit der anströmenden Luft gelten lassen.

72. Die Widerstandskurve für den endlich langen Zylinder, die Kugel und strebenförmige Körper. Außer der Widerstandskurve des unendlich langen Zylinders ($1 : \infty$) enthält Abb. 59 noch diejenige für einen Zylinder mit dem Verhältnis von Durchmesser zur Länge wie $1 : 5$. Statt der ebenen Strömung haben wir beim endlichen Zylinder eine dreidimensionale, was sich hauptsächlich in einer beträchtlichen Erniedrigung der Widerstandszahlen geltend macht.

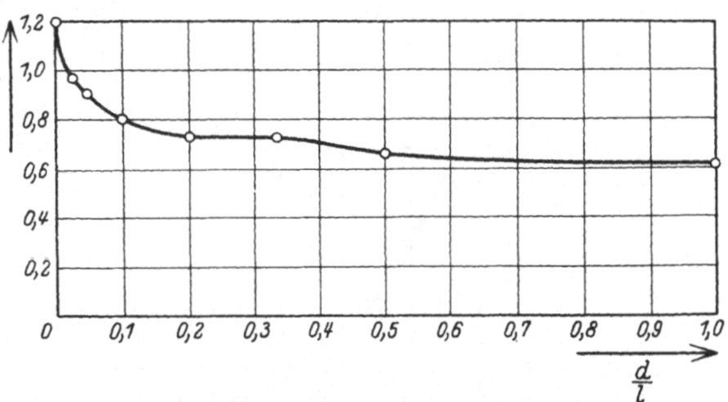

Abb. 61. Abhängigkeit der Widerstandszahl vom Verhältnis Zylinderdurchmesser zu Zylinderlänge; $\frac{d}{l}$. $R = \frac{w\,d}{\nu} \sim 10^5$.

In welchem Maße das Verhältnis von Durchmesser (d) zur Länge (l) die Widerstandszahl beeinflußt, ergibt sich (für die Reynoldssche Zahl von $8{,}8 \cdot 10^4$) aus Abb. 61. Man erkennt, daß die Widerstandszahl eines Zylinders, dessen Länge gleich dem Durchmesser $\left(\frac{d}{l} = 1\right)$ ist, fast nur halb so groß ist wie die Widerstandszahl des unendlich langen Zylinders $\left(\frac{d}{l} = 0\right)$. Diese Erscheinung, die auch bei anderen Körpern (z. B. bei Platten von verschiedenen Seitenverhältnissen) beobachtet wird, ist darauf zurückzuführen, daß bei der räumlichen Strömung über die Grundflächen des Zylinders hinweg Flüssigkeit in das Unterdruckgebiet direkt hinter dem Zylinder fließen kann, wodurch die Druckverteilung im Sinne eines geringeren Druckwiderstandes verändert wird. Die relativ geringere Wirkung dieser seitlichen „Belüftung" auf das Stromlinienbild und damit auf das Druckfeld bei sehr langen Zylindern gegenüber verhältnismäßig kurzen kommt in Abb. 61 dadurch zum Ausdruck, daß die Widerstandszahl sehr langer Zylinder sich derjenigen der zweidimensionalen Strömung mehr und mehr nähert.

---

[1] Wieselsberger, C.: Der Luftwiderstand von Kugeln. Z.F.M. Bd. 5, S. 140. 1914.

Abb. 62 zeigt die Widerstandskurve für die Kugel und für die senkrecht zur Strömung befindliche Scheibe von kreisförmigem Umriß. Die einzelnen Meßpunkte sind nicht in die Kurven eingetragen, doch ist auch hier das Ähnlichkeitsgesetz gut bestätigt, insofern als die Meßpunkte für die verschieden großen Kugeln und Scheiben auf einer Kurve liegen und sich auch hier zum Teil überdecken. Für kleine Reynoldssche Zahlen ist zum Vergleich die sich nach der Stokesschen bzw. nach der verbesserten Oseenschen Theorie ergebende Widerstandskurve eingetragen.

Abb. 63 zeigt die Kurven $c = f(R)$ für eine Anzahl von Rotationskörpern verschiedener Schlankheit. Die obersten beiden Kurven be-

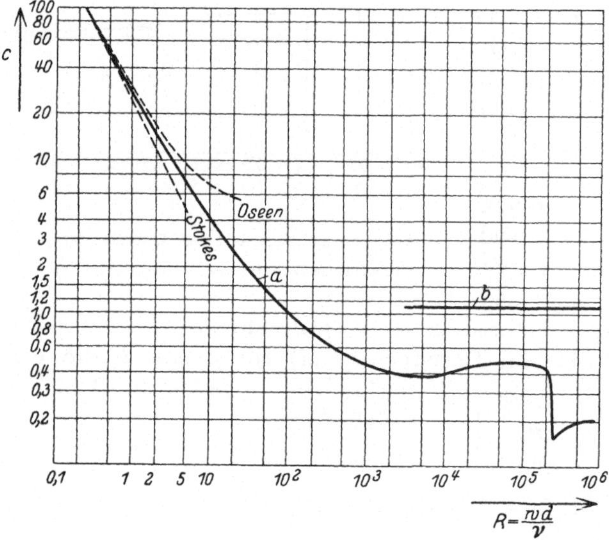

Abb. 62. Abhängigkeit der Widerstandszahl von der Reynoldsschen Zahl.
a für die Kugel, b für die kreisförmige Scheibe (nach C. Wieselsberger).

ziehen sich auf ein Rotationsellipsoid vom Achsenverhältnis 1:0,75 (kleine Achse parallel zur Strömung); die dann folgenden, mit (a) bezeichneten Kurven beziehen sich auf die Kugel; die nächst unteren auf ein Rotationsellipsoid vom Achsenverhältnis 1:1,33 (große Achse parallel zur Strömung). Die darauf folgenden Kurven beziehen sich auf ein ebensolches Ellipsoid vom Achsenverhältnis 1:1,8; die mit (b) bezeichneten Kurven sind die Widerstandszahlen für ein Ballonmodell. Man sieht, daß der Übergang von der hohen (unterkritischen) Widerstandszahl zur niedrigen (überkritischen) um so weniger ausgeprägt und plötzlich erfolgt, je schlanker der Körper und je turbulenter die anströmende Luft ist.

**73. Widerstand in Flüssigkeiten mit freier Oberfläche; Wellen-
widerstand.** Haben wir es mit solchen Strömungsformen zu tun, bei
denen zwei nicht mischbare Flüssigkeiten von verschiedener Dichte
übereinander geschichtet sind, wobei der sich bewegende Körper in
beide Flüssigkeiten eintaucht, so tritt zu den bisher behandelten Erscheinungen noch die der Wellenbildung hinzu. Dieser Fall hat große
praktische Bedeutung für den Widerstand von Schiffen. Hier befindet sich der Schiffskörper zugleich in Wasser und Luft. Der auf

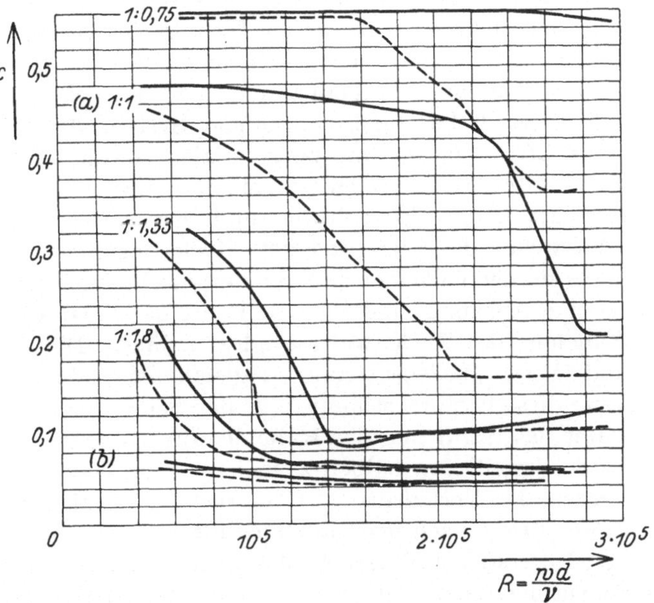

Abb. 63. $c = f(R)$ für rotationssymmetrische Körper verschiedener Schlankheit; ausgezogene
Kurven für gleichförmigen Windstrom, gestrichelte Kurven für turbulenten Windstrom.

den Luftwiderstand entfallende Anteil ist dabei im allgemeinen so
klein, daß man ihn zu vernachlässigen pflegt (natürlich nicht bei
Segelschiffen!).

Soweit sich der Widerstand aus dem Reibungswiderstand des Wassers
an der Oberfläche des Schiffskörpers sowie aus dem Druckwiderstand
im Wasser zusammensetzt, ist nach dem Vorhergehenden Wesent-
liches nicht hinzuzufügen. Als neue Erscheinung treten jedoch schon
bei mäßig großen Geschwindigkeiten an der freien Oberfläche Wellen
auf, die einen weiteren, einen dritten Beitrag zum Gesamtwiderstand
ergeben. Dieser sogenannte Wellenwiderstand ist dadurch bedingt, daß
die an der Schiffswandung durch die hier herrschenden Druckdifferenzen
hervorgerufenen Hebungen und Senkungen sich vom Schiff selbständig
als Wellen fortbewegen und dadurch ein gewisser Energiebetrag

als Wellenenergie in die Ferne getragen wird. Die Frage nach der Größe des Wellenwiderstandes ist also die nach dem Energiestrom, der von den Wellen durch eine mit dem Schiff verbundene Kontrollfläche hindurchgetragen wird. Die Geschwindigkeit nun, mit der die vom Schiff aufgebrachte Energie zur dauernden Erzeugung von Wellen mit den Wellen gleichsam fortströmt, ist nicht die Phasengeschwindigkeit der Wellen, sondern deren Gruppengeschwindigkeit, d. h. die Geschwindigkeit, mit der eine Wellengruppe, bei der vor und hinter derselben die Wasseroberfläche in Ruhe ist, sich fortbewegt.

Im allseitig ausgedehnten sehr tiefen Wasser (im Gegensatz zum Kanal) wird das Schiff von zwei verschiedenen Wellensystemen begleitet: von Querwellen, deren Wellenkämme fast senkrecht zur Fahrtrichtung des Schiffes stehen und von einem System divergierender Wellen (etwa 40° Zentriwinkel), und zwar werden sowohl am Bug wie am Heck des Schiffes diese Wellensysteme dauernd von neuem erzeugt. Je nach der Länge des Schiffes und seiner Geschwindigkeit können die Querwellen des Bugs und des Hecks mehr oder weniger interferieren, was für den Fall einer dadurch verursachten Abschwächung dieser Wellen eine Abnahme und für den Fall einer Verstärkung derselben eine Zunahme des Wellenwiderstandes bedingt. Die Gruppengeschwindigkeit dieser Wellensysteme ist gleich der halben Phasengeschwindigkeit; diese letztere stimmt mit der Schiffsgeschwindigkeit überein. Beginnt das Schiff aus der Ruhe heraus zu fahren, bedeckt das Wellensystem jeweils den halben zurückgelegten Weg.

Anders werden die Verhältnisse, wenn das Schiff sich in einem Kanal, den es der Breite nach fast ganz ausfüllt, oder in sehr seichtem Wasser bewegt. Im ersten Fall verliert das System der divergierenden Wellen an Bedeutung; es treten vielmehr nur Querwellen auf, deren Gruppengeschwindigkeit wesentlich von der Geschwindigkeit des Schiffes im Verhältnis zur Geschwindigkeit der freien Kanalwellen abhängt. Für eine Schiffsgeschwindigkeit, die gleich oder größer einer gewissen kritischen Geschwindigkeit ist, wird die Gruppengeschwindigkeit gleich der Phasengeschwindigkeit, d. h. die Wellenenergie bewegt sich mit dem Schiff mit, geht also nicht verloren, was auf einen verschwindenden Wellenwiderstand hinauskommt. Da nun aber die Amplitude der Wellen ebenfalls eine Funktion der Schiffsgeschwindigkeit ist derart, daß sie für die eben erwähnte kritische Geschwindigkeit gerade ein Maximum darstellt, so wächst auch der Wellenwiderstand bis zu einem Maximum, wenn sich die Schiffsgeschwindigkeit der kritischen Größe nähert, um beim Überschreiten derselben plötzlich fast auf Null herabzusinken[1].

---

[1] Müller, C. H.: Hydrodynamik des Schiffes. Encyklopädie der Math. Wissenschaften IV, 3. Anhang zu Art. 22, S. 563.

74. Das allgemeine Widerstandsgesetz. Da die Schiffswellen sich unter der gleichzeitigen Wirkung von Trägheitskräften und der Erdschwere ausbilden, ergibt sich bei Vernachlässigung der Zähigkeit nach Nr. 5 mechanische Ähnlichkeit der Wellenbewegungen, wenn in den zu vergleichenden Fällen außer der geometrischen Ähnlichkeit des Schiffskörpers die Froudesche Zahl $F = \dfrac{V^2}{lg}$ die gleiche ist (V die Geschwindigkeit des Schiffes, l eine charakteristische Länge desselben, z. B. die Schiffslänge, g die Erdbeschleunigung). Das bei einem Schiffsmodell auftretende Wellensystem wird also dann demjenigen des großen Schiffes ähnlich sein, wenn sich die Geschwindigkeiten wie die Wurzeln aus den Längen verhalten. Setzen wir auch den Wellenwiderstand proportional der dargebotenen Fläche (F), der Dichte (ϱ) der Flüssigkeit sowie dem Quadrat der Geschwindigkeit (V), so braucht der Proportionalitätsfaktor, d. h. die Widerstandszahl des Wellenwiderstandes bei geometrisch ähnlichen Körpern nur dann die gleiche zu sein, wenn auch die Froudesche Zahl dieselbe ist. Im allgemeinen ist die Widerstandszahl somit eine Funktion der Froudeschen Zahl.

Wir können demnach unter Berücksichtigung der in Nr. 67 gefundenen Beziehung sagen, daß die Widerstandszahl eines Körpers in einer zähen inkompressiblen Flüssigkeit bei vorhandener freier Oberfläche eine Funktion der Reynoldsschen und der Froudeschen Zahl (oder deren Wurzel) ist:

$$ c = f\left(\frac{w \cdot l}{v}, \quad \frac{w}{\sqrt{lg}}\right). $$

Der Vollständigkeit halber wollen wir an dieser Stelle noch erwähnen, daß für den Fall, daß die Kompressibilität der großen auftretenden Geschwindigkeiten wegen nicht vernachlässigt werden darf, als dritte wesentliche Größe das Verhältnis der Geschwindigkeit an ähnlich gelegenen Punkten zu der Schallgeschwindigkeit der ungestörten Flüssigkeit $c = \sqrt{\dfrac{dp}{d\varrho}}$ auftritt.

Wenn Trägheit, Zähigkeit, Schwere und Kompressibilität zusammenwirken, haben wir also für den Widerstand eines Körpers den Ausdruck[1]:

$$ W - f\left(\frac{w \cdot l}{v}, \quad \frac{w}{\sqrt{lg}}, \quad \frac{w}{c}\right) \cdot F \frac{\varrho w^2}{2}. $$

Schon wenn zwei der dimensionslosen Größen in Betracht kommen, ist eine mechanische Ähnlichkeit bei Verwendung derselben Flüssigkeit prinzipiell nicht mehr möglich, da nicht zwei der Dimensionslosen zugleich konstant sein können, wenn l geändert wird. Wie wir im

---

[1] Kavitation, Kapillarität sowie Wärmeleitung sind in diesem Ausdrucke für den Widerstand noch nicht berücksichtigt.

XIII. Kapitel des ersten Bandes näher ausführten, können wir in allen Fällen, in denen $\left(\dfrac{w}{c}\right)^2$ klein gegen 1 ist, die Zusammendrückbarkeit vernachlässigen.

Was den Schiffswiderstand anbetrifft, so spielt der Reibungswiderstand gegenüber dem Druck- und Wellenwiderstand eine weniger wichtige Rolle, da er nur wenig von der Gestalt des Schiffes abhängt. Man pflegt deshalb bei den Modellversuchen gewöhnlich die Froudesche Ähnlichkeitsregel anzuwenden. Der Reibungswiderstand wird durch besondere Versuche festgestellt und von dem am Schiffsmodell gemessenen Widerstand sinngemäß subtrahiert. Der so erhaltene Rest wird nach der Froudeschen Ähnlichkeit auf das große Schiff umgerechnet und der Reibungswiderstand des Schiffes nach der dafür in Betracht kommenden Formel addiert. Dieses Verfahren stammt von Froude und ist in den Schiffsbauversuchsanstalten allgemein üblich. Neuerdings hat Telfer[1] ein abgeändertes Verfahren vorgeschlagen.

75. Widerstand bei Potentialströmung. Es mag vorweggenommen werden, daß eine Theorie des Widerstandes von bewegten Körpern in Flüssigkeiten oder Gasen, die auch nur einigermaßen die wirklichen Strömungsvorgänge richtig wiedergäbe, und durch die man die Größe des Widerstandes rein rechnerisch bestimmen könnte, bis jetzt nicht vorhanden ist[2]. Die Differentialgleichungen der reibenden Flüssigkeiten führen auf mathematische Schwierigkeiten, die zu überwinden man bislang noch weit entfernt ist.

So hat man sich denn zunächst dem wesentlich einfacheren Problem der Bewegung fester Körper in reibungslosen Flüssigkeiten (inkompressibel und homogen) zugewandt und mit viel Scharfsinn und ausgiebigem mathematischem Rüstzeug die Integration der Bewegungsgleichungen für diesen Fall versucht. Aber gerade hier ist es im allgemeinen nicht angängig, die Zähigkeit — und sei sie noch so gering — vollständig zu vernachlässigen. Wir wiesen auf diesen Umstand bereits in Nr. 1 und 52 hin.

Abgesehen davon, daß der theoretischen Behandlung der Umströmung von bewegten Körpern unter Annahme einer absolut reibungslosen Flüssigkeit in der einschlägigen Literatur ein breiter Raum gewidmet ist[3], gehen wir auch aus dem Grunde nicht näher auf diese Untersuchungen ein, weil sie — obwohl ein an sich interessantes An-

---

[1] Telfer, E. V.: Frictional resistance and Ship resistance Similarity. Vortrag gehalten vor der North East Coast Institution of Engineers and Shipbuilders, Nov. 1928. London 1929.

[2] Abgesehen von dem Grenzfall der schleichenden Bewegung, $R \ll 1$ (Nr. 81).

[3] Lamb, H.: Lehrbuch der Hydrodynamik, nach der 5. englischen Auflage übersetzt von E. Helly. Leipzig 1931.

wendungsgebiet der mathematischen Analysis — für die Kenntnis der wirklich eintretenden und beobachteten Flüssigkeitsbewegungen (bis auf wenige Ausnahmen) keinen Beitrag liefern.

76. Der Widerstand der Kugel verschwindet bei gleichförmiger Potentialströmung. Nur auf einen Spezialfall wollen wir, da seine Behandlung sich als besonders einfach zeigt, näher eingehen: auf den Widerstand einer Kugel. Unter Verwendung der Methoden der Quellen und Senken können wir nach Nr. 70 des ersten Bandes für das Geschwindigkeitspotential einer Kugel vom Radius r_0, die sich in ruhender Flüssigkeit mit der ungleichförmigen Geschwindigkeit a bewegt, schreiben:

$$\Phi = \frac{1}{2}\, a\, \frac{r_0^3}{r^2}\, \cos \varphi \,.$$

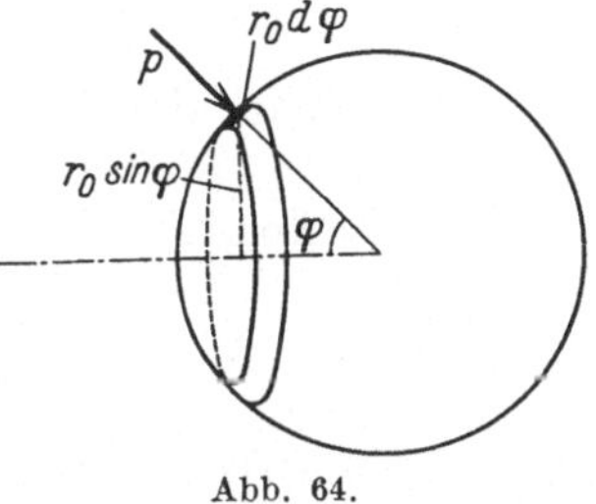

Abb. 64.

Da bei einer reibungslosen Flüssigkeit eine Einwirkung auf den bewegten Körper nur durch Druck auf die Oberfläche des Körpers erfolgen kann, haben wir als Ausdruck für den Widerstand, d. h. für die Kraft entgegen der Bewegungsrichtung ($\varphi = 0$), des in der Flüssigkeit fortschreitenden Körpers (vgl. Abb. 64)

$$W = \int\limits_0^{2\pi} 2\pi\, r_0 \sin\varphi \cdot r_0\, d\varphi \cdot p \cos\varphi \,.$$

Da es sich hier um einen nicht stationären Strömungsvorgang handeln soll, haben wir den Druck p der allgemeinen Bernoullischen Gleichung (S. 129 des I. Bandes) zu entnehmen, die unter Berücksichtigung, daß die Dichte konstant ist und die Schwerewirkung sich durch den hydrostatischen Auftrieb heraushebt, lautet:

$$\frac{\partial \Phi}{\partial t} + \frac{\mathfrak{w}^2}{2} + \frac{p}{\varrho} = \text{konst.}$$

Die Konstante ist hier von der Zeit unabhängig, da wir eine unendlich ausgedehnte Flüssigkeit annehmen, in der weit entfernt von der Kugel der Druck konstant bleibt.

Der Ausdruck $\dfrac{\partial \Phi}{\partial t}$ bezieht sich auf einen festen Raumpunkt, während r von einem bewegten System aus zu rechnen ist. Wir haben also für die zeitliche Änderung des Geschwindigkeitspotentials Φ in einem relativ zur Flüssigkeit im Unendlichen ruhenden Bezugssystem zu setzen (die x-Richtung wird so gewählt, daß sie mit der Richtung von a zusammenfällt):

$$\frac{\partial \Phi}{\partial t^*} + a\,\frac{\partial \Phi}{\partial x}$$

(∂t^* bedeutet Differentiation in einem mitbewegten System), oder mit

$x = r \cos \varphi$

$$\frac{\partial \Phi}{\partial t} + a\left(\frac{\partial \Phi}{\partial r} \cos \varphi - \frac{\partial \Phi}{r \partial \varphi} \sin \varphi\right);$$

die Differentiation ausgeführt, ergibt:

$$\frac{1}{2} \frac{r_0^3}{r^2} \frac{\partial a}{\partial t} \cos \varphi - a^2 \frac{r_0^3}{r^3} \left(\cos^2 \varphi - \frac{1}{2} \sin^2 \varphi\right).$$

Unter Berücksichtigung, daß

$$\mathfrak{w}^2 = \left(\frac{\partial \Phi}{\partial r}\right)^2 + \left(\frac{\partial \Phi}{r \partial \varphi}\right)^2 = a^2 \frac{r_0^6}{r^6} \left(\cos^2 \varphi + \frac{1}{4} \sin^2 \varphi\right)$$

ist, erhält man also für $\dfrac{p}{\varrho}$

$$\frac{p}{\varrho} = \text{konst.} - \frac{1}{2} \cdot \frac{r_0^3}{r^2} \cdot \frac{\partial a}{\partial t} \cdot \cos \varphi + a^2 \frac{r_0^3}{r^3} \left(\cos^2 \varphi - \frac{1}{2} \sin^2 \varphi\right)$$
$$- a^2 \frac{r_0^6}{r^6} \left(\cos^2 \varphi + \frac{1}{4} \sin^2 \varphi\right).$$

Die Konstante ist nichts anderes als der Druck im Unendlichen, dividiert durch die Dichte, $\dfrac{p_0}{\varrho}$, wie man erkennt, wenn man r nach Unendlich konvergieren läßt.

Für Punkte auf der Kugeloberfläche, d. h. für $r = r_0$, ergibt sich nach einiger Umformung schließlich

$$\frac{p}{\varrho} = -\frac{1}{2} r_0 \frac{\partial a}{\partial t} \cos \varphi + \frac{9}{16} a^2 \cos 2\varphi - \frac{1}{16} a^2 + \frac{p_0}{\varrho}.$$

Diesen Ausdruck für p in die obige Formel für den Widerstand eingesetzt, ergibt — da die Integrale über die 3 letzten Glieder identisch gleich Null sind —

$$W = \frac{2}{3} \pi \varrho r_0^3 \frac{\partial a}{\partial t}.$$

Bewegt sich die Kugel mit konstanter Geschwindigkeit, d. h. ist $\dfrac{\partial a}{\partial t} = 0$, so ist hiermit der schon mehrfach erwähnte Satz bewiesen, daß eine Kugel, die sich mit gleichförmiger Geschwindigkeit geradlinig in einer reibungslosen Flüssigkeit bewegt, bei dieser Bewegung keinen Widerstand erfährt. Dabei ist zu erwähnen, daß die einzelnen Flüssigkeitsteilchen, die von der Kugel bei ihrer Bewegung beiseite gedrängt werden, schließlich nicht wieder ihre alte Lage einnehmen, denn die Bahnen der einzelnen Teilchen sind nicht geschlossene Linien, sondern sich überkreuzende Kurven nach Art der Abb. 65[1]. Die Kugel läßt also außer der vorübergehenden Wirkung, die in der Bahn der Kugel ge-

---

[1] Riecke, E.: Beiträge zur Hydrodynamik. Nachr. d. K. Ges. d. Wiss. zu Göttingen, Math.-phys. Klasse 1888, S. 347.

legenen Flüssigkeitsteilchen seitlich fortzuschieben, auch eine dauernde
Spur zurück, die allerdings nur in großer Nähe der Kugel beträchtlich ist.

77. Beschleunigungswiderstand. Für eine beschleunigte Bewegung
ergibt sich jedoch auch für eine Potentialströmung ein Widerstand.
Um eine Kugel in einer reibungslosen Flüssigkeit zu beschleunigen,
ist also nicht nur eine Kraft gleich dem Produkt aus Masse der Kugel
und ihrer Beschleunigung erforderlich, sondern es bedarf noch einer
zusätzlichen Kraft, die die Trägheit der von der Kugel in Bewegung

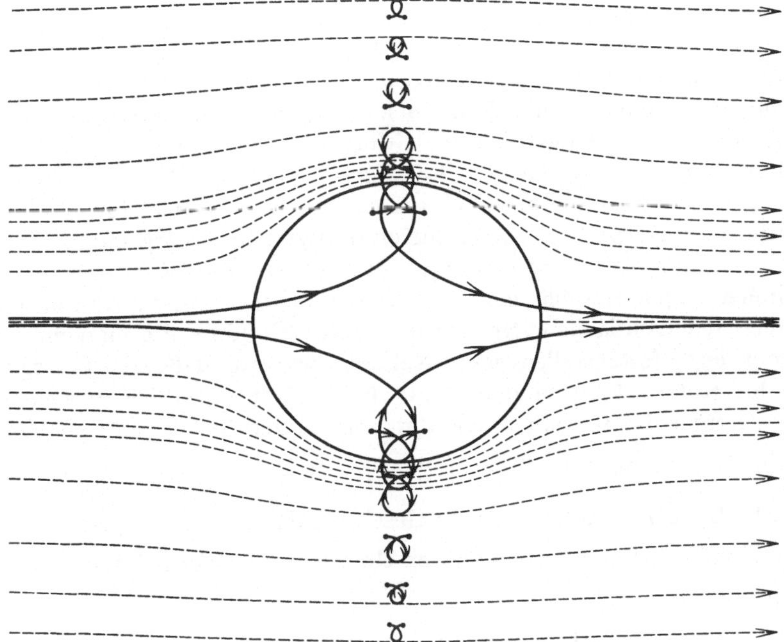

Abb. 65. Absolutbahnen bei der Bewegung einer Kugel in der idealen reibungslosen
Flüssigkeit (nach E. Riecke).

gesetzten Flüssigkeitsmassen überwindet. Aus der obigen Gleichung
für den Widerstand ergibt sich, da das Volumen der Kugel $= \frac{4}{3} \pi\, r_0^3$ ist,
daß diese zusätzliche Kraft gleich dem Produkt aus der halben Masse
der von der Kugel verdrängten Flüssigkeit und der Beschleunigung
der Kugel ist. Wir können somit die Bewegung einer Kugel in einer
unendlich ausgedehnten idealen Flüssigkeit so behandeln, als ob die
Flüssigkeit nicht vorhanden, die Masse der Kugel aber um die halbe
Masse der verdrängten Flüssigkeit vermehrt wäre.

Je nach der Gestalt und Bewegung des Körpers ist der Betrag
und die Lage der scheinbaren Massenvergrößerung verschieden. Bei

der zweidimensionalen Strömung um einen Kreiszylinder ergibt sich als hinzuzufügende Masse die volle Masse der vom Zylinder verdrängten Flüssigkeit. Auch für Zylinder von nicht kreisförmigen Querschnitten läßt sich die scheinbare Massenvermehrung berechnen.

Haben diese Betrachtungen gerade für die Kugel und den Kreiszylinder auch keine sehr große praktische Bedeutung, da hier die Flüssigkeitsströmung in Wirklichkeit meist[1] wesentlich anders aussieht, als sie sich nach der Theorie ergeben würde, so können derartige Untersuchungen doch an Interesse gewinnen, wenn es sich um solche Körper handelt, deren Stromlinienbild nur wenig von dem der Potentialströmung abweicht, z. B. bei luftschiffartigen Körpern.

78. Anwendung des Impulssatzes. Der unter dem Namen „Dirichletsches Paradoxon" schon lange bekannte Satz vom verschwindenden Widerstand einer Kugel bei gleichförmiger Bewegung in einer unendlich ausgedehnten idealen Flüssigkeit läßt sich auch leicht mit Hilfe des Impulssatzes auf beliebig geformte Körper ausdehnen. Würde nämlich der Körper bei seiner gleichförmigen Bewegung einen Widerstand erfahren, so müßte in der Flüssigkeit ein vom Körper erzeugter endlicher Impulszuwachs zurückbleiben und dieser infolgedessen auch in allen Kontrollflächen (Nr. 100 des ersten Bandes), die man um den Körper legt, festzustellen sein. Nehmen wir an, daß die Bewegung aus der Ruhe erfolgt, und daß die Flüssigkeit unendlich ausgedehnt ist, so nimmt das Geschwindigkeitspotential der Strömung in genügend großer Entfernung vom Körper wie $\dfrac{1}{r^2}$, d. h. die Geschwindigkeit wie $\dfrac{1}{r^3}$, ab. Da wir ferner konstante Geschwindigkeit des Körpers voraussetzen, so ändert sich, da p von der Größenordnung $\varrho\,a\,w$ ist, der Druck ebenfalls wie $\dfrac{1}{r^3}$.

Den bisher betrachteten nicht stationären Strömungsvorgang können wir dadurch stationär machen, daß wir der Flüssigkeit und dem Körper eine Geschwindigkeit entgegengesetzt gleich der des Körpers erteilen. Wir legen um den jetzt ruhenden Körper eine Kugel $\mathfrak{C}_1$ als Kontrollfläche und fragen nach dem Impulsstrom durch diese sowie nach dem Druckintegral, genommen über $\mathfrak{C}_1$, entsprechend Nr. 100 des ersten Bandes:

$$\oiint^{\mathfrak{C}_1} d\mathfrak{F} \circ \mathfrak{w}_1\,\mathfrak{w}_1 + \oiint^{\mathfrak{C}_1} p_1\,d\mathfrak{F} = \mathfrak{W}\,.$$

Bilden wir denselben Ausdruck für weitere Kontrollflächen $\mathfrak{C}_2$, $\mathfrak{C}_3$, ..., deren Radien $r_1 < r_2 < r_3 \ldots$ sind, so nehmen beide Integrale in genügend großer Entfernung vom Körper dauernd ab, da die Geschwindigkeiten

---

[1] Für kleine Schwingungen (Wege klein gegen r_0) ist die Potentialtheorie gut bestätigt.

und Drucke, soweit sie durch den Körper hervorgerufen werden, wie $\frac{1}{r^3}$ abnehmen, die Kontrollflächen jedoch nur mit r^2 wachsen. Für $\lim r = \infty$ verschwinden beide Integrale, woraus zu schließen ist, daß ihre Summe, die von r unabhängig sein muß, immer Null ist. Hiermit ist auch der Satz bewiesen, daß ein Körper bei gleichförmiger Bewegung in einer unendlich ausgedehnten idealen Flüssigkeit keine Kraftwirkung erleidet.

Zu bemerken ist, daß dieser Beweis eine unendlich ausgedehnte Flüssigkeit und nur einen einzigen festen Körper voraussetzt, da es sonst nicht möglich ist, den Grenzübergang zu $\lim r = \infty$ zu machen. Darauf, daß eine Kraftwirkung zwischen mehreren bewegten Körpern oder auch zwischen einem Körper und einer Wand auch bei reibungs- loser Flüssigkeit tatsächlich auftritt, werden wir gleich noch kurz eingehen; bemerken wollen wir hier nur noch, daß auch nach dem Energiesatz kein Widerstand auftreten kann, da die Energie nicht zerstreut wird, sondern um den Körper konzentriert bleibt, es sei denn, daß freie Oberflächen vorhanden sind, so daß — wie wir in Nr. 73 gesehen haben — eine Energiezerstreuung durch die sich vom Körper fortbewegenden Wellen eintritt.

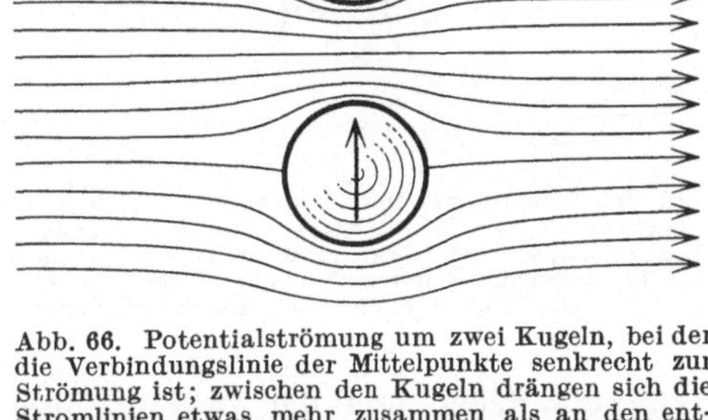

Abb. 66. Potentialströmung um zwei Kugeln, bei der die Verbindungslinie der Mittelpunkte senkrecht zur Strömung ist; zwischen den Kugeln drängen sich die Stromlinien etwas mehr zusammen als an den entsprechenden Punkten an den Außenseiten der beiden Kugeln. Hier ist die Geschwindigkeit größer und daher der Druck also kleiner als an den entsprechenden Außenpunkten, d. h. die Kugeln ziehen sich scheinbar an.

79. Gegenseitige Kraftwirkung mehrerer in einer Flüssigkeit bewegter Körper. Der schon erwähnte Fall, daß sich mehrere Körper in einer reibungslosen Flüssigkeit bewegen, ergibt eine wenn auch in den meisten Fällen sehr geringe gegenseitige Kraftwirkung. Betrachten wir z. B. eine Potentialströmung um zwei Kugeln, deren Verbindungsgerade senkrecht zur Anströmungsrichtung liegt (Abb. 66), so drängen sich die Stromlinien in dem Raum zwischen den Kugeln näher zusammen als an den entsprechenden Stellen außerhalb. Die Geschwindigkeit zwischen den Kugeln ist also größer und nach der Bernoullischen Gleichung der Druck hier kleiner als außen. Die Kugeln werden somit durch den größeren äußeren Druck zusammengetrieben, was den An- schein erweckt, als ob die Kugeln sich gegenseitig anziehen. Befinden sich zwei Kugeln hintereinander, so daß ihre Verbindungslinie in die Richtung der Anströmungsgeschwindigkeit fällt (Abb. 67), so ist der Abstand benachbarter Stromlinien in dem Zwischenraum zwischen den

Kugeln und damit auch der Druck **größer**, was eine scheinbare Abstoßung der Kugeln voneinander zur Folge hat. Die hier auftretenden Kräfte sind allerdings sehr gering, sie sind umgekehrt proportional der vierten Potenz der Entfernung. Denkt man sich in der Symmetrieebene der Strömung in Abb. 66 eine feste unendlich dünne Wand, so wird das Strömungsbild offenbar nicht dadurch beeinflußt, so daß eine in einer idealen Flüssigkeit bewegte Kugel von einer benachbarten Wand scheinbar angezogen wird.

80. Widerstand bei unstetiger Potentialströmung. Die offensichtliche Unstimmigkeit der Potentialtheorie, angewandt auf die Flüssigkeitsbewegung um gleichförmig bewegte Körper, mit den beobachteten Strömungserscheinungen, führte bald dazu, andere Wege einzuschlagen, um, wenn auch nicht die Einzelheiten der Strömung, so doch wenigstens den nicht wegzuleugnenden Widerstand zu erklären und wenn möglich zu berechnen. Mit der eigentlichen Ursache des hydrodynamischen Widerstandes, der inneren Reibung der Flüssigkeit, die — wie wir in Nr. 65 gesehen haben — den Widerstand erst bedingt, setzte man sich nicht auseinander. Die Schwierigkeiten der Integration der allgemeinen Gleichung der zähen Flüssigkeit schienen unüberwindlich, und sie sind es in der Allgemeinheit, an die man seinerzeit dachte, auch heute noch.

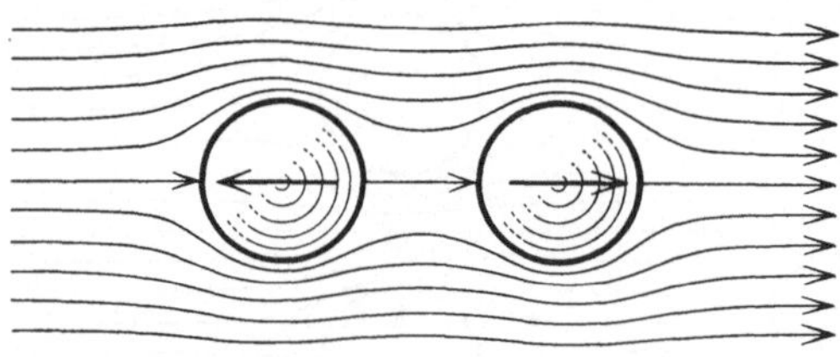

Abb. 67. Potentialströmung um zwei Kugeln, deren Verbindungslinie parallel zur Strömung ist. Zwischen den Kugeln herrscht ein etwas größerer Druck als an den ähnlich gelegenen Punkten vor und hinter den beiden Kugeln. Die Kugeln stoßen sich daher scheinbar ab.

Man versuchte vielmehr zum Ziele zu gelangen, indem man — eine ideale Flüssigkeit auch weiterhin voraussetzend — gewisse Unstetigkeiten im Geschwindigkeitsfeld des Bewegungsvorganges zuließ, wie man sie z. B. auch bei der Ausbildung eines Strahles aus einer Öffnung beobachtete.

Auch folgende Überlegung schien für die Berechtigung der Annahme von Unstetigkeitsflächen, in denen die Geschwindigkeit sich sprungweise ändert (vgl. Nr. 92 des I. Bandes) zu sprechen. Denken wir uns einen unendlich langen Kreiszylinder mit der gleichförmigen Geschwindigkeit u senkrecht zu seiner Achse bewegt (zweidimensionale Strömung), so haben wir an den zwei Punkten P_1 und P_2 des Querschnittkreises, die zu den beiden Staupunkten symmetrisch liegen, die Geschwindigkeit $2\,u$. Damit nun der Druck an diesen Stellen nicht negativ wird, was aus physikalischen Gründen nicht angängig ist, muß nach der Bernoullischen Gleichung der Druck im Unendlichen mindestens den Wert $\frac{3}{2}\varrho u^2$ erreichen bzw. überschreiten[1]. Nehmen wir statt des Kreiszylinders einen Zylinder von elliptischem Querschnitt, dessen große Achse sich senkrecht zur Anströmungsrichtung befindet, so nehmen die Geschwindigkeiten an den P_1 und P_2 entsprechenden Punkten zu, und zwar um so mehr, je kleiner die kleine Achse der Ellipse wird. Man könnte daher durch keine Steigerung des Druckbetrages im Unendlichen schließlich verhindern, daß negative Drucke auftreten, wenn man die Krümmungsradien an den Punkten P_1 und P_2 genügend klein wählen würde. Läßt man die Ellipse in eine Gerade senkrecht zur Anströmungsrichtung übergehen, so, würden in jedem Fall die Umströmungsgeschwindigkeiten an den Kanten und damit der Unterdruck alle Grenzen überschreiten.

Diese Schwierigkeiten, die also darin liegen, daß mit den Methoden der stetigen Potentialströmung in gewissen Fällen die physikalische Druckbedingung nicht erfüllt werden kann, wurden erstmalig von Helmholtz[2] dadurch umgangen, daß er Trennungsflächen einführte, in denen die Geschwindigkeiten sich unstetig ändern. Diese Annahme von Diskontinuitätsflächen schien auch durch das Experiment gerechtfertigt zu sein, insofern als tatsächlich ein Umströmen von scharfen oder wenig abgerundeten Kanten (z. B. bei der stationären Bewegung einer Platte) nicht beobachtet wird; vielmehr löst sich die Flüssigkeit von den Kanten ab, wobei der Körper bei seiner Bewegung ein „Totwassergebiet" (wenn auch kein völlig ruhendes) mit sich schleppt. Eine richtige Erklärung derartiger Trennungsschichten ist jedoch erst möglich bei Beachtung der Vorgänge, die sich unter dem Einfluß der Reibung in der Grenzschicht abspielen. Daß die Trennungsschichten in Wirklichkeit nicht in reiner Entwicklung beobachtet werden können, hängt damit zusammen, daß sie gegen geringste Störungen in hohem Maße labil sind.

Immerhin bedeuten die Methoden der Diskontinuitätsflächen gegenüber der Theorie der stetigen Potentialströmung einen Fortschritt, insofern als die Rechnung einen Widerstand ergibt, der — in Über-

---

[1] Bezeichnet p_0 den Druck weit vom Körper entfernt, wo wir die ungestörte Geschwindigkeit u haben, und p' den Druck an den beiden zu den Staupunkten symmetrisch gelegenen Punkten am Zylinder, wo die Geschwindigkeit gleich $2\,u$ ist, so liefert die Bernoullische Gleichung

$$\frac{u^2}{2} + \frac{p_0}{\varrho} = \frac{(2\,u)^2}{2} + \frac{p'}{\varrho}\,,$$

also

$$p' = p_0 - \frac{3}{2}\,\varrho\,u^2\,.$$

[2] Helmholtz, H.: Über diskontinuierliche Flüssigkeitsbewegungen. Monatsber. d. Königl. Akad. d. Wiss. zu Berlin 1868, S. 215 oder: Zwei hydrodynamische Abhandlungen. Ostwalds Klassiker Nr. 79.

einstimmung mit dem Experiment — die richtige Abhängigkeit von der dargebotenen Fläche, der Dichte der Flüssigkeit und dem Quadrat der Geschwindigkeit wiedergibt. Die von Kirchhoff[1] (Nr. 82 des ersten Bandes) durchgeführte Rechnung einer diskontinuierlichen Strömung um eine Platte ergab allerdings eine Widerstandszahl, die bedeutend zu klein ist. Während er für c den Wert $\dfrac{2\,\pi}{4+\pi} = 0,88$ fand, liefert die Messung den Wert $c = 2,0$.

Diese große Unstimmigkeit in den beiden Widerstandszahlen hat ihren Grund darin, daß bei der wirklichen Flüssigkeit im Totwassergebiet ein Unterdruck herrscht, was — wie wir bereits in Nr. 82 des ersten Bandes erwähnten — in der Kirchhoffschen Methode nicht berücksichtigt werden kann. Außerdem weicht das ganze Stromlinienbild hinter der Platte wesentlich von dem theoretischen ab. Denn während hier die Unstetigkeitsflächen ungefähr wie zwei Parabeläste sich ins Unendliche erstrecken (genauer wie zwei Parabelbögen mit etwas versetzten Scheiteln) (Abb. 68), so schließt sich in Wirklichkeit die Strömung bald wieder hinter der Platte etwas zusammen, um sich mit den im allgemeinen unregelmäßigen Wirbeln des Totwassers zu vermischen. Infolge der inneren Reibung der Flüssigkeit klingen dann diese Unregelmäßigkeiten in der Geschwindigkeit mehr und mehr ab, so daß wir weit hinter der Platte nahezu wieder die ungestörte Flüssigkeitsbewegung haben.

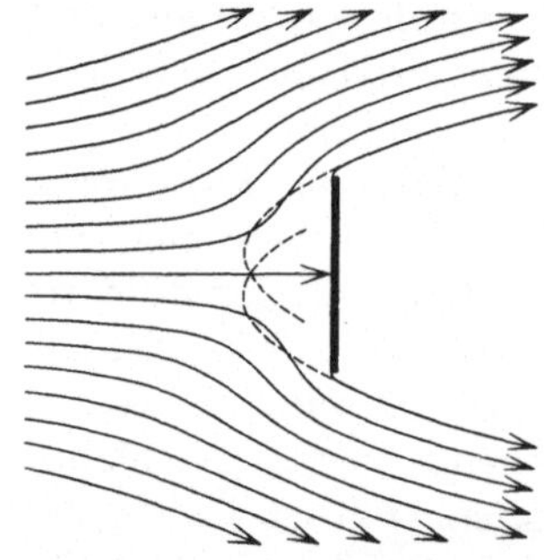

Abb. 68. Unstetige Potentialströmung um eine senkrecht zur Strömung gestellte Platte; die Unstetigkeitsflächen verlaufen asymptotisch wie Teile von zwei etwas gegeneinander versetzten Parabelästen.

Eine wesentliche Einschränkung der Methoden der diskontinuierlichen Flüssigkeitsbewegungen liegt darin, daß sie fast lediglich auf zweidimensionale Bewegungsvorgänge anwendbar sind. Bei räumlichen Vorgängen, bei denen an Stelle der funktionstheoretischen Methoden die allgemeinen potentialtheoretischen treten müssen, bieten selbst rotationssymmetrische Vorgänge schon beträchtliche Schwierigkeiten. Ausführliche Literaturangaben über diesen Gegenstand finden sich bei Jaffé[2].

81. Das Stokessche Widerstandsgesetz. Bei sehr kleinen Reynoldsschen Zahlen, wenn also die Trägheitskräfte gegenüber den Zähigkeitskräften sehr zurücktreten, läßt sich die allgemeine Differentialgleichung (Navier-Stokes) näherungsweise unter Vernachlässigung der Trägheitskräfte

---

[1] Kirchhoff, G.: Zur Theorie freier Flüssigkeitsstrahlen. Crelles J. Bd. 70. 1869.

[2] Jaffé: Unstetige und mehrdeutige Lösungen der hydrodynamischen Gleichungen. Z. ang. Math. Mech. Bd. 1, S. 398. 1921.

integrieren. Bei diesen sogenannten schleichenden Bewegungen geht die Differentialgleichung, wenn wir das Trägheitsglied

$$\varrho\,\frac{D\mathfrak{w}}{dt} = \varrho\left(\frac{\partial\mathfrak{w}}{\partial t} + \mathfrak{w}\circ\operatorname{grad}\mathfrak{w}\right)$$

vollkommen vernachlässigen, über in:

$$\mu\,\varDelta\,\mathfrak{w} = \operatorname{grad} p\,.$$

Diese Gleichung, in Verbindung mit der Kontinuitätsgleichung

$$\operatorname{div}\mathfrak{w} = 0$$

unter Berücksichtigung der Grenzbedingung des Haftens der Flüssigkeit an den Berührungsflächen des umströmten Körpers, ist zuerst für die Kugel von Stokes[1] gelöst worden. Er fand mit Hilfe der von ihm eingeführten Stromfunktion, daß der Widerstand ($\mathfrak{W}$) einer Kugel mit r als Radius, die sich mit einer Geschwindigkeit $\mathfrak{w}$ in einer unbegrenzten, inkompressiblen, zähen Flüssigkeit unter dem Einfluß einer konstanten Kraft bewegt, gleich

$$\mathfrak{W} = 6\,\pi\,\mu\,r\,\mathfrak{w}$$

ist. Eine einfache Ableitung des Stokesschen Gesetzes hat Kirchhoff[2] gegeben.

Nehmen wir als konstant wirkende Kraft die Schwerkraft ($\mathfrak{g}$) an, d. h. betrachten wir die Bewegung einer fallenden Kugel in einer sehr zähen Flüssigkeit, so ist offenbar die Fallgeschwindigkeit der Kugel konstant, sobald der Widerstand gleich dem Gewicht der Kugel in der umgebenden Flüssigkeit geworden ist. Bedeutet ϱ_1 die Dichte der Kugel und ϱ die der Flüssigkeit, so ist dieser Zustand also erreicht, wenn

$$\mathfrak{W} = 6\,\pi\,\mu\,r\,\mathfrak{w} = \frac{4}{3}\,r^3\,\pi\,(\varrho_1 - \varrho)\,\mathfrak{g}$$

ist. Man erhält somit als Fallgeschwindigkeit

$$\mathfrak{w} = \frac{2}{9}\,r^2\,\mathfrak{g}\,\frac{\varrho_1 - \varrho}{\mu}\,.$$

Diese Formel geht für Wassertröpfchen in Luft — wenn die Längeneinheit in Zentimetern gemessen wird — über in:

$$|\mathfrak{w}| = 1{,}3 \cdot 10^6\,r^2\,.$$

Da das Stokessche Widerstandsgesetz entsprechend seiner Ableitung als Näherungslösung nur Gültigkeit besitzt für Strömungsvorgänge bei sehr kleinen Reynoldsschen Zahlen (etwa kleiner als $R = \dfrac{w \cdot r}{\nu} = 0{,}5$), so ergibt sich daraus auch eine obere Grenze für den Radius fallender Kugeln, über die hinaus der Strömungsvorgang nicht mehr durch die Gleichung $\mu\,\varDelta\mathfrak{w} = \operatorname{grad} p$ angenähert dargestellt wird. Für in Luft

---

[1] Stokes, G. G.: Cambr. Phil. Trans. Bd. 8, 1845 und Bd. 9, 1851 oder: Papers Bd. 1, S. 75.

[2] Kirchhoff, G.: Vorlesungen über mathem. Physik, 4. Aufl. Bd. 1, S. 378. 1897.

fallende Wassertröpfchen kann eine schleichende Bewegung bis zu
einem Radius von etwa $\frac{1}{25}$ mm angenommen werden (entsprechend
einer Reynoldsschen Zahl von $R = 0{,}43$). Man erkennt, daß die durch
Stokes gefundene Lösung der hydrodynamischen Gleichung sich wohl
auf die Bewegung von Nebeltröpfchen — man denke z. B. an die experimentelle Bestimmung der elektrischen Elementarladung von J. J. Thom-
son und H. A. Wilson — nicht aber mehr auf die von Regentropfen
anwenden läßt.

**82. Experimentelle Bestätigung für Wasser; Einfluß der Gefäß-
wandung.** Eine experimentelle Bestätigung des Stokesschen Gesetzes
ist von verschiedenen Seiten erbracht worden. Besonders zu erwähnen
sind die Arbeiten von Allen und Ladenburg sowie die Untersuchungen
von Arnold und Zeleny-McKeehan. Die Messungen von Liebster[1] beziehen sich vorwiegend auf Vorgänge bei größeren Reynoldsschen Zahlen (R von 0,2 bis etwa 500), die allerdings auch schon
von Arnold und Allen berücksichtigt werden.

Allen[2] läßt aus sehr feinen Glaskapillaren kleine Luftbläschen
in Wasser $\left(\mu = 0{,}012 \frac{g}{\mathrm{cm\,sek}}\,;\ 12^{0}\,\mathrm{C}\right)$ bzw. in Anilin $(\mu = 0{,}006;\ 12^{0}\,\mathrm{C})$
aufsteigen und vergleicht die gemessenen Geschwindigkeiten dieser
Bläschen mit denjenigen, die sich aus der Stokesschen Formel ergeben. Um darzutun, daß sich Gaskügelchen hinsichtlich ihrer Bewegung in der gleichen Weise verhalten wie feste Kügelchen, für die
Stokes sein Widerstandsgesetz abgeleitet hatte, bestimmte er auch
die Geschwindigkeiten von Paraffinkügelchen in Wasser sowie von
Bernsteinkügelchen in Anilin. Abb. 69 zeigt die Meßergebnisse umgerechnet auf dimensionslose Größen: die Widerstandszahl

$$c = \frac{W}{r^2\,\pi\,\dfrac{\varrho}{2}\,w^2} = \frac{\frac{4}{3}\,r^3\,\pi\,(\varrho_1 - \varrho)\,\mathfrak{g}}{r^2\,\pi\,\dfrac{\varrho}{2}\,w^2} = \frac{8\cdot 981}{3}\cdot\frac{r}{w^2}\,\frac{\varrho_1 - \varrho}{\varrho}$$

als Funktion von $R = \dfrac{w d}{\nu}$.

Ladenburg[3] stellte bei seinen Fallversuchen von Stahlkugeln in
venetianischem Terpentin:

$$\text{Terpentin} + \text{Kolophonium} \left(\mu = 1300\,\frac{g}{\mathrm{cm\,sek}}\,;\ 16^{0}\,\mathrm{C}\right)$$

den großen Einfluß fest, den die Wände des Gefäßes auf den
Widerstand der fallenden Kugeln besitzen. So fand er z. B., daß der
Widerstand einer fallenden Kugel von 3 mm Durchmesser in einem

---

[1] Liebster, H.: Über den Widerstand von Kugeln. Ann. Phys. Bd. 82,
S. 541. 1927.

[2] Allen, H. S.: The Motion of a Sphere in a Viscous Fluid. Phil. Mag.
Bd. 50, S. 323. 1900.

[3] Ladenburg, R.: Über die innere Reibung zäher Flüssigkeiten und ihre
Abhängigkeit vom Druck. Ann. Physik Bd. 22, S. 287. 1907.

Gefäß von 27 mm Durchmesser um 15% größer war als der Widerstand derselben Kugel in einem Gefäß von 44 mm Durchmesser ($R \sim 10^{-5}$).
Noch bei einem Verhältnis von $\dfrac{\text{Röhrenradius}}{\text{Kugelradius}} = 90$ glaubt er eine

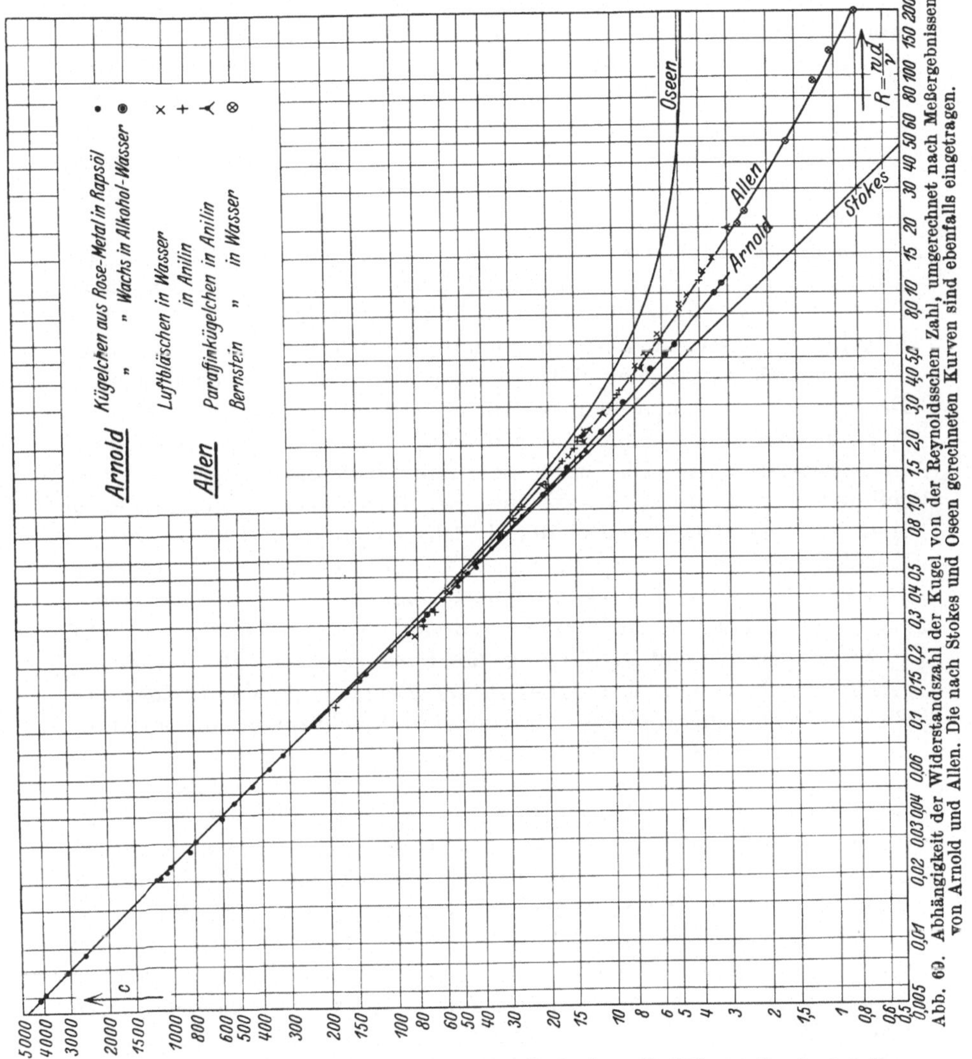

Abb. 63. Abhängigkeit der Widerstandszahl der Kugel von der Reynoldsschen Zahl, umgerechnet nach Meßergebnissen von Arnold und Allen. Die nach Stokes und Oseen gerechneten Kurven sind ebenfalls eingetragen.

Widerstandserhöhung durch den Einfluß der Gefäßwände feststellen zu können. In jedem Falle waren die aus seinen Messungen nach dem Stokesschen Gesetz berechneten Zähigkeitszahlen größer als diejenigen, wie sie sich nach dem Hagen-Poiseuilleschen Gesetz aus Durchflußmessungen ergeben (Nr. 20). Die Fallmethode von Kugeln läßt sich somit zur Bestimmung der Zähigkeit von Flüssigkeiten nicht ohne weiteres verwenden.

Die auf A. H. Lorentz[1] zurückgehende Methode zur theoretischen Bestimmung des Wandeinflusses ist von Ladenburg — wenigstens für den Fall des unendlich langen Rohres — ausgearbeitet worden [vgl. auch Weyßenhoff[2], S. 19]. Unter Berücksichtigung der aus dieser Theorie sich ergebenden Korrektur stimmen die nach der Stokesschen Formel bestimmten Werte von μ alle bis auf 1 % untereinander überein, sind jedoch immer etwa 3 % größer als die nach der Durchflußmethode gewonnenen Werte. Als wahrscheinlicher Grund hierfür wird von Ladenburg der Einfluß des Deckels und des Bodens der Gefäße angenommen.

Auch Arnold[3] bestimmt nach dem Stokesschen Gesetz aus den gemessenen Geschwindigkeiten fallender Kugeln verschiedener Größe die Zähigkeitszahl der Flüssigkeit und stellt fest, von welchem Kugeldurchmesser an die so bestimmte Zähigkeitszahl von der nach der Hagen-Poiseuilleschen Methode festgestellten abzuweichen beginnt. Da auch er die Kügelchen in Glasröhren fallen läßt, besteht die Notwendigkeit, den Einfluß der Gefäßwandung auf den Widerstand zu berücksichtigen. Die nach der Ladenburgschen Formel durchgeführte Korrektur ergibt sehr gute Resultate. Die aus verschiedenen Metallen (besonders aus Rose-Metall, Schmelzpunkt 82⁰ C) hergestellten Kügelchen wurden in Rapsöl, dessen Temperatur auf $1/_{10}$⁰ C konstant gehalten wurde, fallen gelassen. Abb. 69 zeigt die aus den Experimenten berechnete Abhängigkeit der Widerstandszahl von der Reynoldsschen Zahl.

83. Experimentelle Bestätigung für Gase. Während die bisher angeführten experimentellen Arbeiten zur Bestätigung des Stokesschen Gesetzes sich auf tropfbare Flüssigkeiten beschränken, untersuchten Zeleny und McKeehan[4] die Gültigkeit dieses Gesetzes für Luft. Es wurden sehr kleine (mittels eines Zerstäubungsverfahrens hergestellte) Kügelchen aus Wachs, Paraffin und Quecksilber (bis $3 \cdot 10^{-3}$ mm Durchmesser) in einer Röhre von etwa 30 cm Länge und 0,6 cm Durchmesser fallen gelassen und die Fallzeit nach einem besonderen Verfahren festgestellt. Die so bestimmte Geschwindigkeit stimmt mit derjenigen, die sich nach der Stokesschen Formel ergibt, im Durchschnitt bis auf ½% überein. Im Gegensatz zu diesen Untersuchungen stehen analoge Versuche derselben Autoren mit mikroskopisch kleinen Sporen

---

[1] Lorentz, A. H.: Abh. über theor. Physik Bd. 1, S. 23. Leipzig 1907.

[2] Weyßenhoff, J.: Betrachtungen über den Gültigkeitsbereich der Stokesschen und Stokes-Cunninghamschen Formel. Ann. Physik (4), Bd. 62, S. 1. 1920.

[3] Arnold, H. D.: Limitations imposed by Slip and Inertia Terms upon Stokes's Law for the Motion of Spheres through Liquids. Phil. Mag. Bd. 22, S. 755. 1911.

[4] Zeleny, John u. L. W. McKeehan: Die Endgeschwindigkeit des Falles kleiner Kugeln in Luft. Phys. Z. Bd. 11, S. 78. 1910.

gewisser Pflanzen (Lykopodium $16 \cdot 10^{-3}$ mm Durchmesser, Lokoperdon $2 \cdot 10^{-3}$ mm Durchmesser und Polytrichum $5 \cdot 10^{-3}$ mm Durchmesser), die sämtlich im Vergleich mit der theoretischen Geschwindigkeit eine um etwa 30 % zu geringe Fallgeschwindigkeit ergaben.

Die obere Grenze der Reynoldsschen Zahl, bis zu der wir von einer schleichenden Bewegung sprechen können und über die hinaus sich allmählich mehr und mehr die Trägheitswirkungen geltend machen, liegt nach den angeführten Experimenten bei etwa 0,2 bis 0,5. Unterhalb dieser Grenze wird somit der Widerstand hinreichend genau durch die Stokessche Formel wiedergegeben. Werden jedoch die Dimensionen der Körper so gering, daß sie vergleichbar werden mit der mittleren freien Weglänge der Moleküle der Flüssigkeit bzw. des Gases, so hört auch das Stokessche Gesetz (das unter Voraussetzung eines Kontinuums abgeleitet wurde) auf, gültig zu sein. Cunningham[1] hat theoretisch und Millikan[2] experimentell untersucht, in welcher Weise sich die Stokessche Widerstandsformel ändert, wenn die Voraussetzung eines Kontinuums fallengelassen wird. Immerhin liegt bei Gasen unter normalen Drucken und bei Flüssigkeiten die untere Grenze des Stokesschen Gesetzes sehr tief, so daß Perrin[3] z. B. noch bei Gummiguttkügelchen von 10^{-4} mm in Luft die Gültigkeit des Stokesschen Widerstandsgesetzes bestätigen konnte. Eine kritische Betrachtung der unteren Grenze für die Stokessche Formel mit ausführlicher Literaturangabe findet sich bei E. Meyer und W. Gerlach[4].

84. Verbesserung des Stokesschen Gesetzes durch Oseen. Obwohl die Strömungsverhältnisse in größerer Nähe des umströmten Körpers — und daher auch der Widerstand — von der Stokesschen Näherungstheorie richtig wiedergegeben werden, hat Oseen[5] gezeigt, daß in großer Entfernung vom Körper die Voraussetzung, daß die Trägheitswirkungen gegenüber den Reibungswirkungen zu vernachlässigen sind, nicht zutrifft. Denn vergleicht man die Größenordnung der Trägheitsglieder, z. B. $\varrho u \dfrac{\partial u}{\partial x}$, mit derjenigen der Reibungsglieder, z. B. $\mu \varDelta u$ (siehe S. 8) und beachtet dabei, daß man bei der Stokesschen Lösung in größerem Abstand vom Körper u gleich der Körpergeschwindigkeit w vermindert um einen mit $\dfrac{w \cdot l}{r}$ proportionalen Betrag setzen kann; wo l eine für den

---

[1] Cunningham: Proc. Roy. Soc. (A) Bd. 83, S. 357. 1910.

[2] Millikan: Phys. Rev. April 1911.

[3] Perrin, J.: La loi de Stokes et le mouvement brownien. Comptes Rendus Bd. 147, S. 475. 1908.

[4] Meyer, E. u. W. Gerlach: Über die Gültigkeit der Stokesschen Formel und die Massenbestimmung ultramikroskopischer Partikel. Arbeiten a. d. Gebiet d. Phys., Math. u. Chem. Festschrift für Elster u. Geitel. Braunschweig 1915.

[5] Oseen, C. W.: Über die Stokessche Formel. Arkiv f. Math. Astr. och Fysik Bd. 6, 1910; Bd. 7, 1911.

Körper charakteristische Länge und r die Entfernung bedeutet, so erkennt man, daß für genügend große Entfernungen von der Kugel die
Trägheitskräfte $\left(\text{prop. } \varrho w^2 \dfrac{l}{r^2}\right)$ sogar groß gegenüber den Reibungskräften
$\left(\text{prop. } \mu w \dfrac{l}{r^3}\right)$ werden. Hier ist also die Voraussetzung der Stokesschen Theorie keineswegs erfüllt. Allerdings ist dabei zu berücksichtigen,
daß zwar das Verhältnis der Trägheitskräfte zu den Reibungskräften
mit wachsendem Abstand von der Kugel wächst, daß jedoch die Kräfte
selbst wie $\dfrac{1}{r^2}$ bzw. $\dfrac{1}{r^3}$ abnehmen. Erst dort also, wo die Kräfte und die
durch sie bedingte Flüssigkeitsbewegung wegen ihrer Kleinheit keine
physikalische Bedeutung mehr besitzen, kommt die Oseensche Ver-
feinerung der Stokesschen Theorie zur Geltung. Insofern hat die Oseensche Korrektion im wesentlichen ein theoretisches Interesse. Ob für
Reynoldssche Zahlen von der Größenordnung 1 die von Oseen er-
rechnete Widerstandsformel besser als die Stokessche ist, ist an Hand
des zur Zeit vorliegenden Versuchsmaterials noch nicht entscheidbar.
Jedenfalls gibt die Oseensche Formel die Größenordnung der Abweichungen vom Stokesschen Gesetz richtig wieder. Beim Kreiszylinder
ergab die Stokessche Rechnungsart überhaupt kein Resultat. Hier
lieferte erst die Oseensche Verbesserung eine Widerstandsformel. Die
Rechnung wurde von Lamb[1] durchgeführt.

**85. Der Widerstand von Körpern in Flüssigkeiten sehr geringer
Zähigkeit.** Wie wir gesehen haben, erstreckt sich das Stokessche Widerstandsgesetz und die Verbesserung durch Oseen ausschließlich auf
sogenannte schleichende Bewegungen, d. h. auf Strömungsvorgänge bei
sehr kleinen Reynoldsschen Zahlen. Werden jedoch die Trägheitskräfte
im Innern der Flüssigkeit von gleicher Größenordnung wie die Zähigkeitskräfte, so versagt die Theorie sehr bald. Immer unübersichtlicher
werden dann die Verhältnisse, wenn bei weiter zunehmenden Reynoldsschen Zahlen sich der Flüssigkeitsstrom an gewissen Stellen vom
umströmten Körper loslöst und unter Wirbelbildung scheinbar ganz
unregelmäßige Bewegungen hinter dem Körper ausführt.

In allen derartigen Fällen, wo es — wie hier — aussichtslos erscheint, die Einzelheiten der Strömung in ihrer Bedeutung für den
gesamten Vorgang zu erkennen, lassen sich häufig mit Vorteil die
Impuls- bzw. Energiesätze anwenden, um wenigstens gewisse summarische Aussagen zu erhalten. Zur Vorbereitung werden uns zunächst
zwei Sätze dienlich sein: der über den Widerstand eines Halbkörpers
und der über den Impuls einer Quelle.

---

[1] Lamb, H.: On the uniform motion of a sphere through a viscous fluid.
Phil. Mag. Bd. 21, S. 120. 1911.

86. Der Widerstand eines „Halbkörpers“. Unter einem Halbkörper wollen wir einen Körper verstehen, der irgendwo in dem betrachteten Gebiet anfängt, während das Ende sich im Unendlichen befindet. Die Beziehungen, die wir für einen solchen Halbkörper ableiten, sind dann z. B. für das Vorderteil eines Luftschiffkörpers näherungsweise erfüllt, wenn sich an dieses Vorderteil ein langes zylindrisches Stück anschließt und das Hinterteil bereits so entfernt ist, daß es die Strömung um das Vorderteil nicht mehr viel zu ändern vermag. Der abzuleitende Satz ist aber auch für eine Reihe von mehr grundsätzlichen Betrachtungen von Wert. Die Flüssigkeit mag hier als völlig reibungslos angesehen werden. Gefragt ist nach dem Druckwiderstand des Halbkörpers in der Potentialströmung, der allerdings so lange unbestimmt ist, als man nichts über den Druck an seiner Rückseite aussagt. Wir wollen, um diese Unbestimmtheit zu beheben, festsetzen, daß der Halbkörper in genügend großer Entfernung vom Vorderende durch einen Spalt unterbrochen werden soll, in dem sich der Druck der Umgebung einstellt (Abb. 70), und wollen als „Druckwiderstand des Halbkörpers“

die resultierende Kraft der Druckunterschiede auf das Vorderteil bis zu dem Spalt ansehen.

Durch Annahme von Quellen kann man — vgl. Nr. 69 des I. Bandes — Strömungen um Halbkörper berechnen,

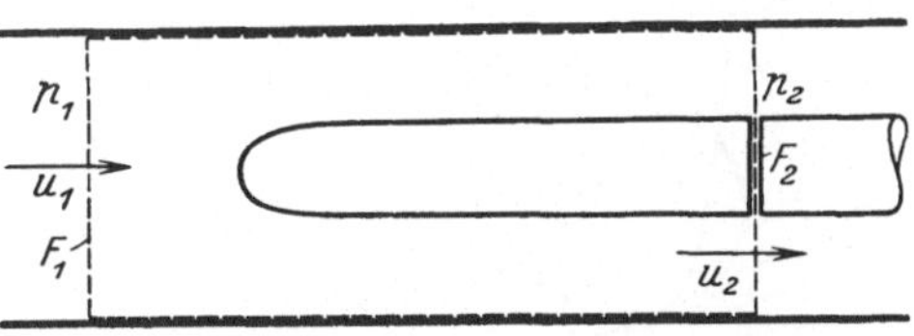

Abb. 70. Strömung um einen nach einer Seite sich ins Unendliche erstreckenden Körper, um einen sogenannten „Halbkörper“, im Innern eines Hohlzylinders.

und man könnte also durch Integration des Impulses und des Druckes über eine genügend große Kontrollfläche die Frage nach dem Druckwiderstand eines Halbkörpers auf diese Weise beantworten.

Einfacher und bequemer erhält man das Resultat jedoch durch Anwendung eines Kunstgriffes. Wir untersuchen zu diesem Zweck den Widerstand eines Halbkörpers in einem weiten Hohlzylinder, wobei wie bisher Reibungslosigkeit vorausgesetzt bleibt (Abb. 70). Durch die gestrichelte Linie sei die Kontrollfläche gekennzeichnet. Setzen wir das Verhältnis des Querschnittes (F_2) des Halbkörpers zu demjenigen des Rohres (F_1) gleich α, also

$$F_2 = \alpha F_1 \,,$$

so ergibt sich aus der Kontinuität

$$F_1 u_1 = (F_1 - F_2)\, u_2$$

oder

$$u_1 = (1 - \alpha)\, u_2 \,.$$

Nach der Bernoullischen Gleichung erhält man unter Benutzung der letzten Gleichung

$$p_1 - p_2 = \frac{\varrho\, u_2^2}{2}\left[1 - (1 - \alpha)^2\right].$$

Der Impulssatz liefert für den Widerstand des Körpers links vom Spalt (in dem der Druck $= p_2$ ist) den Ausdruck

$$W = F_1 (p_1 - p_2) + F_1 \varrho u_1^2 - (F_1 - F_2) \varrho u_2^2$$

oder bei Berücksichtigung der Kontinuität

$$W = F_1 (p_1 - p_2) + F_1 \varrho u_1 (u_1 - u_2)$$

und bei Benutzung des aus der Bernoullischen Gleichung abgeleiteten Ausdruckes für $p_1 - p_2$:

$$W = F_1 \frac{\varrho u_2^2}{2} [1 - (1 - \alpha)^2 + 2 ((1 - \alpha)^2 - 1 + \alpha)]$$

oder
$$W = F_1 \frac{\varrho u_2^2}{2} \cdot \alpha^2 = F_2 \frac{\varrho u_2^2}{2} \cdot \alpha.$$

Die auf die Geschwindigkeit u_2 bezogene Widerstandsziffer ist also $= \alpha = \dfrac{F_2}{F_1}$. Läßt man den Rohrquerschnitt F_1 über alle Grenzen wachsen, so konvergiert α im $\lim F_1 \to \infty$ nach Null, d. h. der Widerstand eines Halbkörpers in unbegrenzter Flüssigkeit ist gleich Null.

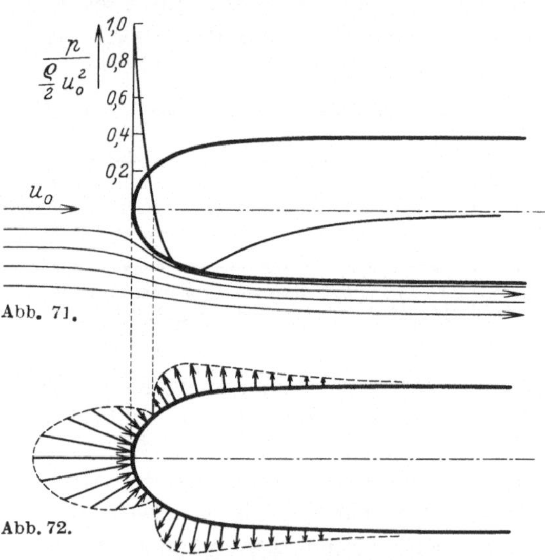

Abb. 71 u. 72. Druckverteilung am vorderen Ende eines rotationssymmetrischen zylindrischen Körpers.

Eine anschauliche Erklärung dieser Tatsache erhält man auch, wenn man die rechnerisch oder experimentell gewonnene Druckverteilung am vorderen Teil von Halbkörpern betrachtet, sofern man nur dafür sorgt, daß nicht durch scharfe Kanten usw. Ablösung und Wirbelbildung eintritt. Der vordere Teil eines Halbkörpers erleidet, solange die Stromlinien in einiger Entfernung von der Körperoberfläche gegen diese konvex sind, Überdruck, während weiter hinten, wo die Stromlinien seitlich dem Körper ihre konkave Seite zukehren, ein Unterdruck besteht. Abb. 71 zeigt die Stromlinien um einen Halbkörper sowie die dazugehörende Druckverteilung; in Abb. 72 sind die Überdrucke bzw. Unterdrucke der Größe und Richtung nach aufgetragen. Die hier auftretenden Druck- und Saugwirkungen halten sich gerade das Gleichgewicht.

Nimmt man hinter irgend einem angeströmten Körper ein Totwasser an, das in größerer Entfernung vom Körper zylindrisch wird, also einem konstanten Querschnitt zustrebt, so bildet dieses Totwasser mit dem

Körper zusammen einen Halbkörper, und die Strömung am Körper $+$ Totwasser unterscheidet sich in nichts von der hier betrachteten Halbkörperströmung. Wir schließen hieraus, daß einem solchen Totwasser ein Körperwiderstand gleich Null entspricht. Daraus kann geschlossen werden, daß ein Totwasser, das einem Widerstand entsprechen soll, nicht zylindrisch sein kann, sondern einem unendlichen Querschnitt in unendlicher Entfernung zustreben muß. Wie wir in Nr. 80 bereits ausführten, haben Helmholtz und Kirchhoff derartige (allerdings zweidimensionale) Strömungsvorgänge mit parabolisch sich erweiternden Totwassergebieten untersucht und einen endlichen Widerstand erhalten.

87. Impuls einer Quelle[1]. Einem Halbkörper entspricht, wie mehrfach erwähnt, eine Quelle der Strömung (oder ein System von Quellen). Ist u_0 die ungestörte Geschwindigkeit und F der Zylinderquerschnitt des Halbkörpers, so ist die Gesamtergiebigkeit des Quellsystems (sekundliches Volumen) $Q = F \cdot u_0$. Nimmt man statt des Halbkörpers mit seiner bloß gedanklich vorhandenen Quelle eine wirkliche Quellströmung an, so fließt also die Menge Q mehr ab als zufließt. Es kommt also, wenn man die Quelle in genügender Entfernung mit einer Kontrollfläche umgibt, durch den Quellstrom zu der Halbkörperströmung noch ein Impuls $\varrho Q u_0 = \varrho F u_0^2$ hinzu, dem eine gleich große Kraft im Sinne eines Vortriebs (negativen Widerstands) entspricht. Da der Halbkörper sonst im ganzen keine Kraft erfährt, bleibt also das Ergebnis der Quelle ein Vortrieb $= \varrho Q u_0$.

Anmerkung. Man kann sich die Verhältnisse in der Weise noch besser klarmachen, daß man sich die vom Staupunkt ausgehende Stromlinienfläche als eine feste dünne Schale vorstellt. Das Äußere bildet dann einfach die gewöhnliche Halbkörperströmung um die feste Schale. Die innere Strömung besteht aus der Quelle und ihrem Abfluß (Abb. 73). Wir wissen nun, daß die Summe der von außen und innen auf die Schale ausgeübten Druckkräfte verschwinden muß, da die Schale ja mit einer freien Stromlinienfläche zusammenfällt und ohne Änderung der Strömung fortgelassen werden könnte. Anderseits ist außen nach dem Halbkörpergesetz die Resultierende gleich Null, also muß sie es innen auch sein. Wir müssen daraus schließen, daß der Impuls $\varrho Q u_0$ auch für jede im Innern der Schale gezogene Kon-

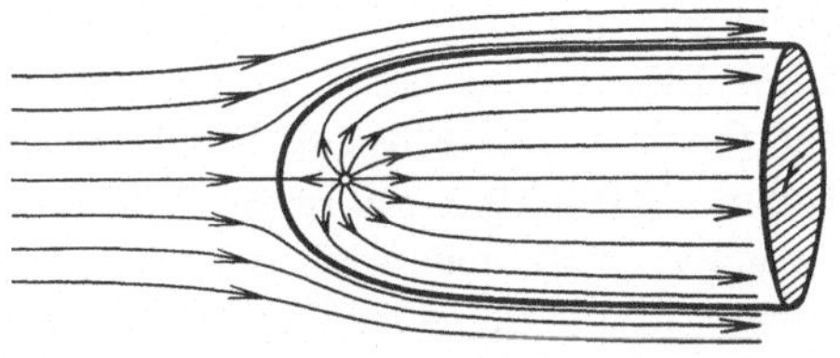

Abb. 73. Halbkörperströmung mit erzeugender Quelle.

trollfläche vorhanden sein muß, die die Quelle umschließt (ob als eigentlicher Impuls oder als Druckintegral, ist dabei unwesentlich). Wir können die Kontrollfläche auch um den Quellpunkt zusammenziehen und erhalten immer noch die Vortriebskraft $\varrho Q u_0$ als Reaktion. In der Tat setzt sich ja an jedem Raumpunkt und daher auch in unmittelbarer Nachbarschaft des Quellpunktes die Geschwindigkeit aus der Quellströmung und der ungestörten Geschwindigkeit u_0 zusammen.

---

[1] Nr. 87, 88 und 89 ist ein Originalbeitrag von L. Prandtl.

Die Quellströmung für sich allein hat keinen Impuls, da sie sich symmetrisch nach allen Seiten ausbreitet. Die Gesamtströmung hat aber einen Impuls dadurch, daß jedes Teilchen bei seiner Erschaffung im Quellpunkt die Geschwindigkeit u_0 mitbekommt, was einer hypothetischen Antriebskraft auf den Quellpunkt entspricht, von der die von uns festgestellte Vortriebskraft die Gleichgewicht haltende Reaktion darstellt.

Wir wollen nun den Satz vom Impuls einer Quelle in einer gleichförmigen Strömung noch auf eine zweite Art beweisen, die uns auch noch für die nachfolgende Betrachtung über den Widerstand eines Körpers nützlich sein wird. Grundsätzlich ist jede Art von Kontrollfläche tauglich, eine konzentrische Kugel, zwei unendlich ausgedehnte Ebenen vor und hinter der Quelle usw. Hier wollen wir nun einen Zylinder wählen, dessen Achse parallel der Strömungsrichtung im Unendlichen liegt. Der Zylinder sei durch zwei Basisflächen weit vor und weit hinter der Quelle abgeschlossen. Wenn wir nun nach der durch die Kontrollfläche hindurch in der Achsrichtung übertragenen Kraft fragen, so haben wir gemäß den Erörterungen von Bd. 1, Nr. 100 einmal das Integral der Druckkräfte und anderseits den Impulsfluß zu bilden. Die Drucke auf die Mantelfläche des Zylinders tragen nichts

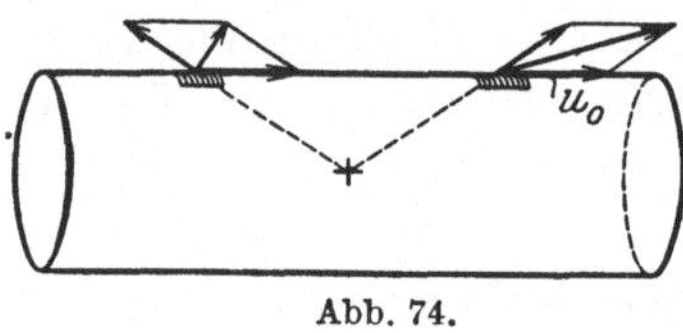

Abb. 74.

zu der gesuchten Kraftrichtung bei, da sie senkrecht dazu stehen. Auf den Basisflächen haben wir einen Druckunterschied (Überdruck vorn und Unterdruck hinten). Wenn wir uns jedoch vornehmen, die Basisflächen ins Unendliche zu rücken, so verschwinden diese Druckunterschiede (umgekehrt mit dem Quadrat der Entfernung von der Quelle), so daß auch dieser Teil des Druckintegrals in der Grenze Null wird[1]. Der Beitrag der Basisflächen zum Impuls verschwindet aus dem gleichen Grunde in der Grenze. Es bleibt also der Impulsbeitrag der Mantelfläche, der näher betrachtet werden muß. Durch die Wirkung der Quellen tritt Flüssigkeit durch diesen Teil der Kontrollfläche nach außen. Betrachten wir in Abb. 74 zunächst zwei gleich große Flächenelemente, von denen eines ebensoweit vor der Quelle liegt, wie das andere hinter ihr, so haben die durch das eine tretenden Flüssigkeitsteilchen durch die Quellströmung eine ebenso große Geschwindigkeitskomponente in der Achsrichtung nach vorn wie die durch das andere tretenden nach hinten. Daneben besitzen beide die Geschwindigkeitskomponente u_0; der Mittelwert der beiden Geschwindigkeitskomponenten ist also $= u_0$. Fassen wir alle durch die Mantelfläche tretenden

---

[1] Man erkennt aus dem Vorstehenden, daß der Beitrag der Basisflächen nicht verschwinden würde, wenn der Zylinder geometrisch ähnlich vergrößert würde, denn dann würde die Basisfläche proportional mit dem Quadrat der Entfernung wachsen und das Druckintegral daher einem endlichen Grenzwert zustreben.

Flüssigkeitsteilchen in gleicher Weise paarweise zusammen, so ist der Mittelwert immer wieder u_0. Die Gesamtmenge, die durch die Mantelfläche hindurchtritt, ist aber in der Grenze, wenn die Basisflächen ins Unendliche gerückt werden, gleich der Quellergiebigkeit Q. Der Impuls wird also wie früher $= \varrho Q u_0$.

Man kann natürlich den vorliegenden Beweis auch zum Ausgangspunkt für den Halbkörpersatz machen. Es ist dazu nur noch zu beachten, daß bei der Halbkörperströmung hinten die Menge $Q = F u_0$ fehlt, da sie von dem festen Körper eingenommen wird. Diesem Umstand entspricht ein Fehlbetrag an Impuls vom Betrage $\varrho Q u_0$, der sich im Sinne eines Widerstandes auswirkt. Zusammen mit dem Vortrieb der Quelle vom gleichen Betrage ergibt sich dann wieder Widerstand gleich Null.

88. Impulsbetrachtung zum Widerstand von Körpern. Wenn bei der Bewegung eines Körpers in einer ruhenden Flüssigkeit ein Widerstand auftritt, so muß dieser Widerstand auch, hinreichende Dauer der Bewegung vorausgesetzt, als Impuls (mit oder ohne Druckanteil) auf einer den Körper umgebenden Kontrollfläche nachgewiesen werden können. Es sind zwei Wirkungen zu unterscheiden. Einmal bildet sich hinter dem Körper ein „Nachlauf" aus, bei

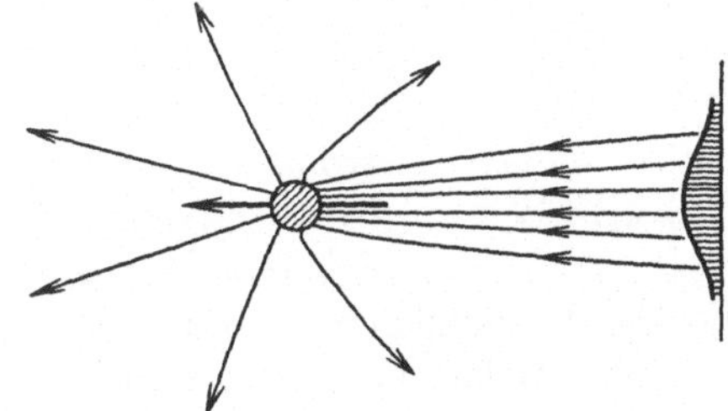
Abb. 75. Widerstandsströmung.

kleineren Reynoldsschen Zahlen ohne ausgeprägte Wirbel, bei größeren mit solchen. Durch Zähigkeitswirkung oder durch unregelmäßige Wirbelbewegung wird der Nachlaufstrom in größerer Entfernung vom Körper immer schwächer, dabei aber breiter. Dem Nachlauf entspricht ein Impulsstrom, dessen Stärke unmittelbar mit dem Widerstand zusammenhängt. Weiter ist zu beachten, daß der Körper zusammen mit dem Nachlauf die der Bewegung entgegenstehende ruhende Flüssigkeit nach allen Seiten auseinanderschiebt und so in dem ganzen Flüssigkeitsgebiet mit Ausnahme des Nachlaufs eine Quellströmung hervorruft. Abb. 75 stellt schematisch die Stromlinien einer solchen Widerstandsströmung in dem Bezugssystem dar, in dem die ungestörte Flüssigkeit ruht. Man kann unmittelbar die Nachlauf-Stromlinien durch den Körper hindurch zu den Quellstromlinien verlängern.

Die Breite des Nachlaufstromes nimmt mit wachsender Entfernung vom Körper langsamer zu als proportional der Entfernung[1]: man kann deshalb dieselbe Art von Impulsbetrachtung wie in der vorigen

---

[1] Je nach den näheren Umständen proportional $\sqrt{x}$ bis $\sqrt[3]{x}$.

Nummer auch hier anwenden. Das Druckintegral über die Basisfläche
des Zylinders verschwindet gemäß der Fußnote S. 138, sobald deren
Durchmesser schwächer als proportional der Entfernung zunimmt. Wir
wollen festsetzen, daß die Nachlaufströmung völlig innerhalb des Zy-
lindermantels verbleibt. Die Nachlaufströmung selbst wird, je weiter
wir uns von dem Körper entfernen, um so mehr einer Parallelströmung
ähnlich, und es ist deshalb gemäß den Beziehungen für die Druckunterschiede quer zu den Stromlinien zu schließen, daß der Druck
im Innern der Nachlaufströmung weit ab vom Körper praktisch derselbe ist wie daneben in der reinen Quellströmung.

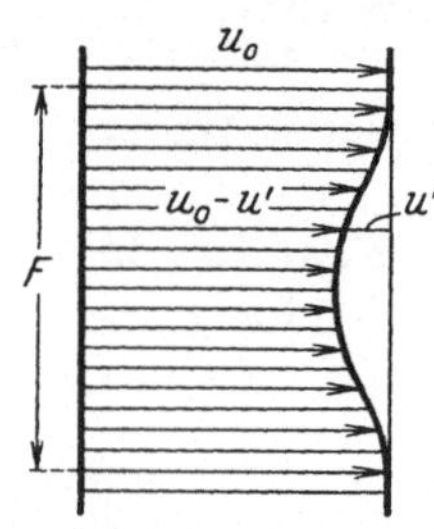

Abb. 76. Geschwin-
digkeitsverteilung
im Nachlauf.

Nach dieser Vorbereitung können wir nun den Impulssatz anwenden. Wir betrachten dazu die stationäre Strömung für ein Bezugssystem, in dem der Körper ruht, die Flüssigkeit im Unendlichen also die Geschwindigkeit u_0 hat. Als Beitrag des Zylinderman-
tels bleibt der Impuls der Quelle, also bei einer Ergiebigkeit Q ein Vortrieb $\varrho Q u_0$. Als Beitrag der Basisflächen erhalten wir den Unterschied des Impuls-
stroms vorn, wo die Geschwindigkeit u_0 ist und hinten,
wo die Geschwindigkeit durch die Nachlaufgeschwindigkeit u' auf $u_0 - u'$ abgemindert ist. Abb. 76 stellt
die Geschwindigkeitsverteilung mit der für den Nachlauf charakteristischen „Delle" dar. Der Impuls wird damit

$$= \underbrace{\varrho\, u_0^2 F}_{\text{Eintritt}} - \underbrace{\varrho \iint (u_0 - u')^2\, dF}_{\text{Austritt}}$$

$$= 2\varrho\, u_0 \iint u'\, dF - \varrho \iint u'^2\, dF.$$

Das Integral $\iint u'\, dF$ ist aber nichts anderes als die Quellergiebigkeit Q,
so daß der erste Ausdruck einen Widerstand $= 2\,\varrho Q u_0$ bedeutet. Der
zweite Ausdruck verschwindet in der Grenze einer unbegrenzt wachsenden Entfernung der Basisfläche, da er die Nachlaufgeschwindigkeit in
der 2. Potenz enthält. Wir erhalten also, wenn wir den Beitrag der
Mantelfläche und der Basisfläche zusammenfassen, ein Äquivalent des
Widerstandes, das $2\,\varrho Q u_0 - \varrho Q u_0 = \varrho Q u_0$ ist. Also

$$\varrho Q u_0 = W,$$

woraus sich auch

$$Q = \frac{W}{\varrho\, u_0}$$

herleiten läßt. Setzt man $W = c \cdot F \cdot \dfrac{\varrho\, u_0^2}{2}$, so wird aus dieser Beziehung
die Quellstärke

$$Q = \frac{c}{2} \cdot F u_0,$$

was ein anschauliches Resultat ist. Aus der Tatsache, daß die Quellstärke unabhängig von der Entfernung der Kontrollfläche vom Körper

gefunden wird, wenn diese Entfernung nur groß genug ist, schließen wir noch, daß sämtliche Nachlauf-Stromlinien aus dem Unendlichen bis in die unmittelbare Nähe des Körpers heranführen, wie dies der Zeichnung von Abb. 75 entspricht.

Anmerkung. Hat die Bewegung des Körpers irgendwo im Endlichen begonnen, so reicht der Nachlauf nur bis in diese Gegend. Die rückwärtige Verlängerung der Nachlaufstromlinien (die nirgends aufhören können) ergibt dann eine auf diese Stelle hin gerichtete Senkenströmung, allerdings verbunden mit einem Wirbelring.

89. Betzsches Verfahren zur Bestimmung des Widerstandes aus Messungen im Nachlauf. Die in voriger Nummer abgeleiteten Beziehungen haben zur Voraussetzung die Geschwindigkeitsverteilung im Nachlauf in großer Entfernung vom Körper. Bei Versuchen ist man aber meist genötigt, näher an den Körper selbst heranzugehen. Es ist deshalb nötig, die Beziehungen noch für diesen Fall zu verfeinern. Einen Weg hierzu hat A. Betz[1] angegeben. Wir folgen im nachstehenden in der Hauptsache seinen Darlegungen.

Es seien zwei Kontrollebenen (vor und hinter dem Körper) senkrecht zur Strömungsrichtung der ungestörten Flüssigkeit angenommen, vgl. Abb. 77. Die Geschwindigkeiten und der Druck in der vorderen Ebene mögen u_1, v_1, w_1, p_1

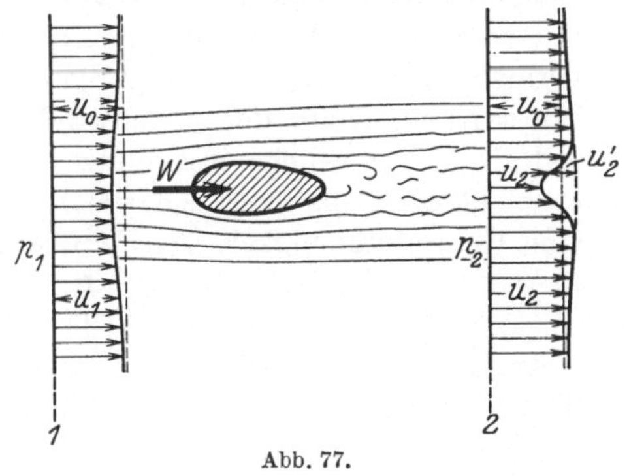

Abb. 77.

heißen, in der hinteren entsprechend u_2, v_2, w_2, p_2. Im Unendlichen ist $u = u_0$, $v = w = o$, $p = p_0$. Der Impulssatz liefert nun für den Widerstand die Beziehung

$$W = \iint (p_1 + \varrho\, u_1^2)\, dF - \iint (p_2 + \varrho\, u_2^2)\, dF. \tag{1}$$

Die Integrale sind hierin über die ganzen unendlich ausgedehnten Ebenen zu erstrecken. Die Aufgabe besteht nun darin, diese Integrale so umzuformen, daß nur noch über das Nachlaufgebiet, die „Delle", integriert zu werden braucht. Zunächst führen wir die Gesamtdrücke

$$g_1 = p_1 + \frac{\varrho}{2}\,(u_1^2 + v_1^2 + w_1^2)$$

und

$$g_2 = p_2 + \frac{\varrho}{2}\,(u_2^2 + v_2^2 + w_2^2)$$

ein. Auf jeder Stromlinie, die keinen Reibungseinflüssen (auch keiner

---

[1] **Betz, A.:** Ein Verfahren zur direkten Ermittlung des Profilwiderstandes. Z. Flugtechn. Bd. 16, S. 42. 1925.

turbulenten Scheinreibung) unterliegt, ist nach dem Bernoullischen Satz $g = \text{konst}$. Es ist also $g_1 - g_2$ nur in der Delle von Null verschieden; deshalb führen wir g_1 und g_2 in Gleichung (1) ein und erhalten damit

$$W = \underbrace{\iint (g_1 - g_2)\, dF}_{I} + \frac{\varrho}{2} \underbrace{\iint (u_1^2 - u_2^2)\, dF}_{II}$$

$$+ \frac{\varrho}{2} \underbrace{\iint v_2^2 + w_2^2 - (v_1^2 + w_1^2)\, dF}_{III} \cdots \quad (2)$$

Der Ausdruck I hat gemäß dem Gesagten bereits die gewünschte Eigenschaft. Für die Weiterbehandlung des Ausdruckes II führen wir noch eine hypothetische Strömung ein, die überall außerhalb des Nachlaufgebietes mit der wirklichen Strömung übereinstimmen soll, im Nachlaufgebiet dagegen sich von der wirklichen Strömung dadurch unterscheiden soll, daß hier überall $g_2' = g_1$ ist (also keine Strömungsverluste durch Reibung und Turbulenz). Dies sei durch Änderung der x-Komponente der Geschwindigkeit erreicht, die jetzt u_2' heißen soll. Da die wirkliche Strömung volumenbeständig ist, kann die neue es nicht ebenfalls sein. Sie weist vielmehr verteilte Quellen auf, die eine Gesamtergiebigkeit Q haben mögen. Es ist offenbar

$$Q = \int\limits^{D}\!\!\!\int (u_2' - u_2)\, dF,$$

wobei die Integration sich nur über die Delle zu erstrecken braucht, da außerhalb $u_2' = u_2$ ist. Das Zeichen D beim Integralzeichen soll das andeuten.

Wir wollen nun den Impulssatz in der Form (2) so anwenden, daß wir erst die Unterschiede zwischen u_1, v_1, w_1, p_1 und u_2', v_2, w_2, p_2 anschreiben und dann in einem zweiten Schritt die zwischen u_2', v_2, w_2, p_2 und u_2, v_2, w_2, p_2. Die Summe der Beträge, die beide Schritte uns liefern, gibt dann das Verlangte. Für den ersten Schritt gibt der Ausdruck I wegen $g_2' = g_1$ Null; der Ausdruck III macht gewisse Schwierigkeiten. Er wird verhältnismäßig klein, wenn nur Quellströmung vorliegt. Soweit, wie bei Tragflügeln, stationäre Wirbel vorliegen, kann er aber beträchtlich werden. Wir wollen sein Gesamtergebnis mit W_i bezeichnen und kommen auf die Einzelheiten später noch zurück. Wenn wir von etwaigen Beiträgen W_i vorerst absehen, so liefern die Ausdrücke I und II im ersten Schritt lediglich — da eine Quellenverteilung zwischen den Kontrollebenen liegt und Strömungsverluste nicht vorliegen — nach dem Satz vom Quellimpuls einen Vortrieb $\varrho Q u_0$. Da der I. Ausdruck Null liefert, folgt also für den II. Ausdruck:

$$\frac{\varrho}{2} \iint (u_1^2 - u_2'^2)\, dF = -\varrho Q u_0 = -\varrho u_0 \int\limits^{D}\!\!\!\int (u_2' - u_2)\, dF.$$

Beim zweiten Schritt erhalten wir für den Ausdruck I

$$\iint\limits^{D} (g_1 - g_2)\, dF,$$

für II

$$\frac{\varrho}{2} \iint\limits^{D} (u_2'^2 - u_2^2)\, dF = \frac{\varrho}{2} \iint (u_2' - u_2)(u_2' + u_2)\, dF.$$

Ausdruck III gibt für den zweiten Schritt Null.

Im ganzen erhalten wir jetzt das Folgende:

$$W = \iint\limits^{D} (g_1 - g_2)\, dF + \frac{\varrho}{2} \iint\limits^{D} (u_2' - u_2)(u_2' + u_2 - 2 u_0)\, dF + W_i. \tag{3}$$

Die beiden angeschriebenen Integrale erstrecken sich jetzt tatsächlich nur über die Delle. Über den III. Ausdruck

$$W_i = \frac{\varrho}{2} \iint [(v_2^2 + w_2^2) - (v_1^2 + w_1^2)]\, dF \tag{4}$$

mag noch das Folgende gesagt werden: Wenn es sich um die y- und z-Geschwindigkeiten einer Quelle handelt, so könnte man es so einrichten, daß die vordere Kontrollebene ebensoweit vor dem Quellgebiet liegt als die hintere dahinter; dann wären beide Beträge gleich groß und heben sich weg. Etwas anderes ist es, wenn — wie bei Tragflügeln — stationäre Wirbel von dem Körper ausgehen; in diesem Fall findet man in der hinteren Kontrollebene Geschwindigkeiten vor, zu denen keine entsprechenden in der vorderen Kontrollebene vorhanden sind. In diesem Fall liefert der III. Ausdruck einen von Null verschiedenen Widerstand W_i, der hier als durch Unterdruck in den Wirbeln hervorgebracht erscheint. In der Tragflügeltheorie (vgl. Nr. 122) wird dieser Widerstand „induzierter Widerstand" genannt (daher die Bezeichnung W_i). Der aus dem I. und II. Ausdruck resultierende Widerstand heißt bei den Tragflügeln Profilwiderstand.

Eine Bemerkung ist noch zu machen über die nicht stationären Wirbel im turbulenten Nachlauf. Diese geben gewisse Abweichungen, besonders in den Ausdrücken II und III, da die Mittelwerte der Produkte der Geschwindigkeiten nicht genau mit den Produkten der Mittelwerte der Geschwindigkeiten übereinstimmen. Die Abweichungen sind aber im allgemeinen nur gering. Wenn allerdings kräftige, mehr oder minder regelmäßige Wirbel wie bei den Kármán-Wirbeln (vgl. die nächste Nummer) vorhanden sind, muß eine verfeinerte Betrachtung Platz greifen.

Die numerische Auswertung in einem praktischen Fall kann so vorgenommen werden, daß man zunächst den Verlauf von g_2 mit einem Pitotrohr ermittelt. Außerhalb der Delle stimmt es mit g_1 überein, das als Bernoullische Konstante der ungestörten Strömung einen festen

Wert hat (vgl. Abb. 78). Weiter hat man den statischen Druck p_2 zu ermitteln; mit diesem wird $u_2 = \sqrt{\dfrac{2\,(g_2 - p_2)^1}{\varrho}}$. Zur Ermittlung von u_2' genügt es meist, die Geschwindigkeitskurven für u_2 über die Delle hinweg durch eine glatte Kurve zu interpolieren (vgl. Abb. 77). Sonst kann es auch gerechnet werden: $u_2' = \sqrt{\dfrac{2\,(g_1 - p_2)}{\varrho}}$.

Damit sind die in den Ausdrücken I und II vorkommenden Größen bekannt, so daß die Integrationen numerisch ausgeführt werden können. Der I. Ausdruck macht dabei den Hauptanteil aus. Für großen Ab-

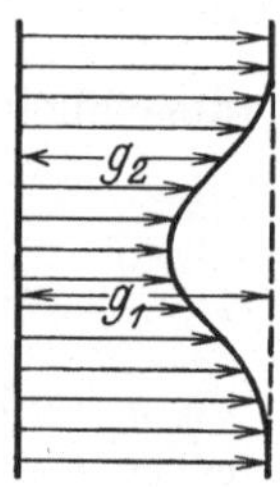

stand vom Körper (kleine Nachlaufgeschwindigkeit, flache Delle) ergibt er dasselbe wie unsere Formel in der vorigen Nummer[2]. Der II. Ausdruck liefert eine Korrektur, die in größerem Abstand ziemlich klein wird, in der Nähe des Körpers aber von Wichtigkeit wird. Der III. Ausdruck läßt sich, da er nicht auf die Delle beschränkt ist, auf diese Weise nicht erfassen. Die Methode hat vor allem Zweck, wenn es sich nur um den „Profilwiderstand" handelt, der aus I + II besteht, oder wenn der III. Ausdruck $(= W_i)$ an sich bedeutungslos ist[3]. Die Methode ist mit gutem Erfolg zur Messung des Profilwiderstandes verwendet worden; vgl. die Arbeiten von Weidinger[4] und M. Schrenck[5].

Abb. 78.

Zusatz bei der Korrektur. Das Ergebnis des „ersten Schritts" auf S. 140 ist nur dann genau $= \varrho\,Q\,u_0$, wenn die Quellen der u_2', v_2, w_2-Strömung sämtlich vor der Kontrollfläche liegen. Befinden sich jedoch

---

[1] Dies gilt unter der Voraussetzung, daß die Beträge $\dfrac{\varrho}{2}\,(v_2^2 + w_2^2)$ in der Delle gegenüber $g_2 - p_2$ vernachlässigt werden dürfen; sie werden in allen praktischen Fällen sehr klein sein.

[2] Ist $u_1 = u_0$, $u_2 = u_0 - u'$, ferner $p_1 = p_2 = p_0$, so ist $g_1 - g_2 = \dfrac{\varrho}{2}\,(u_0^2 - (u_0 - u')^2) = \varrho\left(u_0 u' - \dfrac{u'^2}{2}\right)$, wobei das zweite Glied von zweiter Ordnung klein ist. Also ist

$$\overset{D}{\iint}\,(g_1 - g_2)\,dF \approx \varrho\,u_0 \overset{D}{\iint}\,u'\,dF = \varrho\,u_0\,Q\,.$$

[3] Bei dem hier angegebenen Verfahren fällt allerdings die früher erwähnte Unschädlichmachung des Beitrags der Quellströmung zum III. Ausdruck unter den Tisch. Da bei der praktischen Durchführung Messungen in der vorderen Kontrollebene überhaupt nicht gemacht werden, ist diese sozusagen ins Unendliche verlegt, wo v_1 und w_1 Null sind. Die Beiträge von v_2 und w_2 dürften aber immer praktisch ziemlich gering sein, so daß man mit Vernachlässigung ihrer Wirkung im III. Ausdruck keinen großen Fehler macht.

[4] Weidinger, H.: Profilwiderstandsmessungen an einem Junkers-Tragflügel. Jahrb. Wiss. Ges. Luftfahrt, S. 112. München 1926.

[5] Schrenck, M.: Über Profilwiderstandsmessung im Fluge nach dem Impulsverfahren. Luftfahrtforschung Bd. 2, Heft 1. München 1928.

hinter der Kontrollfläche noch Quellen oder Senken, so ergeben sich noch Kräfte zwischen diesen und der Quelle Q, die aber rechnerisch nicht so einfach zu erfassen sind. Diesem Umstand dürfte es zuzuschreiben sein, daß die Betzsche Formel bei Anwendung sehr nahe am Körper ungenau wird.

Nach H. Muttray kann die Betzsche Formel (3) für eine in einem Kanal von konstantem Querschnitt F_0 verlaufende Strömung brauchbar gemacht werden, wenn an Stelle von $2\,u_0$ die Summe der Geschwindigkeit weit vorne (u_0) und der Geschwindigkeit der hypothetischen Strömung u_2' weit hinten, also $u_0 + u_{2\infty}'$, eingesetzt wird. ($u_{2\infty}'$ kann $= u_0 + \dfrac{Q}{F_0}$ gesetzt werden.) Die Reibung an den Kanalwänden ist hierbei als vernachlässigbar angenommen.

90. Die Kármánsche Wirbelstraße. Während im allgemeinen bei Strömungsvorgängen um irgendwelche festen Körper die rasche Strömung seitlich des wirbligen Totwassers sich gemäß den Darlegungen der beiden vorhergehenden Nummern unter Impulsaustausch mit dem Totwasser vermischt und dadurch ein immer breiter werdendes Gebiet langsamerer Geschwindigkeit (Nachlaufstrom, Delle in der Geschwindigkeitsverteilung) hinter dem Körper verursacht — was auf eine Dissipation der Energie hinauskommt —, gibt es Widerstandsvorgänge sehr regelmäßiger Art, bei denen die Energie nicht zerstreut wird, sondern in einzelnen Wirbeln erhalten bleibt.

Betrachten wir beispielsweise die Strömung um einen Zylinder (zweidimensionale Bewegung angenommen), so erhalten wir bei geeigneter Körperabmessung und Geschwindigkeit eine Strömung wie sie Abb. 59 der Tafel 24 darstellt. Die sich abwechselnd an verschiedener Seite des Körpers bildenden Wirbel von gegenläufigem Drehsinn bleiben in einer gewissen Anordnung bis weit hinter dem Körper in großer Regelmäßigkeit erhalten, ohne sich mit der äußeren Strömung zu vermischen. Erst allmählich werden die Wirbel infolge der inneren Reibung mehr und mehr abgebremst.

Diese schon von verschiedenen Forschern beobachteten Vorgänge der regelmäßigen Wirbelanordnung hinter umströmten Körpern wurden zuerst von Bénard[1] eingehend experimentell verfolgt. Aber erst durch die Kármánschen Untersuchungen kam Klarheit in diese zunächst eigenartig anmutenden Strömungen.

Durch die Beobachtung dieser Bewegungsvorgänge wurde v. Kármán[2] dazu geführt, die Stabilität gewisser Wirbelanordnungen zu unter-

---

[1] Bénard, H.: Comptes Rendus Bd. 147. 1908; Bd. 156. 1913; Bd. 182. 1926; Bd. 183. 1926.

[2] Kármán, Th. v.: Nachr. d. K. Ges. d. Wiss. zu Göttingen, Math.-phys. Klasse 1911, S. 509; 1912, S. 547; — und Rubach: Über den Mechanismus des Flüssigkeits- und Luftwiderstandes. Phys. Z. 1912, S. 49.

suchen. Die auf die zweidimensionale Strömung beschränkte Rechnung nimmt geradlinige Wirbel von gleicher Stärke Γ[1] und entgegengesetztem Drehsinn an, die in parellelen Reihen in unter sich gleichen Abständen angeordnet sind. Wie eine weitere Überlegung zeigte, kommen nur zwei voneinander verschiedene Anordnungen in Betracht. Entweder

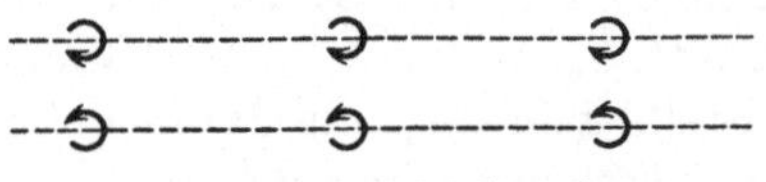

Abb. 79. Labile Wirbelanordnung.

stehen die Wirbel der einen Reihe denen der anderen gegenüber (Abb. 79) oder sie sind um die halbe Teilung gegeneinander versetzt (Abb. 80).

Die mit der Methode der kleinen Schwingungen durchgeführte Stabilitätsuntersuchung ergibt nun das Resultat, daß die erste Anordnung in jedem Fall beliebigen Störungen gegenüber labil ist, während die zweite Anordnung im allgemeinen zwar auch labil, für einen bestimmten Wert von h/l jedoch stabil

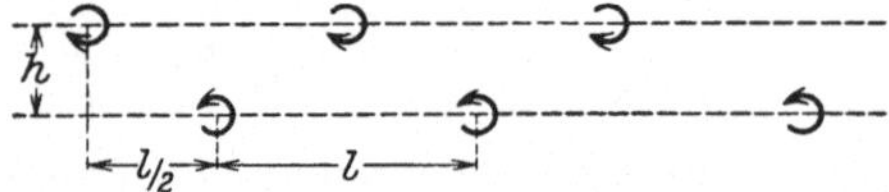

Abb. 80. Stabile Wirbelanordnung, wenn
$$\frac{h}{l} = \frac{1}{\pi} \operatorname{Ar} \mathfrak{Cof} \sqrt{2} = 0{,}2806 \ldots$$
ist.

ist (sie ist in diesem Fall indifferent für Störungen von der Wellenlänge $2l$). Für den Wert von h/l erhielt v. Kármán den Ausdruck

$$\frac{h}{l} = \frac{1}{\pi} \operatorname{Ar} \mathfrak{Cof} \sqrt{2} = 0{,}2806 *.$$

Die Ausmessung dieser Größe in einiger Entfernung hinter dem Körper aus photographischen Aufnahmen ergibt eine befriedigende Übereinstimmung mit dem theoretisch gewonnenen Wert.

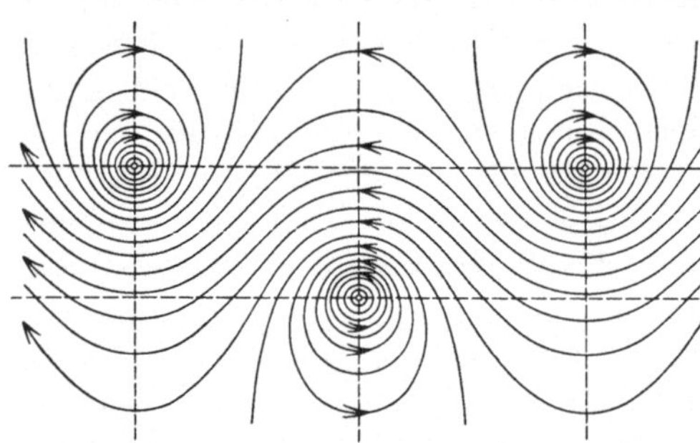

Abb. 81. Kármán-Wirbel; Stromlinien für das relativ zur ungestörten Flüssigkeit ruhende Bezugssystem.

Das der Abb. 60 der Tafel 24 entsprechende gerechnete Strömungsbild für ein bezüglich der ungestörten Flüssigkeit ruhende Bezugssystem zeigt Abb. 81. Man erkennt, wie ein Teil der Stromlinien sich zwischen den Wirbeln hindurchschlängelt, während die übrigen Stromlinien geschlossene Kurven um die Wirbelmittelpunkte bilden.

Das ganze Wirbelsystem schreitet mit einer Geschwindigkeit

$$u = \frac{\Gamma}{l \sqrt{8}}$$

---

[1] $\Gamma = \oint \mathfrak{w} \circ d\mathfrak{r}$ bedeutet die Zirkulation und ist ein Maß für die Wirbelstärke, vgl. S. 176 des I. Bandes.

* Der Zahlwert ist neu berechnet.

in der Bewegungsrichtung des durch die Flüssigkeit geschleppten Körpers fort, wobei die einzelnen Wirbel allmählich immer weiter hinter dem sich schneller bewegenden Körper zurückbleiben.

Derselbe Vorgang erhält ein anderes Aussehen für einen mit dem Körper sich bewegenden Beobachter, d. h. in einem Bezugssystem bezüglich dessen der Körper ruht, die Flüssigkeit also den ruhenden Körper anströmt. Man erhält für diesen Fall das theoretische Strömungsbild, wenn man den Geschwindigkeiten des Stromlinienbildes Abb. 81 eine konstante Geschwindigkeit — gleich derjenigen der anströmenden Flüssigkeit — überlagert.

91. Anwendung des Impulssatzes auf die Kármánsche Wirbelstraße. Nehmen wir jetzt an, daß die Wirbelanordnung, die in einiger Entfernung hinter dem Körper vorhanden ist, sich nicht wesentlich von der als stabil festgestellten unterscheidet (die photographischen Aufnahmen berechtigen zu dieser Annahme), und daß ferner die Flüssigkeit in genügend großer Entfernung vor dem Körper (Entfernung groß gegen die Körperabmessung) sich in Ruhe befindet, so kann man — wie v. Kármán gezeigt hat — durch Anwendung des Impulssatzes auf das theoretisch gefundene Strömungsbild den Widerstand desjenigen Körpers berechnen, dessen Wirbelanordnung mit der angesetzten übereinstimmt. Allerdings — um diesen wichtigen Punkt gleich vorwegzunehmen — ist es nach der Kármánschen Theorie nicht möglich, für einen gegebenen Körper die Ausmaße der Wirbelstraße, also z. B. l oder h, sowie die Geschwindigkeit u der Wirbelkerne zu berechnen. Die Kenntnis dieses Zusammenhanges des Wirbelsystems mit den Abmessungen des wirbelerzeugenden Körpers würde freilich erst die Theorie praktisch verwertbar machen. Immerhin ist es schon als ein Fortschritt zu betrachten, daß es möglich ist, den Widerstand eines Körpers rein rechnerisch zu ermitteln, wenn nur die Maße der Wirbelstraße, z. B. durch eine photographische Aufnahme, sowie die Geschwindigkeiten der Wirbelkerne bekannt sind.

Bei der Anwendung des Impulssatzes ist zu beachten, daß die Strömung, in der sich hinter dem Körper periodisch neue Wirbel bilden, nicht stationär ist. Jedoch können die äußeren Teile der Strömung vorne und hinten näherungsweise als Teile einer stationären Strömung angesehen werden, wenn man das Bezugssystem mit den Wirbelkernen (Geschwindigkeit u) mit bewegt. Für dieses System tritt links ungestörte Flüssigkeit in die Kontrollfläche mit der Geschwindigkeit u ein, rechts schneidet die Kontrollfläche zwischen zwei Wirbeln durch, und man hat in der Wirbelstraße Strömung nach links, außen geht diese in die Strömung nach rechts mit der Geschwindigkeit u über.

Inmitten des Gebiets befindet sich jedoch noch der Körper, der sich mit der Geschwindigkeit U relativ zur ruhenden Flüssigkeit, in unserem

Bezugssystem also mit der Geschwindigkeit $U - u$ bewegt, und es
befinden sich dort auch die jeweils sich neu bildenden Wirbel der Wirbelstraße; außerdem reicht, sich asymptotisch verlierend, über das ganze
Feld die von dem Körper ausstrahlende Quellströmung.

Für solche nichtstationäre Bewegungen muß der Impulssatz so
ergänzt werden, daß zu dem Impulstransport und dem Druckintegral
auf der Kontrollfläche noch die Änderung der Bewegungsgröße im Innern
des Gebietes hinzukommt. Nach dem Vorgang von Kármán wählt
man als Anfangs- und Endzustand zwei genau um eine Periode auseinander liegende Zustände; eine Periode ist dabei die Zeit, in der
gerade zwei neue Wirbel, ein rechter und ein linker gebildet werden.
Da der Körper dem Wirbelsystem mit der Geschwindigkeit $U - u$

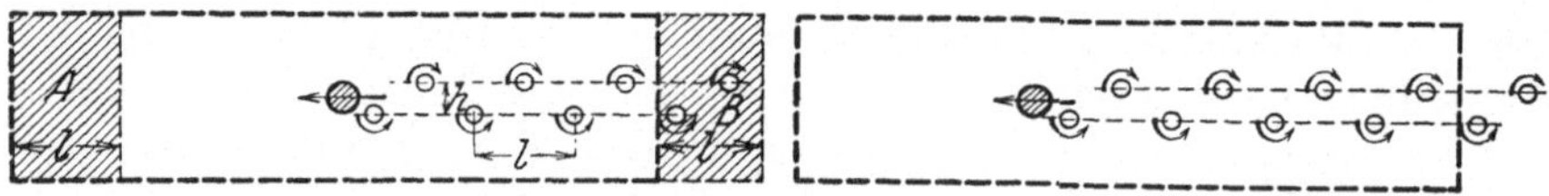

Abb. 82 und 83. Anwendung des Impulssatzes auf periodische Strömungsvorgänge
(Kármán-Wirbel).

voreilt, und der Abstand zweier gleichsinniger Wirbel $= l$ ist, ist die
Periode $T = \dfrac{l}{U - u}$.

Abb. 82 stellt den Zustand zu Anfang dar, Abb. 83 denjenigen
am Ende; die Kontrollfläche war die ganze Zeit die stark gestrichelte
Linie.

Die Zustände im Innern am Ende sind dieselben, die man in Abb. 82
erhält, wenn man das schraffierte Gebiet A fortläßt und dafür das
ebenfalls schraffierte Gebiet B zufügt. Macht man das Kontrollgebiet
in der Strömungsrichtung hinreichend lang gegen die ebenfalls groß
zu wählende Querdimension, so verschwindet der Anteil der Quelle
in den Gebieten A und B in genügendem Maße, und man hat nur den
Unterschied zwischen der ungestörten Strömung u in dem Gebiet A
und der über die Strömung u überlagerten Wirbelströmung in B zu berechnen. Das Integral der mit ϱ multiplizierten x-Komponente der Geschwindigkeit in B minus dem Beitrag von A gibt nach Kármán $= \varrho \Gamma h$.
(Da es sich bei dieser Integration um einen linearen Prozeß handelt,
ist es erlaubt, vorher den Mittelwert der Geschwindigkeiten zu nehmen,
der sich ergibt, wenn die Wirbelkerne der Reihe nach jede Stellung
innerhalb der Strecke l einnehmen. Man hat dann sozusagen die Zirkulation auf die Strecke l gleichmäßig ausgeschlagen, und erhält dadurch einfach einen gleichförmigen Geschwindigkeitssprung vom Betrage Γ/l. Diese Geschwindigkeit ist nun einfach mit der Dichte und
der Fläche $l \cdot h$ zu multiplizieren, um das obige Resultat zu erhalten.)

Der angegebene Betrag ist eine Impulsänderung in der Zeit $T = l/U - u$. Die Impulsänderung in der Zeiteinheit, die einen Widerstandsanteil bedeutet, ist demnach

$$= \varrho \, \frac{\Gamma h}{l} \, (U - u) \,.$$

Die Quellstärke ist gleich dem erwähnten Geschwindigkeitssprung mal h, also $Q = \Gamma h/l$. Nach der Betrachtung von Nr. 87 bringt die Kontrollfläche in ihren Langseiten einen Impuls im Sinne eines Vortriebs $= \varrho Q u$, also einen negativen Widerstandsanteil

$$- \varrho \, \frac{\Gamma h}{l} \, u \,.$$

(Daß die Quelle sich relativ zu unserem Bezugsystem mit der Geschwindigkeit $U - u$ verschiebt, bringt bei hinreichender Länglichkeit des Kontrollgebiets weder im Innern noch auf der Kontrollfläche einen Beitrag.)

Als dritter Anteil kommt nun hinzu der Beitrag von Impuls- und Druckintegral auf den kurzen Seiten (den Basisflächen von Nr. 87), deren eine in der ungestörten Flüssigkeit steht, deren andere aber die Wirbelstraße durchsetzt. Die Strömung ist an beiden Stellen eine Potentialströmung und bei Vernachlässigung der Wirkung der mit dem Körper wandernden Quelle stationär, es läßt sich also die einfache Bernoullische Gleichung darauf anwenden. Man faßt zweckmäßig Impuls- und Druckintegral gleich zusammen und erhält durch Ausführung der Rechnung diesen Anteil zu

$$\varrho \, \frac{\Gamma^2}{2 \, \pi l} \,.$$

Für den Widerstand W ergibt sich also im ganzen:

$$W = \varrho \, \Gamma \, \frac{h}{l} \, (U - 2 \, u) + \varrho \, \frac{\Gamma^2}{2 \, \pi l} \,.$$

Setzt man in diesen Ausdruck die oben angegebenen Werte für h/l und für Γ ein, so erhält man mit

$$W = c_w \cdot \varrho \, \frac{U^2}{2} \cdot d \,,$$

wo d eine charakteristische lineare Abmessung des Körpers (etwa die Plattenbreite) bedeutet,

$$c_w = \left[1{,}587 \, \frac{u}{U} - 0{,}628 \left(\frac{u}{U} \right)^2 \right] \frac{l}{d} \,.$$

Die Rechnung ergibt also, wie das aus Dimensionsgründen nicht anders erwartet werden kann, Proportionalität des Widerstandes mit dem Quadrat der Geschwindigkeit; außerdem erhält man aber auch die Widerstandszahl, die sonst nur durch eine Widerstandsmessung gefunden werden kann, allerdings nicht direkt, sondern in Abhängigkeit von den beiden Verhältniszahlen

$$\frac{u}{U} = \frac{\text{Geschwindigkeit des Wirbelsystems}}{\text{Geschwindigkeit des Körpers}}$$

und

$$\frac{l}{d} = \frac{\text{Teilung der Wirbelreihe}}{\text{charakteristische Länge des Körpers}}$$

Die Größe l/d ist ohne weiteres aus photographischen Aufnahmen abzugreifen, während die Zahl u/U in einfacher Weise im Zusammenhang steht mit der Periode der vom Körper erzeugten Wirbel, d. h. mit der weiter oben definierten Zeit T. Eine einfache Betrachtung zeigt, daß bei Berücksichtigung von $T\,(U - u) = l$

$$\frac{u}{U} = 1 - \frac{l}{U\,T}$$

sein muß.

v. Kármán und Rubach[1] haben an einem Zylinder und einer Platte die Widerstände mittels photographischer Aufnahmen der Wirbelstraßen und Bestimmungen der Periode mit der Stoppuhr errechnet und beim Zylinder einen Wert $c = 0{,}92$, bei der Platte $c = 1{,}60$ erhalten. Die Reynoldsschen Zahlen waren zwischen 2000 und 3000. Hierfür gibt die Messung von Wieselsberger für den Zylinder 0,93, für Platten geben neue Messungen von Flachsbart etwa 1,7; in beiden Fällen ist also die Übereinstimmung recht gut.

Der Umstand, daß die Kármánsche Theorie, obwohl sie eine reibungslose Flüssigkeit voraussetzt, doch annimmt, daß vom bewegten Körper dauernd Wirbel erzeugt werden — was nach der klassischen Hydrodynamik nicht möglich ist —, findet seine Erklärung, wenn man die reibungslose Flüssigkeit als Grenzfall einer zähen Flüssigkeit mit nach Null konvergierender Zähigkeit betrachtet. Wie wir schon mehrfach erwähnt haben, ist es in solchem Fall wohl angängig, beim Grenzübergang zu $\mu \rightarrow 0$ die Flüssigkeit, soweit sie nicht in unmittelbarer Nähe eines Körpers sich befindet, als reibungslos zu betrachten. Für die einem Körper anliegende Flüssigkeitsschicht, die mit kleiner werdender Zähigkeit immer dünner wird, ist jedoch ein besonderer Grenzübergang zu machen. Im V. Kapitel haben wir im einzelnen gesehen, wie gerade diese dem Körper anliegende Schicht, in der die Reibungskräfte auch bei Flüssigkeiten mit nach Null konvergierender Zähigkeit nicht vernachlässigt werden dürfen, der Entstehungsort der später in der freien Flüssigkeit befindlichen Wirbel ist.

92. Körper geringen Widerstandes. Während die klassische Hydrodynamik der reibunsglosen Flüssigkeit durchweg in allen denjenigen

---

[1] Siehe Fußnote S. 145.

Fällen versagt, in denen es sich um Strömungsvorgänge mit beträchtlichem Widerstand handelt, läßt sie sich mit Vorteil anwenden bei Flüssigkeitsbewegungen mit geringem Widerstand. In den meisten praktischen Fällen — so besonders in der Flugtechnik und im Luftschiffbau — handelt es sich aber darum, den meist schädlichen Widerstand auf ein Mindestmaß zu bringen, so daß gerade hier ein großes Anwendungsgebiet der Methoden der Hydrodynamik reibungsloser Flüssigkeiten vorliegt. Auf diesen Umstand ist es zurückzuführen, daß die Flugtechnik und Luftschiffahrt so außerordentlich durch die neueren Untersuchungen der Luftbewegungen (Luft aufgefaßt als reibungslose Flüssigkeit) gefördert wurde — wir erinnern nur an die Ausbildung der günstigsten Luftschifform, an die Tragflügel- und Propellertheorie — und daß umgekehrt die praktischen Probleme der Flugtechnik der Theorie eine große Anzahl dankbarer Fragestellungen gegeben haben.

Bei der in vielen praktischen Fällen so wichtigen Körperform geringen Widerstandes kommt es wesentlich darauf an, daß die Flüssigkeit sich vorn am Körper gesetzmäßig teilt und sich vor allem hinter ihm ebenso gesetzmäßig wieder schließt. Ein Körper wie in Abb. 57 erfüllt in hohem Maße diese Forderung. Der noch verbleibende Widerstand, der — wie wir noch sehen werden — fast ausschließlich Oberflächenreibungswiderstand darstellt, ist im Verhältnis zur Körpergröße außerordentlich klein. Er ist nach Versuchen im Windkanal etwa gleich dem 25. Teil des Widerstandes einer ebenen Fläche von der Größe seines größten Querschnittes. Man erkennt also, daß man sich mit solchen Körpern — in Anbetracht der verbleibenden Oberflächenreibung — schon sehr der praktischen Verwirklichung des Satzes vom verschwindenden Widerstand nähert.

Es läßt sich nun verhältnismäßig leicht mit den von Rankine[1] zuerst angegebenen Methoden der Quellen und Senken die Strömungsform um derartige Körper berechnen, wie wir bereits in Nr. 69 des ersten Bandes ausführten. Statt des dort durchgeführten Beispieles einer punktförmigen Quelle nimmt man in vielen Fällen besser eine stetige Verteilung der Quellen und Senken auf der Rotationsachse an. Durch verschiedenartigste Verteilung der Quellen und Senken kann man eine außerordentlich große Mannigfaltigkeit von Körperformen bekommen, während man je nach der Stärke der angenommenen überlagerten Parallelströmung Körper von verschiedener Dicke erhält. Dabei ist zu bemerken, daß es relativ einfach ist, zu einer vorgegebenen Quell- und Senkenverteilung sowie einer gegebenen Parallelströmung den Rotationskörper und die dazugehörigen Stromlinien zu berechnen; größere Schwierigkeiten ergeben sich jedoch, wenn man zu einer ge-

---

[1] Rankine, W. J. M.: On the Mathematical Theory of Stream Lines. Phil. Trans. 1871, S. 267.

gebenen rotationssymmetrischen Körperform die ihr zugehörige Quell-
und Senkverteilung bestimmen will. Auf diesen Fall kommen wir in
der nächsten Nummer noch zurück.

**93. Vergleich der berechneten Druckverteilung mit der experimentell
bestimmten.** In einer Arbeit von Fuhrmann[1] ist die Methode,
zu einer angenommenen Quell- und Senkenverteilung den Körper mit
dem dazugehörigen Stromlinienbild zu berechnen, weiter ausgebaut.
Fuhrmann hat überdies die Einzelheiten der Strömung und die Druckverteilung am Körper
mit Hilfe der Bernoulli-
schen Gleichung be-
rechnet und mit der
experimentell bestimm-
ten Druckverteilung ver-
glichen. Zu dem Zweck
hat er auf galvanopla-
stischem Wege Hohl-
körper, die den berech-
neten Körperformen
möglichst genau ent-
sprechen, hergestellt und
mit kleinen Anbohrun-
gen versehen. Abb. 84
und 85 zeigen für
zwei derartig herge-
stellte Körper den Ver-
gleich der berechneten
Druckverteilungen (aus-

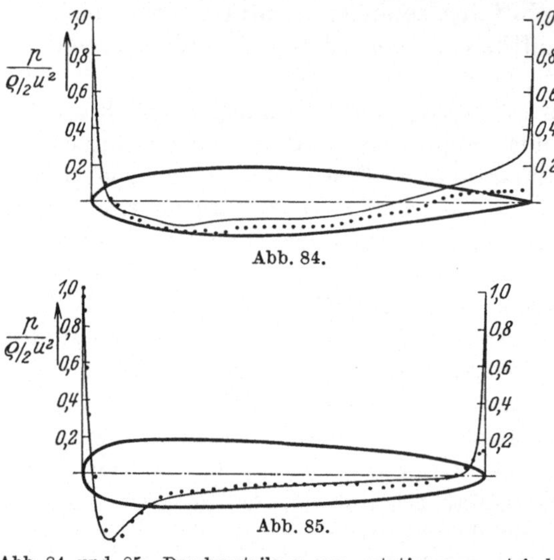

Abb. 84.

Abb. 85.

Abb. 84 und 85. Druckverteilung um rotationssymmetrische
Körper (Luftschiffe). Die ausgezogenen Druckverteilungskurven
sind berechnet; die Punkte entsprechen im Windkanal gemessenen
Werten (nach G. Fuhrmann).

gezogene Kurve) mit den im Windkanal gemessenen Druckverteilungen.

Man erkennt, daß die Übereinstimmung im allgemeinen außerordentlich gut ist; nur am hinteren Ende der Körper zeigen sich wesentliche Abweichungen insofern, als die berechnete Druckverteilung an
der Stelle, wo die Strömung sich wieder zusammenschließt, zum vollen
Staudruck aufsteigt, während die durch die Reibung an der Körperoberfläche gebremsten Flüssigkeitsteile diese Druckhöhe nicht mehr
erreichen. Das Integral der berechneten Drucke (ausgezogene Kurve)
über die Oberfläche, d. h. der Druckwiderstand, muß in allen Fällen
verschwinden, da — wie wir wissen — der Widerstand in einer idealen
Flüssigkeit Null ist. In dem Maße nun, in dem die tatsächliche Strömung
von der theoretischen abweicht, ist auch ein Druckwiderstand noch
vorhanden.

---

[1] Fuhrmann, G.: Theoretische und experimentelle Untersuchungen an
Ballonmodellen. Diss. Göttingen 1912.

Bezieht man den Widerstand auf eine Fläche, die gleich ist der Seite des mit dem Körper inhaltgleichen Würfels, d. i. $V^{\frac{2}{3}}$, also

$$W = c\, V^{\frac{2}{3}} \frac{\varrho\, u^2}{2},$$

so ergaben die Rechnungen die Widerstandszahlen:

Körperform	I	II	III	IV
c	0,0170	0,0123	0,0131	0,0145

Zum Vergleich seien daneben die an der Widerstandswaage im (alten Göttinger) Windkanal gefundenen c-Werte mitgeteilt:

Körperform	I	II	III	IV
c	0,0340	0,0220	0,0246	0,0248

Dabei ist zu berücksichtigen, daß bei größeren Reynoldsschen Zahlen, als man sie seinerzeit erhalten konnte, die Widerstandszahlen noch um etwa 30% kleiner sein würden.

Um diese Widerstandszahlen mit derjenigen der ebenen Platte gleicher Oberflächenbeschaffenheit zu vergleichen, bei der als charakteristische Fläche die Oberfläche genommen wird, sei noch erwähnt, daß die Oberfläche der Körper etwa siebenmal $V^{\frac{2}{3}}$ war, so daß also zum Vergleich die Widerstandszahlen durch 7 zu dividieren sind. Das heißt also: Bei „stromlinienförmigen" Körpern ist der Gesamtwiderstand nicht größer als der Reibungswiderstand einer ebenen Fläche, die die gleiche Oberfläche wie der Körper hat. Diese Tatsache kann man bis zu einem gewissen Grade als einen experimentellen Nachweis ansehen für den Satz der klassischen Hydrodynamik, daß in einer reibungslosen Flüssigkeit der Widerstand eines bewegten (hier allerdings stromlinienförmigen!) Körpers Null ist.

Der andere Fall, zu einer gegebenen Körperform die Quell- und Senkenverteilung zu bestimmen und daraus wieder die Druckverteilung zu berechnen, ist von v. Kármán[1] an einem Beispiel durchgeführt. Mit Hilfe von stufenweise konstanter Quellen- bzw. Doppelquellenbelegung der Symmetrieachse wird der vorgegebene Rotationskörper (die Hüllenform des Z R III) angenähert erhalten. Außer dem achsensymmetrischen Fall, d. h. dem Fall der Anströmung in der Achsenrichtung, wird auch noch die schiefe Anströmung behandelt. Da die Potentialtheorie bei schiefer Anströmung nur ein Moment liefert, das

---

[1] Kármán, Th. v.: Berechnung der Druckverteilung an Luftschiffkörpern. Abh. a. d. Aerodyn. Inst. Aachen H. 6, S. 1. Berlin 1927.

den Körper quer zur Anströmungsrichtung zu stellen strebt, nicht
aber eine zur Strömungsrichtung senkrechte Kraft, d. h. keinen Auftrieb, hat v. Kármán — um diesen zu erhalten — angenommen, daß
dem Luftschiffkörper ein Wirbelgebilde ähnlich demjenigen der Tragflügel (Nr. 119) folgt, wodurch die Druckverteilung besonders am Heck
abgeändert wird. Diese Abänderung erfolgt — ganz im Einklang mit der
Erfahrung — in dem Sinne, daß dem Auftrieb auf dem Bug des Luftschiffkörpers ein wesentlich kleinerer Abtrieb auf das Heck entspricht,
so daß für den ganzen Körper ein resultierender Auftrieb verbleibt.

94. Der Reibungswiderstand ebener Platten. Strömt eine Flüssigkeit
längs einer ebenen Platte, so wird von der vorbeiströmenden Flüssigkeit auf die Platte eine Kraftwirkung in der Richtung der Strömung
ausgeübt. Man sagt: die Platte erfährt einen Reibungswiderstand.
Obwohl der experimentell bestimmte Reibungswiderstand weder dem
Quadrat der Geschwindigkeit u noch der Oberfläche F der Platte
proportional ist, setzen wir wieder

$$W = c_f F \frac{\varrho u^2}{2},$$

wobei dann c_f keine Konstante, sondern — wie schon in Nr. 67 dar-
gelegt — eine Funktion der Reynoldsschen Zahl $R = \dfrac{u \cdot l}{v}$ (l die Länge
der Platte in der Strömungsrichtung) ist.

Für kleinere Geschwindigkeiten oder besser für Reynoldssche
Zahlen, die kleiner als etwa $5 \cdot 10^5$ sind, gilt das von Blasius[1]
unter Benutzung des Prandtlschen Grenzschichtansatzes gefundene
Gesetz, daß c_f der reziproken Wurzel aus der Reynoldsschen Zahl
proportional ist, und zwar

$$c_f = \frac{1{,}327}{\sqrt{R}}.$$

Für $R < 5 \cdot 10^5$ haben wir somit, wenn wir $F = bl$ setzen:

$$W = c_f b l \frac{\varrho u^2}{2} = 1{,}327 \sqrt{\frac{v}{ul}}\, b l \frac{\varrho u^2}{2} = \frac{1{,}327}{2} \varrho b l^{\frac{1}{2}} v^{\frac{1}{2}} u^{\frac{3}{2}}.$$

Für größere Reynoldssche Zahlen ergibt sich aus den Versuchen
von Wieselsberger[2], Gebers[3] und Gibbons[4] ein anderer Zusammen-

---

[1] Blasius, H.: Grenzschichten in Flüssigkeiten mit kleiner Reibung. Z. Math.
Phys. Bd. 56, S. 1. 1908.

[2] Wieselsberger, C.: Untersuchungen über den Reibungswiderstand von
stoffbespannten Flächen. Ergebn. d. Aerodyn. Versuchsanstalt zu Göttingen.
I. Lieferung, S. 120. München 1921.

[3] Gebers: Ein Beitrag zur experimentellen Ermittlung des Widerstandes
gegen bewegte Körper. Schiffbau Bd. 9. 1908.

[4] Gibbons, W. A.: Skin Friction of Various Surfaces in Air. First Annual
Report of the National Advisory Committee for Aeronautics 1915. Washington,
D. C. 1917.

hang von c_f mit R, und zwar zeigt sich, daß für $R > 5 \cdot 10^6$ die Widerstandszahl der reziproken fünften Wurzel aus der Reynoldsschen Zahl proportional ist mit dem Proportionalitätsfaktor 0,072, so daß wir für diesen Bereich haben:

$$W = 0{,}072 \sqrt[5]{\frac{\nu}{u\,l}}\, b\,l\, \frac{\varrho\,u^2}{2} = \frac{0{,}072}{2}\,\varrho\,b\,l^{\frac{4}{5}}\,\nu^{\frac{1}{5}}\,u^{\frac{9}{5}}.$$

Die Ursache, daß beim Überschreiten einer gewissen kritischen Reynoldsschen Zahl (etwa $5 \cdot 10^5$) das Widerstandsgesetz sich ändert, liegt darin, daß unterhalb der kritischen Reynoldsschen Zahl die Strömung in der Grenzschicht längs der Platte laminaren Charakter hat, während sie oberhalb dieser Zahl turbulent wird, vgl. Nr. 71[1].

Der Übergang des einen Widerstandsgesetzes in das andere beim Überschreiten der kritischen Reynoldsschen Zahl erfolgt in dem Fall,

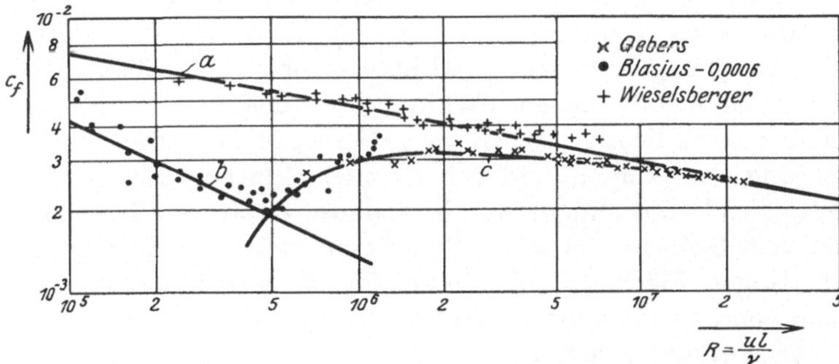

Abb. 86. Abhängigkeit der Reibungswiderstandszahl von der Reynoldsschen Zahl für ebene Platten.

daß es sich um glatte und vorn zugeschärfte Platten handelt, nicht plötzlich, sondern ganz allmählich. Abb. 86 zeigt eine Zusammenstellung von Widerstandszahlen der Messungen von Gebers, Blasius und Wieselsberger, wobei zu bemerken ist, daß Wieselsberger nicht vorn zugeschärfte, sondern stumpf abgerundete Platten benutzt hat, bei denen die Wirbelbildung gleich vorn beginnt. Die Erklärung dafür, daß das laminare Widerstandsgesetz nicht plötzlich, sondern allmählich in das turbulente übergeht, ist darin zu suchen, daß der kritische Zustand — unter Voraussetzung großer Störungsfreiheit (glatte, zugeschärfte Platte) — immer erst nach einer gewissen Anlauflänge, für die eben $\dfrac{u \cdot l}{\nu}$ ungefähr gleich $5 \cdot 10^5$ ist, einsetzt. Berücksichtigt man, daß der laminare Anlauf auf eine Widerstandsverminderung gegenüber einer Platte ohne laminaren Anlauf (Wieselsbergersche Platten)

---

[1] Die Grenze $5 \cdot 10^5$ gilt nur für sehr störungsfreie Ausströmung. Für wirbligen Zustrom oder Wirbelbildung an der Vorderkante der Platte liegt sie wesentlich tiefer.

hinauskommt, und ferner, daß diese Verminderung bei steigender Geschwindigkeit wegen der Abnahme der Anlauflänge mit wachsender Reynoldsscher Zahl kleiner wird, so ist der Verlauf der in Abb. 86 eingetragenen Kurve verständlich.

L. Prandtl[1] hat durch Abschätzen des Verhältnisses der laminaren Anlaufstrecke zur Plattenlänge gefunden, daß das Übergangsgebiet der turbulenten Reibungsströmung mit laminarem Anlauf gut wiedergegeben wird durch den Ausdruck:

$$c_f = \frac{0{,}074}{\sqrt[5]{R}} - \frac{1700}{R}.$$

Dabei ist der Wert 1700 noch abhängig von der größeren oder kleineren Turbulenz der anströmenden Flüssigkeit, die eine kleinere oder größere kritische Reynoldssche Zahl bedingt.

Bei dieser Gelegenheit seien die Arbeiten von G. Kempf[2] und seiner Mitarbeiter erwähnt, die sich eingehend mit den Fragen der Oberflächenreibung besonders im Hinblick auf die schiffbautechnischen Anwendungen befaßt haben. Während in der mit H. Kloess zusammen veröffentlichten Arbeit von Kempf[3] besonders das Widerstandsgesetz bei kurzen und sehr kurzen Platten untersucht wird, beschäftigt sich die andere Arbeit und die daran anschließende Diskussion mit Gebers sowie die Bemerkung von v. Kármán mit besonders langen Flächen. In diesem Zusammenhang seien auch die Arbeiten von Stanton und Marshall[4] und ferner von Shigemitsu[5] sowie von Telfer[6] genannt.

Die Messungen zeigen bei den langen Platten durchweg etwas höhere Werte als die obigen Formeln angeben. Soweit diese Abweichungen einen Einfluß der sehr großen Reynoldsschen Zahlen darstellen, stehen sie in Parallele zu den mehrfach erwähnten Abweichungen des Rohrwiderstandes vom Blasiusschen Gesetz, wie er bei den hohen Reynoldsschen Zahlen festgestellt ist[7]. Eine Neuberechnung des Plattenwiderstandes aus den Versuchsergebnissen über Rohrströmung ist von

---

[1] Prandtl, L.: Über den Reibungswiderstand strömender Luft. Ergebnisse der Aerodyn. Versuchsanstalt zu Göttingen, 3. Lieferung, S. 1. München 1927.

[2] Kempf, G.: Flächenwiderstand. Werft Reederei Hafen Bd. 5, S. 521. 1925. — Über den Reibungswiderstand von Flächen verschiedener Form. Proc. for the Int. Congr. for Applied Mech. Delft 1924.

[3] Kempf, G., und H. Kloess: Widerstand kurzer Flächen. Werft Reederei Hafen Bd. 6, S. 435. 1925.

[4] Stanton und Marshall: On the Effect of Length on the Skin Friction of Flat Surfaces. Trans. of Inst. of Nav. Arch. 1924.

[5] Shigemitsu: Skin friction Resistance and Law of Comparison. Trans. of Inst. of Nav. Arch. 1924.

[6] Telfer: l. c. (s. Fußnote 1 von S. 120).

[7] Vgl. auch den Zusatz zu Nr. 56.

L. Schiller und R. Hermann durchgeführt worden[1]. Sie geben für die örtliche Reibungszahl c_f' bei $\dfrac{u\,x}{v} > 3 \cdot 10^6$ die Interpolationsformel an:

$$c_f' = 0{,}0206 \left(\frac{u\,x}{v}\right)^{-0{,}1294}.$$

Durch Integration ergibt sich hieraus mit leichter Abrundung der Zahlen

$$c_f = 0{,}024/R^{0{,}13} + 850/R.$$

Bei störungsfreier Zuströmung und guter Zuschärfung ist hiervon wieder rd. $1700/R$ abzuziehen. Diese Formel gilt für $R > 3 \cdot 10^6$. Unter diesem Wert gilt die frühere Formel.

Was den Reibungswiderstand rauher Flächen anbelangt, so ist zu sagen, daß wenig rauhe Oberflächen besonders bei niedrigeren Reynoldsschen Zahlen sich kaum von glatten Flächen unterscheiden. In diesem Fall befinden sich die Rauhigkeitserhebungen noch in der laminaren Grenzschicht. Bei größeren Reynoldsschen Zahlen, wo diese Erhebungen wegen der dünneren Grenzschicht bereits aus dieser hervorragen, können auch geringe Rauhigkeiten schon beträchtliche Reibungserhöhungen verursachen. Stark rauhe Oberflächen, wie z. B. Stoffoberflächen mit abgesengter Faser, ergeben nach den Wieselsbergerschen Messungen ein fast quadratisches Widerstandsgesetz, was darauf hindeutet, daß wir es hier mit einer Art Druckwiderstand zu tun haben. Mit wachsender Länge nimmt c_f auch hier ab, da mit wachsender Dicke der Reibungsschicht die „relative Rauhigkeit" abnimmt.

VII. Die Lehre vom Auftrieb.
A. Experimentelle Ergebnisse.

95. Auftrieb und Widerstand. In dem Abschnitt vom Widerstand umströmter Körper haben wir lediglich die in die Strömungsrichtung fallende Komponente der Strömungskraft, „den Widerstand", betrachtet. Dieser ist jedoch im allgemeinen nur dann mit der resultierenden Strömungskraft identisch, wenn es sich um symmetrische Körper handelt, und wenn die Strömungsrichtung in die Symmetrieachse des Körpers fällt. In allen anderen Fällen ist die Richtung der Resultierenden durchweg von derjenigen der Strömungsrichtung verschieden, so daß man bei einer Zerlegung der Resultierenden in zwei zueinander senkrecht stehende Komponenten außer der Widerstandskraft noch eine mehr oder weniger große Komponente senkrecht zur Strömungsrichtung erhält. Diese Kraftkomponente heißt der „Auftrieb".

---

[1] Ingenieur-Archiv Bd. 1, S. 391. 1930.

Je nach der Form des Körpers und der Anströmungsrichtung ist die Neigung der Resultierenden und damit der Anteil an Auftrieb und Widerstand verschieden. Im folgenden handelt es sich — im Hinblick auf die Anwendungen in der Flugtechnik — durchweg um solche Körper (Tragflügel), bei denen die resultierende Strömungskraft möglichst senkrecht zur Strömungsrichtung steht, so daß der Auftrieb groß, der Widerstand aber klein ist. Jener ist zum Tragen des Flugzeugs erforderlich und daher erwünscht, dieser muß als notwendiges Übel in den Kauf genommen und vom Propellerschub überwunden werden.

96. Das Verhältnis von Widerstand zu Auftrieb, die Gleitzahl. Bereits seit langem[1] weiß man, daß ebene Platten, die unter einem geringen Winkel zur Strömungsrichtung geneigt sind, einen wesentlich größeren Auftrieb als Widerstand erfahren. Abb. 87 zeigt den Auftrieb und Widerstand einer unter einem Winkel von 4° geneigten ebenen Platte. Dabei ist das Verhältnis $\frac{W}{A}$, das man als ein Maß für die Güte der Tragfläche ansehen kann, außer vom Neigungswinkel in hohem Maße von der Umrißform abhängig, insofern als langgestreckte Umrißformen — etwa ein Rechteck vom Seitenverhältnis 1 : 6, bei dem die lange Rechtecksseite angeströmt wird — einen wesentlich kleineren, also günstigeren Wert von $\frac{W}{A}$ ergeben als etwa eine gleich große Fläche von quadratischem Umriß. Das Verhältnis $\frac{W}{A}$ wird auch als Gleitzahl des Flügels bezeichnet; $\frac{W}{A}$ ist nämlich gleich der trigonometrischen Tangente desjenigen Winkels, unter dem das Flugzeug oder richtiger der Tragflügel einen Gleitflug ausführen könnte.

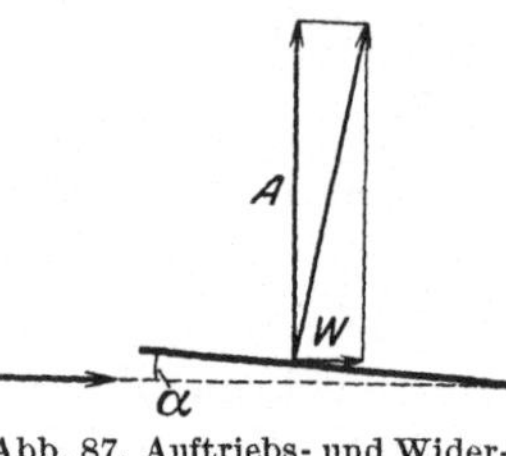

Abb. 87. Auftriebs- und Widerstandskraft einer unter einem Winkel von 4° geneigten ebenen Platte (Seitenverhältnis 1 : 6).

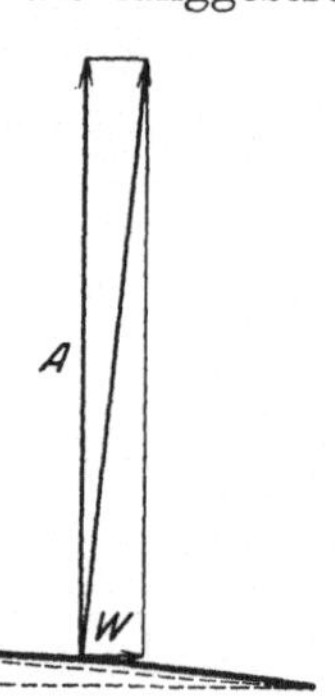

Abb. 88. Auftriebs- und Widerstandskraft einer unter einem Winkel von 4° geneigten gewölbten Platte (Seitenverhältnis 1 : 6, Wölbungspfeil 1 : 27).

Bedeutend größeren Auftrieb erhält man bei gleichem Widerstand, wenn man der Platte eine geringe Wölbung erteilt. Wie man aus Abb. 88 erkennt, ist das Verhältnis von Widerstand zu Auftrieb in diesem Fall nur noch etwa halb so groß wie bei der ebenen Platte.

---

[1] Ältere Literaturangaben (bis 1902) findet man bei Finsterwalder, (bis 1910) bei O. Föppl. Finsterwalder, S.: Aerodynamik. Enzyklopädie der math. Wissenschaften Bd. 4 (Mechanik), Artikel 17. Föppl, O.: Windkräfte an ebenen und gewölbten Platten. Jahrb. d. Motorluftschiff-Studiengesellschaft Bd. 4, S. 51. 1910/11.

Noch günstigere Werte von $\frac{W}{A}$ ergeben die Tragflügel, wie sie heutzutage bei Flugzeugen verwendet werden. Abb. 89 zeigt als ein Beispiel den Querschnitt eines solchen Flügels, das sogenannte „Profil". Vor allem kommt es auf eine gute Abrundung des Vorderteils und eine sanfte Wölbung der Oberkante an; ferner darauf, daß das hintere Ende des Profils in eine einigermaßen scharfe Spitze ausläuft, während es im allgemeinen nicht so wichtig ist, ob die Unterkante des Profils schwach gewölbt oder geradlinig verläuft. In Nr. 99 gehen wir auf den Zusammenhang der Flugeigenschaften einer Tragfläche mit der Gestalt seines Profils näher ein. Bei guten Profilen kann man — gutes Seitenverhältnis, etwa 1 : 6, vorausgesetzt — erreichen, daß in dem Bereich der im Normalflug nur benutzten kleinen Neigungswinkel der Wert $\frac{W}{A} = \frac{1}{20}$ und kleiner ist.

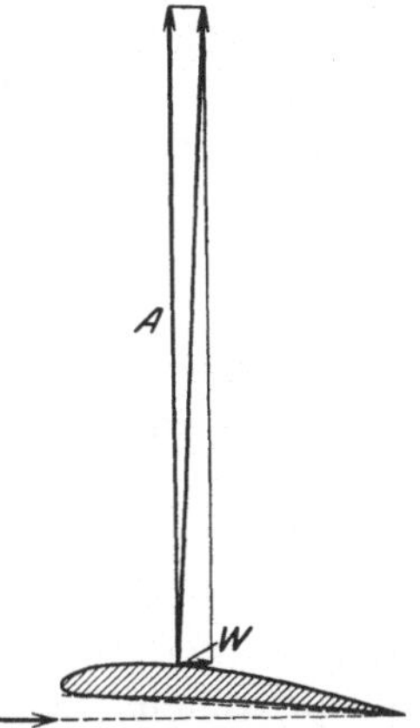

Abb. 89. Auftriebs- und Widerstandskraft eines unter einem Winkel von 4° geneigten Tragflügels (Seitenverhältnis 1 : 6).

Da der Widerstand, besonders aber der Auftrieb in hohem Maße abhängig ist vom Neigungswinkel der Tragfläche zur Strömungsrichtung, vom sogenannten Anstellwinkel, ist es notwendig, diesen Winkel genau zu definieren. Bei nicht ebenen Flächen oder vor allem bei nicht flächenhaften Körpern, wie z. B. den modernen dicken Tragflügeln, ergeben sich gewisse Schwierigkeiten in dieser Hinsicht, da es bis zu einem gewissen Grade willkürlich ist, welche Ebene durch den Tragflügel als Bezugsebene angenommen wird. Bei Tragflächen mit Profilen in Art von Kreisbögen nimmt man als Bezugslinie im allgemeinen die Sehne. Bei Profilen, bei denen sowohl Unter- als Oberseite konvex sind, kann man, wie Abb. 90 zeigt, z. B.

Abb. 90. Definition des Anstellwinkels für beiderseitig nach außen gewölbte Profile unter Benutzung des Krümmungsmittelpunktes am vorderen Teil des Profils.

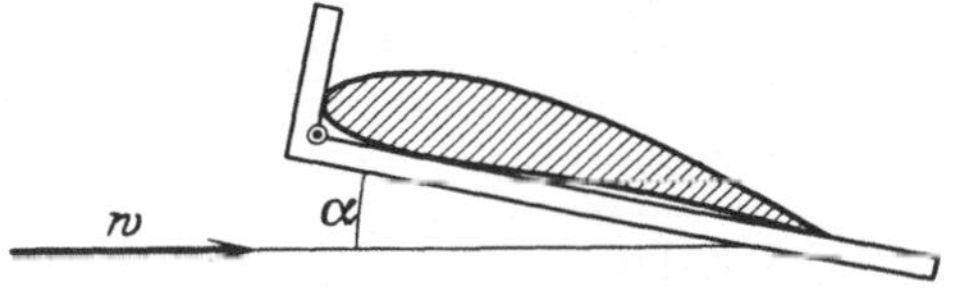

Abb. 91. Die allgemein übliche Bestimmung des Anstellwinkels und des Momentenpunktes.

Bezugslinie die Gerade annehmen, die den Mittelpunkt des Krümmungskreises am vorderen Teil des Flügels mit der hinteren Kante verbindet.

Eine Methode, die sich aus der Praxis der Messung der Anstellwinkel ergeben hat, und die man auf fast alle vorkommenden Tragflächen anwenden kann, ist die folgende: Man legt in der Art, wie aus

Abb. 91 ersichtlich, an das Profil eine rechtwinklige Schiene. Bei dieser Festlegung der Bezugslinie hat man noch den Vorteil, in dem Scheitelpunkt des rechten Winkels einen gut definierten Momentenpunkt zu haben.

Neben der wichtigsten Zerlegung der Resultierenden $\Re$ in Auftrieb A und Widerstand W kommt noch eine Zerlegung von $\Re$ in Richtung der Bezugslinie, Tangentialkraft T, und in Richtung senkrecht zur Bezugslinie, Normalkraft N, in Frage.

97. Die Auftriebs- und Widerstandszahl. Ebenso wie wir früher die Widerstandszahl (mit V als Geschwindigkeit)

$$c_w = \frac{W}{F \dfrac{\varrho V^2}{2}}$$

als eine für den Widerstand charakteristische Größe eingeführt haben, definieren wir jetzt eine analoge Größe für den Auftrieb:

$$c_a = \frac{A}{F \dfrac{\varrho V^2}{2}}$$

und ebenso c_n für die Normalkraft, c_t die Tangentialkraft und c_r für die Resultierende. Es ist noch festzusetzen, welche Fläche wir unter F verstehen wollen. Während wir früher beim Widerstandsgesetz mit F die Projektion des Körpers auf eine zur Strömungsrichtung senkrechte Fläche bezeichneten (Widerstandsziffer c ohne Index), wollen wir bei Tragflügeln unter F immer die größte Projektionsfläche verstehen. Wir haben somit bei rechteckigen Flügeln für F das Produkt aus Flügelbreite b, auch „Spannweite" genannt, und Flügeltiefe t (Abb. 92).

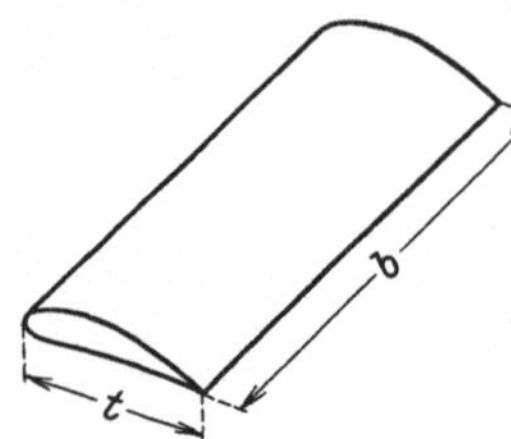

Abb. 92. Die bei den Auftriebs- und Widerstandsformeln usw. benutzte Bezugsfläche $F = b \cdot t$.

Für Flächen von nicht rechteckigem Querschnitt ergibt sich entsprechend: $F = \int\limits_{b_1}^{b_2} t\, db$.

Die Definition der Auftriebs- bzw. Widerstandsbeiwerte weicht im Ausland teilweise von den in Deutschland gebräuchlichen ab, wie die folgende Zusammenstellung zeigt:

Deutschland		Amerika		England		Frankreich	
Auftrieb	c_a	lift	C_L	lift	K_L	portance	K_y
Widerstand	c_w	drag	C_D	drag	K_D	traînée	K_x
bezogen auf	$\dfrac{F \varrho V^2}{2}$	bezogen auf	$\dfrac{F \varrho V^2}{2}$	bezogen auf $F \varrho V^2$		bezogen auf $F V^2$	
						mit $\varrho = \dfrac{1}{8}\,\mathrm{kg}\dfrac{\mathrm{sek}^2}{\mathrm{m}^2}$	

also:
$$c_a = C_L = 2 K_L = 16 K_y$$
$$c_w = C_D = 2 K_D = 16 K_x .$$

98. Die Polar- und Momentenkurve eines Tragflügels. Da Auftrieb und Widerstand eines Tragflügels außerordentlich vom Anstellwinkel abhängig sind, scheint es das Gegebene, die Auftriebs- und Widerstands-

beiwerte als Funktionen des Anstellwinkels zu betrachten. In der Tat wurden früher die für ein Tragflügelprofil charakteristischen c_a-, c_w-Werte als Abhängige vom Anstellwinkel α aufgetragen. In dem Gebiet, das flugtechnisch von besonderer Wichtigkeit ist: in dem Bereich von etwa $\alpha = -3^0$ bis $\alpha = 12^0$ ist — wie Abb. 93 an einem Beispiel zeigt — c_a ungefähr eine lineare und c_w eine quadratische Funktion von α.

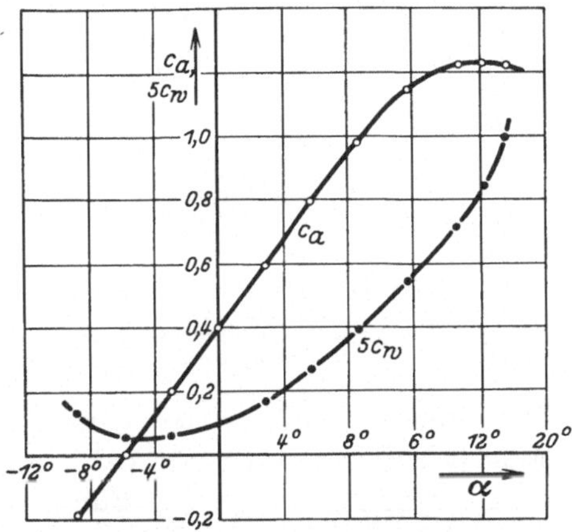

Abb. 93. Auftriebs- und Widerstandszahlen als Funktion des Anstellwinkels.

Da in der Praxis jedoch die genaue Kenntnis der Abhängigkeit der c_a- und c_w-Größen vom Anstellwinkel α nicht so notwendig ist (auch abgesehen davon, daß α während des Fluges nicht sehr einfach genau zu messen ist), so ist

man nach einem Vorschlag von Otto Lilienthal allgemein dazu übergegangen, c_a als Funktion von c_w aufzutragen und den Anstellwinkel an diese sogenannte „Polarkurve" als Parameter anzuschreiben. Abb. 94 zeigt eine solche Polarkurve, bei der die Widerstandsabszisse in fünffachem Maßstab aufgetragen ist, da bei den praktisch vorkommenden Anstellwinkeln der Widerstand sehr klein im Verhältnis zum Auftrieb ist.

Außer den Angaben von Auftrieb und Widerstand, deren geometrische Addition die Größe und Richtung der resultierenden Kraft ergibt, ist noch zu ihrer vollständigen Bestimmung die Lage

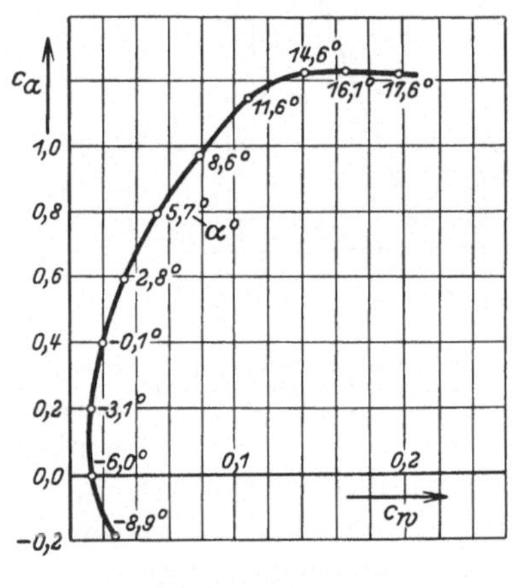

Abb. 94. Polarkurve eines Tragflügels; die Auftriebszahl (c_a) als Funktion der Widerstandszahl (c_w) mit dem Anstellwinkel (α) als Parameter.

dieser Kraft von Wichtigkeit. Anstatt nun irgendeinen Angriffspunkt der Resultierenden anzugeben, ist es zweckmäßiger, das Moment um einen

passend gewählten Momentenpunkt bzw. -achse zu bestimmen, da der
Angriffspunkt unter Umständen sehr weit vom Tragflügel fortrücken
kann. Als Bezugspunkt O für das Moment nimmt man im allgemeinen,

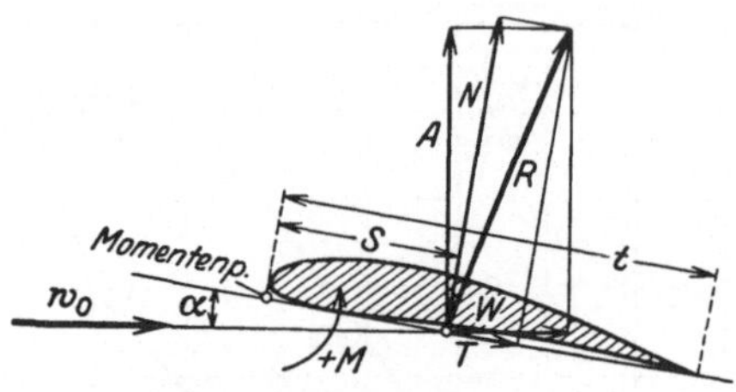

wie aus Abb. 95 ersichtlich, den
Scheitelpunkt des rechten Winkels, dessen Schenkel das Profil
in 3 Punkten berühren.

Ist N die Normalkomponente
zur Bezugslinie durch O, so
haben wir, wenn s den Abstand
der Komponente vom Momentenpunkt bezeichnet:

$$M = N \cdot s.$$

Abb. 95. Zerlegung der an einem Tragflügel auftretenden resultierenden Luftkraft in Auftrieb und
Widerstand, sowie in Normalkraft und Tangentialkraft.

Das Moment wird positiv gerechnet, wenn es die Hinterkante des
Flügels hochzuheben sucht (Abb. 95).

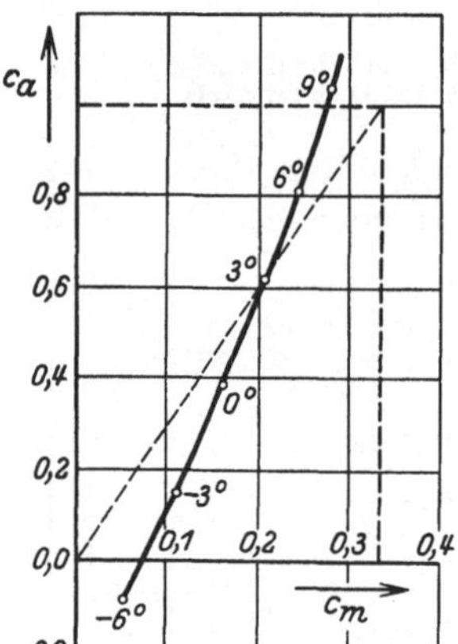

Führen wir auch für das Moment mit t als
Flügeltiefe eine dimensionslose Momentenzahl ein

$$c_m = \frac{M}{F \cdot \dfrac{\varrho\, V^2}{2} \cdot t},$$

so ergibt sich mit

$$c_n = \frac{N}{F \dfrac{\varrho\, V^2}{2}},$$

$$s = \frac{M}{N} = t \cdot \frac{c_m}{c_n}, \quad \text{oder} \quad \frac{s}{t} = \frac{c_m}{c_n}.$$

Abb. 96. Die Momentenzahl in
Abhängigkeit von der Auftriebszahl.

Es ist nun üblich, c_m in Beziehung zu c_a zu
setzen und wie in Abb. 96 c_a über c_m als Ab-
szisse aufzutragen, wobei wieder die Anstellwinkel als Parameter an die Kurve geschrie-
ben werden können. Da $c_a = c_n \cdot \cos \alpha - c_t \sin \alpha$ ist, so unterscheidet
sich c_n für kleine Anstellwinkel nur wenig von c_a, so daß man angenähert schreiben kann

$$\frac{s}{t} = \frac{c_m}{c_a}.$$

Verbindet man also denjenigen Punkt der (c_m, c_a)-Kurve, der einem
mittleren Anstellwinkel entspricht (in der Abb. 96 $\alpha = 3^0$) mit dem
Ursprung und verlängert diese Gerade über die Momentenkurve hinaus

bis zur Wagerechten $c_a = 1$, so wird auf dieser genähert das Maß $\dfrac{s}{t}$

abgeschnitten. Die Wanderung dieses Schnittpunktes bei Änderung des Anstellwinkels zeigt daher die Wanderung des Druckmittelpunktes auf der Bezugslinie an.

99. Zusammenhang der Flugeigenschaften von Tragflügeln mit der Profilform. Da die in der Flugtechnik üblichen Profilformen im allgemeinen nicht mit einfacheren mathematischen Elementen erfaßt werden können [ein Versuch in dieser Richtung stammt von Bendemann u. Everling[1]], ist eine Klassifizierung der Profile nicht ohne weiteres zu erhalten. Nur bei einer speziellen Gruppe von Profilen, den sogenannten Joukowsky-Profilen (Nr. 113), ist dieses möglich, da diese lediglich von zwei Parametern — einem Dickenparameter und einem Wölbungsparameter — abhängen. Nach einem durch diese beiden Parameter gegebenen Einteilungsprinzip sind denn auch die Flugeigenschaften der verschiedenartigsten Profile dieser Gruppe systematisch untersucht worden[2].

Ein Versuch, auf Grund von funktionstheoretischen Überlegungen für allgemeinere Profiltypen den Zusammenhang aufzustellen zwischen Flugeigenschaften und Profilgestalt, ist von Geckeler[3] unternommen worden. Über die ersten umfangreicheren systematischen Messungen in dieser Richtung, die in England erfolgten, hat C. Wieselsberger[4] zusammenfassend berichtet. Es wird hier u. a. der Einfluß auf die Flugeigenschaften untersucht, wenn die Lage der größten Profilhöhe variiert wird, wenn die Vorderkante oder wenn das Profil gegen die Hinterkante zu verdickt wird usw. Für Profile, die dick genug sind, um freitragend, d. h. ohne äußere Verspannung, ausgeführt zu werden, liegen nach einem von H. Herrmann[5] bearbeiteten Bericht umfassende systematische Untersuchungen aus den Vereinigten Staaten vor.

Die Flugeigenschaften eines Profils lassen sich charakterisieren durch die Auftriebwiderstandskurve und die Momentenkurve, durch welche das Maß der statischen Längsstabilität zum Ausdruck kommt. Dabei ist zu berücksichtigen, daß der Widerstand eines Tragflügels

---

[1] Everling, E.: Eine Gleichung für Flügelprofile. Z.F.M. Bd. 7, S. 41. 1916.

[2] Mises, R. v.: Zur Theorie des Tragflachenauftriebs Z.F.M. Bd. 8, S. 157. 1917. Schrenk, O.: Systematische Untersuchungen an Joukowsky-Profilen. Z.F.M. Bd. 18, S. 225. 1927. Loew, G.: Ein Beitrag zur Systematik der Joukowsky-Profile. Z.F.M. Bd. 18, S. 571. S. 1927.

[3] Geckeler, Jos.: Über Auftrieb und statische Längsstabilität von Flugzeugtragflügeln in ihrer Abhängigkeit von der Profilform. Z.F.M. Bd. 13, S. 137 und 176. 1922.

[4] Wieselsberger, C.: Tragflächenuntersuchungen der englischen Versuchsanstalt in Teddington. Z.F.M. Bd. 7, S. 18. 1916.

[5] Herrmann, H.: Aerodynamische Eigenschaften dicker Profile (nach amerikanischen Berichten). Z.F.M. Bd. 11, S. 315. 1920.

außer vom Anstellwinkel und der Profilform noch in beträchtlicher Weise vom Seitenverhältnis abhängt. Will man also lediglich den Einfluß der Profilform feststellen, so ist es notwendig, Tragflügel von gleichem Seitenverhältnis zu untersuchen. Die im folgenden gegebenen Polarkurven beziehen sich sämtlich auf ein Seitenverhältnis $\dfrac{t}{b} = \dfrac{1}{5}$.

Allgemein können wir sagen, daß der Widerstand eines Tragflügels sich aus drei Größen zusammensetzt:

1. dem Reibungswiderstand (er ist wesentlich abhängig von der Oberflächenbeschaffenheit des Tragflügels und läßt sich bei sehr glatter Oberfläche beträchtlich vermindern);

2. einem Teil des Druckwiderstandes, bedingt durch das wirblige Totwassergebiet hinter dem Flügel (er ist bei dickeren Profilen durchweg größer als bei dünneren);

3. einem andern Teil des Druckwiderstandes, der dadurch entsteht, daß die Luft am Flügel infolge des Auftriebes nach unten ausweicht und deshalb der Flügel einen größeren Anstellwinkel benötigt, als es ohne dieses Ausweichen der Fall wäre. Wie wir in Nr. 115 noch ausführlicher sehen werden, erfolgt dieses Ausweichen über die seitlichen Ränder des Flügels und ist um so stärker, je kleiner die Spannweite im Verhältnis zur Flügeltiefe ist. Der in Rede stehende Widerstandsanteil ist nichts anderes als die waagerechte Komponente der Auftriebskraft, die durch die erwähnte Anstellwinkelvergrößerung entsteht. Er heißt Randwiderstand oder induzierter Widerstand.

Dieser dritte Anteil des Gesamtwiderstandes ist es also, der in hohem Maße vom Seitenverhältnis abhängt. Da die Theorie zeigt (Nr. 118), daß der Rand- oder induzierte Widerstand eine quadratische Funktion des Auftriebes ist, ergibt sich für den Randwiderstand im (c_a, c_w)-Diagramm eine (vom Seitenverhältnis abhängige) Parabel, und zwar mit dem Scheitel im Ursprung. In den Diagrammen der folgenden Abbildungen ist die Kurve des Randwiderstandes für ein Seitenverhältnis 1 : 5 eingetragen. Der zwischen dieser Kurve und der Polarkurve befindliche Abszissenteil stellt dann die Summe aus Reibungs- und Druckwiderstand dar, die man auch mit Profilwiderstand bezeichnet.

Wir wollen jetzt an einzelnen Beispielen einige Aussagen über die Flugeigenschaften von Tragflügeln im Hinblick auf deren Profilform machen. Abb. 97 bis 99 zeigen, daß bei annähernd gleicher Flügeldicke und gleichem Anstellwinkel eine Zunahme an Wölbung eine beträchtliche Zunahme an Auftrieb ergibt. Allerdings nimmt auch der Widerstand zu, und zwar so, daß der günstigste Wert von $\dfrac{W}{A}$ mit zunehmender Wölbung etwas größer, d. h. ungünstiger wird. Dabei wird die Momentenkurve mit abnehmender Wölbung immer geradliniger und geht beim symmetrischen Profil durch den Nullpunkt. Bei diesem Profil findet also keine Druckpunktwanderung bei Änderung des Anstellwinkels statt.

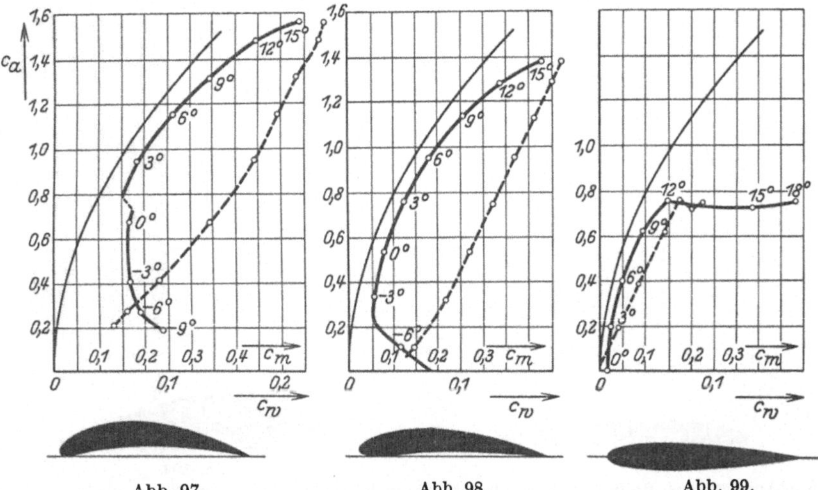

Abb. 97.   Abb. 98.   Abb. 99.

Abb. 97 bis 99 Polarkurven von Flügeln annähernd gleicher Dicke, aber verschiedener Wölbung.

Aus Abb. 100 bis 102 erkennen wir, daß bei Flügeln von gleicher mittlerer Wölbung eine Zunahme der Flügeldicke sich dahin äußert, daß die

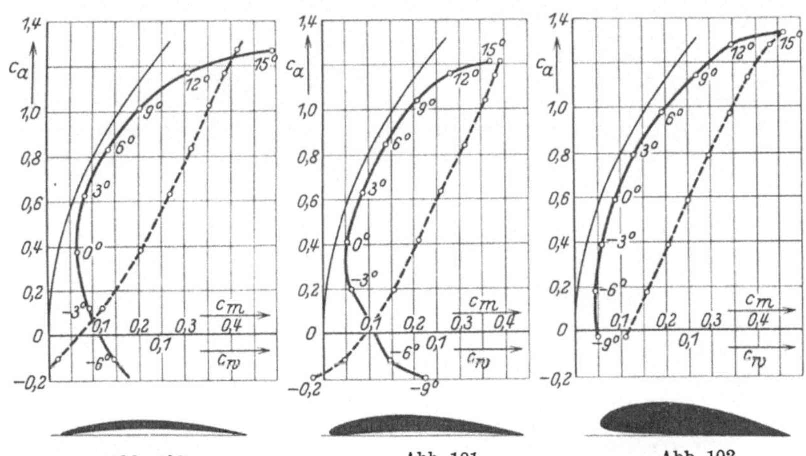

Abb. 100.   Abb. 101.   Abb. 102.

Abb. 100 bis 102. Polarkurven von Flügeln von gleicher mittlerer Wölbung, aber verschiedener Dicke.

Polarkurve einen flacheren Verlauf (besonders bei negativem Anstellwinkel) und ein größeres Maximum des Auftriebs ergibt. Abb. 103 u. 104 zeigen, daß zunehmende Dicke des Profils bei gleichem Auftrieb im allgemeinen einen größeren Widerstand bedingt, der durch den größeren

Druckwiderstand des Profils verursacht wird, während der Reibungswiderstand bei beiden Flügeln nahezu derselbe ist. Fast ausschließlich

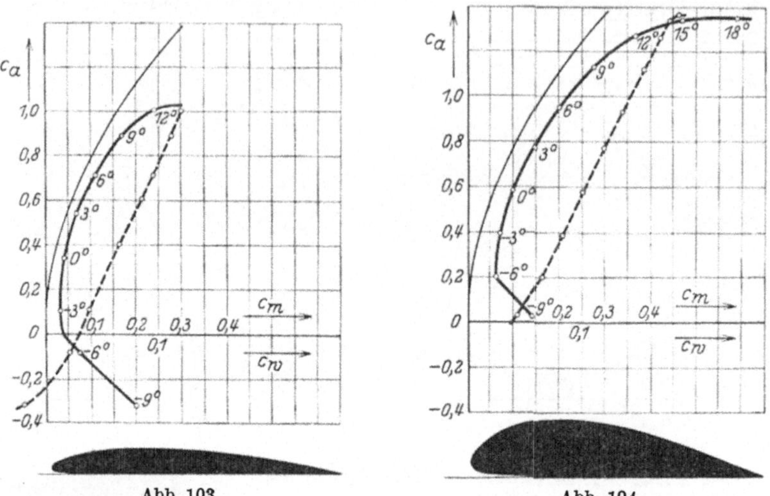

Abb. 103.   Abb. 104.

Abb. 103 und 104. Der Profilwiderstand nimmt mit zunehmender Dicke des Profils im allgemeinen zu.

**Reibungswiderstand haben wir bei sehr schlanken Profilen im Gebiet
der kleinen Anstellwinkel.**

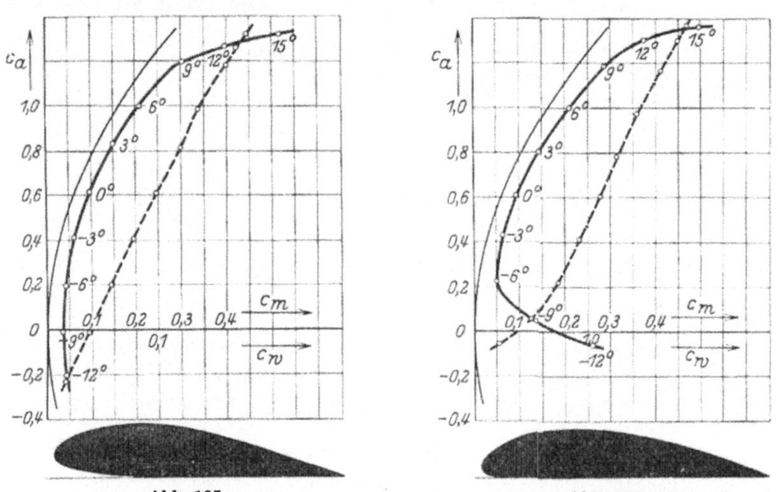

Abb. 105.   Abb. 106.

Abb. 105 und 106. Der Profilwiderstand nimmt für größere negative Anstellwinkel zu, wenn der
vordere Teil des Profils heruntergezogen ist.

Schließlich sehen wir in Abb. 105 und 106, daß ein Herabziehen der
vorderen Flügelkante eine beträchtliche Widerstandserhöhung für größere
negative Anstellwinkel nach sich zieht.

Bemerken wollen wir noch, daß eine rauhe Oberfläche des Tragflügels den Widerstand in jedem Fall beträchtlich vergrößert, den Auftrieb aber verkleinert. Ganz besonders empfindlich ist in dieser Hinsicht die obere Seite des Tragflügels, die Saugseite, und hier wieder die Gegend der Flügelvorderkante und der Flügelmitte, während eine wenn auch beträchtliche Rauhigkeit an der Oberseite in der Nähe der Flügelhinterkante kaum von Einfluß ist[1].

100. Flugeigenschaften von Spaltflügeln.

Eine besondere Behandlung verdienen die sogenannten Spalt- oder Schlitzflügel, d. h. Tragflügel mit unterteiltem Profil (Abb. 107), wie sie zuerst von Lachmann[2] (1918) und unabhängig davon von Handley Page[3] (1920) angegeben wurden. Der wesentlichste Unterschied in den Flugeigenschaften solcher Profile liegt darin, daß sich mit ihnen wesentlich höhere Auftriebswerte erreichen lassen. Allerdings ist die Gleitzahl $\frac{W}{A}$ für die Verhältnisse des normalen Flugs schlechter, als sie sich bei einem nicht unterteilten Flügel erzielen läßt.

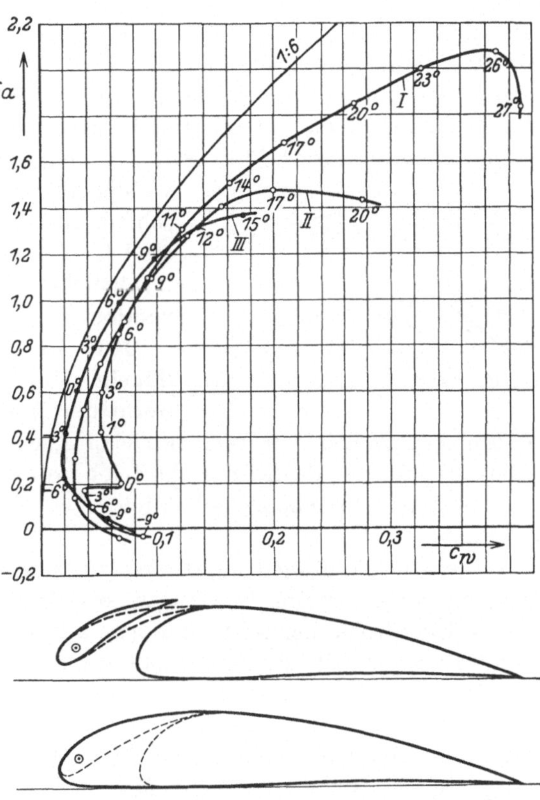

Abb. 107. *I* Polarkurve eines Schlitzflügels mit geöffnetem Schlitz. *II* Polarkurve eines Schlitzflügels mit geschlossenem Schlitz. *III* Polarkurve eines normalen Flügels.

Die technische Bedeutung liegt vor allem darin, daß es mit derartigen Tragflügeln möglich ist, bei beträchtlich kleineren Fluggeschwindigkeiten zu fliegen, was für den Start und die Landung

---

[1] Ergebnisse der Aerodynamischen Versuchsanstalt zu Göttingen. 1. Lieferung, S. 69. München 1921; 3. Lieferung, S. 112. München 1927.

[2] Lachmann, G.: Das unterteilte Flächenprofil. Z.F.M. Bd. 12, S. 164. 1921.

[3] Hanscom, D.: Untersuchungen über Handley-Page-Flügel. Z.F.M. Bd. 11, S. 161. 1921.

wegen des dadurch bedingten geringeren Platzbedarfs von Bedeutung
ist. Für den Geradeausflug ist es allerdings erforderlich, den Schlitz
durch konstruktive Maßnahmen zu schließen, um dadurch den sonst
nicht unbeträchtlichen Widerstand zu vermindern. In Abb. 107 erkennt man, wie beim unterteilten Profil der maximale Auftrieb den
Wert $c_a = 2{,}08$ erreicht gegenüber einem c_a von 1,38 beim entsprechenden nicht unterteilten Profil. Während dieses Profil eine günstigste
Gleitzahl von $^1/_{21}$ hat, entspricht dem geteilten Profil mit offenen
Schlitzen eine günstigste Gleitzahl von $^1/_{13}$, bei geschlossenem Schlitze
eine solche von $^1/_{15}$. Noch höhere Auftriebswerte (bis $c_a = 2{,}3$) ergeben
sich beim mehrfach unterteilten Profil (Abb. 108). Hier ist auch der
beim einmalig unterteilten Profil vorhandene Widerstandssprung im
Gebiet der kleinen Anstellwinkel ver-
schwunden. In konstruktiver Hinsicht
sind freilich bei derartigen Profilen beträchtliche Schwierigkeiten zu überwinden.

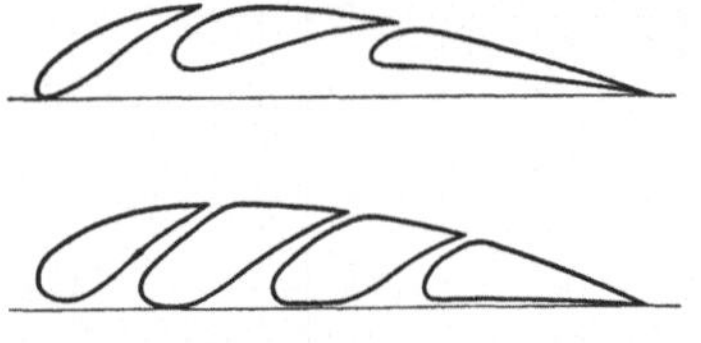

Abb. 108. Mehrfach geteilter Schlitzflügel.

**101. Die Wirkungsweise von Spalt-
flügeln.** Um die eigenartige Wirkungsweise der unterteilten Profile verstehen
zu können, wollen wir uns zunächst klarmachen, warum bei einem
nicht unterteilten Profil der Auftrieb mit immer weiterer Vergrößerung des Anstellwinkels schließlich nicht mehr zu-, sondern sogar
abnimmt.

Bei einem Tragflügel kann ein Auftrieb nur dann vorhanden sein,
wenn an der Oberseite des Tragflügels Unterdruck, an der Unterseite
jedoch Überdruck herrscht (bezogen auf den Druck der ungestörten
Luft). Da anderseits dieser Druckunterschied an der Hinterkante des
Tragflügels, wo die Luft wieder zusammenströmt, sich ausgeglichen
haben muß, haben wir an der Oberseite des Tragflügels einen Druckanstieg, an der Unterseite einen Druckabfall in Richtung zur Hinterkante. In Nr. 102, wo wir die Druckverteilung um einen Tragflügel
eingehender behandeln, werden wir aus Abb. 110 diese Verhältnisse erkennen. Dem Druckanstieg oberhalb des Tragflügels entspricht nun
nach der Bernoullischen Gleichung eine Geschwindigkeitsabnahme, was
in einer Divergenz der Stromlinien oberhalb des Tragflügels zum Ausdruck kommt. Fassen wir — unter Voraussetzung einer stationären
Strömung — die Stromlinien als feste Berandung auf, innerhalb der
die Luft fließt, so haben wir es mit einer Art Diffusorströmung zu
tun. Mit zunehmendem Anstellwinkel wird nun der Auftrieb und damit der Unterdruck oberhalb des Tragflügels und also auch der Druckanstieg zur Hinterkante größer, was zugleich eine Vergrößerung des
Öffnungswinkels der als Diffusorberandung angesehenen Stromlinien

bedeutet. Nun ist eine Umsetzung von Geschwindigkeitsenergie in Druck nur bei sehr allmählichen Querschnittserweiterungen, d. h. bei sehr kleinen Öffnungswinkeln eines Diffusors, möglich. Sobald in dieser Hinsicht ein gewisser Grenzwert überschritten ist, folgt die Strömung nicht mehr der Wandung, sondern löst sich als Strahl von ihr ab. Ein analoger Zustand tritt nun ein, sobald bei Vergrößerung des Anstellwinkels über einen (von der Profilform abhängigen) Wert hinaus die Divergenz der Stromlinien oberhalb des Profils zu groß wird. Die Strömung löst sich dann von der Tragfläche los oder, wie man sich ausdrückt, sie reißt vom Flügel ab. Durch diesen Vorgang wird das gesamte Strömungsbild derartig abgeändert, daß der Auftrieb des Tragflügels abnimmt. Will man dieses also verhindern, so muß man dafür sorgen, daß bei zunehmendem Anstellwinkel ein vorzeitiges Abreißen der Strömung vermieden wird.

Das ist es nun gerade, was durch die Schlitze der unterteilten Profile bewirkt wird. Das Abreißen der Strömung steht in engem Zusammenhang damit, daß in dem Gebiet des Druckanstieges die direkt an der Flügeloberfläche strömenden

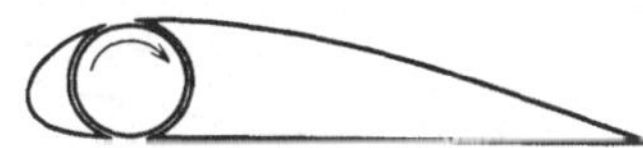

Abb. 109. Tragflügelprofil, bei dem das Abreißen der Strömung für große Anstellwinkel durch einen rotierenden Zylinder im vorderen Teil des Profils vermieden werden soll.

Luftteilchen durch Zähigkeitswirkungen abgebremst werden und sich als Totwasser zwischen den Flügel und die äußere Strömung schieben (vgl. Nr. 58). Die durch den Schlitz mit großer Geschwindigkeit strömende Luft erteilt nun den „ermatteten" Luftteilchen neuen Impuls und befähigt sie, entgegen dem Druckanstieg bis zur Flügelkante vorzudringen, wodurch also eine Ansammlung von Totwasser und damit ein Abreißen der Strömung vermieden wird. Eine ähnliche Wirkung läßt sich erzielen, wenn man aus Düsen oder Schlitzen in der Saugseite eines Tragflügels Druckluft unter großer Geschwindigkeit ausblasen läßt, wie es von Wieland[1] und von Seewald[2] vorgeschlagen ist.

Anstatt der verzögerten Grenzschicht an der Oberseite des Tragflügels neue kinetische Energie zuzuführen, kann man ein Abreißen der Strömung bei relativ hohen Anstellwinkeln auch dadurch vermeiden, daß man ähnlich wie in Nr. 58 beim Zylinder das durch die Reibung verzögerte Grenzschichtmaterial mittels eines Sauggebläses durch Spalte oder Siebe in das Innere des Flügels saugt und von dort an einer unschädlichen Stelle wieder nach außen schafft[3].

---

[1] Wieland, K.: Untersuchungen an einem neuartigen Düsenflügel. Z.F.M. Bd. 18, S. 346. 1927.

[2] Seewald, F.: Die Erhöhung des Auftriebs durch Ausblasen von Druckluft an der Saugseite eines Tragflügels. Z.F.M. Bd. 18, S. 350. 1927.

[3] Vgl. Schrenk, O.: l. c. (s. Fußnote 2 von S. 96).

Schließlich kann man das Ablösen der Strömung bis zu einem gewissen Grad dadurch verhindern, daß man die vordere abgerundete

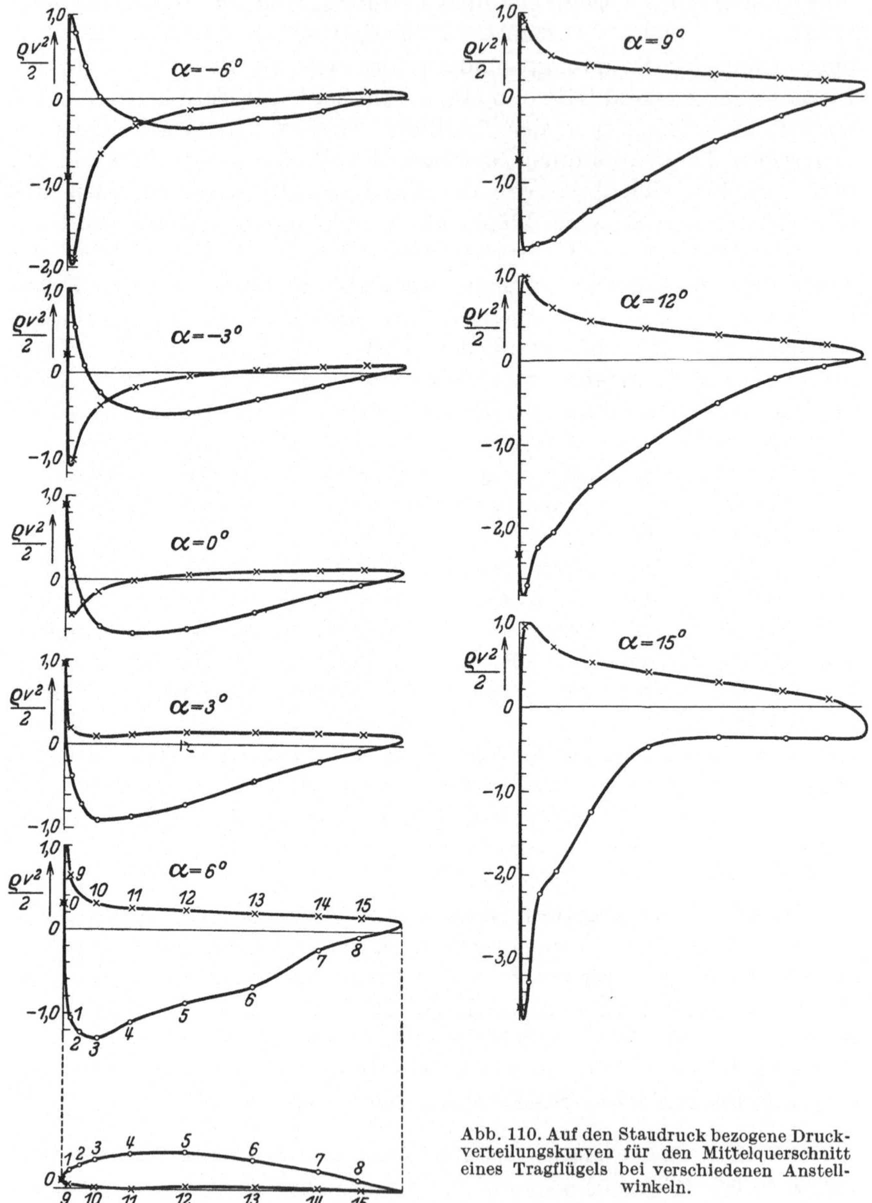

Abb. 110. Auf den Staudruck bezogene Druckverteilungskurven für den Mittelquerschnitt eines Tragflügels bei verschiedenen Anstellwinkeln.

Kante als rotierenden Zylinder ausführt oder auch einen rotierenden Zylinder im mittleren Teil des Tragflügelprofils anbringt (Abb. 109),

Die von Wolff[1] in Holland ausgeführten Messungen haben gezeigt, daß sich mit solchen mit einem Rotor versehenen Tragflügeln wesentlich höhere Auftriebswerte (bis $c_a = 2,43$ bei $\alpha = 41,7^0$) erzielen lassen. Im praktischen Flugzeugbau haben jedoch alle diese Möglichkeiten, höhere Auftriebe zu erzeugen — bis auf die Spaltflügel — noch keinen Eingang gefunden.

102. Druckverteilungen an Tragflächen. Diese werden experimentell in ähnlicher Weise bestimmt wie die in Nr. 93 beschriebenen Druckverteilungen um luftschiffartige Modellkörper. Der hohl (aus Blech)

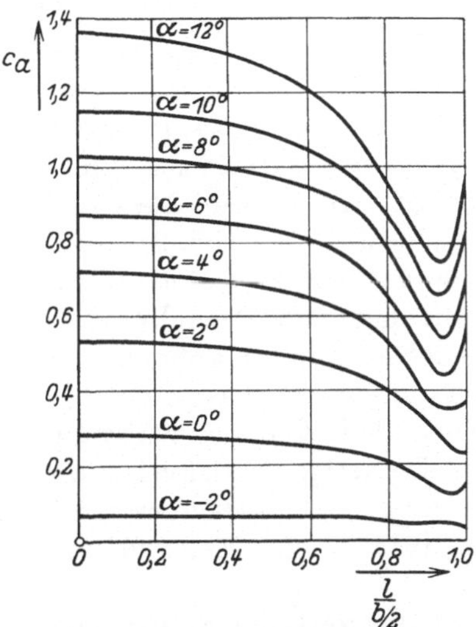

Abb. 111. Auftriebsverteilungen längs der Spannweite eines Tragflügels für verschiedene Anstellwinkel, erhalten durch Integration von Druckverteilungskurven.

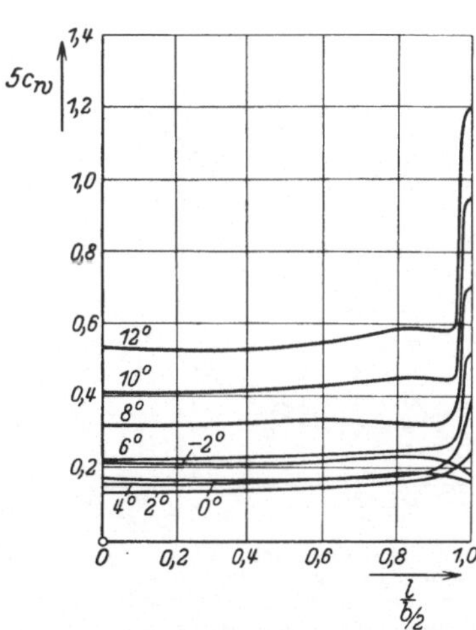

Abb. 112. Widerstandsverteilungen längs der Spannweite eines Tragflügels für verschiedene Anstellwinkel (man beachte den starken Anstieg des Widerstandes am Rande für größere Anstellwinkel).

angefertigte Tragflügel wird an allen den Stellen, an denen man den Druck zu messen wünscht, mit einer feinen Bohrung von etwa $\frac{1}{2}$ bis 1 mm Durchmesser versehen. Das Innere des Flügels wird durch einen Gummischlauch mit einem Manometer in Verbindung gebracht. Vor der Messung werden nun alle Bohrlöcher bis auf eines mit einer plastischen Masse verschmiert und auf diese Weise während der Messung geschlossen gehalten. Wird jetzt das Modell angeblasen, so stellt sich im Manometer derjenige Druck, der dem an der Stelle des offengelassenen Bohrloches entspricht, ein. Auf diese Weise wird Punkt für Punkt das gesamte Druckfeld an der Oberfläche des Tragflügels bestimmt.

---

[1] Wolff, E. B.: Voorlooping onderzoek naar den invloed van een draainde rol aangebracht in een vleugelprofiel. Verh. Rijks Studiedienst v. d. Luchtvaart Amsterdam, Deel 3, S. 47. 1925. Wolff en C. Koning: Vortgezet onderzoek naar den invloed van en draainde rol aangebracht in een vleugelprofiel. Ebenda, Deel 4, S. 1. 1927.

Abb. 110 zeigt die Verteilung der auf den Staudruck bezogenen Drucke im Mittelquerschnitt eines Tragflügels, wie etwa in Abb. 94, für verschiedene Anstellwinkel aufgetragen über der Flügelsehne. Da der Flächeninhalt der Druckverteilungskurve der Flügeloberseite mit der Abszissenachse ein Maß für die Saugwirkung dieser Seite ist und analog der Flächeninhalt der Druckverteilungskurve der Flügelunterseite ein Maß für die Druckwirkung der Unterseite bedeutet, so erkennt man, daß für den Auftrieb die Saugwirkung der Flügeloberseite durchweg den weitaus

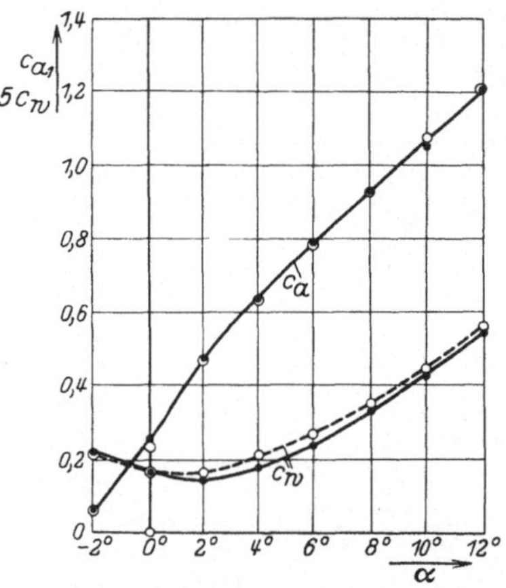

Abb. 113. Auftriebs- und Widerstandsbeiwerte als Funktion des Anstellwinkels: 1. aus Druckmessungen mit ● bezeichnet, 2. aus Wägungsmessung mit ○ bezeichnet.

größten Anteil ausmacht. Aus Abb. 110 ergibt sich, wie bei einem Anstellwinkel von 15° der Druckanstieg an der Oberseite des Flügels wesentliche Änderungen gegenüber einem Anstellwinkel von 12° erfährt. In engem Zusammenhang damit steht die aus Abb. 94 ersichtliche Tatsache, daß bei $\alpha = 14{,}6°$ der Auftrieb mit zunehmendem Anstellwinkel nicht mehr wächst, sondern abnimmt. Diesem Zustand entspricht das auf S. 169 beschriebene Abreißen der Strömung vom Flügel. Derartige Druckverteilungsmessungen über den Mittelquerschnitt sind bereits 1911/12 in England angestellt worden.

Aus Druckverteilungsmessungen über den ganzen Flügel [die auch zuerst in England 1912/13[1] und später vielfach in den Vereinigten Staaten ausgeführt wurden], lassen sich durch entsprechende Integration der Druckverteilungskurven Auftrieb und Widerstand für die einzelnen Flügelquerschnitte und damit durch eine nochmalige Integration längs der Spannweite diese Größen für den gesamten Flügel berechnen. In Abb. 111 und 112 sehen wir die auf diese Weise berechneten Auftriebs- und Widerstandsverteilungen längs der halben Spannweite eines Flügels von rechteckigem Umriß und in Abb. 113 den aus diesen Druckmessungen berechneten Auftrieb und Widerstand des Flügels in Abhängigkeit vom Anstellwinkel, verglichen mit den an der aerodynamischen Waage gemessenen Werten. Wie man erkennt, stimmen die einander entsprechenden Größen für den Auftrieb sehr gut überein, während die aus den Druckmessungen berechneten Widerstände durchweg zu klein sind, was auch erklärlich ist, da auf diese Art der aus der Oberflächenreibung herrührende Widerstandsbeitrag nicht mit erfaßt wird.

____

[1] Munk, M.: Z.F.M. Bd. 7, S. 137. 1916.

B. Der unendlich lange Tragflügel (ebene Strömung).

103. Zusammenhang zwischen Auftrieb und zirkulatorischer Strömung. Die theoretische Behandlung der Lehre vom Auftrieb eines Körpers in einer sich bewegenden Flüssigkeit ist von derjenigen des Widerstandes wesentlich verschieden und bietet ungleich weniger Schwierigkeiten als diese. Der Grund dafür ist der, daß die Erklärung eines Widerstandes eine Berücksichtigung der Zähigkeit (wenn auch nur in einer gewissen dünnen, dem Körper eng anliegenden Schicht) erfordert, während der Auftrieb eines Körpers ohne Berücksichtigung der inneren Flüssigkeitsreibung zu erklären ist, hier also die gut ausgearbeiteten Methoden der klassischen Hydrodynamik reibungsloser Flüssigkeiten anwendbar sind.

Wenn ein Körper oder eine Fläche in einer strömenden Flüssigkeit einen Auftrieb erfährt, d. h. eine Kraftkomponente senkrecht zur Bewegungsrichtung der Flüssigkeit besitzt, so können wir uns diese Erscheinung nur dadurch erklären, daß in der Flüssigkeit dicht unter der Fläche durchschnittlich ein Überdruck (durch $+\,+$ bezeichnet) und über der Fläche ein Unterdruck (durch $-\,-$ bezeichnet) relativ zum Druck der ungestörten Flüssigkeit herrscht (Abb. 114).

Ist dieser Zustand stationär, so führt die Bernoullische Gleichung dann weiter zu der Folgerung, daß oberhalb der Fläche (wo der kleinere Druck herrscht) die Geschwindigkeit größer ist als unter der Fläche (wo der größere Druck herrscht).

Diese Tatsache läßt sich nun dadurch erklären — worauf bereits Rayleigh[1] (1878) und später Lanchester[2] (1897) hingewiesen hat —, daß man zu der reinen translatorischen Strömung von links nach rechts entsprechend Abb. 115, die keine Kraftwirkung, sondern nur ein Moment auf die Fläche ausübt[3], noch eine Zusatzströmung annimmt, die so geartet sein muß, daß sie oberhalb der Fläche von links nach rechts gerichtet ist (entsprechend der Vergrößerung der dort herrschenden Geschwindigkeit) und unterhalb der Fläche von rechts nach links (entsprechend der Verringerung der Geschwindigkeit an dieser Stelle).

Eine Zusatzströmung, die über der Fläche von links nach rechts, unter der Fläche von rechts nach links gerichtet ist, ergibt aber eine Bewegung, die die Fläche zirkulatorisch umströmt (Abb. 116). Man nennt diese zusätzliche Strömung um die Fläche Zirkulationsströmung. Als Maß für die Zirkulation dient das Linienintegral der Geschwindig-

---

[1] Lord Rayleigh: On the Irregular Flight of a Tennis-Ball. Messenger of Mathematics Bd. 7, S. 14. 1877 oder Scient. Papers, Cambridge 1899, S. 344.

[2] Lanchester, F. W.: Aerodynamik (deutsch von C. u. A. Runge). Leipzig 1909.

[3] Dieses ist eine Strömungsform, die sich im ersten Augenblick der Bewegung auch tatsächlich einstellt (Abb. 48 der Tafel 19).

keit längs einer das Profil vollständig umschließenden Kurve; man
nennt es die Zirkulation und bezeichnet es mit Γ, also $\Gamma = \oint \mathfrak{w} \circ d\mathfrak{r}$ für

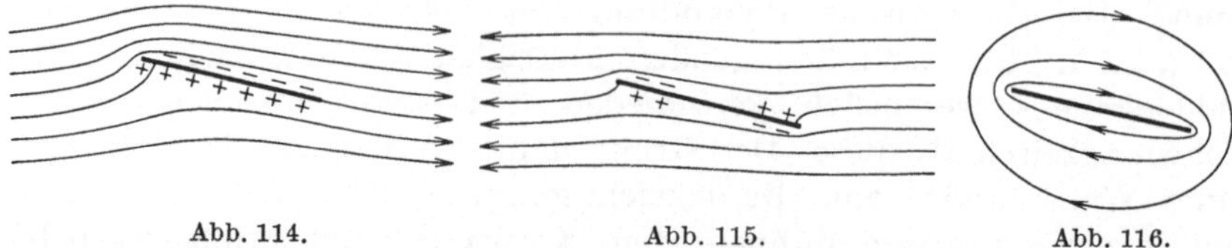

Abb. 114.   Abb. 115.   Abb. 116.

Abb. 114 bis 116. Abb. 114 zeigt die Strömung um eine geneigte Platte. Man kann sich diese
entstanden denken durch Überlagerung der in Abb. 116 dargestellten zirkulatorischen Strömung
zu der rein translatorischen Strömung von Abb. 115.

eine den Flügel umschließende Linie. Wie man sich das Entstehen dieser
zusätzlichen Strömung vorzustellen hat, werden wir in Nr. 107 sehen.

104. Das Druckintegral, genommen über die Flügelfläche. Wir wollen
in diesem Teil des Abschnittes der Lehre vom Auftrieb annehmen,
daß die tragende Fläche sich nach den Seiten hin (in den Abbildungen
senkrecht zur Papierebene) so weit erstreckt, daß der störende Einfluß
der beiden seitlichen Enden (über den im nächsten Kapitel noch besonders zu sprechen sein wird) zu vernachlässigen ist. In diesem Falle
sind aus Symmetrie-
gründen die Strö-
mungszustände in zur
Spannweite senkrech-
ten Ebenen des als
unendlich lang ange-
nommenen Flügels die

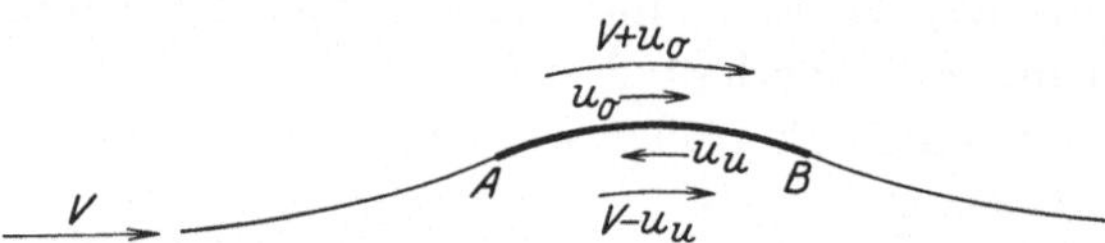

Abb. 117. Zerlegung der Geschwindigkeit oberhalb und unterhalb
einer gewölbten Platte in die Anströmungsgeschwindigkeit und
die x-Komponenten der zirkulatorischen Geschwindigkeit.

gleichen, so daß es genügt, die Strömung in einer dieser Ebenen
zu untersuchen. Aus diesem Grunde nennt man diesen Bewegungsvorgang auch eine ebene oder zweidimensionale Strömung.

Vorausgesetzt sei, daß die Krümmung der Fläche und ihre Neigung α
zur Strömungsrichtung, die wir mit der x-Richtung zusammenfallen
lassen, gering genug ist, so daß wir angenähert $\cos \alpha = 1$ setzen können.
Unter dieser Voraussetzung kommt von der Zusatzgeschwindigkeit
der Zirkulation im wesentlichen nur die x-Komponente, also u, in
Betracht; es ist also oben u_o nach rechts, unten u_u nach links hin anzunehmen, wobei u_o und u_u positive Größen sein sollen (Abb. 117).

Wir legen der weiteren Betrachtung ein Stück von der Länge l
der unendlich langen Fläche zugrunde.

Es ist dann offenbar, wenn p_o den Druck dicht über der Fläche
und p_u denjenigen unter der Fläche bedeutet, angenähert:

$$A = \iint (p_u - p_o)\, dF = l \int_A^B (p_u - p_o)\, dx,$$

wobei dF ein Element der Fläche $AB \cdot l$ ist. Eliminieren wir die Drucke mittels der Bernoullischen Gleichung, so ergibt sich:

$$A = \iint (p_u - p_o)\, dF = \frac{\varrho\, l}{2} \int\limits^{AB} [(V + u_o)^2 - (V - u_u)^2]\, dx$$

$$= \frac{\varrho\, l}{2} \int\limits^{AB} [2\, V\, (u_o + u_u) + u_o^2 - u_u^2]\, dx$$

oder, da unter den gemachten Voraussetzungen

$$\int\limits_A^B u_o\, dx + \int\limits_A^B u_u\, dx = \Gamma$$

ist,

$$A = l\, \varrho\, V\, \Gamma + \int\limits_A^B \frac{l\, \varrho}{2}(u_o^2 - u_u^2)\, dx\,.$$

Über das letzte Integral wollen wir vorläufig nur die Aussage machen, daß es sehr klein und möglicherweise gleich Null ist. Das Studium der Druckverteilung liefert uns also die Beziehung, daß A mit guter Annäherung gleich $l\varrho\, V\Gamma$, also proportional der Zirkulation ist.

105. Ableitung der Kutta-Joukowskyschen Formel für den Auftrieb aus der Strömung durch ein Flügelgitter. Wir wollen, um für den Auftrieb einen genauen Ausdruck zu gewinnen, noch einen anderen Weg einschlagen:

Es sei statt einer Tragfläche eine unendlich große Anzahl von Flächen, ein Schaufelsystem, vorhanden; der Abstand der Schaufeln voneinander sei a. Das Koordinatensystem sei so gelegt, daß die x-Achse die Richtung von einem Punkt einer

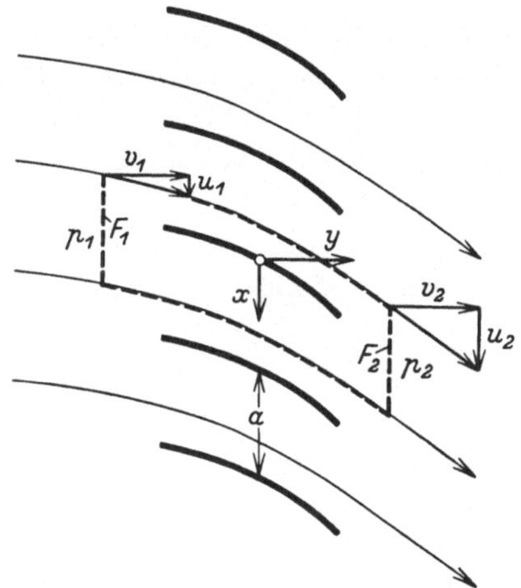

Abb. 118. Strömung durch ein Flügelgitter zur Ableitung der Kutta-Joukowskyschen Formel für den Auftrieb.

Schaufel zu den korrespondierenden Punkten der übrigen Schaufeln habe und nach unten positiv gerechnet werde. Die Kontrollfläche bestehe aus einer Ebene $F_1 = a \cdot l$ links weit vor dem Schaufelsystem parallel zur x-Achse und zwei identisch gelegene Stromlinienflächen, die eine Schaufel in sich schließen; rechts, in genügender Entfernung hinter dem Schaufelsystem, werde die Kontrollfläche wieder durch eine Ebene F_2 parallel zur x-Achse geschlossen (Abb. 118). Aus der

Kontinuität ergibt sich da $F_1 = F_2$ ist:

$$v_1 = v_2 = v.$$

Wenden wir jetzt den Impulssatz an, so bleibt — da die Beiträge der Impuls- und Druckintegrale über den identischen Stromlinien sich fortheben — für die x-Komponente (da eine Druckkomponente in der x-Richtung nicht vorkommt):

$$- X = \varrho \, l \, a \, v \, (u_2 - u_1)$$

für die y-Komponente:

$$Y = \varrho \, l \, a \, (\underbrace{v_1^2 - v_2^2}_{0}) + a \, l \, (p_1 - p_2).$$

Nach der Bernoullischen Gleichung ist aber:

$$p_1 - p_2 = \frac{\varrho}{2} \, (v_2^2 + u_2^2) - \frac{\varrho}{2} \, (v_1^2 + u_1^2),$$

mithin unter Berücksichtigung von $v_1 = v_2$

$$Y = \varrho \, l \, a \, \frac{u_2^2 - u_1^2}{2} = \varrho \, l \, a \, \frac{u_1 + u_2}{2} \, (u_2 - u_1).$$

Wir wollen nun die Zirkulation um eine Schaufel berechnen und folgen dazu zweckmäßig der Linienführung unserer Kontrollfläche. Da der Beitrag zum Linienintegral (genommen über die Kontrollfläche) auf den beiden identischen Stromlinien sich gegenseitig aufhebt, so bleibt:

$$\Gamma = a \, (u_2 - u_1).$$

Man erhält somit

$$X = - \varrho \, l \, \Gamma \, v,$$

$$Y = \varrho \, l \, \Gamma \, \frac{u_1 + u_2}{2}.$$

Läßt man nun die einzelnen Flügel unendlich weit voneinander rücken, d. h. a nach Unendlich konvergieren, so muß, da Γ endlich bleibt und andererseits $\Gamma = a(u_2 - u_1)$ ist,

$$u_2 = u_1$$

werden, d. h. also, bei einem einzelnen Flügel strömt die Flüssigkeit weit hinter dem Flügel in derselben Richtung fort, in der sie weit vor dem Flügel diesen anströmt.

Läßt man die Anströmungsrichtung im Unendlichen mit der y-Achse zusammenfallen, so ist wegen $u_1 = 0$, also auch $u_2 = 0$, d. h. die in die Anströmungsrichtung fallende Kraftkomponente Y verschwindet, und es bleibt lediglich die zur Anströmungsrichtung senkrechte Komponente X, d. h. der Auftrieb. Rechnen wir die x-Richtung nach oben positiv, so haben wir mit $v = V$ für den Auftrieb eines einzelnen

Flügels den Ausdruck gefunden:

$$A = \varrho \, l \, V \, \Gamma.$$

Diese Formel für den Auftrieb ist zuerst von Kutta[1] (1902) und davon unabhängig von Joukowsky[2] (1906) gefunden worden.

106. Ableitung der Kutta-Joukowskyschen Auftriebsformel unter Annahme eines tragenden Wirbels. Für die soeben abgeleitete wichtige Auftriebsformel gibt es noch mehrere Beweise. Der von Joukowsky geht von der Tatsache aus, daß in größerer Entfernung vom Körper die Strömung unabhängig von der Gestalt des tragenden Körpers ist. Er setzt ganz allgemein als Strömungsfunktion:

$$Z = V z + \frac{\Gamma i}{2 \pi} \ln z + \frac{A}{z} + \frac{B}{z^2} + \frac{C}{z^3} + \cdots,$$

an und somit

$$w = \frac{dZ}{dz} = V + \frac{\Gamma i}{2 \pi z} - \frac{A}{z^2} - \frac{2 B}{z^3} - \frac{3 C}{z^4} + \cdots,$$

wo $A, B, C, \ldots$ komplexe Konstanten sind. In diesen Konstanten kommt die *Deformation* der einfachen Parallelströmung mit überlagerter Zirkulation zum Ausdruck, die je nach der Gestalt des tragenden Körpers verschieden ist. Für große Entfernungen (große z) sind die Glieder mit $A, B, C, \ldots$ zu vernachlässigen und folglich das Geschwindigkeitsfeld derart, als ob im Ursprung ($z = 0$) lediglich ein „tragender Wirbelfaden" von der Zirkulation Γ vorhanden wäre.

Es ist hier besonders zu bemerken, daß es sich in diesem Falle nicht um einen flüssigen sogenannten Helmholtzschen Wirbel handelt, dessen Geschwindigkeit zur umgebenden Flüssigkeit Null ist[3], sondern um einen „tragenden Wirbel", der relativ zur Flüssigkeit eine von Null verschiedene Geschwindigkeit besitzt. Der Begriff des tragenden Wirbels hat keine physikalische Realität, sondern bedeutet eine Abstrak-

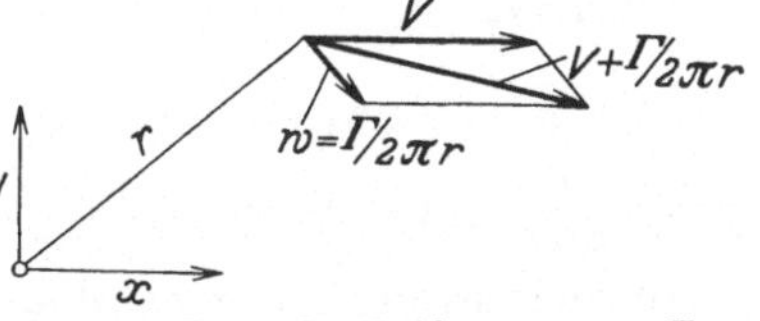

Abb. 119. In großer Entfernung vom Tragflügel setzt sich die Geschwindigkeit zusammen aus der Anströmungsgeschwindigkeit V und der Zusatzgeschwindigkeit

$$w = \frac{\Gamma}{2 \pi r}.$$

---

[1] Kutta, W.: Auftriebskräfte in strömenden Flüssigkeiten. Il. aeron. Mitt. 1902.

[2] Joukowsky, N.: Über die Konturen der Tragflächen der Drachenflieger. Z.F.M. Bd. 1, S. 281. 1910 und Bd. 3, S. 81. 1912.

[3] Daß ein flüssiger (Helmholtzscher) Wirbelring eine Geschwindigkeit zur umgebenden Flüssigkeit besitzt, hat seine Ursache darin, daß sich infolge des Unterdrucks im Wirbel und der Krümmung des Wirbelringes eine Kraft nach dem Krümmungsmittelpunkt ergibt, die ihrerseits eine Bewegung des Wirbelringes verursacht, und zwar mit um so größerer Geschwindigkeit, je konzentrierter er ist.

tion, der man physikalisch näherkommen kann, wenn man statt des tragenden Wirbels einen rotierenden Zylinder nimmt und den Durchmesser des Zylinders nach Null konvergieren läßt.

Das Geschwindigkeitsfeld setzt sich also — in großer Entfernung vom tragenden Körper — zusammen aus der konstanten Geschwindigkeit V der Hauptströmung und der Zusatzgeschwindigkeit $w = \dfrac{\Gamma}{2\pi r}$ (Abb. 119).

Mit Hilfe des Impulssatzes erhält man nun leicht die Auftriebsformel, und zwar wird je nach der Form der Kontrollfläche der Beitrag des Impuls- und des Druckintegrals zum Auftrieb verschieden. Für den Fall, daß man als Kontrollfläche einen zum tragenden Wirbel konzentrischen Kreiszylinder von genügend großem Radius nimmt, wird der Beitrag beider Integrale einander gleich, jedes gleich $\dfrac{\varrho\,\Gamma V}{2} = \dfrac{A}{2}$, wo A den Auftrieb pro Längeneinheit des Tragflügels bedeutet.

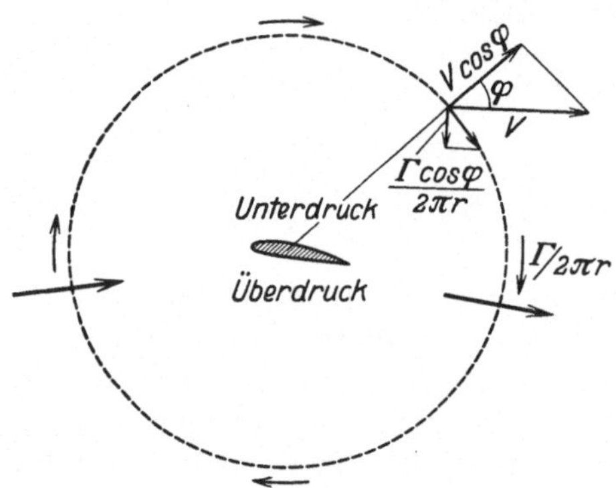

Abb. 120. Bei kreisförmiger Kontrollfläche wird der Auftrieb zur Hälfte vom Impulsintegral, zur anderen Hälfte vom Druckintegral aufgenommen.

Die vom tragenden Wirbel herrührende Geschwindigkeit w, die sich der Geschwindigkeit der ungestörten Flüssigkeit V überlagert, ist gleich $\dfrac{\Gamma}{2\pi r}$ und steht überall senkrecht zum Radius r. Der Beitrag des Impulsintegrales pro Längeneinheit für die senkrechte Komponente ist also unter Berücksichtigung der in Abb. 120 eingetragenen Bezeichnungen

$$\varrho \oiint df\, w \cos(\mathfrak{n}, \mathfrak{w})\, \mathfrak{w} = \varrho \int_0^{2\pi} r\, d\varphi\, V \cos\varphi \cdot \frac{\Gamma}{2\pi r} \cos\varphi$$

$$= \frac{\varrho\,\Gamma V}{2\pi} \int_0^{2\pi} d\varphi \cos^2\varphi = \frac{\varrho\,\Gamma V}{2}. *$$

Der resultierende Impuls ist nach unten gerichtet, da die nach oben gerichtete Geschwindigkeit vor dem Flügel in eine nach unten gerichtete hinter dem Flügel abgeändert worden ist. Die Reaktion der Flüssigkeit ergibt somit eine Auftriebskraft am Flügel nach oben.

---

* Es ist $\displaystyle\int_0^{2\pi} \cos^2\varphi\, d\varphi = \pi$.

Den Beitrag des Druckintegrals erhalten wir folgendermaßen: Nach der Bernoullischen Gleichung ergibt sich für den Druck p, wenn p_0 den Druck der ungestörten Flüssigkeit bezeichnet und $\mathfrak{V} + \mathfrak{w}$ die geometrische Summe der Geschwindigkeiten $\mathfrak{V}$ und $\mathfrak{w}$ bedeutet,

$$p + \frac{\varrho}{2}\,(\mathfrak{V} + \mathfrak{w})^2 = p_0 + \frac{\varrho}{2}\,\mathfrak{V}^2.$$

Berücksichtigen wir, daß nach Abb. 121

$$(\mathfrak{V} + \mathfrak{w})^2 = (V + w\sin\varphi)^2 + (w\cos\varphi)^2$$

ist, und ferner, daß w gegen V beliebig klein wird, wenn man nur r hinreichend groß wählt, so erhalten wir unter Vernachlässigung von w^2 für den Druck:

$$p = p_0 - \varrho\,V w \sin\varphi.$$

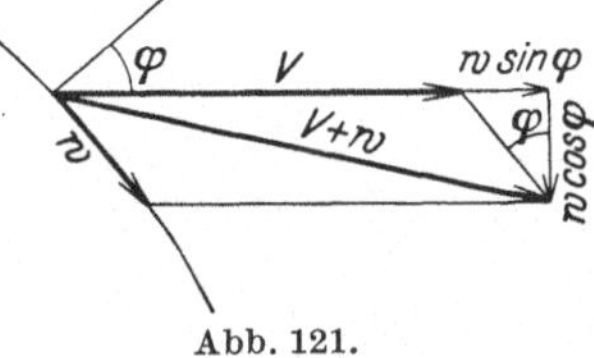

Abb. 121.

Von dem Druckintegral ist, wie leicht zu sehen, nur die zur Strömungsrichtung senkrechte Komponente von Null verschieden; die zugehörige Komponente von p ist $p\sin\varphi$, so daß sich als Druckintegral pro Längeneinheit ergibt:

$$\oiint p\,df = \varrho \int_0^{2\pi} V w \sin^2\varphi\, r\,d\varphi = \varrho\,r\,V w \int_0^{2\pi} \sin^2\varphi\,d\varphi$$

$$= \varrho\,r\,w\,\pi\,V = \frac{\varrho\,\Gamma\,V}{2}.$$

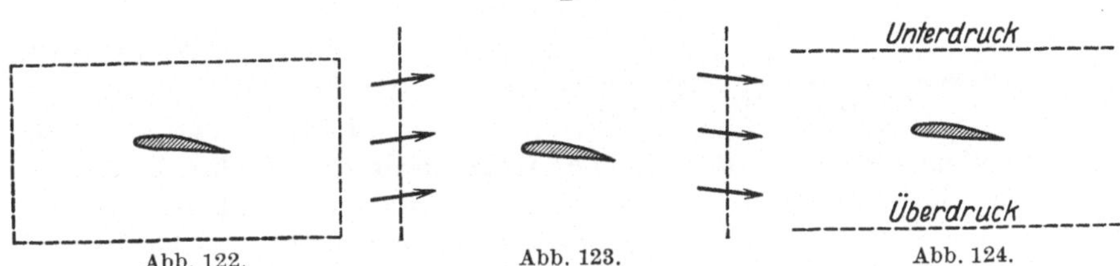

Abb. 122.   Abb. 123.   Abb. 124.

Abb. 122 bis 124. Wird bei rechteckiger Kontrollfläche wie in Abb. 122 der Übergang ins Unendliche in der Weise vorgenommen, daß — wie in Abb. 123 — zuerst die wagerechten Kontrollflächen ins Unendliche rücken, so wird das Druckintegral Null und das Impulsintegral gleich dem Auftrieb; dies bleibt so, wenn nachträglich auch noch die senkrechten Kontrollflächen ins Unendliche rücken, im andern Fall — Abb. 124 — wird das Impulsintegral Null und das Druckintegral gleich dem Auftrieb.

Für den gesamten Auftrieb pro Längeneinheit erhalten wir also wieder als Summe aus Impuls- und Druckintegral:

$$A = \varrho\,\Gamma\,V.$$

Wie schon gesagt, ist der Anteil des Impuls- und des Druckintegrals zum Auftrieb abhängig von der Form der Kontrollfläche. Nimmt man beispielsweise eine Kontrollfläche von rechteckigem Querschnitt (Abb. 122), bildet dann die Beiträge des Impuls- und Druckintegrals und läßt zunächst die wagerechten Kontrollflächen ins Unendliche rücken (Abb. 123), so wird das Druckintegral gleich Null und der Auftrieb gleich dem Impulsintegral; läßt man jedoch nach Bildung der beiden Integrale die senkrechten Kontrollflächen ins Unendliche rücken (Abb. 124), so wird das Impulsintegral gleich Null und das Druckintegral gleich dem gesamten Auftrieb.

Im unbegrenzten Luftmeer bleibt es also — wenn die Gestalt der Kontrollfläche nicht gegeben ist — ganz unbestimmt, was als Druck und was als Impuls von dem tragenden Körper ausgeht.

Anders ist es, wenn ein Boden vorhanden ist; dann wird — da nur der Übergang der senkrechten Kontrollfläche ins Unendliche möglich ist, ohne den Boden zu durchsetzen — der Auftrieb immer als Druck auf den Boden übertragen. Um diesen Fall rechnerisch zu verfolgen, wendet man zweckmäßig die Methode der Spiegelbilder[1] an (Abb. 125).

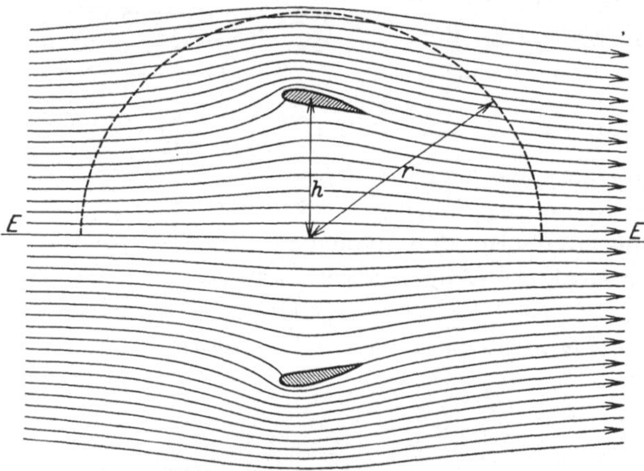

Abb. 125. Beim Vorhandensein eines Bodens EE wird der Auftrieb immer vom Druckintegral aufgenommen. (Methode der Spiegelbilder.)

Es ist dann die Ebene EE Symmetrieebene. Als Kontrollfläche nehmen wir einen Halbzylinder über EE von der Länge l und das von dem Halbzylinder aus der Ebene ausgeschnittene Rechteck. Bildet man für diese Kontrollfläche das Druck- und Impulsintegral, so erkennt man, daß das Impulsintegral um so kleiner wird, d. h. das Druckintegral um so mehr gleich dem Auftrieb, je größer r im Vergleich zu h ist. Läßt man r nach Unendlich konvergieren, so bleibt als Äquivalent des Auftriebes nur das Druckintegral übrig.

107. Das Entstehen der Zirkulation. Wie wir am Anfang dieses Kapitels erkannt haben, läßt sich die Auftriebskraft, die ein Körper in einer strömenden Flüssigkeit erfahren kann, nur verstehen, wenn man annimmt, daß sich dem Geschwindigkeitsfeld der gleichförmig strömenden Flüssigkeit eine den Auftriebskörper umschließende zirkulatorische Strömung überlagert. Wie können wir uns nun das Entstehen einer solchen zirkulatorischen Flüssigkeitsbewegung erklären? Nehmen wir zunächst an, daß die Flüssigkeit in Ruhe ist, so ist das

---

[1] Vgl. z. B. A. Betz: Auftrieb und Widerstand einer Tragfläche in der Nähe einer horizontalen Ebene (Erdboden). Z.F.M. Bd. 3, S. 86. 1912.

Linienintegral der Geschwindigkeit längs einer den Flügel ganz umschließenden flüssigen Linie — d. h. die Zirkulation —, da alle Geschwindigkeiten gleich Null sind, selber gleich Null. Nun muß aber nach dem Thomsonschen Satz (Nr. 84 des ersten Bandes) die Zirkulation in einer reibungslosen Flüssigkeit konstant — in diesem Falle also gleich Null — bleiben, wenn wir durch irgendwelche Druckeinwirkungen auf die Flüssigkeit dieser eine plötzliche gleichförmige translatorische Bewegung gegen den Tragflügel erteilen bzw. den Tragflügel durch die Flüssigkeit bewegen. Wie ist nun die Tatsache, daß bei einem einen Auftrieb erfahrenden Tragflügel doch eine von Null verschiedene Zirkulation vorhanden sein muß, mit diesem Satz in Einklang zu bringen ?

Wie die Beobachtung zeigt, vollführt die Flüssigkeit im ersten Augenblick tatsächlich eine Potentialströmung ohne Zirkulation, entsprechend Abb. 126 und Abb. 48 der Tafel 19, wobei die Hinterkante mit sehr großer Geschwindigkeit umströmt wird. Zur Erklärung des Entstehens der Zirkulation wollen wir annehmen, daß diese Hinterkante eine scharfe Schneide bildet; die Zähigkeit mag

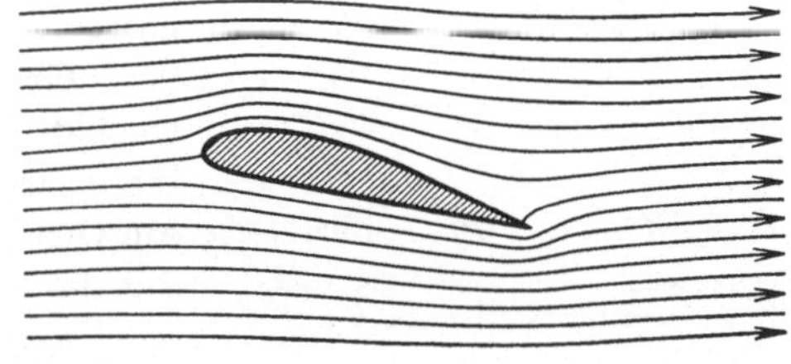

Abb. 126. Potentialströmung (ohne Zirkulation) um einen Tragflügel.

als verschwindend klein angesehen werden, so daß gemäß dem bei den ebenen Potentialströmungen im I. Band, Nr. 77 Dargelegten unendlich große Geschwindigkeiten an der Kante entstehen. Diese führen aber durch die Wirkung einer noch so kleinen Zähigkeit zu einer Trennungsfläche.

Die von der Kante des Flügels ausgehende Trennungsschicht rollt sich dabei zu einem Wirbel, einem sogenannten Anfahrwirbel, auf. Da dieser nach den Helmholtzschen Sätzen an dieselben Flüssigkeitsteilchen gebunden ist, wird er von der anströmenden Flüssigkeit mitgenommen (bzw. vom bewegten Flügel in der ruhenden Flüssigkeit zurückgelassen). Auch bei wirklichen Flüssigkeiten geringer Zähigkeit wie Luft oder Wasser findet beim Beginn der Bewegung tatsächlich ein außerordentlich rasches Umströmen der Hinterkante statt. Es bildet sich auch hier sofort ein Wirbel aus, der freilich hier von vornherein eine gewisse räumliche Ausbreitung besitzt, der aber ebenso wie im Idealfall schnell an Größe zunimmt. Abb. 49 bis 51 der Tafeln 19 u. 20 zeigen die Ausbildung eines solchen Anfahrwirbels und Abb. 52 bis 54 der Tafeln 21 u. 22 eine Phase dieses Vorganges in einem Bezugssystem, für das der Beobachter bzw. die Kamera relativ zur ungestörten

Flüssigkeit ruht. In diesem Bezugssystem erkennt man auch direkt die dem Anfahrwirbel entsprechende zirkulatorische Bewegung um den Flügel. Mit der Entstehung dieses Anfahrwirbels ändert sich nun das im ersten Augenblick der Bewegung sich ausbildende Geschwindigkeitsfeld (Abb. 42 bis 47 der Tafeln 17 u. 18) in dem Sinne, daß der translatorischen Bewegung der Flüssigkeit eine zirkulatorische überlagert wird, und zwar ist die Zirkulation dieser überlagerten Bewegung in jedem Augenblick entgegengesetzt gleich derjenigen des Anfahrwirbels. Sie wächst mit dem Anfahrwirbel so lange, bis die Strömung von beiden Seiten des Flügels sich an dessen Hinterkante glatt wieder zusammenschließt. Von dem Augenblick an, wo dieser Zustand erreicht ist (es handelt sich hierbei um Wegstrecken von der Größenordnung der Flügeltiefe), wächst auch der Anfahrwirbel nicht mehr weiter an. Vergrößert man jetzt die Geschwindigkeit der Strömung (bzw. die des Flügels in ruhender Flüssigkeit) oder vergrößert man den Anstellwinkel, so findet eine weitere Wirbelabgabe im Drehsinn des Anfahrwirbels statt. Verringert man hingegen die Geschwindigkeit oder verkleinert man den Anstellwinkel, so bildet sich an der Hinterkante gleichfalls ein Wirbel aus, jetzt aber von entgegengesetztem Rotationssinn. Beschleunigt man den Flügel und hält ihn, sobald sich der Anfahrwirbel ausgebildet hat, wieder an, so erhält

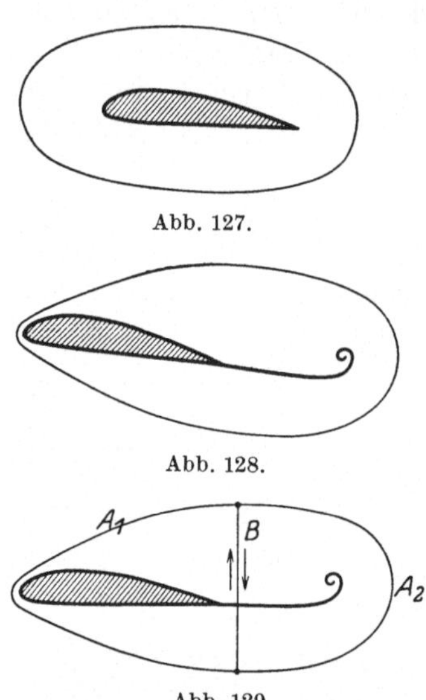

Abb. 127.

Abb. 128.

Abb. 129.

Abb. 127 bis 129. Die den Tragflügel umschließende ,,flüssige“ Linie in Abb. 127 wird durch die einsetzende Bewegung des Tragflügels etwa die in Abb. 128 gezeigte Gestalt annehmen, wobei der Tragflügel und der Anfahrwirbel im Innern dieser flüssigen Linie verbleibt. Die Zirkulation von Tragflügel plus Anfahrwirbel bleibt dauernd Null, also die Zirkulation des Tragflügels entgegengesetzt gleich dem Anfahrwirbel.

man zwei gleich starke Wirbel von entgegengesetztem Rotationssinn. Ein Vorgang dieser Art ist in Abb. 55 der Tafel 22 photographisch aufgenommen. Auf die zur Erzeugung dieses Wirbelpaares notwendige Arbeitsleistung kommen wir noch zu sprechen.

Nachdem wir gesehen haben, daß das Entstehen der Zirkulation um den Tragflügel notwendigerweise verbunden ist mit der Bildung eines Anfahrwirbels, läßt sich ohne weiteres zeigen, daß das Auftreten einer Zirkulation nicht im Widerspruch steht mit dem Thomsonschen Satz. Denken wir uns zunächst den relativ zur Flüssigkeit ruhenden Körper von einer flüssigen Linie (dem Integrationsweg der Zirkulation) vollständig umschlossen (Abb. 127) und leiten darauf den Bewegungsvorgang ein, so bleibt — da es sich ja um eine flüssige Linie handelt, die schon im Ruhezustand um den Tragflügel herum geschlossen war — außer dem Tragflügel auch der Anfahrwirbel in dieser Linie eingeschlossen (Abb. 128). Da, wie aus Abb. 55 der Tafel 22 zu ersehen ist, die Zirkulation um den Tragflügel entgegengesetzt gleich derjenigen des Anfahrwirbels ist, bleibt also das Linienintegral längs der geschlossenen flüssigen Linie gleich Null. Umgekehrt ergibt sich — wenn wir die Gültigkeit des Thomsonschen Satzes voraussetzen, daß die Zirkulation um den Tragflügel entgegengesetzt gleich derjenigen des Anfahrwirbels ist. Denn bedeutet die Kurve $A_1 A_2$ der Abb. 129 eine Kurve, die zur Zeit der Ruhe den Flügel ganz umschloß, so daß das längs dieser Linie genommene Linienintegral der Geschwindigkeit gleich Null ist, so ergibt sich, daß die Zirkulation um den Tragflügel allein, d. h. das Linienintegral der Geschwindigkeit längs der Kurve $A_1 B A_1$ entgegengesetzt gleich demjenigen längs der Kurve $A_2 B A_2$, d. h. der Zirkulation des Anfahrwirbels ist; vgl. S. 205 des I. Bandes.

108. Der Anfahrwiderstand. Durch den abgehenden Anfahrwirbel, dessen Zirkulation Γ sein möge, wird nun das Geschwindigkeitsfeld um den tragenden Körper insofern beeinflußt, als die Anströmungsgeschwindigkeit V eine Abwärtskomponente

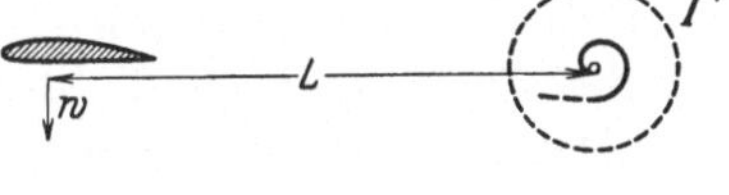

$$w = \frac{\Gamma}{2\pi L}$$

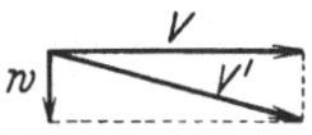

erhält, wenn L die Entfernung des Anfahrwirbels vom Tragflügel bedeutet (Abb. 130). Dadurch wird aber die Richtung der Geschwindigkeit am Tragflügel

Abb. 130. Der abgehende Anfahrwirbel von der Zirkulation Γ erzeugt am Orte des Tragflügels eine Abwärtskomponente w.

und also auch die zur Anströmungsgeschwindigkeit senkrechte Kraftkomponente, d. h. der Auftrieb um den Winkel $\varphi = \text{arc tg}\,\dfrac{w}{V}$ gedreht, was einen gewissen Anfahrwiderstand bedingt. Dieser Widerstand ist offenbar um so größer, je näher sich der Anfahrwirbel beim Tragflügel befindet. Bezogen auf die Längeneinheit in der Richtung senkrecht zur Zeichenebene haben wir also nach Abb. 131

$$W = A \cos \varphi = A\,\frac{w}{V} = \frac{\varrho\, V \Gamma}{V} \cdot \frac{\Gamma}{2\pi L} = \varrho\,\frac{\Gamma^2}{2\pi L}.$$

Wie man erkennt, ist der „Anfahrwiderstand" proportional dem Quadrat der Zirkulation und umgekehrt proportional der Entfernung des Wirbels vom Auftriebskörper.

Als Widerstandsarbeit für diejenige Zeit, in der sich der Anfahrwirbel von der Entfernung L_1 bis L_2 vom Tragflügel fortbewegt hat, erhalten wir somit:

$$\int_{L_1}^{L_2} W\, dL = \frac{\varrho\, \Gamma^2}{2\,\pi} \int_{L_1}^{L_2} \frac{dL}{L} = \frac{\varrho\, \Gamma^2}{2\,\pi} \ln \frac{L_2}{L_1}.$$

Während der Ausbildung der Zirkulation erfährt der Körper also einen Widerstand, der logarithmisch unendlich wird, wenn wir L_2 unendlich werden lassen. Diese Arbeit reicht gerade aus zur Erzeugung der kinetischen Energie am Flügel und am Wirbel, die beide gleich groß sind. Betrachten wir in Abb. 132 die kinetische Energie T eines dieser Wirbel zwischen zwei Radien r_1 und r_2 (für die Längeneinheit senkrecht zur Zeichenebene), so ist

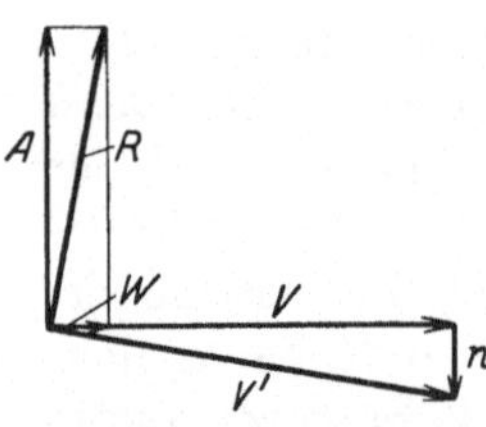

Abb. 131. Die durch den Anfahrwirbel der Abb. 130 bedingte Geschwindigkeitskomponente ergibt eine Drehung der Luftkraft im Uhrzeigersinn und damit eine Kraftkomponente in Richtung der Bewegung, d. h. einen Anfahrwiderstand.

$$T = \int_{r_1}^{r_2} 2\,\pi\, r\, dr\, \frac{w^2}{2}\, \varrho = \frac{\varrho\, \Gamma^2}{4\,\pi} \int_{r_1}^{r_2} \frac{dr}{r} = \frac{\varrho\, \Gamma'^2}{4\,\pi} \ln \frac{r_2}{r_1}.$$

Die kinetische Energie der Zirkulation ist also gemäß dieser Abschätzung gerade gleich der halben Widerstandsarbeit; die andere Hälfte findet ihr Äquivalent in der kinetischen Energie des Anfahrwirbels.

Diese Überlegungen gelten jedoch nur für das zweidimensionale Problem. Bei endlicher Flügelspannweite oder auch, wenn ein Boden in endlicher Nähe ist, bleibt die Widerstandsarbeit und also auch die kinetische Energie um den Flügel sowie die des Anfahrwirbels endlich.

109. Das Geschwindigkeitsfeld in der Umgebung des Tragflügels. Die Tatsache, daß die Strömung bereits vor dem Flügel, d. h. in einem Teil der Flüssigkeit, der vom Tragflügel noch gar nicht berührt ist, eine erhebliche Abweichung in der Strömungsrichtung besitzt und schon vor dem Flügel eine Aufwärtskomponente hat, ist zunächst schwer verständlich. Die Anwendung des Impulssatzes mit zwei parallelen senkrechten Kontrollebenen vor und hinter dem Flügel zeigt, daß bereits beliebig weit vor dem Flügel ein Impuls von der Größe des halben Auftriebes vorhanden ist. Dies ist vielleicht noch befremdlicher. Es ist ein Verdienst von Lanchester, für diese Erscheinung eine einleuchtende Begründung erbracht zu haben.

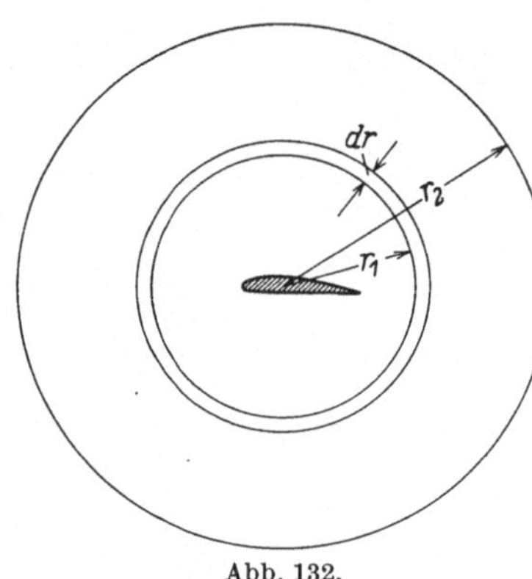

Abb. 132.

Lanchester[1], der bereits 1897 Betrachtungen über Strömungen um Tragflächen anstellte, ging von der Überlegung aus, daß von der Fläche — um eine Tragwirkung zu erzielen — dauernd Luft nach unten beschleunigt werden muß. Damit der Flügel jedoch dabei nicht zu sehr sinkt, ist es notwendig, daß er wagerecht verschoben und so über immer neue Luftmassen gebracht wird.

Will man die augenblicklich unter dem Flügel befindliche Luftmasse gleichförmig beschleunigen, so kann man sich das dadurch bewirkt denken, daß eine horizontale, ebene, nach den Seiten hin (d. h. senkrecht zur Zeichenebene) unendlich ausgedehnte Platte aus der Ruhe heraus kurz nach unten beschleunigt wird. Das Beschleunigungsfeld der umgebenden Luft läßt sich für diesen Fall berechnen, es hat die in der Abb. 133 dargestellte Gestalt. Oberhalb und unterhalb der Platte erfolgt eine Beschleunigung senkrecht nach unten, während vor und hinter der Platte, da die Luft bestrebt ist, der Platte auszuweichen, eine Beschleunigung nach aufwärts erfolgt.

Wir fragen uns jetzt: Was ergibt sich, wenn dieses Beschleunigungsfeld mit der Geschwindigkeit V fortgeführt wird? Dabei wollen wir annehmen, daß V groß sein soll gegenüber den zusätzlichen Geschwindigkeiten (u, v), die sich aus der

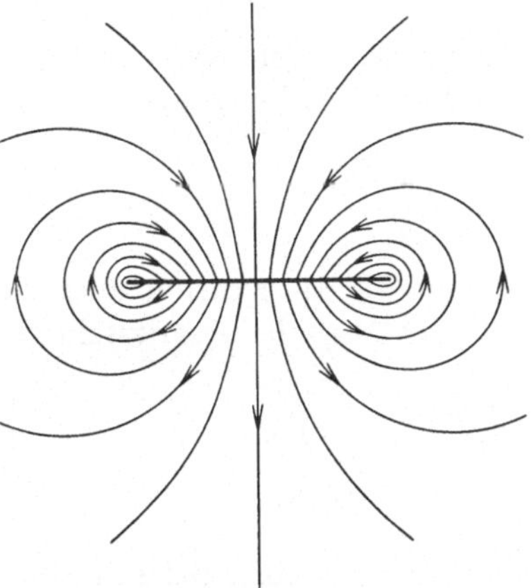

Abb. 133. Beschleunigungsfeld in der Umgebung einer senkrecht zur Bildebene unendlich langen Platte, die rechtwinklig zu ihrer Ebene nach unten beschleunigt wird.

kurzdauernden Beschleunigung der Platte nach unten ergeben. Ferner wollen wir die Ortsänderung der einzelnen Flüssigkeitsteilchen so klein annehmen, daß wir für die Beschleunigung

$$\frac{Dv}{dt} = \frac{\partial v}{\partial t} + u\frac{\partial v}{\partial x} + v\frac{\partial v}{\partial y}$$

setzen dürfen: $\frac{\partial v}{\partial t}$, so daß

$$v = \int_{-\infty}^{+\infty} \frac{\partial v}{\partial t}\, dt$$

wird.

Legen wir die x-Achse unseres Koordinatensystems in die Richtung der gleichförmigen Geschwindigkeit V, die y-Achse also in die Richtung

---

[1] Lanchester, Fr. W.: siehe Fußnote S. 173.

der Beschleunigung der Platte nach unten, so haben wir bei Einführung der neuen Variablen $\xi = x + Vt$

$$\frac{\partial v}{\partial t} = f(x + Vt, y) = f(\xi, y),$$

also bei festgehaltenem x

$$v = \int_{-\infty}^{t} f(\xi, y)\, dt.$$

Für ein konstantes x erhalten wir aber, da dann $d\xi = V dt$ ist:

$$v = \frac{1}{V} \int_{-\infty}^{\xi} f(\xi, y)\, d\xi.$$

Fragen wir nach der Geschwindigkeit in den einzelnen Punkten der x-Achse, d. h. für $y = 0$, so ist:

$$v_{y=0} = \frac{1}{V} \int_{-\infty}^{\xi} f(\xi, 0)\, d\xi.$$

Um die Integration auszuführen, legen wir das in Abb. 134 dargestellte Beschleunigungsfeld der y-Komponente für $y = 0$ zugrunde.

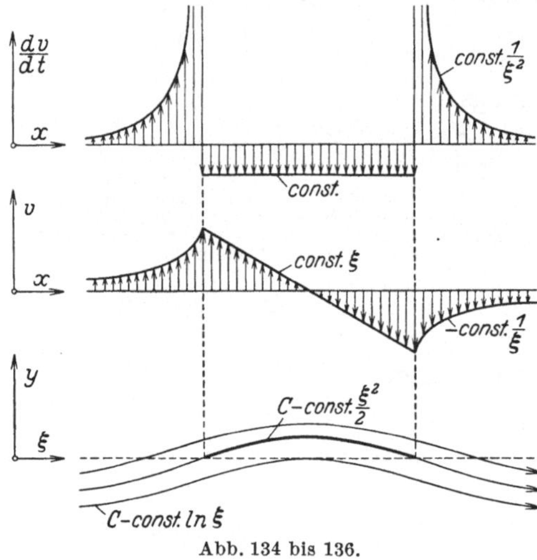

Abb. 134 bis 136.

Nehmen wir dabei die Integrationskonstante derartig, daß in der Mitte des Flügelprofiles $v = 0$ ist, so erhalten wir Abb. 135.

Da die aus den Störungsgeschwindigkeiten resultierenden Wege nur klein sind, können wir für $y \neq 0$ angenähert das für $y = 0$ berechnete v ansetzen. Überlagern wir dem gesamten Vorgang eine gleichförmige Bewegung gleich $-V$, machen wir also dadurch die Strömung stationär, so ist für einen festgehaltenen Zeitpunkt $d\xi = dx$. Die Stromlinien für dies stationäre Bezugssystem erhalten wir nun, indem wir setzen:

$$\frac{dy}{dx} = \frac{v}{V+u} \approx \frac{v}{V};$$

also gemäß Obigem

$$y \approx \frac{1}{V} \int v\, d\xi.$$

Hieraus ersehen wir, daß die Stromlinien in dem Gebiet, in dem die Luftteilchen eine über die Flügeltiefe konstante Beschleunigung erfahren, parabolische Gestalt haben (weil hier $v \approx \xi$ ist), während y in größerem Abstand auf beiden Seiten dieses Gebietes wie $\ln \xi$ abnimmt (weil hier $v \approx \dfrac{1}{\xi}$ ist), Abb. 136.

Aus dieser Betrachtung heraus ist die sonst schwer verständliche Tatsache, daß die Luft vor dem Flügel aufsteigt, zwanglos zu verstehen. Aus der Gestalt der Stromlinien schließen wir gleichzeitig, daß es zweckmäßig ist, die Platte flach parabolisch (oder kreisförmig) zu wölben. In diesem Fall ergibt sich für die der Platte benachbarten Teilchen eine in erster Näherung gleichförmige Beschleunigung.

110. Anwendung der konformen Abbildung auf die Strömung um eine ebene und gewölbte Platte. Die auf Grund der Vorstellungen von Lanchester sich ergebenden Stromlinien um eine tragende Fläche sind unabhängig von Lanchester mit Hilfe der Methode der konformen Abbildung von Kutta[1] rechnerisch bestimmt worden. Diese Anwendung der konformen Abbildung (vgl. Nr. 79 des ersten Bandes), auf die Kutta in der zitierten Arbeit zuerst hingewiesen hat, hat sich als außerordentlich fruchtbar gezeigt. Es mag an dieser Stelle jedoch noch einmal ausdrücklich erwähnt werden, daß sich diese Methoden nur benutzen lassen bei zweidimensionalen Strömungen, daß sie dann aber auch außerordentlich anwendungsfähig sind.

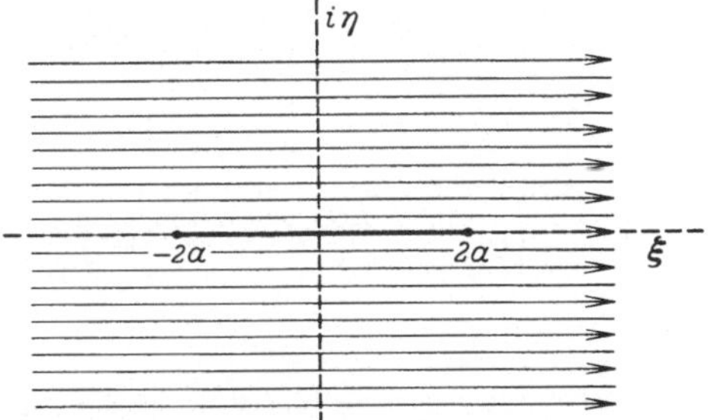

Abb. 137. Strömung längs einer ebenen Platte.

Man geht im allgemeinen aus von der seit langem bekannten Strömung um einen Kreiszylinder. Dadurch, daß man dann die komplexe Ebene mit dem in ihr enthaltenen Kreis und Stromlinienbild durch zweckentsprechende Funktionen auf eine andere Ebene abbildet derart, daß der Kreis in die Kontur übergeht, deren Umströmung interessiert, erhält man das Stromlinienbild um dieses Profil.

Wir beginnen mit der trivialen Strömung längs einer unendlich dünnen Platte. Bezeichnen wir die Strömungsebene in Abb. 137 als die $\zeta = \xi + i\eta$-Ebene, so geht die Gerade von $-2a$ bis $+2a$ durch die Funktion

$$z = \frac{\zeta}{2} \pm \sqrt{\left(\frac{\zeta}{2}\right)^2 - a^2} \tag{1}$$

---

[1] Kutta, W.: Auftriebskräfte in strömenden Flüssigkeiten. Ill. aeron. Mitt. 1902.

über in einen Kreis vom Durchmesser gleich der halben Geraden, und die parallele Strömung längs der Geraden geht über in die Strömung um den Kreis (Abb. 138). Um dieses zu erkennen, setzen wir in den Ausdruck für z beispielsweise $\zeta = \pm 2\,a$, und wir erhalten $z = \pm a$; ferner ergibt $\zeta = 0$ die Größen $\pm \sqrt{-1}\,a \equiv \pm i\,a$. Allgemein erhält man für die Punkte der ξ-Achse von $-2\,a$ bis $+2\,a$ mit

$$\zeta = 2\,a \cos \vartheta$$

$$z = a \cos \vartheta \pm \sqrt{a^2 \cos^2 \vartheta - a^2}$$

oder

$$z = a \cos \vartheta \pm \sqrt{-a^2(1 - \cos^2 \vartheta)}$$

oder

$$z = a \cos \vartheta \pm i\,a \sin \vartheta;$$

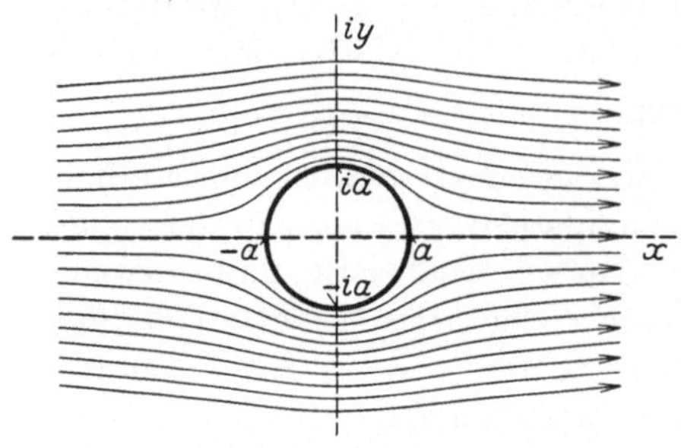

Abb. 138. Konforme Abbildung der $\xi + i\eta$-Ebene in Abb. 137 in eine $x + iy$-Ebene durch die Funktion

$$z = x + iy = \frac{\zeta}{2} + \sqrt{\left(\frac{\zeta}{2}\right)^2 - a^2}\,.$$

Hierbei wird das Geradenstück von $-2a$ bis $+2\,a$ in die Kreiskontur vom Radius a abgebildet, also die Strömung längs einer Platte in die Strömung um einen Kreiszylinder.

also ist die ξ-Achse von $-2\,a$ bis $+2\,a$ auf einen Kreis vom Radius a abgebildet. Die zweiblättrige Riemannsche Fläche der ζ-Ebene mit dem Verzweigungsschnitt von $-2\,a$ bis $+2\,a$ wird dabei auf die ganze $z = x + iy$-Ebene abgebildet.

Aus der Strömung um den Kreis in der z-Ebene lassen sich jetzt durch entsprechende Funktionen die verschiedenartigsten Strömungen erhalten. Während wir durch die inverse Funktion von (Gl. 1)

$$\zeta = z + \frac{a^2}{z} \qquad (2)$$

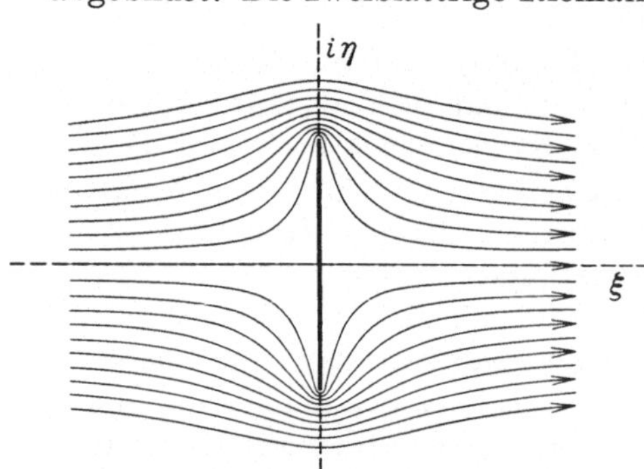

Abb. 139. Konforme Abbildung der $z = x + iy$-Ebene in Abb. 138 in eine $\zeta = \xi + i\eta$-Ebene durch die Funktion $\zeta = \xi + i\eta = z - \dfrac{a^2}{z}$.

Der Kreis vom Radius a geht dabei über in ein Geradenstück von $-i2a$ bis $+i2a$ und also die Strömung um einen Kreiszylinder in die Strömung um eine senkrechte Platte.

wieder die Strömung der Abb. 137 erhalten, ergibt die Funktion

$$\zeta = z - \frac{a^2}{z} \qquad (2\,\mathrm{b})$$

die Strömung um die senkrecht gestellte Platte (Abb. 139). Die Strömung gegen eine um einen Winkel α geneigte Platte erhält man durch (Gl. 2), wenn man in Abb. 138 die z-Ebene um diesen Winkel α dreht (Abb. 140).

Neben der Berechnung der Strömung um ebene Platten hat Kutta auch bereits eine Methode angegeben, die Strömung um Kreisbögen zu bestimmen. Während in Abb. 141 der gestrichelte Kreis durch (Gl. 2)

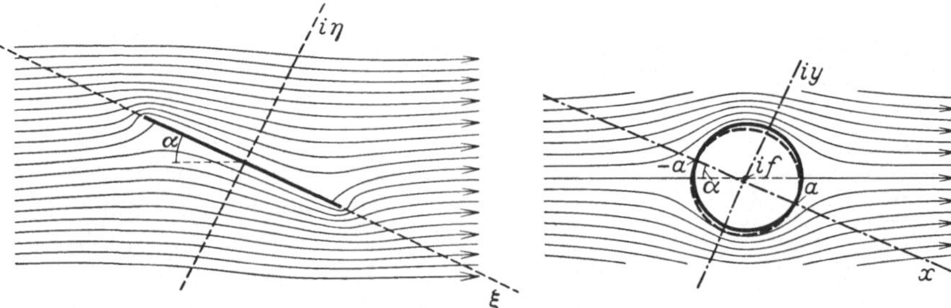

Abb. 140. Die der Abb. 139 entsprechende konforme Abbildung, bei der jedoch die x,y-Achsen in Abb. 138 um den Winkel gedreht sind.

Abb. 141. Strömung um einen Kreiszylinder, dessen Mittelpunkt die Koordinaten $x = o, y = if$ hat, in einem um den Winkel α gegen die Anströmungsrichtung gedrehten Koordinatensystem.

in die gestrichelte Gerade der Abb. 142 übergeht, wird der durch die Punkte $-a$ und $+a$ gehende ausgezogene Kreis mit if als Mittelpunkt durch dieselbe Funktion auf den ausgezogenen Kreisbogen mit der Pfeilhöhe $2f$ abgebildet. W. Deimler[1] hat, den Kuttaschen Ansätzen folgend, eine Methode zur Konstruktion der Stromlinien um Kreisbögen ausgearbeitet.

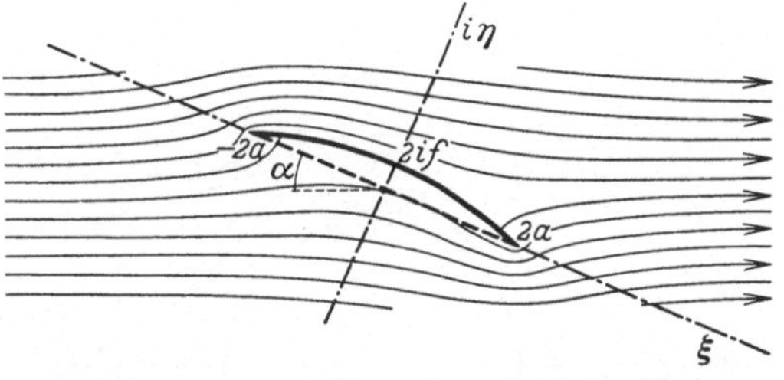

Abb. 142. Konforme Abbildung des gestrichelten Kreises um den Ursprung in Abb. 141 in die Gerade von $-2a$ bis $+2a$; der ausgezogene Kreis in Abb. 141 geht dabei über in den Kreisbogen von $-2a$ bis $2a$, mit einem Pfeil gleich $2f$.

111. Überlagerung einer Parallelströmung mit einer zirkulatorischen Strömung. Alle diese Strömungsformen ergeben jedoch höchstens ein Kräftepaar (ein Drehmoment), nicht aber eine Einzelkraft. Dazu ist, wie wir wissen, notwendig, daß außer der Parallelbewegung im Unendlichen noch eine zirkulatorische Bewegung um den Tragflügel vorhanden ist.

Gehen wir auf die Potential- und Stromfunktion $\Phi + i\Psi$ zurück (vgl. Nr. 75 des ersten Bandes), so läßt sich leicht zeigen, daß die Strömung um einen Kreis (mit dem Radius a) in der $z = x + iy$-Ebene gegeben ist durch die komplexe Funktion

$$\Phi + i\Psi = V\left(z + \frac{a^2}{z}\right) = Vz + V\frac{a^2}{z}, \tag{3}$$

---

[1] Deimler, W.: Zeichnungen zur Kutta-Strömung. Z. Math. Phys. Bd. 60, S. 373. 1912 oder Z.F.M. Bd. 3, S. 63. 1912.

deren erster Teil das Potential einer Parallelströmung mit der Geschwindigkeit V darstellt, während der zweite Teil durch Spiegelung am Kreis mit dem Radius a entsteht. Die Überlagerung beider Strömungen ergibt, wie Abb. 143 zeigt, die bekannte Strömung um den Kreiszylinder. Man erkennt dies auch ohne weiteres, wenn man nach Einführung von Polarkoordinaten $z = r \cos \varphi$ (Gl. 3) in Real- und Imaginärteil trennt:

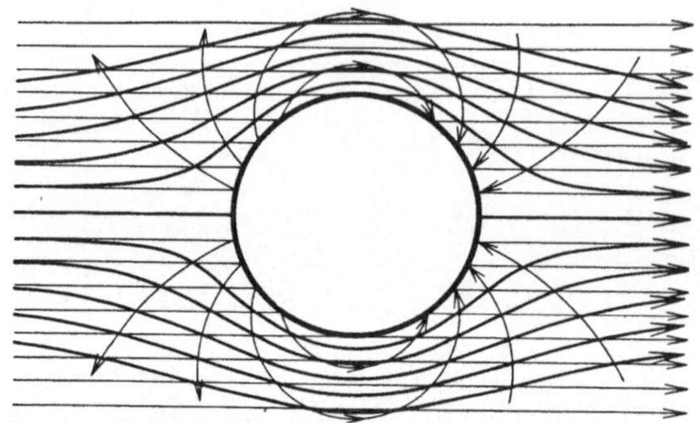

Abb. 143. Konstruktion der Stromlinien um einen Kreiszylinder durch Superposition einer Parallelströmung mit einer am Kreis gespiegelten Parallelströmung.

$$\Phi + i\,\Psi = V \cos\varphi \left(r + \frac{a^2}{r}\right) + i\,V \sin\varphi \left(r - \frac{a^2}{r}\right).$$

In $\Psi = V \sin\varphi \left(r - \dfrac{a^2}{r}\right) = $ konst. haben wir dann die Stromlinien um den Kreis; speziell ergibt $\Psi = 0$, daß die Kreiskontur selbst Stromlinie ist, da diese Gleichung mit $r = a$ für alle φ erfüllt ist; dasselbe ist der Fall für alle von Null verschiedene r, wenn $\varphi = 0$ bzw. π ist, d. h. die x-Achse ist ebenfalls Stromlinie.

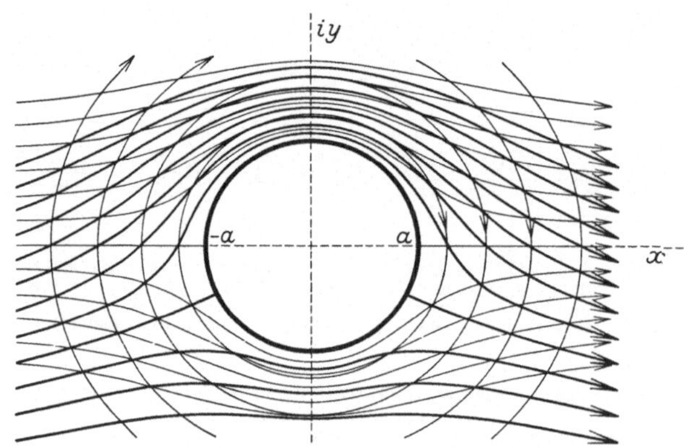

Abb. 144. Superposition der Strömung um einen Kreiszylinder mit einer den Zylinder umkreisenden Potentialströmung.

Die Strömungsfunktion einer den Kreis in konzentrischen Kreisen umfließenden Strömung haben wir (mit Γ als Konstante) in

$$\Phi_1 + i\,\Psi_1 = \frac{i\,\Gamma}{2\,\pi}\ln z$$

oder, da $i \ln z = -\varphi + i \ln r$,

$$\Phi_1 + i\,\Psi_1 = -\frac{\Gamma\,\varphi}{2\,\pi} + i\,\frac{\Gamma}{2\,\pi}\ln r.$$

$\Psi = \dfrac{\Gamma}{2\,\pi}\ln r = $ konst. ergibt $r = $ konst., d. h. die Stromlinien sind

Kreise um $r = 0$ als Mittelpunkt. Die Ableitung von Ψ nach r gibt die Geschwindigkeit

$$w = \frac{\Gamma}{2\pi r}, \quad \text{oder} \quad \Gamma = w \cdot 2\pi r.$$

Γ stellt also das Produkt aus dem Kreisumfang in die auf dem Kreise herrschende Geschwindigkeit, d. h. die Zirkulation, dar. Über die Größe der Zirkulation ist in der nächsten Nummer noch einiges zu sagen, zunächst betrachten wir sie als willkürlich.

Durch Überlagerung beider Strömungen, also durch Addition der Strömungsfunktionen:

$$V \left(z + \frac{a^2}{z} \right) + i \frac{\Gamma}{2\pi} \ln z$$

erhalten wir dann die gesuchte Parallelströmung mit Zirkulation. Das Stromlinienbild läßt sich leicht dadurch erhalten, daß man, wie Abb. 144 zeigt, die Stromlinien der Einzelströmungen übereinander zeichnet und die Diagonalen zieht. Je nach der Größe der gewählten Zirkulation können die Staupunkte mehr oder weniger nahe zueinander gebracht werden.

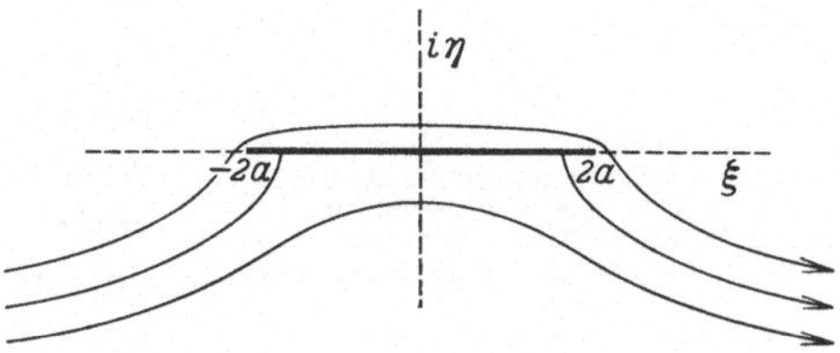

112. Bestimmung der Stärke der Zirkulation. Obwohl die in Abb. 144 dargestellte Strömung z. B. bei einem in einer Parallelströmung rotierenden Zylinder oder bei einem Zylinder mit einseitiger Absaugung (Nr. 60) selbständige

Abb. 145. Konforme Abbildung der $z = x + iy$-Ebene, der Abb. 144 auf eine $\zeta = \xi + i\eta$-Ebene derart, daß der Kreis vom Radius a in Abb. 144 in ein Geradenstück von $-2\,a$ bis $2\,a$ übergeht.

Bedeutung hat, liegt der größere Wert darin, jetzt aus dem Kreis durch spezielle Abbildungsfunktionen solche Konturen zu erhalten, die den in der Praxis benutzten Flügelprofilen möglichst ähnlich sind.

Wenden wir zunächst auf den Kreis mit dem Radius a die uns bereits bekannten Abbildungsfunktionen an, so sehen wir in Abb. 145, wie das Stromlinienbild der Abb. 144 abgebildet wird, wenn der Kreis in ein Geradenstück übergeht. Dieselbe Funktion bildet den

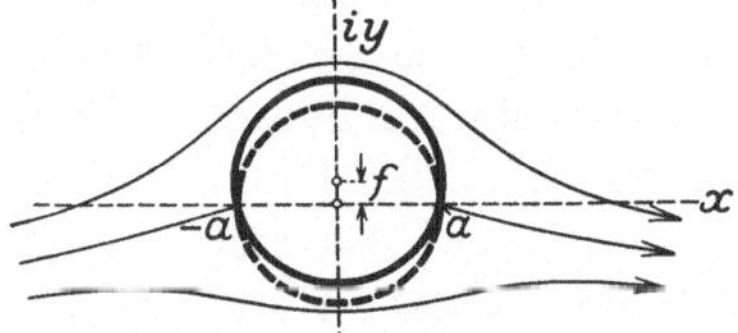

Abb. 146. Strömung um einen Kreiszylinder (ausgezogener Kreis), bei der gerade eine solche Stärke der Zirkulation angenommen ist, daß die beiden Staupunkte in die Punkte $+a$ und $-a$ zu liegen kommen.

durch $-a$ und $+a$ gehenden ausgezogenen Kreis der Abb. 146 um den Punkt if als Mittelpunkt ab auf einen Kreisbogen (Abb. 147). Dabei ist der Spezialfall angenommen, daß die Zirkulation gerade so groß genommen wurde, daß die beiden Staupunkte in $-a$ und $+a$ der Abb. 146 zu liegen kamen. Legen wir jetzt die Abb. 141 zugrunde, bei der es sich um eine Strömung um einen durch die Punkte $-a$ und $+a$ gehenden Kreis mit dem Mittelpunkt if handelt, wobei die z-Ebene um den Winkel α im Uhrzeigersinn gedreht ist, und überlagern wir dieser

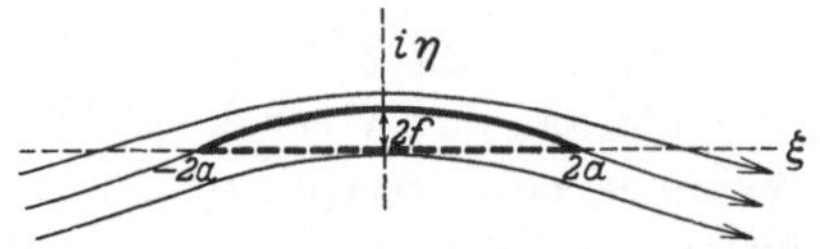

Abb. 147. Durch die Funktion $\zeta = z + \dfrac{a^2}{z}$ wird der gestrichelte Kreis in der $z = x + iy$-Ebene der Abb. 146 in die gestrichelte Gerade von $-2a$ bis $+2a$ und der ausgezogene Kreis in den Kreisbogen von $-2a$ bis $+2a$ der $\zeta = \xi + iy$-Ebene abgebildet.

Strömung eine Strömung in konzentrischen Kreisen, so können wir, als einen speziellen Fall, die Zirkulation dieser Strömung gerade so groß wählen, daß der hintere (rechte) Staupunkt gerade nach $+a$ fällt. Bilden wir dann die z-Ebene durch (Gl. 3) auf eine ζ-Ebene ab, so geht der umströmte Kreis über in einen schräg zur Strömung gestellten Kreisbogen und die Strömung um den Kreis in die Strömung um diesen Kreisbogen. Dabei ist durch die spezielle Wahl der Größe der Zirkulation dafür gesorgt, daß ein Umströmen der Hinterkante nicht stattfindet, daß vielmehr der hintere Staupunkt in der z-Ebene mit der hinteren Kante des Kreisbogens zusammenfällt. Hätte man der gewölbten Platte bzw. dessen Sehne einen größeren Anstellwinkel erteilt, so hätte man — um

Abb. 148. Strömung um einen zur Anströmungsrichtung geneigten Kreisbogen (vgl. Abb. 141), bei der jedoch durch geeignete Wahl der Zirkulation der hintere Staupunkt an das Ende des Kreisbogens verlegt ist.

das glatte Abströmen an der Hinterkante zu gewährleisten — auch eine größere Zirkulation wählen müssen, was im Einklang mit dem Erfahrungssatz steht, daß bei Zunahme des Anstellwinkels auch der Auftrieb und damit die Zirkulation wächst. Die in Abb. 148 dargestellte Strömung hat bereits — abgesehen von der Umströmung der scharfen Vorderkante — eine recht große Ähnlichkeit mit den Strömungen um Tragflügel, wie sie in der Praxis verwandt werden.

113. Die Abbildungsmethode von Joukowsky. Die Schwierigkeiten, die sich aus der Umströmung der scharfen Vorderkante ergeben, hat Joukowsky[1] als erster dadurch umgangen, daß er eine Abbildungsmethode angab, durch welche ein Kreis in eine vorn abgerundete Kontur übergeführt wird. Ohne auf die Einzelheiten dieser Methode, deren funktionstheoretische Seite Kutta[2] ein Jahr später in seiner zweiten Abhandlung über diesen Gegenstand ausführlich behandelt, einzugehen, beschränken wir uns darauf, einzusehen, inwiefern die

---

[1] Joukowsky, N.: Über die Konturen der Tragflächen der Drachenflieger. Z.F.M. Bd. 1, S. 281, 1910; Bd. 3, S. 81, 1912.

[2] Kutta, W.: Über ebene Zirkulationsströmungen nebst flugtechnischen Anwendungen. Münch. Ber. 1911.

Joukowsky-Abbildung eine Erweiterung der Kuttaschen Methode bedeutet.

Wir gehen aus von Abb. 141 und 142, wo wir erkannt haben, in welcher Weise der umströmte Kreis in einen umströmten, zur Strömung schräg gestellten Kreisbogen übergeht. Umgeben wir jetzt in Abb. 149 den Kreis K_1 mit einem weiteren Kreis K_2 derartig, daß beide nur den Punkt $+a$ gemeinsam haben, so muß bei einer Abbildung, die den Kreis K_0 auf die Gerade $-2a$ bis $+2a$ und also den Kreis K_1 auf den Kreisbogen zwischen $-2a$ und $+2a$ überführt, der den Kreis K_1 umgebende Kreis K_2 auf eine Kontur abgebildet werden, die bis auf den Punkt $+2a$ den Kreisbogen vollständig umgibt (Abb. 150). Da das Äußere von K_2 wieder auf das Äußere der aus K_2 hervorgegangenen Kontur abgebildet wird, erhalten wir die gesuchte Strömung um diese Kontur, wenn wir K_2 als den um-

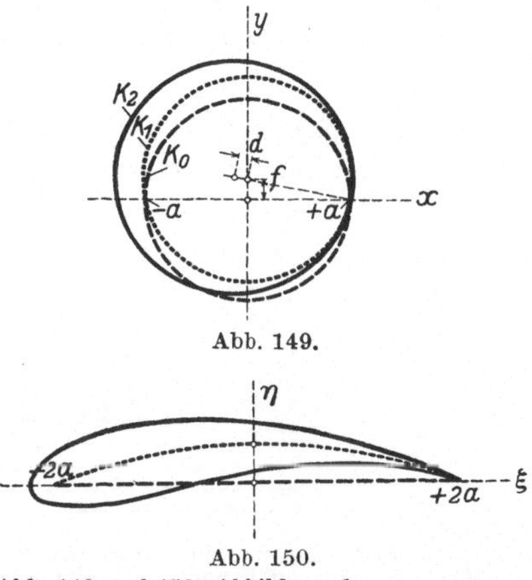

Abb. 149.

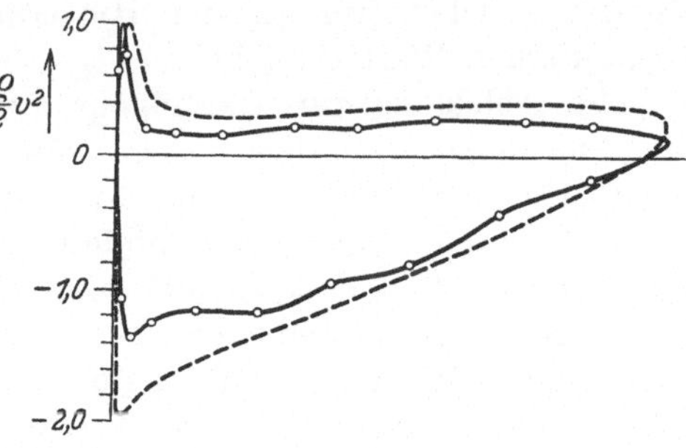

Abb. 150.

Abb. 149 und 150. Abbildung des ausgezogenen Kreises K_2 in ein sogenanntes Joukowsky-Profil. Der gestrichelte Kreis K_0 mit a als Radius geht über in das Geradenstück von $-2a$ bis $+2a$; der punktierte Kreis K_1 mit if als Mittelpunkt geht über in den Kreisbogen durch $-2a$ und $+2a$ mit $2f$ als Pfeil.

strömten Kreis annehmen und die ihn enthaltende z-Ebene durch (Gl. 3) auf eine ζ-Ebene abbilden, wodurch also K_0 in das Geradenstück $-2a$ bis $+2a$ übergeführt wird. Die auf diese Weise erhaltenen Profile haben teilweise große Ähnlichkeit mit Tragflügelprofilen, besonders im vorderen und mittleren Teil, während das hintere Ende bei den Joukowsky-Profilen in einem verschwindenden Kantenwinkel ausläuft, was in der Praxis schon aus Festigkeitsgründen nicht angängig ist. Eine einfache Methode zur

Abb. 151. Druckverteilung um ein Joukowsky-Profil; die ausgezogene Kurve entspricht gemessenen Werten, die gestrichelte Kurve entspricht berechneten Werten.

Konstruktion von Joukowsky-Profilen wurde von Trefftz[1] gegeben.

Die Joukowskyschen Profile sind mehrfach Gegenstand theoretischer und experimenteller Untersuchungen gewesen. 1912 wurden im Mos-

---

[1] Trefftz, E.: Graphische Konstruktion Joukowskyscher Tragflächen. Z. F. M. Bd. 4, S. 130. 1913.

kauer Laboratorium unter Joukowsky[1] Versuche angestellt. Ein Jahr später untersuchte Blumenthal[2] theoretisch die Druckverteilung. Er charakterisierte die verschiedenen Formen der Joukowsky-Profile durch drei Parameter (Abb. 149 u. 150): 1. a, wodurch die Größe des Profils bestimmt ist; 2. f, ein Maß für die durchschnittliche Krümmung; 3. d, die Radiendifferenz der Kreise K_2 und K_1, worin die Dicke des Profils zum Ausdruck kommt.

Ein Vergleich des berechneten Auftriebes sowie der berechneten Druckverteilung mit den experimentell bestimmten Größen ist von Betz[3] durchgeführt worden. Die Übereinstimmung der Theorie mit dem Experiment ist recht befriedigend. Abb. 151 zeigt die berechnete (gestrichelte) Druckverteilungskurve im Vergleich mit der experimentell bestimmten (ausgezogenen). Daß die berechnete Kurve durchweg die gemessene umgibt, so daß die von ihr eingeschlossene Fläche und damit der Auftrieb größer ist als bei der gemessenen Kurve, läßt sich durch die Reibungs-

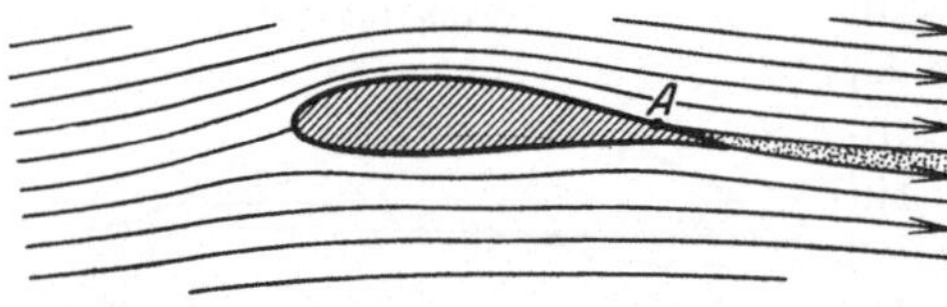

Abb. 152. Strömung um ein Joukowsky-Profil. Die Strömung löst sich auf Grund von Reibungswirkungen im Druckanstieggebiet, etwa bei A, vom Flügel ab.

wirkung verstehen. Die wirkliche Strömung legt sich nämlich nicht wie die theoretische auf der Oberseite des Flügels bis an die Hinterkante dem Flügel an, sondern löst sich schon etwas vorher, etwa bei Punkt A der Abb. 152, von ihm ab. Das sich hier bildende, wenn auch schmale Wirbelgebiet bedeutet aber einen Verlust an Auftrieb, da der Druckanstieg an der Hinterkante dadurch nicht mehr den theoretischen Wert erreicht.

114. Abbildung auf Tragflügelprofile mit endlichem Kantenwinkel. In Anlehnung an einen Gedanken von Kutta[4] (S. 77) gingen v. Kármán u. Trefftz[5] insofern über Joukowsky hinaus, als sie den Kreis auf ein Profil abbildeten, das am hinteren Ende nicht — wie bei den Joukowsky-Profilen — einen verschwindenden, sondern einen endlichen Kantenwinkel besitzt. Um das zu bewirken, hat man nur nötig, statt der Abbildungsfunktion (Gl. 3), die den Kreis K_0 der Abb. 149 in ein Geradenstück überführt, eine solche Funktion zu verwenden, die diesen Kreis in ein Kreisbogenzweieck abbildet.

[1] Joukowsky, N.: Aérodynamique, S. 145. Paris 1916.

[2] Blumenthal, O.: Über die Druckverteilung längs Joukowskyscher Tragflächen. Z. F. M. Bd. 4, S. 125, 1913.

[3] Betz, A.: Untersuchung einer Schukowskyschen Tragfläche. Z. F. M. Bd. 6, S. 173, 1915.

[4] Vgl. Fußnote [2], S. 192.

[5] v. Kármán, Th. u. E. Trefftz: Potentialströmung um gegebene Tragflächenquerschnitte. Z. F. M. Bd. 9, S. 111. 1918.

Die von Kutta angegebene Abbildungsfunktion läßt sich auch (wie man durch Ausmultiplizieren sofort erkennt) in der Form schreiben:

$$\frac{\zeta + 2a}{\zeta - 2a} = \left(\frac{z+a}{z-a}\right)^2. \tag{4}$$

Durch diese Funktion wird also der Kreis mit dem Radius a in der z-Ebene abgebildet auf das doppelt zu zählende Geradenstück von $-2a$ bis $+2a$ auf der reellen Achse der ζ-Ebene, insbesondere entsprechen den singulären Punkten $-a$ und $+a$ der z-Ebene die singulären Punkte $-2a$ und $+2a$ der ζ-Ebene, wobei in diesen singulären Punkten der Winkel von 2π der z-Ebene in einen verschwindenden Winkel in der ζ-Ebene übergeht.

Andererseits wird durch die Funktion:

$$\frac{\zeta + 2a}{\zeta - 2a} = \frac{z+a}{z-a} \tag{5}$$

ein Kreis vom Radius a in der z-Ebene auf einen Kreis, jedoch mit dem Radius $2a$ in der ζ-Ebene, abgebildet. Dabei geht also der Winkel von 2π in den Punkten $-a$ und $+a$ der z-Ebene wiederum in ebensolche Winkel in den Punkten $-2a$ und $+2a$ der ζ-Ebene über.

Dem Exponenten 2 der obigen Funktion entspricht also die Abbildung eines Kreises in ein zu einer Geraden ausgeartetes Kreiszweieck vom Kantenwinkel Null, dem Exponenten 1 die Abbildung in ein zu einem Kreise ausgeartetes Kreiszweieck vom Kantenwinkel 2π. Es ist daher zu erwarten — und eine genauere Untersuchung bestätigt dieses —, daß einem Exponenten k zwischen 1 und 2 die Abbildung eines Kreises der z-Ebene in ein Kreisbogenzweieck der ζ-Ebene mit einem Kantenwinkel zwischen 2π und 0 entspricht. Dabei hängt der Kantenwinkel δ des Kreiszweiecks mit dem Exponenten k durch die Beziehung

$$\frac{2\pi - \delta}{\pi} = k \quad \text{oder} \quad \delta = (2-k)\pi$$

zusammen. Durch die Funktion

$$\frac{\zeta + 2a}{\zeta - 2a} = \left(\frac{z+a}{z-a}\right)^{\frac{2\pi - \delta}{\pi}} \tag{6}$$

wird also ein Kreis in der z-Ebene übergeführt in ein Kreisbogenzweieck vom Kantenwinkel δ in der ζ-Ebene.

Die mit (Gl. 4) identische Funktion $\zeta = z + \dfrac{a^2}{z}$ zeigt, daß für sehr große Werte von z die Punkte der ζ-Ebene mit denen der z-Ebene angenähert zusammenfallen, so daß also die Geschwindigkeit im Un-

13*

endlichen bei beiden Ebenen die gleiche ist. Die mit (Gl. 5) identische Funktion $2\,z = \zeta$ zeigt, daß bei dieser Abbildung die Geschwindigkeit im Unendlichen bei der ζ-Ebene doppelt so groß ist wie in der z-Ebene. Ebenfalls haben wir bei der Transformation (Gl. 6) für beide Ebenen im Unendlichen nicht die gleiche Geschwindigkeit. Will man dies doch erreichen, so hat man statt (Gl. 6) mit $k = 2 - \dfrac{\delta}{\pi}$ zu schreiben

$$\frac{\zeta + k\,a}{\zeta - k\,a} = \left(\frac{z + a}{z - a}\right)^{k}. \tag{7}$$

Unter Zugrundelegung der Joukowskyschen Abbildungsmethode und bei Anwendung von (Gl. 7) erhalten wir als ein Beispiel Abb. 153 und 154. Der gestrichelte Kreis K_1 mit der Strecke $- a$ bis $+ a$ der $z = x + i\,y$-Ebene als Sehne geht in der $\zeta = \xi + i\eta$-Ebene vermittels (Gl. 7) über in ein Kreisbogenzweieck von einer gewissen durchschnittlichen Wölbung. Die Wölbung würde gleich Null und das Profil symmetrisch werden, wenn die Strecke $- a$ bis $+ a$ Durchmesser des Kreises K_1, d. h. wenn der Mittelpunkt M von K_1 auf den Ursprung der z-Ebene fallen würde. Je weiter der Mittelpunkt M sich auf der imaginären Achse vom Ursprung entfernt, um so größer wird die Wölbung des Profils. Je größer anderseits die Radiendifferenz der beiden Kreise K_2 und K_1 ist, um so dicker wird das Profil. Darüber hinaus gestattet die Abbildungsfunktion (Gl. 7) noch eine Variation des

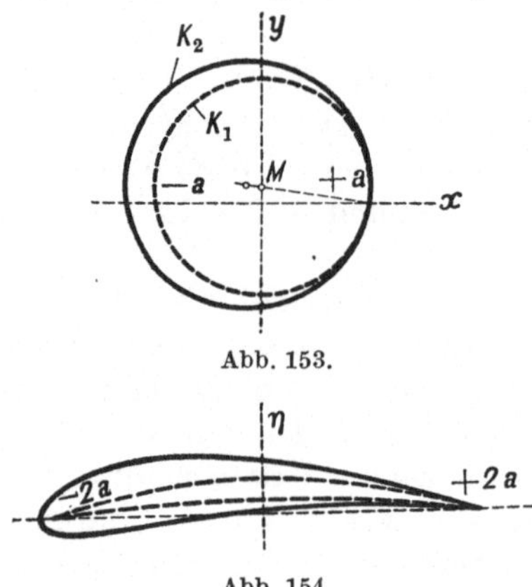

Abb. 153.

Abb. 154.

Abb. 153 und 154. Abbildung des ausgezogenen Kreises in ein Profil mit endlichem Kantenwinkel; der gestrichelte Kreis geht dabei in ein Kreiszweieck über.

Kantenwinkels. Obwohl man bei Variation der 3 Größen: der mittleren Wölbung, der Dicke und des Kantenwinkels schon eine große Mannigfaltigkeit von brauchbaren Profilen besitzt, bleiben doch noch gewisse Unterschiede in der Profilgestaltung der Tragflügel übrig, deren Berücksichtigung die bisherigen Methoden nicht gestatten. So z. B. geben diese Methoden nie Profile, die vorn stärker gekrümmt sind als hinten, oder solche, deren Mittelkurve einen Wendepunkt hat (S-Profile). v. Kármán u. Trefftz[1] geben deshalb ein Näherungsverfahren, wodurch es möglich ist, den Kreis auf eine beliebige profilähnliche Kontur abzubilden. Unter Benutzung neuerer Sätze aus der Funktionen-

---

[1] Vgl. Fußnote [5], S. 194.

theorie sind in dieser Richtung sowie in der Berechnung der Abhängigkeit des Auftriebs vom Anstellwinkel durch v. Mises[1] und durch W. Müller[2] wesentliche Fortschritte erzielt worden.

C. Der endliche Tragflügel (dreidimensionale Strömung)[3].

115. Fortsetzung der Zirkulation des Tragflügels durch die Randwirbel. Während beim unendlich langen Flügel die über und unter ihm bestehenden Druckunterschiede durch die Gleichheit der Strömungsvorgänge in allen zur Flügelachse senkrechten Ebenen ohne weiteres im Gleichgewichte sind, ist bei einem Flügel von endlicher Spannweite dieses Gleichgewicht nicht mehr vorhanden, vielmehr ist hier ein seitlicher Ausgleich der Druckunterschiede unterhalb und oberhalb des Flügels zu erwarten. An jedem der beiden Flügelenden, wo der unter dem Flügel herrschende Überdruck mit dem Unterdruck an der Oberseite des Flügels zusammentrifft, findet infolge dieser Druckunterschiede ein Umströmen

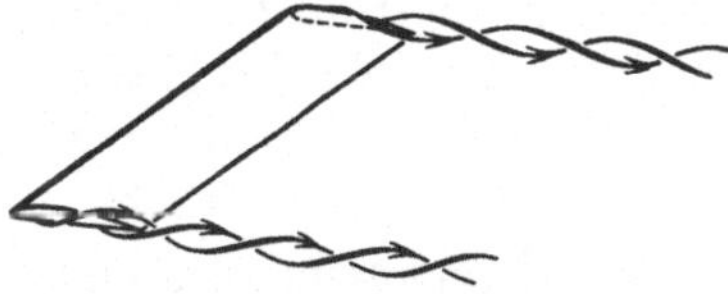

Abb. 155. Die von den Flügelenden ausgehenden Wirbel bei einem Flügel von endlicher Länge (dreidimensionale Strömung).

der Flügelenden von unten nach oben statt. Man hat deshalb an einem breiten Stück in der Gegend der Hinterkante unten eine Auswärtsströmung, oben eine Einwärtsströmung. Dort, wo die Strömung den Flügel verläßt, bildet sich daher eine Trennungsfläche aus, die sich beim Weiterfließen in zwei Wirbel einrollt.

Diese Wirbel, die sich ungefähr hinter den Flügelenden anordnen, sind nach Helmholtz an die Flüssigkeitsteilchen gebunden, so daß der in der Flüssigkeit mit der Geschwindigkeit V sich bewegende Tragflügel in roher Annäherung zwei Wirbelfäden in der Art der Abb. 155 hinter

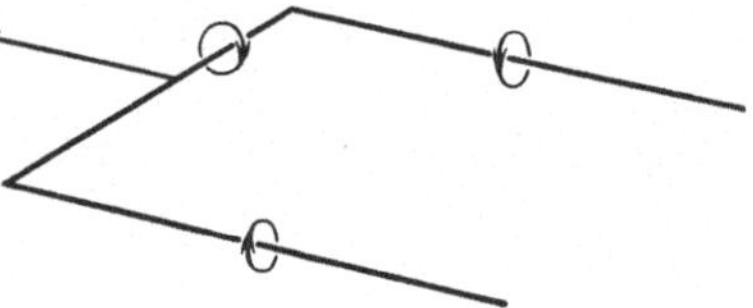

Abb. 156. Einfachstes Bild eines tragenden Wirbelsystems einer endlichen tragenden Fläche.

sich läßt. Dabei ist — um zunächst einen möglichst einfachen Fall zu betrachten — angenommen, daß der Auftrieb und damit die Zirkulation über die ganze Flügellänge konstant ist und an den Flügelenden plötzlich auf Null abfällt. Be-

---

[1] v. Mises, R.: Zur Theorie des Tragflächenauftriebs. Z. F. M. Bd. 8, S. 157, 1917; Bd. 11, S. 68 u. 87, 1920; Z. ang. Math. Mech. Bd. 2, S. 71, 1922.

[2] Müller, W.: Zur Theorie der Misesschen Profilachsen. Z. ang. Math. Mech. Bd. 4, S. 186, 1924. Vgl. auch W. Müller: Mathematische Strömungslehre. Berlin: Jul. Springer 1928.

[3] Prandtl, L.: Tragflügel-Theorie, 1. u. 2. Mitteilung. Nachr. von der Kgl. Gesellschaft der Wissenschaften. Math.-Phys. Klasse 1918, S. 151 und 1919, S. 107.

rücksichtigt man ferner, daß — wie im Falle des unendlich langen Tragflügels — für die fernere Umgebung des Tragflügels dieser durch einen tragenden Wirbelfaden ersetzt werden kann, so erhält man als einfachstes Bild für das Wirbelsystem einer endlichen tragenden Fläche ein Gebilde, wie es in Abb. 156 dargestellt ist.

Man kann diese Tatsache noch etwas anders erklären: Ein Wirbelkern oder ein Zirkulation besitzendes Gebilde kann nicht im Endlichen innerhalb der Flüssigkeit endigen, sondern nur im Unendlichen — wie beim unendlich langen Tragflügel — oder an der Oberfläche einer Flüssigkeit, was hier nicht in Frage kommt. Die von den Flügelenden ausgehenden Wirbel der Abb. 156 sind nun gewissermaßen als Fortsetzung des tragenden Wirbels ins Unendliche zu betrachten. Nimmt man eine endliche Flugdauer an, so erhält man mit dem Anfahrwirbel einen vollständig geschlossenen Wirbelring, bestehend aus dem tragenden Wirbel des Tragflügels und den beiden durch den Anfahrwirbel verbundenen Randwirbeln.

116. Übertragung des Flugzeuggewichtes auf den Erdboden. Wie weit auch in Abb. 156 die Vereinfachung im Hinblick auf die verwickelten Strömungsvorgänge an einer Tragfläche getrieben ist, so ist sie doch für die Behandlung der Vorgänge geeignet, die sich in größerer Entfernung vom Tragflügel abspielen.

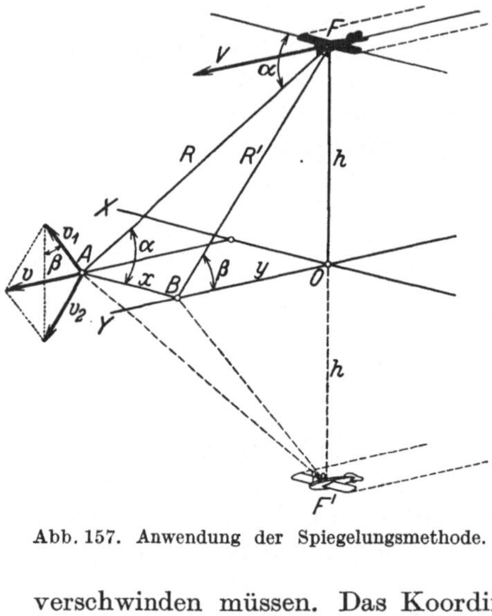

Insbesondere läßt sich mit diesem Näherungsansatz erklären, in welcher Weise das Gewicht eines Flugzeuges auf den Boden übertragen wird. Wir machen hier Gebrauch von der schon auf S. 180 erwähnten Spiegelungsmethode[1], bei welcher der Erdboden als Symmetrieebene angenommen wird. Hierdurch wird der notwendigen Bedingung Genüge getan, daß auf dem Erdboden die senkrechten Geschwindigkeitskomponenten verschwinden müssen. Das Koordinatensystem nehmen wir, um stationäre Verhältnisse zu erhalten, relativ zum Flugzeug als ruhend an, und zwar die x-Achse in der Richtung der Flügelspannweite, die y-Achse in Richtung der Bewegung, die z-Achse senkrecht nach unten (Abb. 157).

Abb. 157. Anwendung der Spiegelungsmethode.

---

[1] Vgl. Fußnote S. 180.

Die von dem Wirbelsystem herrührenden Zusatzgeschwindigkeiten u, v, w nehmen wir als so klein an, daß ihre Quadrate gegen die Produkte mit der Hauptgeschwindigkeit V vernachlässigt werden können. Bezeichnet p_0 den Druck der ungestörten Luft und p den Druckunterschied gegen p_0, so ergibt die Bernoullische Gleichung

$$p_0 + p + \frac{\varrho}{2}\{u^2 + (v - V)^2 + w^2\} = p_0 + \frac{\varrho}{2}\,V^2,$$

oder bei Vernachlässigung der quadratischen Glieder der Komponenten u, v, w

$$p = \varrho\,V\,v.$$

Um p, d. h. den Druckunterschied gegen den Ruhedruck, d. i. den vom Flugzeug auf den Boden übertragenen Druck, am Boden zu bestimmen, hat man also für $z = 0$ die Komponente v als Funktion von x und y zu bestimmen, über die x, y-Ebene zu integrieren und mit ϱV zu multiplizieren.

Sieht man von der in Wirklichkeit vorhandenen, nach unten gerichteten schwachen Neigung der abgehenden Wirbelfäden ab, die von der Eigenbewegung der Wirbel herrührt, so liefern sie zu v keinen Beitrag; v rührt somit ganz vom tragenden Wirbel her. Bezeichnen wir die Länge des tragenden Wirbelfadens mit l (wobei man l mit Rücksicht darauf, daß ein Teil der Wirbel schon innerhalb des Flügelendes abgeht, etwas kleiner als die wirkliche Spannweite nehmen kann) und seine Zirkulation mit Γ, so ergibt sich unter Berücksichtigung, daß l gegen die Höhe h des Flugzeugs über der Bodenfläche klein ist und gleichsam als Element behandelt werden kann:

$$v_1 = \frac{\Gamma\,l\sin\alpha}{4\,\pi\,R^2},$$

wo die Richtung von v_1 senkrecht zur Ebene $A\,B\,E$ ist.

Einen gleichen Beitrag v_2 liefert das Spiegelbild des Flugzeugs, so daß die wirkliche Geschwindigkeit v am Boden sich aus der geometrischen Summe von v_1 und v_2 zusammensetzt. Unter Benutzung der in der Abb. 157 angegebenen Bezeichnungen ergibt sich also:

$$v = 2\,v_1\sin\beta = 2\,v_1\frac{h}{R'}$$

oder, da

$$\sin\alpha = \frac{R'}{R}$$

ist,

$$v = \frac{\Gamma\,l\,h}{2\,\pi\,R^3}.$$

Führt man unter Berücksichtigung von $A = \varrho\,\Gamma\,V\,l$ statt der Zirkulation den Auftrieb ein, so erhält man, wenn man in dem Ausdruck für p den gefundenen Wert für v einsetzt:

$$p = \frac{A \cdot h}{2\,\pi\,R^3}\,.$$

Wie man erkennt, erfolgt die Verteilung des Druckes rotationssymmetrisch um den Fußpunkt des vom Flugzeug gefällten Lotes. An

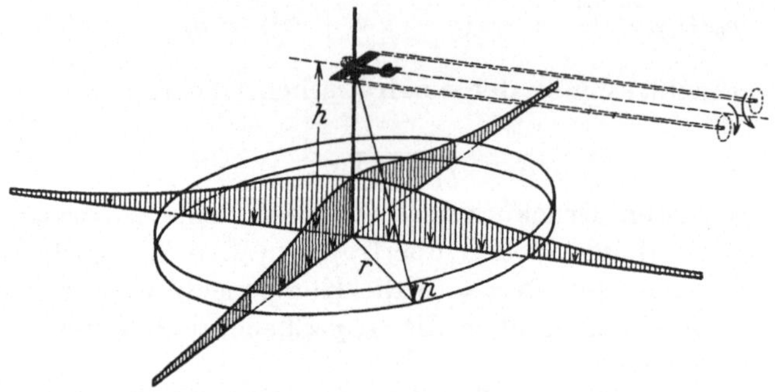

Abb. 158. Übertragung des Fluggewichtes auf den Erdboden als Druck.

dieser Stelle herrscht auch das Druckmaximum $p_{\max} = \dfrac{A}{2\,\pi\,h^2}$; selbst bei geringer Höhe ist dieser Betrag jedoch, da die Höhe in zweiter Potenz im Nenner auftritt, nur klein.

Abb. 158 gibt die vom Flugzeug auf die Erdoberfläche übertragene Druckverteilung wieder. Bildet man unter Benutzung der in Abb. 159 angegebenen Bezeichnungen das Integral

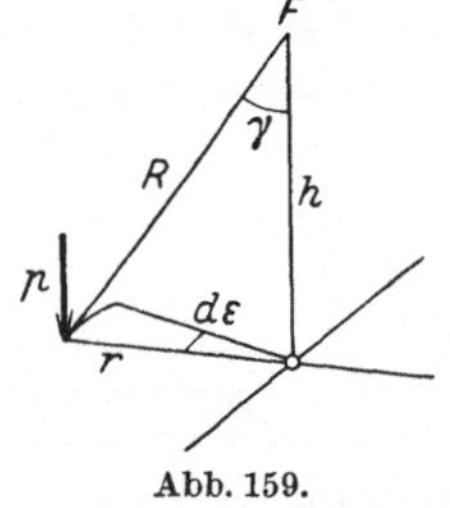

Abb. 159.

$$\int\limits_{-\infty}^{\infty}\!\!\int p\,dx\,dy = \int\limits_{r=0}^{\infty}\int\limits_{\varepsilon=0}^{2\pi} p\,dr\,r\,d\varepsilon,$$

so muß sich also der Auftrieb ergeben. Berücksichtigt man, daß $r = \mathrm{tg}\,\gamma\,h$, also

$$dr = \frac{h}{\cos^2\gamma}\,d\gamma$$

ist, so erhält man, wenn man den gefundenen Wert für p einsetzt und berücksichtigt, daß $\cos\gamma = \dfrac{h}{R}$ ist,

$$\frac{A}{2\,\pi}\int\limits_{\gamma=0}^{\frac{\pi}{2}}\int\limits_{\varepsilon=0}^{2\pi}\frac{h^3}{R^3}\frac{\sin\gamma}{\cos^3\gamma}\,d\gamma\,d\varepsilon = A\int\limits_{\gamma=0}^{\frac{\pi}{2}}\sin\gamma\,d\gamma = A.$$

Man erkennt also, daß der Auftrieb A vollständig in Form von Druckerhöhungen auf den Boden übertragen wird.

117. Abhängigkeit des Widerstandes vom Seitenverhältnis. Kehren wir zu der am Anfang dieses Kapitels gewonnenen Erkenntnis hinsichtlich der Fortsetzung der Zirkulation um den Flügel durch die Randwirbel zurück, so müssen wir sagen, daß die Energie dieser Wirbel nur unter Aufwendung einer dieser Energie gleich großen Arbeit aufgebracht werden kann, und zwar besteht diese darin, daß der Flügel bei seiner Bewegung eine der Bewegungsrichtung entgegengesetzt wirkende Kraft, einen Widerstand, überwinden muß. In diesem Zusammenhang sehen wir von dem in einer wirklichen Flüssigkeit vorhandenen Profilwiderstand (Nr. 99) ab.

Da nun der Auftrieb unter sonst gleichen Bedingungen proportional der Spannweite ist, der durch die Bildung der Randwirbel bedingte Widerstand jedoch bei verschiedenen Spannweiten als ungefähr gleich groß erwartet werden muß, so ergibt sich, daß der durch die Energie der Randwirbel verursachte Widerstand bei Tragflügeln kleinerer Spannweite im Verhältnis zum erzeugten Auftrieb wesentlich schwerer ins Gewicht fällt als bei langen Tragflügeln; d. h. pro Einheit des Auftriebes ist der Widerstand eines kurzen Flügels größer als der eines Flügels mit großer Spannweite. Hierin kommt die schon seit langem bekannte Tatsache zum Ausdruck, daß das Verhältnis von Widerstand zu Auftrieb (die Gleitzahl) unter sonst gleichen Bedingungen stark vom Seitenverhältnis des Flügels abhängt insofern, als das Verhältnis $\frac{W}{A}$ bei Tragflügeln größerer Spannweite kleiner, d. h. günstiger ist als bei solchen kleinerer Spannweite.

Die Berechnung dieses Widerstandes gelingt nun, wenn man sich auf den Fall beschränkt, daß die durch die Randwirbel hervorgerufenen Geschwindigkeiten (Zusatzgeschwindigkeiten) klein sind gegenüber der Fortschreitungsgeschwindigkeit V des Tragflügels (diese Einschränkung erweist sich als unbedenklich, da es sich in der Praxis fast immer um diesen Fall handelt).

118. Summarische Abschätzung des Widerstandes. Zunächst versuchen wir, mit Hilfe des Impuls- und Energiesatzes eine summarische Abschätzung des Widerstandes zu erhalten, ohne auf die Einzelheiten der Flüssigkeitsbewegung einzugehen. Wir gehen davon aus, daß mit der Erzeugung eines Auftriebs durch einen Tragflügel von endlicher Spannweite notwendigerweise eine durch die Randwirbel bedingte zusätzliche Ablenkung der vom Tragflügel erfaßten Flüssigkeit nach unten verbunden sein muß.

Betrachten wir in Abb. 160 für eine zweidimensionale Strömung die Verteilung der Vertikalkomponente der Geschwindigkeit in einer zur Fluggeschwindigkeit parallelen Geraden durch die Flügelmitte (eine ähnliche Verteilung haben wir für einen Spezialfall in Abb. 134 bis 136 berechnet), so erkennen wir die uns bekannte Tatsache, daß beim

unendlich langen Tragflügel die vor dem Flügel aufwärts strömende
Flüssigkeit nach unten abgelenkt wird. Denken wir uns jetzt aus diesem
unendlich langen Flügel ein endliches Stück herausgeschnitten und
bewegen es für sich mit der gleichen Geschwindigkeit V in gleicher
Richtung, so erzeugen die Randwirbel eine zusätzliche Abwärtsgeschwindigkeit w, deren Verteilung die gestrichelte Kurve der Abb. 161 angibt. Dadurch wird aber das Geschwindigkeitsfeld in der näheren Umgebung des
Tragflügels derartig beein-flußt, als wenn sich der Flügel, als Teil eines unend-lich langen Flügels, in einer um den Winkel $\varphi = \operatorname{arc} \operatorname{tg} \dfrac{w}{V}$ gedrehten Richtung be-wegen würde. Da die Resultierende auf dieser scheinbaren Bewegung senkrecht steht, bildet sie mit der tatsächlichen Be-wegungsrichtung des end-lichen Flügels den Winkel φ. Wenn w_0 die durch die Randwirbel verursachte Abwärtsbewegung am Orte

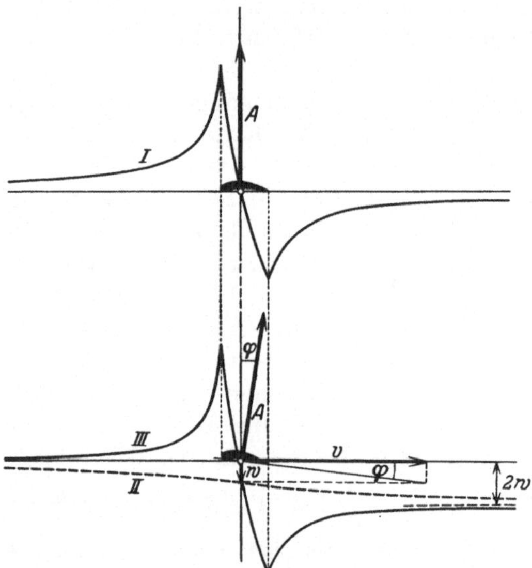

Abb. 160 und 161. Verteilung der Vertikalkomponente der
Geschwindigkeit in einer zur Fluggeschwindigkeit parallelen
Geraden durch die Flügelmitte: *I* für den unendlich
langen Tragflügel (zweidimensionale Strömung), *II* die durch
die Randwirbel eines endlich langen Tragflügels erzeugte zusätzliche Abwärtsgeschwindigkeit, *III* für den endlich langen
Tragflügel (dreidimensionale Strömung); Summe von *I* und *II*.

des Druckmittelpunktes des Tragflügels ist, so haben wir also

$$\frac{W}{A} = \frac{w_0}{V}.\tag{1}$$

Obwohl die zusätzlichen Abwärtsgeschwindigkeiten der vom Tragflügel beeinflußten Flüssigkeit an Punkten, die zum Tragflügel verschiedene Lage haben, keineswegs die gleichen sind (außerhalb der
Seitenenden sind sie sogar entgegengesetzt gerichtet), machen wir zunächst die vereinfachende Annahme, daß die Flüssigkeit, die durch
einen gewissen Querschnitt F' hindurchfließt, vom Tragflügel so beeinflußt wird, daß sie am Schlusse des Vorgangs eine konstante Abwärtsgeschwindigkeit w_1 erhält, während die übrige Flüssigkeit gar keine
Ablenkung erfahren möge. Über die Größe und Form dieses Querschnittes erhalten wir jedoch bei dieser summarischen Betrachtung keinen Aufschluß. Die Bestimmung von F' müssen wir späteren Rechnungen mit
Berücksichtigung der einzelnen Vorgänge am Tragflügel überlassen. Hier

wollen wir als Resultat jener Rechnung nur vorwegnehmen, daß F' nicht vom Anstellwinkel abhängig ist.

Berücksichtigen wir, daß in der Zeiteinheit der Flüssigkeitsmasse $\varrho F'V$ die Abwärtsgeschwindigkeit w_1 erteilt wird, so haben wir als Gegenwirkung zu diesem Impuls den Auftrieb, d. h.

$$\varrho F' V w_1 = A.$$

Wenden wir ferner den Energiesatz an auf ein Bezugssystem, für das die Flüssigkeit im Unendlichen ruht, so ergibt sich als Ausdruck der Aussage, daß die Arbeitsleistung des Widerstandes gleich der in der Zeiteinheit erzeugten kinetischen Energie ist, die Beziehung

$$W \cdot V = \varrho F' V \cdot \frac{w_1^2}{2}$$

und mit zweimaliger Benutzung des obigen Impulssatzes

$$W = \frac{A \cdot w_1}{2V} = \frac{\varrho F' V}{2V} \left(\frac{A}{F' \varrho V}\right)^2 = \frac{A^2}{4 \cdot \frac{\varrho}{2} V^2 F'}.$$

Anderseits ist nach (Gl. 1)

$$W = \frac{A \cdot w_0}{V},$$

wo w_0 die Größe der Abwärtsbewegung am Orte des Druckmittelpunktes ist. Somit ergibt sich

$$w_0 = \frac{w_1}{2},$$

d. h. die halbe durch die Endlichkeit der Spannweite bewirkte Ablenkung erfolgt bis zum Druckmittelpunkt, die andere Hälfte hinter dem Druckmittelpunkt (vgl. hierzu auch Nr. 121).

Um den Widerstand W zu berechnen, handelt es sich im wesentlichen darum, den Querschnitt F' zu bestimmen. Bei experimentellen Untersuchungen kommt es gelegentlich vor, daß der Tragflügel seitlich von zwei parallelen Wänden begrenzt ist, zwischen denen der Versuchsluftstrom fließt. In diesem Falle ist F' einfach gleich dem Querschnitt des Luftstrahls. Der ganze aus der Düse heraustretende Luftstrom mit dem Querschnitt F' wird um w_1 abgelenkt, während die übrige Luft in Ruhe bleibt.

119. Der Potentialsprung hinter dem Tragflügel. Für den frei in der Luft befindlichen Flügel ist es nötig, die Strömung genauer zu betrachten. Es gelten hier ähnliche Überlegungen wie bei der Behandlung der Trennungsfläche. Geht man aus von dem Beschleunigungsfeld, das zu einem gewissen Auftrieb gehört, so bekommt man — ähnlich wie bei der zweidimensionalen Strömung — als dauernde Spur des sich mit der Geschwindigkeit V bewegenden Tragflügels eine Unstetigkeitsfläche in der Strömung, eine Trennungsfläche, welche die über und unter dem Flügel hinweggegangenen Flüssigkeitsteilchen voneinander trennt. Diese Trennungsfläche erfährt unter der Wirkung der Randwirbel eine Abwärtsgeschwindigkeit w_1, die um so größer ist, je größer der Auftrieb des Tragflügels ist. Wie eine nähere Untersuchung zeigt, wickelt sich diese Trennungsfläche in der aus Abb. 162 ersicht-

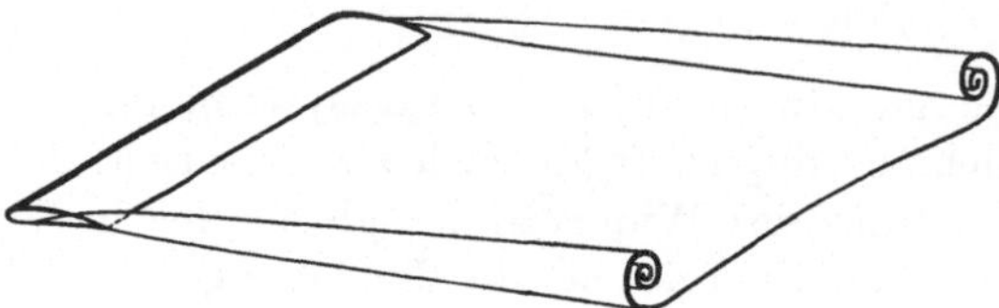

Abb. 162. Die von einem bewegten Tragflügel erzeugte Trennungsfläche.

lichen Weise von den Seiten aus mehr und mehr auf, und zwar um so schneller, je größer w_1 ist.

Wir behandeln im folgenden den Fall, daß w_1 so klein ist, daß weit hinter dem Tragflügel, wo das Beschleunigungsfeld bereits abgeklungen ist, die Trennungsfläche sich noch nicht wesentlich aufgewickelt hat. Die Strömung ist also in allen Schnitten senkrecht der Fortschreitungsrichtung des Flügels näherungsweise die gleiche, d. h. sie ist nur von x und z, nicht aber von y abhängig (Abb. 163). Dieser zweidimensionale Vorgang läßt sich aber mit den Mitteln der Hydrodynamik unschwer behandeln.

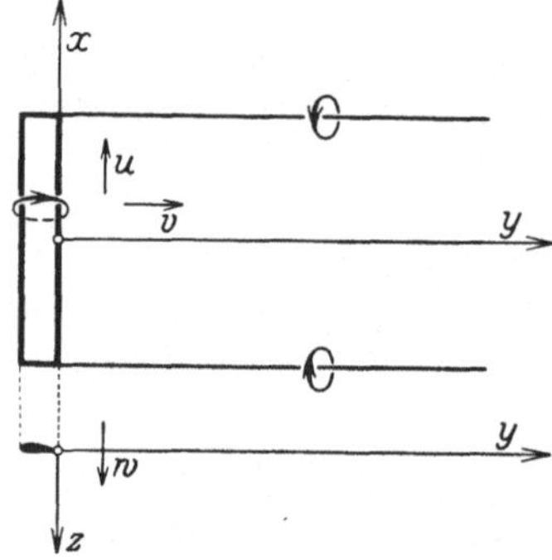

Abb. 163. Die Trennungsfläche hinter einem angeströmten Tragflügel für den Fall, daß die zusätzliche Abwärtsgeschwindigkeit w klein ist.

Man kann sich das Beschleunigungsfeld auch dadurch entstanden denken, daß die einzelnen Flüssigkeitspartien, die vom Tragflügel überstrichen sind, nicht nacheinander, sondern gleichzeitig durch Druck in der Trennungsfläche beschleunigt werden, wie wenn ein Brett, das die ganze vom Flügel bestrichene Fläche erfüllt, plötzlich für einen Augenblick beschleunigt würde. Dieses Gedankenbild läßt sich noch dahin erweitern, daß man eine verschiedene Druckverteilung längs der Spannweite des Tragflügels erhalten kann, wenn man das „Brett" nicht als starr, sondern als elastisch annimmt, wodurch an verschiedenen Stellen der x-Richtung verschiedene Beschleunigungen hervorgebracht werden können.

Die durch die plötzliche Beschleunigung des „Brettes" erhaltene zweidimensionale Strömung, deren Geschwindigkeitsfeld in Abb. 133 dargestellt ist, legen wir der folgenden Betrachtung zugrunde. Es bedeute $-p_0$ den Unterdruck (bezogen auf den Druck der ungestörten Flüssigkeit) an der Oberseite, p_u den entsprechenden Überdruck an der Unterseite des Tragflügels. Die Dauer τ der Beschleunigung des die überstrichene Flugbahn ausfüllenden „Brettes" nehmen wir sehr kurz

an, so daß es sich um einen stoßartigen Vorgang handelt. An jeder
Stelle der Flüssigkeit tritt dann die Stoßgröße

$$\int_0^\tau p\,dt$$

auf, wo p den Unterschied gegen den Druck der ungestörten Flüssigkeit bezeichnet.

Die auf nicht stationäre Vorgänge erweiterte allgemeine Bernoullische
Gleichung (bezogen auf ein relativ zur ungestörten Flüssigkeit ruhendes
Bezugssystem)

$$\frac{\partial \Phi}{\partial t} + \frac{1}{2} w^2 + \frac{p}{\varrho} = \text{konst.}$$

geht unter der von uns gemachten Voraussetzung, daß w sehr klein
ist, über in

$$\frac{\partial \Phi}{\partial t} + \frac{p}{\varrho} = \text{konst.}$$

Um die Konstante zu bestimmen, betrachten wir die Vorgänge in
großer Entfernung seitlich vom „Brett“. Hier, in der nahezu ungestörten
Flüssigkeit, konvergiert $\frac{\partial \Phi}{\partial t}$ und ebenfalls p (der Druckunterschied
gegen den „Ruhedruck“) mit wachsender Entfernung nach Null, so
daß sich auch die Konstante zu Null bestimmt. Mithin bleibt

$$\frac{\partial \Phi}{\partial t} = -\frac{p}{\varrho}.$$

Da nun wegen der sehr kurzen Dauer des Druckstoßes statt der
substantiellen Integration die lokale angewandt werden darf, ergibt
sich (bei vorausgesetzter Inkompressibilität) für den Stoßdruck:

$$\Phi \Big|_0^\tau = -\frac{1}{\varrho} \int_0^\tau p\,dt$$

oder, da die Bewegung aus der Ruhe heraus erfolgte, also $\Phi = 0$ ist
zur Zeit $\tau = 0$,

$$\int_0^\tau p\,dt = -\varrho\,\Phi_\tau,$$

wo Φ_τ das Potential der Strömung nach dem Stoß ist, wie es dann
weiterhin bleibt.

Wollen wir die gesamte Stoßkraft für ein Stück Flugbahn von
der Länge L, d. h. für eine Strecke senkrecht zur Zeichenebene der
Abb. 133, berechnen, so haben wir das Integral zu bilden:

$$\int_0^\tau dt \int_{x_1}^{x_2} L\,(p_u - p_o)\,dx = L\varrho \int_{x_1}^{x_2} (\Phi_o - \Phi_u)\,dx.$$

Das Integral

$$\int\limits_{x_1}^{x_2} L\,(p_u - p_o)\,dx$$

ist der Ausdruck für die Kraft auf die Fläche $(x_2 - x_1)\,L$ in einem Augenblick zwischen 0 und τ. Da nach Verlauf des Stoßdruckes, d. h. für $t > \tau\ \ p_u = 0$ und $p_o = 0$ ist, ergibt die Integration von 0 bis τ die gesamte Stoßkraft. Diese auf die Fläche von der Länge L wirkende Kraft ist nun nach dem Prinzip von actio und reactio gleich einem dem Tragflügel erteilten Auftrieb, multipliziert mit der Zeit T, die der Tragflügel gebraucht, um die Strecke L zu durchfliegen $\left(T = \dfrac{L}{V}\right)$. Somit haben wir

$$L\varrho \int\limits_{x_1}^{x_2} (\Phi_o - \Phi_u)\,dx = A \cdot T = A \cdot \frac{L}{V}$$

oder:

$$A = \varrho\,V \int\limits_{x_1}^{x_2} (\Phi_o - \Phi_u)\,dx.$$

Es ist nun leicht zu ersehen, daß dem Potentialsprung in der Trennungsfläche eine Zirkulation um den Flügel entspricht. Betrachten wir in Abb. 164 die geschlossene Linie, die ganz in einem einfach zusammenhängenden Bereich einer Potentialströmung verläuft (da die Unstetigkeitsfläche nicht von dem Kurvenzug durchsetzt wird), so ist also das Linienintegral der Geschwindigkeit über diese Kurve gleich Null. Lassen wir die Punkte A und B der Abb. 164 nach einem dazwischenliegenden Punkt der Trennungsfläche konvergieren, so muß —

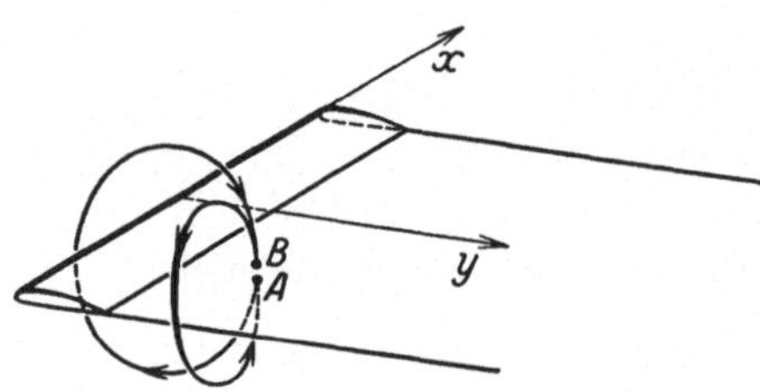

Abb. 164. Das Linienintegral der Geschwindigkeit längs der geschlossenen Kurve, die die Unstetigkeitsfläche nicht durchstößt, ist Null (Potentialströmung). Daher ergibt sich, wenn A und B nach einem Punkt der Trennungsfläche konvergieren, daß die beiden Linienintegrale — in die jetzt das ursprüngliche Integral zerfällt — entgegengesetzt gleich sind.

da das Linienintegral der Geschwindigkeit längs der den Flügel umschließenden Kurve gleich der Zirkulation Γ ist — das entsprechende Integral längs der dann noch verbleibenden Kurve, die in der Ebene unserer betrachteten Strömung liegt und gleich $\Phi_u - \Phi_o$ ist, gleich $-\Gamma$ sein. In Verbindung mit der letzten Gleichung für den Auftrieb erhalten wir also:

$$A = \varrho\,V \int\limits_{x_1}^{x_2} \Gamma\,dx. \tag{2}$$

Nimmt man jetzt die Zirkulation (und somit den Auftrieb) längs der x-Achse als konstant an, so ergibt sich

$$A = \varrho\, V \varGamma\, (x_2 - x_1) = \varrho\, V \varGamma b\,,$$

wenn $b = x_2 - x_1$ die Spannweite des Tragflügels bedeutet. Hiermit haben wir also einen neuen Beweis für den Joukowskyschen Satz gefunden, und erkennen aus (Gl. 2) gleichzeitig, daß dieser Satz auch für eine längs der Spannweite veränderliche Zirkulation anwendbar ist.

Um zu einem Ausdruck für die auf S. 202 auftretende Fläche F' zu gelangen, was — wie wir gesehen haben — für die Berechnung des Widerstandes von wesentlicher Bedeutung ist, führen wir statt des Potentials $\varPhi$ eine rein geometrische Größe dadurch ein, daß wir das Potential durch eine passende Geschwindigkeit, z. B. durch w_1, dividieren. $\dfrac{\varPhi}{w_1} = \varphi$ hat dann die Dimension einer Länge, und das Integral $\int\limits_{x_1}^{x_2} (\varphi_o - \varphi_u)\, dx$ bezeichnet somit eine Fläche. φ kann dann offenbar als Potential derjenigen Strömung gleicher Art angesehen werden, bei der $w_1 = 1$ gesetzt wird.

Vergleichen wir die so erhaltene Form für den Auftrieb

$$A = \varrho\, V w_1 \int\limits_{x_1}^{x_2} (\varphi_o - \varphi_u)\, dx$$

mit dem Ausdruck, den wir für A aus der Impulsbetrachtung abgeleitet hatten:

$$A = \varrho\, V w_1 \cdot F'\,,$$

so ergibt sich für die noch unbestimmt gebliebene Fläche:

$$F' = \int\limits_{x_1}^{x} (\varphi_o - \varphi_u)\, dx\,.$$

Anstatt die Differenz der Potentiale φ_o und φ_u zu bilden, kann man auch so integrieren:

$$\int\limits_{x_1}^{x_2} (\varphi_o - \varphi_u)\, dx = \int\limits_{x_1}^{x_2} \varphi_o\, dx + \int\limits_{x_2}^{x_1} \varphi_u\, dx = \oint\limits_{x_1}^{x_2\,x_1} \varphi\, dx\,,$$

wobei die Integration über die Spannweite b hin und zurück auszuführen ist und dabei das eine Mal die φ-Werte der oberen, das andere Mal die φ-Werte der unteren Seite der Trennungsfläche zu nehmen sind. In dieser Schreibweise ist also

$$A = \varrho\, V w_1 \oint \varphi\, dx$$

und

$$F' = \oint \varphi\, dx\,.$$

**120. Die Wirbelfläche hinter einem Tragflügel mit nach den Flügel-
enden abnehmender Auftriebsverteilung.** Bisher haben wir vorausgesetzt,
daß die Verteilung des Auftriebs längs der Spannweite konstant ist,
und daß sich die Zirkulation über die beiden Enden des Tragflügels,
wo sie von dem Betrag Γ auf Null abfällt, in zwei Wirbeln fortsetzt,
die — da es sich um flüssige Wirbel handelt — von der Strömung
mitgenommen bzw. vom bewegten Tragflügel in der ruhenden Flüssigkeit zurückgelassen werden.

Nehmen wir eine nicht konstante Auftriebsverteilung an, sondern
eine solche, bei welcher der Auftrieb von einem Maximum in der Mitte
nach den Flügelenden zu allmählich auf Null abfällt (wie es bei wirklichen Tragflügeln immer der Fall ist), so ergibt sich als Folge dieser nach
außen abnehmenden Zirku-
lation, daß von der Hinterkante überall da, wo Γ
sich ändert, Wirbelfäden
abgehen. An irgendeiner
Stelle A_1 des Tragflügels
sei die Zirkulation oder,
was auf dasselbe hinaus-
kommt, der Potential-
sprung an der Hinterkante
gleich Γ und an einer um
dx entfernten Stelle A_2 die

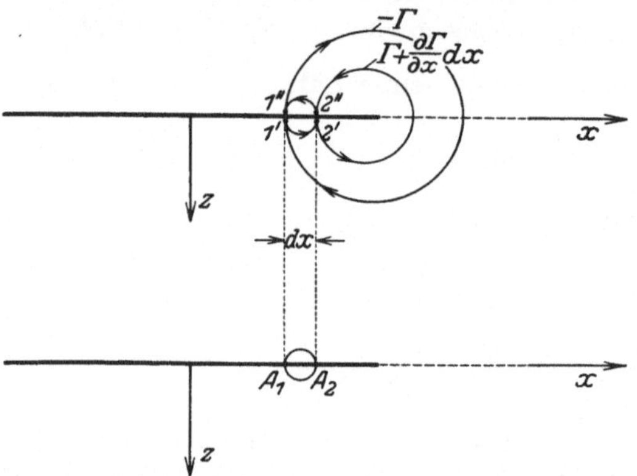

Abb. 165 und 166. Die Zirkulation des an einer Stelle des
Tragflügels abgehenden Wirbelfadens hat den Wert $\dfrac{\partial \Gamma}{\partial x} dx$.

Zirkulation $\Gamma + \dfrac{\partial \Gamma}{\partial x} dx$. Das Linienintegral der Geschwindigkeit längs
der geschlossenen Kurve der Abb. 165 ist gleich Null, da sie ganz
im Gebiet der Potentialströmung verläuft. Läßt man jetzt die Punkte $1'$
und $1''$ sowie $2'$ und $2''$ nach der Trennungsfläche konvergieren, so erhält
man demnach im Limes für die Zirkulation der kleinen geschlossenen
Kurve der Abb. 166 den Wert

$$\frac{\partial \Gamma}{\partial x} dx.$$

Dies ist die Zirkulation des an der betrachteten Stelle des Tragflügels
abgehenden Wirbelfadens. Ist die Zirkulation längs der ganzen Spannweite veränderlich und in keinem Bereich konstant, so bilden die abgehenden Wirbelfäden ein flächenhaftes Gebilde, eben die früher be-
sprochene Trennungsfläche. Man findet für diese Art von Trennungsflächen auch die Bezeichnung „Wirbelband“.

Dieses Ergebnis läßt sich auch noch auf andere Weise einsehen. Wir
knüpfen unsere Überlegung daran an, daß der Auftrieb von der Mitte

des Tragflügels nach den Seiten hin abnimmt. Da der Auftrieb sich zusammensetzt aus einem Unterdruck über dem Flügel und einem Überdruck unterhalb des Flügels, so ergibt eine Abnahme des Auftriebs nach den Flügelenden in der Richtung nach diesen hin einen Druckanstieg an der Oberseite und einen Druckabfall an der Unterseite.

Unter der Einwirkung dieser Druckunterschiede über die Flügelränder werden die den Flügel umströmenden Flüssigkeitsteilchen aus ihrer Bahn gelenkt insofern, als sie an der Oberseite des Tragflügels eine zusätzliche Geschwindigkeitskomponente nach innen, an der Unterseite eine solche nach außen erhalten. Da bei einer reibungslosen Flüssigkeit die sich vorn am Flügel teilende Flüssigkeit an der Hinterkante wieder zusammenschließt, so verbleibt also ein Richtungsunterschied der Geschwindigkeit in dieser Zusammenfluß- oder Trennungsfläche. Dabei erfolgt die Ablenkung in um so stärkerem Maße, je größer der seitliche Druckabfall und also die Zirkulationsänderung $\dfrac{\partial \Gamma}{\partial x}$ ist. Der Betrag der Geschwindigkeiten muß jedoch nach der Bernoullischen Gleichung derselbe sein, da der Druck auf beiden Seiten der Trennungsfläche der gleiche ist.

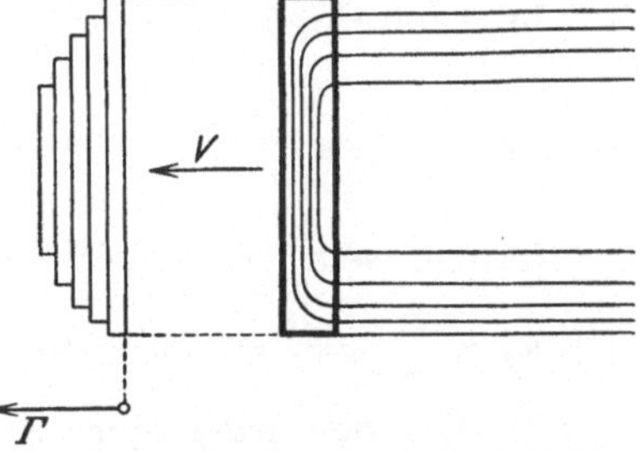

Abb. 167. Stufenartige Zirkulationsverteilung und die entsprechenden vom Tragflügel abgehenden Wirbelfäden.

Stellt man den längs der Spannweite irgendwie veränderlichen Auftrieb und damit die Zirkulation dar durch eine verschiedene Dichte der Wirbelfäden im Tragflügel, so erhält man bei stufenartiger Zirkulationsverteilung für die nach hinten abgehenden Wirbelfäden etwa das in Abb. 167 wiedergegebene Bild.

Zu dem Geschwindigkeitsfeld des tragenden Wirbelfadens kommen durch das abgehende Wirbelsystem Zusatzgeschwindigkeiten hinzu. Da — wie wir gesehen haben — für die Ermittelung des Widerstandes dieses mit dem Wirbelsystem verbundene Geschwindigkeitsfeld von wesentlicher Bedeutung ist, wird es im folgenden von Wichtigkeit sein, für jeden Punkt der tragenden Linie die durch das abgehende Wirbelsystem bedingte Zusatzgeschwindigkeit zu berechnen. Dabei wird in erster Annäherung von der Eigenbewegung der Wirbellinien abgesehen.

Als wesentliche Vereinfachung wird weiterhin vorausgesetzt, daß alle tragenden Elemente in einer Linie konzentriert seien. Der Tragflügel mit der Zirkulation Γ wird also ersetzt durch eine tragende Wirbellinie von gleicher Zirkulation.

121. Die von einer geraden tragenden Wirbellinie erzeugte Abwärtsgeschwindigkeit. Betrachten wir in Abb. 168 zunächst einen geraden

Wirbelfaden von der Zirkulation Γ, so erzeugt (vgl. S. 192 des I. Bandes) ein Stück desselben von der Länge ds in einem Punkt A eine Geschwindigkeit vom Betrage

$$d w_A = \frac{\Gamma \, ds \sin \varphi}{4 \, \pi \, r^2},$$

oder da $\sin \varphi = \cos \alpha$, $s = h \operatorname{tg} \alpha$, also $ds = \dfrac{h \, d\alpha}{\cos^2 \alpha}$ und $r = \dfrac{h}{\cos \alpha}$,

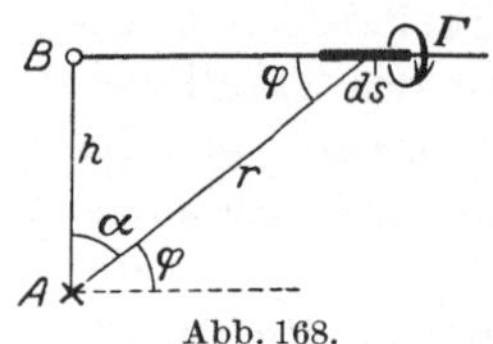

Abb. 168.

$$d w_A = \frac{\Gamma \, h \, d\alpha \cos \alpha}{\cos^2 \alpha \, 4 \, \pi \, \dfrac{h^2}{\cos^2 \alpha}} = \frac{\Gamma \cos \alpha}{4 \, \pi \, h} \, d\alpha \, .$$

Die Richtung der Geschwindigkeit ist dabei senkrecht zur Zeichenebene.

Ein Stück des geraden Wirbelfadens, dessen Enden von A unter den Winkeln α_1 und α_2 erscheinen, bewirkt folglich in A die Geschwindigkeit

$$w_A = \frac{\Gamma}{4 \, \pi \, h} \int\limits_{\alpha_1}^{\alpha_2} \cos \alpha \, d\alpha = \frac{\Gamma}{4 \, \pi \, h} \left[\sin \alpha_2 - \sin \alpha_1 \right]. \tag{3}$$

Für den nach beiden Seiten unendlichen Wirbelfaden wird $\alpha_1 = - \dfrac{\pi}{2}$ und $\alpha_2 = \dfrac{\pi}{2}$, also $\sin \alpha_2 - \sin \alpha_1 = 2$ und somit $w_A = \dfrac{\Gamma}{2 \, \pi \, h}$, vgl. Bd. I, S. 192. Für den nach einer Seite unendlichen Wirbelfaden $\left(\alpha_2 = \dfrac{\pi}{2} \right)$ wird daher $w_A = \dfrac{\Gamma}{4 \, \pi \, h} (1 - \sin \alpha_1)$. In dem Spezialfall $\alpha_1 = 0$ ergibt sich daher

$$w_A = \frac{\Gamma}{4 \, \pi \, h},$$

also gerade die Hälfte des Betrages für den nach beiden Seiten unendlichen Wirbelfaden. Wir ersehen hieraus, daß von einer tragenden Linie abgehende Wirbelfäden in der durch die tragende Linie gelegten „Querebene" Geschwindigkeiten hervorbringen, die gleich der Hälfte der Geschwindigkeiten weit hinten sind, wo das Wirbelband näherungsweise als beiderseits unendlich lang angesehen werden kann.

122. Bestimmung des induzierten Widerstandes bei gegebener Auftriebsverteilung. Wir nehmen an, daß die Auftriebsverteilung und somit auch die Zirkulation Γ als Funktion von x (Abb. 169) bekannt ist. Es wird nun die Aufgabe sein, für diesen Fall das durch das abgehende Wirbelband erzeugte Geschwindigkeitsfeld zu untersuchen, insbesondere die Zusatzgeschwindigkeit am Ort der tragenden Linie und damit den durch das Wirbelsystem hervorgerufenen Widerstand zu bestimmen.

Für die Einwirkung des ganzen von B (der Abb. 168) sich rechts nach Unendlich erstreckenden Wirbelfadens von der Stärke Γ erhält man nach der vorigen Nummer

$$w_A = \frac{\Gamma}{4\pi h}.$$

Wendet man diese für einen Wirbelfaden von der Stärke Γ abgeleitete
Beziehung auf einen der abgehenden Wirbelfäden der Abb. 169 an,
so erhält man für einen beliebigen Punkt x' der tragenden Linie mit
den in Abb. 169 angegebenen Bezeich-
nungen

$$dw(x') = \frac{1}{4\pi(x'-x)}\frac{\partial\Gamma}{\partial x}\,dx.$$

Die Richtung von w fällt in die positive z-Achse, weil rechts ($x > x'$) die
Größe $\dfrac{\partial\Gamma}{\partial x}$ negativ und links ($x < x'$)
die Größe $\dfrac{\partial\Gamma}{\partial x}$ positiv ist.

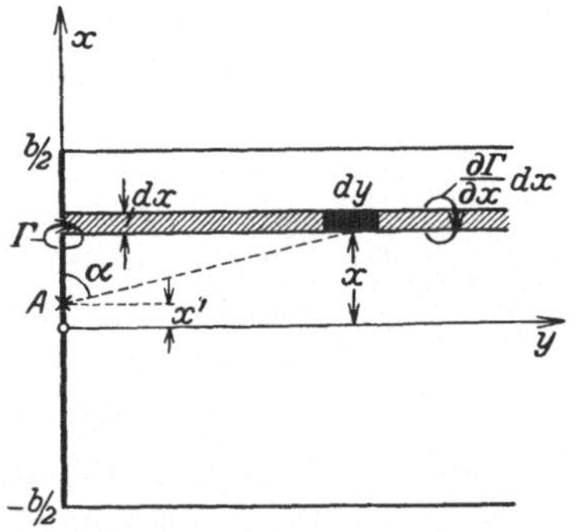

Da nun in jedem Punkt der tragenden Linie (z. B. auch im Punkte x') das
gesamte von ihr abgehende Wirbelsystem zur Wirkung kommt, so ergibt

Abb. 169. Die von einem tragenden Wirbelfaden ausgehende Unstetigkeitsfläche bei
gegebener Auftriebsverteilung.

sich die Geschwindigkeit an dieser Stelle durch Integration über das
ganze Wirbelband:

$$w(x') = \frac{1}{4\pi}\int_{-\frac{b}{2}}^{\frac{b}{2}} \frac{1}{x'-x}\frac{\partial\Gamma}{\partial x}\,dx.$$

Da das Integral wegen Unendlichwerdens des Integranden bei
$x = x'$ unbestimmt wird, muß man den sogenannten „Hauptwert"
des Integrals nehmen, d. h. den Wert

$$\lim_{\varepsilon=0}\left(\int_{-\frac{b}{2}}^{x'-\varepsilon} + \int_{x'+\varepsilon}^{\frac{b}{2}}\right).$$

(Man muß sich dem Wert x' von beiden Seiten gleichmäßig nähern.)
Daß die Summe der beiden jedes für sich nach Unendlich (bzw. minus
Unendlich) konvergierenden Ausdrücke endlich bleibt, läßt sich so
zeigen, daß man die Geschwindigkeit w statt auf der tragenden Linie
ein wenig über oder unter derselben bestimmt. Es zeigt sich dann,
daß die Ausdrücke endlich bleiben und beim Übergang zum Abstand
Null von der tragenden Linie in den obigen Grenzwert übergehen.

14*

Wir sind jetzt in der Lage, den Widerstand zu berechnen, der durch das System der abgehenden Wirbel induziert[1] und der daher auch der induzierte Widerstand genannt wird. Wie wir gesehen haben, erhalten alle Elemente der tragenden Linie durch das Wirbelsystem eine im allgemeinen voneinander verschiedene Zusatzgeschwindigkeit w. Es sei nun angenommen, daß jedes Element dieser tragenden Linie sich so verhält wie ein Element einer unendlichen Tragfläche (zweidimensionale Strömung) in einer aus der Hauptgeschwindigkeit V und der Zusatzgeschwindigkeit w sich zusammensetzenden Strömungsgeschwindigkeit. Für ein solches Element ist offenbar, da die resultierende Luftkraft senkrecht zur Strömungsgeschwindigkeit steht, nach Abb. 170

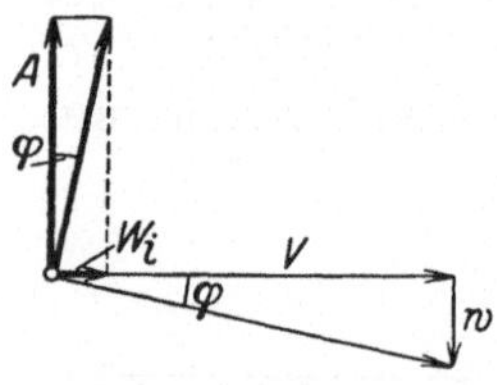

Abb. 170. Drehung der resultierenden Luftkraft um den Winkel φ durch das Feld der zusätzlichen Abwärtsgeschwindigkeit w. Die Komponente in Richtung der Fluggeschwindigkeit V stellt den induzierten Widerstand W_i dar.

$$d\,W = \frac{d\,A \cdot w}{V}.$$

Unter der Annahme, daß der Auftrieb pro Längeneinheit der Spannweite (a) als Funktion von x' gegeben ist: $a = a(x')$, ergibt sich der gesamte induzierte Widerstand durch Integration über die ganze Spannweite des Flügels:

$$W = \frac{1}{V} \int\limits_{-\frac{b}{2}}^{\frac{b}{2}} a(x') \cdot w(x')\, dx'.$$

Da $a(x') = \dfrac{d\,A}{d\,x'} = \varrho\,\Gamma\,V$ ist, so erhält man W auch in der Form:

$$W = \varrho \int\limits_{-\frac{b}{2}}^{\frac{b}{2}} \Gamma(x') \cdot w(x')\, dx'$$

oder mit Berücksichtigung des von uns gefundenen Wertes für $w(x')$

$$W = \frac{\varrho}{4\,\pi} \int\limits_{-\frac{b}{2}}^{\frac{b}{2}} \int\limits_{-\frac{b}{2}}^{\frac{b}{2}} \Gamma(x') \frac{\partial \Gamma(x)}{\partial x}\, dx \cdot \frac{d\,x'}{x' - x}.$$

Die zweifache Integration (das eine Mal ist x', das andere Mal x die Variable) bedeutet also, daß man zuerst durch Integration über die Spannweite den Einfluß des gesamten Wirbelsystems auf

---

[1] Diese von M. Munk stammende Bezeichnung knüpft an die Ähnlichkeit der hier vorliegenden Beziehungen mit denen der elektromagnetischen Induktionen an.

ein Element der tragenden Linie bestimmen muß, und daß man darauf durch nochmalige Integration über die Spannweite die so gefundenen Widerstände der Elemente der Spannweite zu dem gesamten induzierten Widerstand der tragenden Linie zusammenzufügen hat. Hiermit haben wir die allgemeine Rechenvorschrift für unseren Fall, daß die Verteilung des Auftriebs längs der Spannweite gegeben ist und der induzierte Widerstand gesucht wird.

Dieser induzierte Widerstand ist der kinetischen Energie des abgehenden Wirbelsystems äquivalent. Von dieser Beziehung ausgehend hat E. Trefftz[1] die obige Formel mit Hilfe des Greenschen Satzes abgeleitet. Diese Ableitung wird mathematisch eingestellten Lesern vielleicht mehr zusagen, ist aber weniger anschaulich als die hier gegebene.

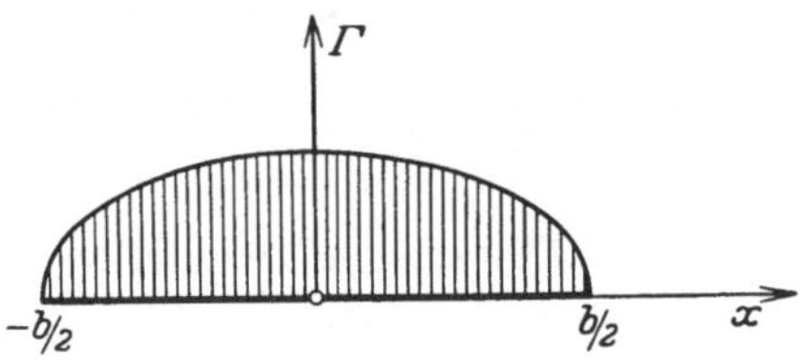

Abb. 171. Elliptische Auftriebsverteilung:
$$\Gamma = \Gamma_0 \sqrt{1 - \left(\frac{x}{b/2}\right)^2}.$$

Bevor wir uns fragen, wie diese Theorie mit der Wirklichkeit übereinstimmt, wollen wir über die als gegeben angenommene Auftriebsverteilung noch einiges sagen: Durch Probieren versuchte man längere Zeit, Funktionen für die Verteilung des Auftriebs zu finden, die sich zur Integration eignen, und die eine plausible Geschwindigkeitsverteilung von w längs der tragenden Linie ergeben. Schließlich fand man in der Auftriebsverteilung nach einer Halbellipse eine — und, wie sich später zeigte, die wichtigste — Lösung.

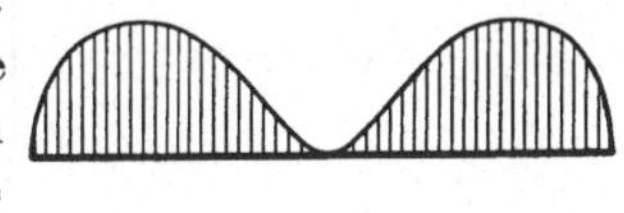

Abb. 172 u. 173. Auftriebsverteilungen entsprechend den Funktionen:
$$\Gamma = \Gamma_n\, x^n \sqrt{1 - \left(\frac{x}{b/2}\right)^2}\quad \text{und Summen}$$
davon.

Bezeichnet man, wie bisher, mit b die Spannweite, und ist in der Mitte des Flügels die Stärke der Zirkulation gleich Γ_0, so ergibt sich für die elliptische Auftriebsverteilung (Abb. 171), wenn der Ursprung des Koordinatensystems in die Mitte der tragenden Linie gelegt wird:

$$\Gamma = \Gamma_0 \sqrt{1 - \left(\frac{x}{\frac{b}{2}}\right)^2}.$$

Andere in diesem Sinne brauchbare Auftriebsverteilungen (Abb. 172 u. 173) hat man in dem Ausdruck:

---

[1] Trefftz, E.: Prandtlsche Tragflächen- und Propellertheorie. Z. ang. Math. Mech. Bd. 1, S. 206, 1921.

$$\Gamma = \Gamma_n\, x^n \sqrt{1 - \left(\frac{x}{\frac{b}{2}}\right)^2},$$

oder auch in linearen Kombinationen solcher Funktionen.

Beschränken wir uns im weiteren auf den wichtigsten Fall der elliptischen Auftriebsverteilung, so haben wir mit

$$\frac{d\Gamma}{dx} = -\frac{\Gamma_0\, x}{\frac{b}{2}\sqrt{\left(\frac{b}{2}\right)^2 - x^2}},$$

für die Abwärtsgeschwindigkeit im Punkt x' der tragenden Linie

$$w(x') = -\frac{\Gamma_0}{4\pi} \int\limits_{-\frac{b}{2}}^{\frac{b}{2}} \frac{x\, dx}{(x' - x)\left(\frac{b}{2}\right)^2 \sqrt{1 - \left(\frac{x}{\frac{b}{2}}\right)^2}}$$

oder mit $\dfrac{x}{\frac{b}{2}} = \xi$

$$w(x') = -\frac{\Gamma_0}{4\pi\,\frac{b}{2}} \int\limits_{-1}^{+1} \frac{\xi\, d\xi}{(\xi' - \xi)\sqrt{1 - \xi^2}} = \frac{\Gamma_0}{4\pi\,\frac{b}{2}} \cdot \pi = \frac{\Gamma_0}{2\,b}. \qquad [1]$$

Es ergibt sich also, daß die zusätzliche Abwärtsgeschwindigkeit w unabhängig von x', d. h. konstant längs der ganzen Spannweite ist. Führen wir in diesen Ausdruck statt Γ_0 den gesamten Auftrieb ein, so erhalten wir, da

$$A = \varrho\, V \int\limits_{-\frac{b}{2}}^{\frac{b}{2}} \Gamma\, dx = \varrho\, V\, \Gamma_0 \int\limits_{-\frac{b}{2}}^{\frac{b}{2}} \sqrt{1 - \left(\frac{x}{\frac{b}{2}}\right)^2}\, dx = \varrho\, V\, \Gamma_0\, b\, \frac{\pi}{4}$$

ist,

$$w = \frac{2\,A}{\pi\,\varrho\, V\, b^2}.$$

Da w längs der Spannweite sich als konstant ergeben hat, erübrigt sich eine weitere Integration, und wir haben wegen $\dfrac{W}{A} = \dfrac{w}{V}$ direkt den induzierten Widerstand:

---

[1] Der Wert des bestimmten Integrals $\displaystyle\int\limits_{-1}^{+1} \frac{\xi\, d\xi}{(\xi' - \xi)\sqrt{1 - \xi^2}}$ ist gleich $-\pi$,

vgl. Betz: Fußnote S. 217.

$$W = \frac{w}{V}\, A = \frac{A^2}{\pi\, b^2\, \dfrac{\varrho}{2}\, V^2}.$$

Vergleicht man hiermit die auf S. 203 gefundene Beziehung

$$W = \frac{A^2}{4\, F'\, \dfrac{\varrho}{2}\, V^2},$$

so erkennt man, daß es mit Hilfe der durch das Wirbelband erzeugten Geschwindigkeiten in bequemer Weise gelungen ist, den Ausdruck für die Fläche F', die bisher noch nicht berechnet war, zu bestimmen. Wir haben somit:

$$F' = \frac{\pi\, b^2}{4},$$

d. h. F' ist gleich dem Kreise mit der Spannweite des Flügels als Durchmesser, wohlgemerkt für die Annahme einer elliptischen Auftriebsverteilung. Natürlich würden wir auf dem S. 207 angegebenen Wege unter Verfolgung der ebenen Strömung, die einer konstanten Geschwindigkeit w_1 entspricht, zu demselben Resultat gelangt sein. Es wird noch gezeigt werden, daß die Geschwindigkeit w_1 weit hinter dem Flügel gerade das Doppelte der Geschwindigkeit w am Flügel selbst ist.

Haben wir jetzt prinzipiell den Fall erledigt, aus einer gegebenen Auftriebsverteilung die Zusatzgeschwindigkeiten und daraus wieder den induzierten Widerstand zu berechnen, so fragt es sich noch, welche Gestalt wir einem Flügel geben müssen, um die vorgegebene Auftriebsverteilung zu erhalten. Um diese Frage zu beantworten, teilen wir die Tragfläche in ihre Elemente von der Breite dx auf, von denen jedes gemäß der vorgegebenen Auftriebsverteilung eine Zirkulation von bestimmter Größe besitzt. Wir fragen uns nun, welche Form müssen wir einem jeden Element geben, damit es — aufgefaßt als Teil eines unendlich langen Tragflügels — die ihm vorgegebene Zirkulation besitzt. Da nun die Zirkulation außer von der Form des Profiles noch vom Anstellwinkel und der Flügeltiefe abhängig ist, erkennt man, daß die Frage nach der Tragflügelgestalt bei gegebener Auftriebsverteilung nicht eindeutig ist. Je nachdem man Profilform, Anstellwinkel oder Flügeltiefe entsprechend variiert, erhält man verschiedene Formen von Tragflügeln, die eine gleiche Auftriebsverteilung besitzen.

Als hydrodynamisch günstigster Fall kann jedoch der angenommen werden, bei dem die Profilformen der Elemente geometrisch ähnlich und ihre Anstellwinkel einander gleich, d. h. über der ganzen Spannweite konstant sind. Für diesen Fall ist die obige Frage also dahin zu beantworten, daß man die Form des Tragflügels so zu nehmen hat, daß seine Tiefe dem an dieser Stelle vorgegebenen Auftrieb proportional ist. Eine elliptische Auftriebsverteilung wird also dadurch erreicht, daß man der Flügelfläche eine Gestalt aus zwei Halbellipsen, wie etwa in Abb. 174, gibt. Durch diese Gestalt ist dafür gesorgt, daß die Druckmittelpunkte der einzelnen Profile auf einer Geraden liegen, so daß dieser Flügel durch eine gerade tragende Linie richtig angenähert wird (bei einer in der xy-Ebene gekrümmten tragenden Linie würden schwer zu berechnende Anstellwinkeländerungen durch die Geschwindigkeiten, die die einzelnen Elemente der tragenden Linie aufeinander induzieren, hinzutreten).

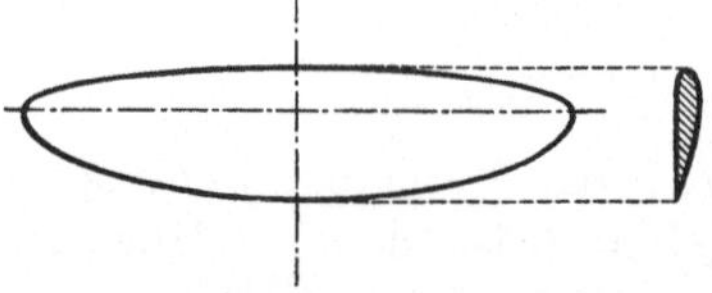

Abb. 174. Tragflügel mit elliptischer Auftriebsverteilung; die Gestalt des Flügels besteht aus zwei Halbellipsen.

123. Minimum des induzierten Widerstandes; die zu einem Tragflügel von gegebener Form und gegebenem Anstellwinkel gehörige Auftriebsverteilung. Als „zweite Aufgabe der Tragflügeltheorie“ ist die Aufgabe bezeichnet worden, zu einem gegebenen Gesamtauftrieb und einer gegebenen Spannweite diejenige Auftriebsverteilung zu finden, für die der induzierte Widerstand ein Minimum ist. Wir haben hier also eine Minimumaufgabe mit Nebenbedingungen.

$$W = \int\limits_{-\frac{b}{2}}^{\frac{b}{2}} \Gamma(x)\, w(x)\, dx = \text{Minimum},$$

wenn

$$A = \varrho\, V \int\limits_{-\frac{b}{2}}^{\frac{b}{2}} \Gamma(x)\, dx$$

gegeben und

$$w(x) = \frac{1}{4\,\pi} \int\limits_{-\frac{b}{2}}^{\frac{b}{2}} \frac{\frac{\partial \Gamma}{\partial x}\, dx}{(x' - x)}$$

ist.

Diese Aufgabe ist von M. Munk[1] allgemein auch für Mehrdecker gelöst worden, und es hat sich das schon erwähnte Resultat ergeben, daß das Minimum dann eintritt, wenn die Geschwindigkeit w über die ganze Spannweite konstant ist. Für den Eindecker ist also die elliptische Auftriebsverteilung bei gegebenem Gesamtauftrieb und gegebener Spannweite und Geschwindigkeit diejenige Verteilung, die den geringsten induzierten Widerstand ergibt. Ein einfacherer Beweis dieses Satzes als der von Munk ist später von A. Betz gegeben worden, vgl. Nr. 128.

---

[1] Munk, M.: Isoperimetrische Aufgaben aus der Theorie des Fluges. Diss. Göttingen 1919.

Da die elliptische Verteilung ein gutartiges Minimum ist, so geben allerdings auch die nicht allzu weit von der elliptischen Verteilung abweichenden Auftriebsverteilungen nicht sehr verschiedene Werte für den induzierten Widerstand; so ist z. B. bei einem Rechteckflügel vom Seitenverhältnis 1:5 der induzierte Widerstand nur etwa 4% größer als der bei einem elliptischen Flügel.

Als dritte Aufgabe wird diejenige bezeichnet, die für einen bestimmten Tragflügel von gegebener Form und gegebenem Anstellwinkel die Auftriebsverteilung zu ermitteln sucht. Diese Aufgabe war zwar als erste gestellt, konnte jedoch erst als letzte, und zwar von A. Betz[1] 1919 gelöst werden.

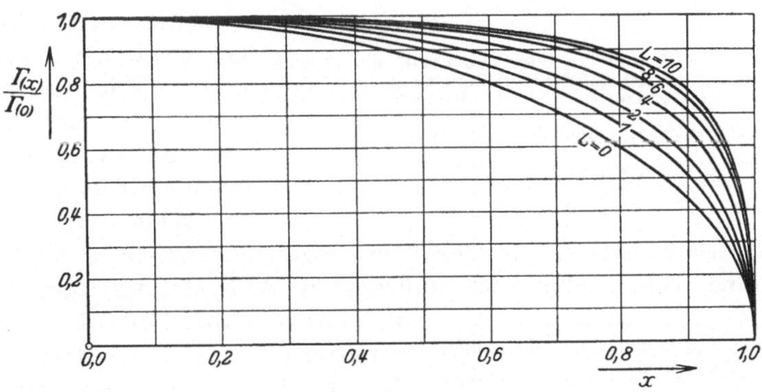

Abb. 175. Verteilung der Zirkulation längs der Spannweite (x) eines rechteckigen Tragflügels für verschiedene Seitenverhältnisse.

Die Lösung, die auf eine unangenehm zu behandelnde Integro-Differentialgleichung führte, konnte für den Fall einer rechteckigen Tragfläche von überall konstantem Profil und konstantem Anstellwinkel erledigt werden. Es wird in dieser Arbeit gezeigt, daß man die Lösung in Form einer Potenzentwicklung nach einem das Seitenverhältnis $\frac{b}{t}$ enthaltenden Parameter (L) ausführen kann (für ebene Flächen ist $L = \frac{2}{\pi} \cdot \frac{b}{t}$). Die Rechnung zeigte sich für kleinere Seitenverhältnisse einfacher als für größere. Eine auch bei großem Seitenverhältnis brauchbare Näherungslösung wurde auf einem anderen Wege von E. Trefftz[2] gefunden.

Über die Ergebnisse der beiden Arbeiten sei erwähnt, daß die Auftriebsverteilung bei sehr kleinem Seitenverhältnis sich der elliptischen Verteilung nähert, und daß sie bei größerem Seitenverhältnis (bei größerem L) immer völliger wird, bis sie schließlich im Limes

---

[1] Betz, A.: Beiträge zur Tragflügeltheorie, mit besonderer Berücksichtigung des einfachen rechteckigen Flügels. Diss. Göttingen 1919.
[2] Vgl. Fußnote S. 213.

für Tragflächen von der Tiefe Null in die rechteckige Verteilung übergeht (Abb. 175).

Die zusätzliche Abwärtsgeschwindigkeit w wird bei größer werdendem Seitenverhältnis in der Mitte des Flügels kleiner und zum Rande hin größer. Für unendlich große $\frac{b}{t}$ bzw. L (zweidimensionales Problem) verschwindet in Übereinstimmung mit den früher gebildeten Anschauungen die Abwärtsgeschwindigkeit und damit der induzierte Widerstand. Der einseitig unendliche Flügel zeigt nach Trefftz in der Nähe des Flügelendes eine endliche Abwärtsgeschwindigkeit und einen endlichen induzierten Widerstand.

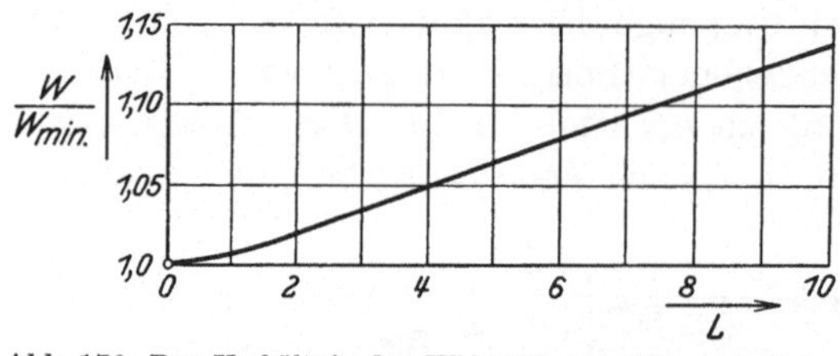

Abb. 176. Das Verhältnis des Widerstandes (W) eines Tragflügels mit rechteckiger Auftriebsverteilung zu einem solchen mit elliptischer Verteilung (W_{min}) in Abhängigkeit zu einem das Seitenverhältnis $\frac{b}{t}$ enthaltenden Parameter L (für ebene Flächen ist $L = \frac{2}{\pi} \cdot \frac{b}{t}$.

Im Zusammenhang mit der Abwärtsgeschwindigkeit w ergibt sich auch eine Abhängigkeit des induzierten Widerstandes vom Seitenverhältnis (Abb. 176). Eine Näherungsformel für den Bereich von $L = 1$ bis 10 hat man nach den Betzschen Werten in:

$$\frac{W}{\dfrac{2\,A^2}{\pi\,\varrho\,V^2\,b^2}} = \frac{W}{W_{min}} = 0{,}99 + 0{,}015\,L.$$

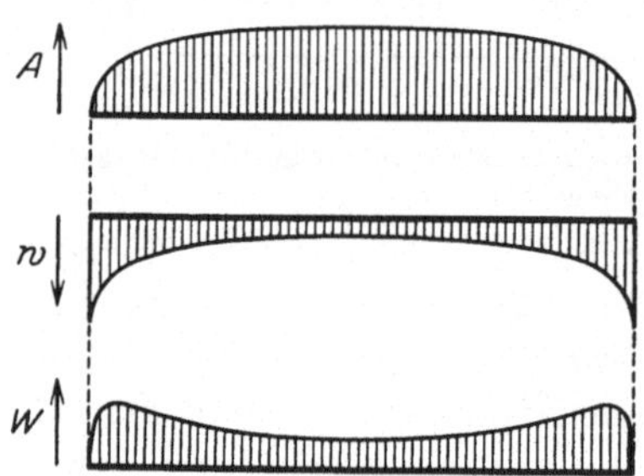

Abb. 177. Verteilung des Auftriebes A, der zusätzlichen Abwärtsgeschwindigkeit w und des induzierten Widerstandes W für einen sehr länglichen Tragflügel.

Betreffs der Verteilung des induzierten Widerstandes längs der Spannweite ist zu sagen, daß er sich um so mehr nach den Enden hin konzentriert, je größer das Seitenverhältnis ist; Abb. 177 zeigt Auftrieb, Abwärtsgeschwindigkeit und induzierten Widerstand eines sehr länglichen Flügels.

124. Die Umrechnungsformeln. Fragen wir uns jetzt, wie diese Theorien, besonders wie der theoretisch berechnete induzierte Widerstand mit den Messungen übereinstimmt, so kann man von vornherein sagen, daß der experimentell gefundene Widerstand keinesfalls kleiner als der berechnete, sondern notwendigerweise größer ausfallen muß. Abgesehen von dem Widerstandsbeitrag, der durch die vorhandene Reibung an der Oberfläche des Profils verursacht wird, haben wir den Umstand vernachlässigt, daß je nach der Profilform ein größerer oder kleinerer Widerstand dadurch entsteht, daß die Strömung auf beiden Seiten des Flügels (auch bei geringem Anstellwinkel) sich an der hinteren Kante nicht völlig glatt zusammenschließt, sondern daß sich hier ein wenn auch bei guten Profilen nur wenig ausgedehntes Wirbelgebiet bildet. Diesen Anteil des Gesamtwiderstandes zusammen mit dem Reibungswiderstand hatten wir Profilwiderstand genannt. Unter Berücksichtigung also, daß zu dem berechneten induzierten Widerstand noch der Profilwiderstand hinzutritt, ist die Übereinstimmung für den Bereich der praktisch wichtigen Anstellwinkel überaus befriedigend.

Der Beiwert des theoretischen (induzierten) Widerstandes c_{w_i} ist gemäß den Beziehungen von S. 215

$$c_{w_i} = \frac{c_a^2 \cdot F}{4\,F'}$$

oder mit $F' = \dfrac{\pi\,b^2}{4}$

$$c_{w_i} = \frac{c_a^2\,F'}{\pi\,b^2}$$

(ist speziell für einen rechteckigen Flügel $F = bt$, so wird $c_{w_i} = \dfrac{c_a^2\,t}{\pi\,b}$).

Trägt man demnach in Abb. 178 die Auftriebszahl c_a als Funktion des Widerstandsbeiwertes c_{w_i} auf, so ergibt sich also eine — vom Seitenverhältnis abhängige — Parabel. Zeichnet man in dieselbe Abbildung die Polarkurve eines guten Flügels von gleichem Seitenverhältnis ein, so erkennt man, daß für den praktisch in Frage kommenden Bereich unter Berücksichtigung des Profilwiderstandes der gesetzmäßige Verlauf des Auftriebes abhängig vom Widerstand durch die theoretische Kurve gut wiedergegeben wird. Wie man erkennt, bildet bei größeren Anstellwinkeln der induzierte Widerstand den wesentlichsten Teil des Gesamtwiderstandes.

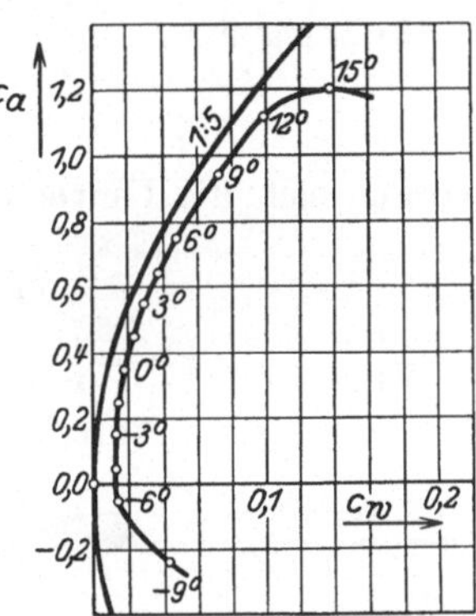

Abb. 178. Die einem Tragflügel von einem Seitenverhältnis 1 : 5 entsprechende Kurve des induzierten Widerstandes als Funktion vom Auftrieb. Die Kurve der gemessenen c_a-Werte als Funktion von den c_w-Werten ist gleichfalls eingetragen.

Durch einen glücklichen Umstand, der von vornherein keineswegs vermutet wurde, gelang es nun, die Ergebnisse der Tragflügeltheorie auch für die Praxis noch wesentlich fruchtbarer zu gestalten. Man trug nämlich die Polarkurven bei sonst gleichen Tragflügeln, aber von verschiedenen Seitenverhältnissen auf und erkannte, daß der Unterschied der gemessenen Widerstandszahl von der theoretischen in allen Fällen nahezu der gleiche war. Daraus war zu schließen, daß der Profilwiderstand unabhängig vom Seitenverhältnis ist, woraus sich weiterhin die Möglichkeit ergab, gemessene Polarkurven von einem Seitenverhältnis auf andere Seitenverhältnisse umzurechnen.

Wollen wir eine gegebene Polarkurve (*1*), also c_{w_1}, als Funktion von c_a für ein Profil von bekanntem Seitenverhältnis $\frac{F_1}{b_1^2}$ umrechnen auf eine andere Polarkurve (*2*) desselben Profils, jedoch von einem anderen Seitenverhältnis $\frac{F_2}{b_2^2}$, so haben wir zu verschiedenen Werten c_a die Werte von c_{w_2} aus den entsprechenden Werten von c_{w_1} zu berechnen.

Zerlegen wir die Widerstandszahl c_w des gesamten Widerstandes in die auf den induzierten Widerstand (c_{w_i}) und den Profilwiderstand (c_{w_0}) fallenden Anteile, also

$$c_w = c_{w_i} + c_{w_0},$$

wobei c_{w_0} als eine Funktion von c_a angesehen werden kann, so haben wir für eine gegebene Profilform bei dem Seitenverhältnis $\frac{F_1}{b_1^2}$

$$c_{w_1} = \frac{c_a^2}{\pi} \cdot \frac{F_1}{b_1^2} + c_{w_0}.$$

Für dieselbe Profilform, jedoch bei einem Seitenverhältnis von $\frac{F_2}{b_2^2}$ haben wir in Anbetracht, daß der Profilwiderstand vom Seitenverhältnis unabhängig ist,

$$c_{w_2} = \frac{c_a^2}{\pi} \cdot \frac{F_2}{b_2^2} + c_{w_0},$$

woraus sich die Umrechnungsformel ergibt:

$$c_{w_2} = c_{w_1} + \frac{c_a^2}{\pi} \left(\frac{F_2}{b_2^2} - \frac{F_1}{b_1^2} \right).$$

Eine ähnliche Umrechnungsformel läßt sich unter Zugrundelegung der elliptischen Auftriebsverteilung für den Anstellwinkel α ableiten. Gehen wir zunächst aus von einem Flügelelement eines unendlich langen Tragflügels (zweidimensionale Strömung). In Abb. 179a sei das Profil eines derartigen Elementes dargestellt; α_0 sei der in Bogenmaß gemessene Anstellwinkel. Nehmen wir jetzt an, daß das betrachtete Flügelteilchen ein Element eines endlich langen Tragflügels

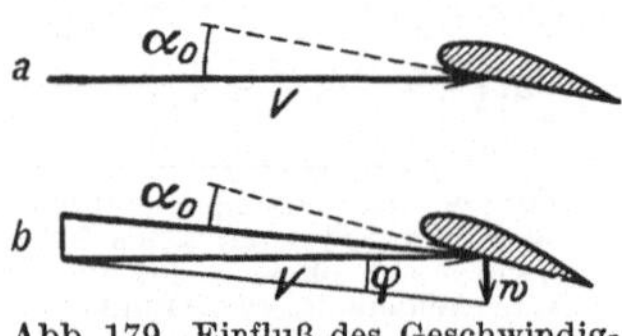

Abb. 179. Einfluß des Geschwindigkeitsfeldes w auf den wirksamen Anstellwinkel.

ist, so wissen wir, daß durch das abgehende Wirbelband der Strömungsgeschwindigkeit eine Abwärtskomponente erteilt wird. Wir müssen also — soll das Flügelelement des endlichen Flügels zur Erreichung derselben Auftriebszahl ebenso in der Strömung stehen wie jenes Element des unendlich langen Flügels — das Flügelelement um einen gewissen Winkel φ drehen, und zwar ergibt sich dieser Winkel aus der Beziehung

$$\operatorname{tg} \varphi = \frac{w}{V} = \frac{c_a}{\pi}\,\frac{F}{b^2}\,.$$

Der Anstellwinkel, den das Element des endlichen Tragflügels besitzen würde, wenn es bei gleichem Auftrieb ein Teil eines unendlich langen Tragflügels wäre — der sogenannte wirksame Anstellwinkel — ist also (Abb. 179 b)

$$\alpha_0 = \alpha - \varphi\,.$$

Berücksichtigt man, daß w gegenüber V klein ist, φ also für $\operatorname{tg}\varphi$ gesetzt werden darf, so ergibt ein Vergleich zweier Tragflächen von gleichem Profil, aber verschiedenem Seitenverhältnis, wenn man zum Ausdruck bringt, daß der wirksame Anstellwinkel α_0 für gleiche Auftriebswerte derselbe ist,

$$\alpha_0 = \alpha_1 - \frac{c_a}{\pi}\cdot\frac{F_1}{b_1^2} = \alpha_2 - \frac{c_a}{\pi}\cdot\frac{F_2}{b_2^2}\,,$$

also

$$\alpha_2 = \alpha_1 + \frac{c_a}{\pi}\left(\frac{F_2}{b_2^2} - \frac{F_1}{b_1^2}\right).$$

Beide Umrechnungsformeln, sowohl für den induzierten Widerstand als auch für den Anstellwinkel, gelten — streng genommen — allerdings nur für Tragflügel, bei denen sich der Auftrieb über die Flügelbreite elliptisch verteilt. Da aber der Widerstand bei der elliptischen Verteilung ein Minimum darstellt und im allgemeinen jede Größe in der Nähe ihres Minimums nur wenig veränderlich ist, und da anderseits die in der Praxis vorkommenden Auftriebsverteilungen — wie wir

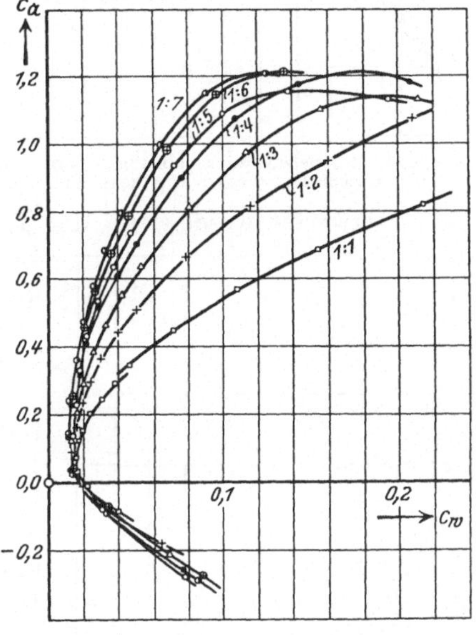

Abb. 180. Polarkurven von Tragflügeln gleichen Profils, aber von verschiedenem Seitenverhältnis (1 : 1 bis 1 : 7).

im Beispiel des rechteckig umrandeten Flügels gesehen haben — nicht sehr wesentlich von der elliptischen Verteilung abweicht, so lassen sich die Umrechnungsformeln ganz allgemein mit gutem Erfolg anwenden.

In den Abb. 180 bis 183 ist ein Beispiel für die Umrechnungsformeln wiedergegeben. Abb. 180 und 181 zeigen die Polarkurven und die Ab-

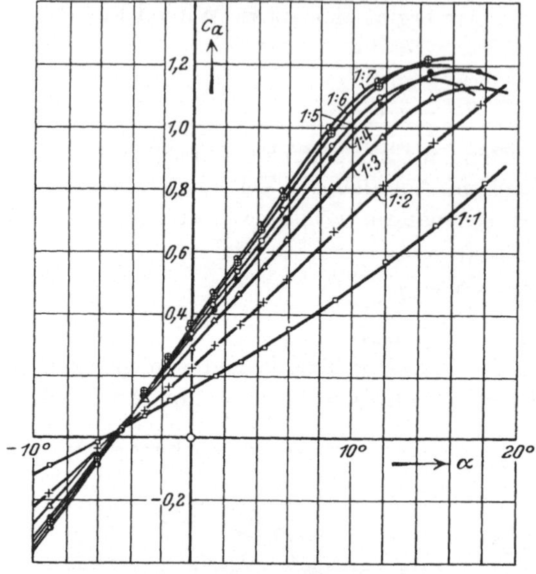

Abb. 181. Auftriebsbeiwerte abhängig vom Anstellwinkel für verschiedene Seitenverhältnisse (1 : 1 bis 1 : 7)[1].

hängigkeit der Auftriebszahl vom Anstellwinkel für 7 Flügel mit dem Seitenverhältnis 1 : 7 bis 1 : 1.

In den beiden nächsten Abbildungen 182 und 183 sind die Polarkurven bzw. die (c_a, α)-Kurven abhängig vom Anstellwinkel mittels der Umrechnungsformeln auf das Seitenverhältnis 1 : 5 umgerechnet. Wie man erkennt, liegen die Punkte — bis auf die Kurve für das Seitenverhältnis 1 : 1 — mit genügender Genauigkeit auf einer Kurve. Daß für den Fall des quadratischen Flügels die Umrechnungsformeln noch stimmen, konnte auch kaum erwartet werden, da der Theorie ja der Begriff der tragenden Linie zugrunde gelegt wurde und ein quadratischer Flügel nicht mehr genügend richtig durch eine tragende Linie angenähert werden kann.

125. Gegenseitige Beeinflussung von tragenden Wirbelsystemen; der ungestaffelte Doppeldecker. Wie wir erkannt haben, verursacht das von dem Tragflügel bzw. vom tragenden Wirbelfaden abgehende Wirbelband in seiner Umgebung ein Geschwindigkeitsfeld, von welchem die Abwärtsgeschwindigkeit am Ort des tragenden Wirbelfadens den induzierten Widerstand des Tragflügels bedingt. Ebenso wie in diesem Falle, wo es sich um die Einwirkung eines Wirbelsystems auf den das Wirbelsystem erzeugenden Tragflügel handelt — vergleichbar einer Selbstinduktion —, lassen sich die gleichen Methoden anwenden, wenn

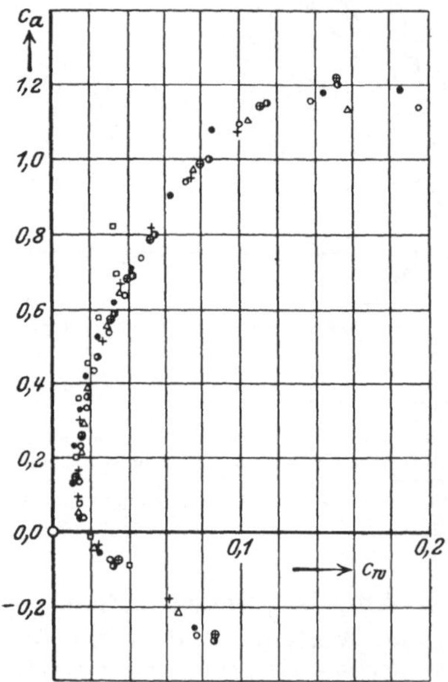

Abb. 182. Auftriebsbeiwerte der Abb. 180 aufgetragen zu den auf das Seitenverhältnis 1 : 5 umgerechneten Widerstandsbeiwerten[1].

---

[1] Hinsichtlich der Zeichenerklärung vgl. Abb. 180.

es sich darum handelt, den Einfluß eines tragenden Wirbelfadens mit seinem Wirbelband auf andere in der Nähe befindliche Tragflügel zu untersuchen. Wir haben also den Fall des Doppel- oder Mehrdeckers, bei welchem eine gegenseitige Beeinflussung der Tragflügel stattfindet (gegenseitige Induktion). Der praktische Wert dieser Untersuchungen liegt unter anderem darin, die Eigenschaften eines Mehrdeckers aus den experimentell gefundenen Eigenschaften des einzelnen Tragflügels berechnen zu können.

Im wesentlichen kommt es bei der gegenseitigen Beeinflussung, z. B. bei einem Doppeldecker, darauf hinaus, daß der eine Flügel (1) durch sein Wirbelsystem bewirkt, daß die Luftmassen, die den anderen Flügel (2) treffen, eine abwärts gerichtete Geschwindigkeitskomponente erhalten; umgekehrt verursacht der Flügel (2) eine seinem Wirbelsystem entsprechende Abwärtsgeschwindigkeit am Orte des Tragflügels (1).

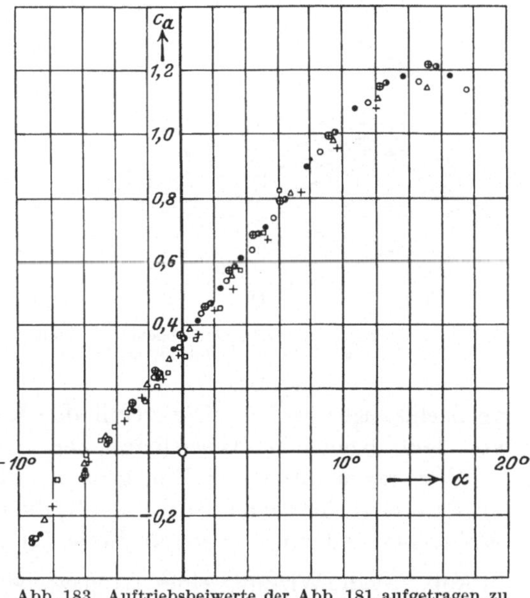

Abb. 183. Auftriebsbeiwerte der Abb. 181 aufgetragen zu den auf das Seitenverhältnis 1:5 umgerechneten Anstellwinkeln[1].

Als Folge dieser Einwirkung ergibt sich, daß jeder Flügel zu seinem selbstinduzierten Widerstand, der vom eigenen Wirbelsystem herrührt, noch einen vom anderen Flügel induzierten Widerstand erfährt. Der gesamte induzierte Widerstand eines Doppeldeckers setzt sich also zusammen aus den Größen:

$$W = W_{11} + W_{12} + W_{21} + W_{22}.$$

Hier bedeutet W_{11} den selbstinduzierten Widerstand des Flügels (1) und W_{12} den Widerstand des Tragflügels (1), der durch den Tragflügel (2) am Orte von (1) induziert wird; analog bedeutet W_{21} den Widerstand des Tragflügels (2), herrührend vom Tragflügel (1) und W_{22} den vom Flügel (2) selbstinduzierten Widerstand des Tragflügels (2).

Außer der nach unten gerichteten wichtigsten Komponente w wird am Orte des einen Tragflügels vom anderen Flügel noch eine horizontale Geschwindigkeitskomponente v hervorgerufen, die eine Vergrößerung

---

[1] Hinsichtlich der Zeichenerklärung vgl. Abb. 180.

oder Verkleinerung der Strömungsgeschwindigkeit bewirkt. Da jedoch die Widerstandsänderung, die durch diese Vergrößerung bzw. Verkleinerung verursacht wird, klein von 2. Ordnung ist, so soll im folgenden der Einfluß der Horizontalkomponente v vernachlässigt werden.

Als ersten Fall behandeln wir den ungestaffelten Doppeldecker, bei welchem sich also die Tragflügel — für die wir wieder tragende Wirbelfäden nehmen wollen — in einer Ebene senkrecht zur Strömungsrichtung befinden. Ferner wollen wir uns auf den Fall beschränken, daß die tragenden Wirbelfäden gerade und unter sich parallel sind. Die tragenden Wirbelfäden liefern dann keine Beiträge zur vertikalen Geschwindigkeitskomponente, sondern nur Komponenten in horizontaler Richtung, die wir ja

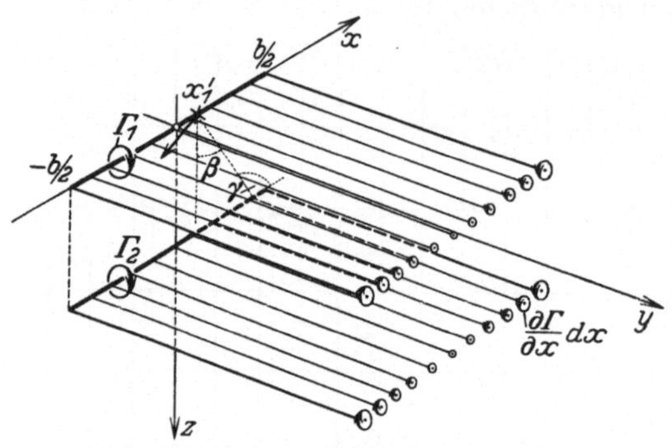

Abb. 184. Die vom Tragflügelsystem abgehenden Trennungsflächen für einen gestaffelten Doppeldecker.

vernachlässigen wollen. Die vertikalen Komponenten rühren lediglich von dem abgehenden Wirbelband her.

Wir fragen uns jetzt: Wie groß ist die Vertikalgeschwindigkeit w im Punkte x_1' der tragenden Linie (1), die durch die abgehenden Längswirbel der anderen tragenden Linie (2) bedingt ist? Betrachten wir in Abb. 184 die Wirkung eines Längswirbels von der Stärke $\dfrac{\partial \Gamma_2}{\partial x_2} dx_2$, so ergibt sich nach S. 210 eine in x_1' auf a senkrechte Geschwindigkeit vom Betrage

$$\frac{1}{4\pi} \cdot \frac{\partial \Gamma_2}{\partial x_2} \cdot \frac{dx_2}{a}$$

und als Vertikalkomponente

$$\frac{1}{4\pi} \cdot \frac{\partial \Gamma_2}{\partial x_2} \cdot \frac{dx_2}{a} \cdot \cos\gamma = -\frac{1}{4\pi} \cdot \frac{\partial \Gamma_2}{\partial x_2} \cdot \frac{dx_2}{a} \sin\beta.$$

Die Gesamtwirkung des ganzen von dem tragenden Wirbel (2) abgehenden Wirbelsystems in dem Punkte (x_1') erhalten wir also durch Integration über die Flügellänge:

$$w(x_1') = -\frac{1}{4\pi} \int\limits_{-\frac{b}{2}}^{\frac{b}{2}} \frac{\partial \Gamma_2}{\partial x_2} \cdot \frac{\sin\beta}{a} dx_2.$$

Durch partielle Integration ergibt sich, wenn man berücksichtigt, daß

$\Gamma = 0$ für $x_2 = \pm \dfrac{b}{2}$ ist,

$$w(x_1') = \frac{1}{4\pi} \int\limits_{-\frac{b}{2}}^{\frac{b}{2}} \Gamma_2 \frac{\partial}{\partial x_2} \left(\frac{\sin \beta}{a} \right) dx_2 \, .$$

Dieser Ausdruck für $w(x_1')$ läßt sich noch vereinfachen, wenn man bedenkt, daß

$$\frac{\partial}{\partial x} \left(\frac{\sin \beta}{a} \right) = \frac{\partial}{\partial x} \cdot \left(\frac{x_1' - x_1}{a^2} \right) = \frac{a^2 - 2(x_1' - x_1)^2}{a^4} = \frac{1 - 2\sin^2 \beta}{a^2} = \frac{\cos 2\beta}{a^2}$$

ist:

$$w(x_1') = \frac{1}{4\pi} \int\limits_{-\frac{b}{2}}^{\frac{b}{2}} \Gamma_2 \frac{\cos 2\beta}{a^2} \, dx_2 \, .$$

Jetzt können wir mit Hilfe der auf S. 212 abgeleiteten Beziehung den Ausdruck für den Widerstand W_{12} aufstellen:

$$W_{12} = \varrho \int\limits_{-\frac{b}{2}}^{\frac{b}{2}} \Gamma_1 \cdot w(x_1') \, dx_1$$

oder, wenn wir den Wert für $w(x_1')$ einsetzen:

$$W_{12} = \frac{\varrho}{4\pi} \int\limits_{-\frac{b}{2}}^{\frac{b}{2}} \int\limits_{-\frac{b}{2}}^{\frac{b}{2}} \Gamma_1 \Gamma_2 \frac{\cos 2\beta}{a^2} \, dx_1 \, dx_2 \, . \tag{1}$$

Wie man aus dem symmetrischen Bau des Integrals erkennt, würde man denselben Ausdruck für W_{21} erhalten haben, d. h.

$$W_{12} = W_{21} \, .$$

Diese zuerst auf einem anderen Wege von M. Munk[1] bewiesene Gleichung sagt also aus, daß für den Fall des ungestaffelten Doppeldeckers die gegenseitig induzierten Widerstände einander gleich sind. Obwohl diese Beziehung abgeleitet wurde unter der Voraussetzung gerader tragender Wirbelfäden, gilt sie doch auch für gekrümmte tragende Wirbelfäden, sofern die tragenden Linien nur in einer Ebene senkrecht zur Strömungsrichtung liegen. Die Formel für den Widerstand W_{12} bzw. W_{21} unterscheidet sich nur dadurch von (Gl. 1), daß

---

[1] Siehe Fußnote auf S. 216.

statt $\cos 2\,\beta$ zu setzen ist: $\cos(\beta_1 + \beta_2)$, wo β_1 und β_2 die jeweiligen Neigungswinkel der Verbindungslinie a mit den Elementen der tragenden Linie sind; ferner ist $ds_1\,ds_2$ an Stelle von $dx_1\,dx_2$ zu setzen.

Der gegenseitig induzierte Widerstand ist bei ungestaffelten Doppeldeckern immer positiv, wenn die beiden Tragflügel übereinander angeordnet sind. Bei nebeneinander angeordneten Tragflügeln ist jedoch die gegenseitige Beeinflussung eine andere, und zwar insofern, als jeder Flügel sich in einem von dem andern Flügel erzeugten aufsteigenden Luftstrom befindet und dementsprechend eine Widerstandsverminderung erfährt. Der Gesamtwiderstand zweier derartig angeordneter Tragflügel ist also kleiner als die Summe der Einzelwiderstände, die jeder Tragflügel für sich allein haben würde.

126. Der gestaffelte Doppeldecker. Hier ergibt sich — im Gegensatz zum vorigen Fall —, daß auch die tragende Linie und nicht nur die von ihr abgehenden Wirbelfäden eine Abwärtskomponente der Strömungsgeschwindigkeit am Orte der anderen tragenden Linie hervorruft. Berechnen wir zunächst die von der tragenden Linie (2) und dem von dieser abgehenden Wirbelband herrührenden Geschwindigkeit an einem Punkt x_1', der gestaffelten tragenden Linie (1), so haben wir zwei Beiträge:

1. Die Geschwindigkeit w_1, herrührend von dem **abgehenden Wirbelband** des tragenden Wirbelfadens (2);

2. die Geschwindigkeit w_2, die von dem **tragenden Wirbelfaden** (2) selbst bedingt wird.

Für einen Streifen des Wirbelbandes von der Breite dx haben wir als Wirbelstärke $\dfrac{\partial \Gamma_2}{\partial x_2}\,dx_2$ und für den hiervon herrührenden Teil der Zusatzgeschwindigkeit erhalten wir nach S. 210 unter Benutzung der aus Abb. 185 ersichtlichen Bezeichnungen

$$\frac{1}{4\,\pi\,a}\frac{\partial \Gamma_2}{\partial x_2}\,dx_2 \sin\alpha \,\Bigg|_{\alpha}^{\frac{\pi}{2}} = \frac{1}{4\,\pi\,a}\cdot\frac{\partial \Gamma_2}{\partial x_2}\,dx_2\,(1 - \sin\alpha),$$

oder, da nur die Vertikalkomponente interessiert:

$$-\frac{1}{4\,\pi\,a}\cdot\frac{\partial \Gamma_2}{\partial x_2}\,dx_2\,(1 - \sin\alpha)\sin\beta.$$

Mithin erhält man als Beitrag der Vertikalgeschwindigkeit in x_1', herrührend vom gesamten vom tragenden Wirbelfaden (2) abgehenden Wirbelband:

$$w_1(x_1') = -\frac{1}{4\,\pi}\int_{-\frac{b}{2}}^{\frac{b}{2}}\frac{\partial \Gamma_2}{\partial x_2}\cdot\frac{1 - \sin\alpha}{a}\sin\beta\,dx_2,$$

oder mit Berücksichtigung von $\sin\alpha = \dfrac{y}{r}$ und $\sin\beta = -\dfrac{x_1' - x_1}{a}$

$$w_1(x_1') = \frac{1}{4\pi}\int_{-\frac{b}{2}}^{\frac{b}{2}} \frac{\partial \Gamma_2}{\partial x_2}\, \frac{1-\dfrac{y}{r}}{a}\cdot \frac{x_1'-x_1}{a}\, dx_2.$$

Da Γ für $-\dfrac{b}{2}$ und $+\dfrac{b}{2}$ Null wird, so läßt sich analog wie auf S. 224 u. 225 der Ausdruck durch partielle Integration umformen in:

$$w_1(x_1') = \frac{1}{4\pi}\int_{-\frac{b}{2}}^{\frac{b}{2}} \Gamma_2 \cdot \frac{\partial}{\partial x_2}\left[\frac{x_1'-x_1}{a^2}\cdot\left(1-\frac{y}{r}\right)\right] dx_2$$

oder, nach Ausführung der Differentiation, da $r = \sqrt{a^2 + y^2}$ und $a = \sqrt{(x_1' - x_1)^2 + z^2}$ ist:

$$w_1(x_1') = \frac{1}{4\pi}\int_{-\frac{b}{2}}^{\frac{b}{2}} \Gamma_2 \left[\frac{a^2 - 2(x_1'-x_1)^2}{a^4}\left(1-\frac{y}{r}\right) - \frac{y(x_1'-x_1)^2}{a^2 r^3}\right] dx_2.$$

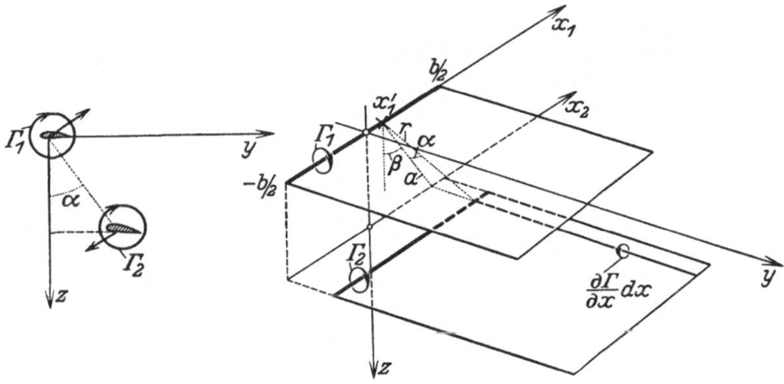

Abb. 185. Die vom Tragflügelsystem abgehenden Trennungsflächen für einen gestaffelten Doppeldecker.

Für den zweiten Anteil der zusätzlichen Abwärtsgeschwindigkeit, herrührend vom tragenden Wirbelfaden, erhalten wir am Punkt x_1' unter Berücksichtigung, daß wir gemäß Abb. 185 die untere Tragfläche nach rückwärts gestaffelt annehmen:

$$w_2(x_1') = -\frac{1}{4\pi}\int\limits_{-\frac{b}{2}}^{\frac{b}{2}} \frac{\Gamma_2 \sin\alpha}{r^2}\,dx_2 = -\frac{1}{4\pi}\int\limits_{-\frac{b}{2}}^{\frac{b}{2}} \Gamma_2\frac{y}{r^3}\,dx_2.$$

Wir haben also am Ort der tragenden Linie (*1*) eine Geschwindigkeitskomponente nach oben. In diesem Fall bewirkt die tragende Linie (*2*) durch ihr Geschwindigkeitsfeld eine Verminderung des Widerstandes. Hätten wir den unteren Flügel nach vorn gestaffelt angenommen, so würde die durch den tragenden Wirbel (*2*) am Orte (*1*) hervorgerufene senkrechte Geschwindigkeitskomponente nach unten gerichtet sein, hätte also den induzierten Widerstand vergrößert.

Wir erhalten mithin als Gesamtbetrag der Abwärtsgeschwindigkeit im Punkte x_1'

$$w_1 + w_2 = w(x_1')$$

$$= \frac{1}{4\pi}\int\limits_{-\frac{b}{2}}^{\frac{b}{2}} \Gamma_2\left[\frac{a^2 - 2(x_1' - x_1)^2}{a^4}\left(1 - \frac{y}{r}\right) - \frac{y(x_1' - x_1)^2}{a^2\,r^3} - \frac{y}{r^3}\right]dx_2$$

oder, da

$$\frac{a^2 - 2(x_1' - x_1)^2}{a^4} = \frac{\cos 2\beta}{a^2}, \qquad \frac{y}{r} = \sin\alpha$$

und

$$\frac{y(x_1' - x_1)^2}{a^2\,r^3} - \frac{y}{r^3} = \frac{1}{r^2}\left[\frac{y}{r}\left(\frac{(x_1' - x_1)^2}{a^2} - 1\right)\right]$$

$$= \frac{1}{r^2}\left[\frac{y}{r}\left(\frac{a^2 - z^2}{a^2} - 1\right)\right]$$

$$= -\frac{1}{r^2}\cdot\frac{y}{r}\left(\frac{z}{a}\right)^2 = -\frac{\sin\alpha\cos^2\beta}{r^2}$$

$$w(x_1') = \frac{1}{4\pi}\int\limits_{-\frac{b}{2}}^{\frac{b}{2}} \Gamma_2\left[\frac{\cos 2\beta}{a^2}(1 - \sin\alpha) - \frac{\sin\alpha\cos^2\beta}{r^2}\right]dx_2.$$

Da nun nach S. 225 der Widerstand des Tragflügels (*1*), der vom Tragflügel (*2*) induziert wird, gleich

$$W_{12} = \varrho\int\limits_{-\frac{b}{2}}^{\frac{b}{2}} \Gamma_1\,w(x_1)\,dx_1$$

ist, so erhält man mit obigem Ausdruck für $w(x_1)$

$$W_{12} = \frac{\varrho}{4\pi} \int\limits_{-\frac{b}{2}}^{\frac{b}{2}} \int\limits_{-\frac{b}{2}}^{\frac{b}{2}} \Gamma_1 \Gamma_2 \left[\frac{\cos 2\beta}{a^2} \left(1 - \sin\alpha\right) - \frac{\sin\alpha \cos^2\beta}{r^2} \right] dx_1\, dx_2.$$

Wie man aus Abb. 185 erkennt, erhält man den Widerstand, den der Tragflügel (2) vom Wirbelsystem des Tragflügels (1) erfährt, wenn man in der letzten Gleichung $\alpha + \pi$ und $\beta + \pi$ für α und β setzt. Mithin:

$$W_{21} = \frac{\varrho}{4\pi} \int\limits_{-\frac{b}{2}}^{\frac{b}{2}} \int\limits_{-\frac{b}{2}}^{\frac{b}{2}} \Gamma_1 \Gamma_2 \left[\frac{\cos 2\beta}{a^2} \left(1 + \sin\alpha\right) + \frac{\sin\alpha \cos^2\beta}{r^2} \right] dx_1\, dx_2.$$

Für $\alpha = 0$ gehen offenbar beide Integrale ineinander über ($W_{12} = W_{21}$), d. i. aber der Fall des ungestaffelten Doppeldeckers. M. Munk hat zuerst gezeigt, daß die Summe $W_{12} + W_{21}$ vom Betrag der Staffelung unabhängig ist.

Führt man für den allgemeinen Fall der nicht parallelen tragenden Linien die Rechnung durch (ds_1 und ds_2 statt dx_1 und dx_2), so ergibt sich:

$$W_{12} + W_{21} = \frac{\varrho}{2\pi} \int\limits_{-\frac{b}{2}}^{\frac{b}{2}} \int\limits_{-\frac{b}{2}}^{\frac{b}{2}} \Gamma_1 \Gamma_2 \frac{\cos(\beta_1 + \beta_2)}{a^2} ds_1\, ds_2,$$

worin auch die Unabhängigkeit vom Staffelungswinkel α zum Ausdruck kommt. Es mag jedoch ausdrücklich betont werden, daß dieser Satz nur für den Fall gilt, daß bei der Staffelung die Auftriebsverteilung der beiden Flügel unverändert gehalten wird, was nur durch Änderung der Anstellwinkel der einzelnen Flügelelemente möglich ist. Durch eine Veränderung der Staffelung ohne Änderung der Anstellwinkel würden die wirksamen Anstellwinkel und damit die Auftriebskräfte der beiden tragenden Linien verändert werden. Die Korrektur der geometrischen Anstellwinkel muß also derart erfolgen, daß bei der Änderung der Staffelung die wirksamen Anstellwinkel dieselben bleiben.

127. Der gesamte induzierte Widerstand von Doppeldeckern. Wie wir auf S. 214 gesehen haben, ergeben sich für die selbstinduzierten Widerstände von zwei Tragflügeln eines Doppeldeckers, wenn elliptische Auftriebsverteilung angenommen wird, Ausdrücke von der Form

$$W_{11} = \frac{A_1{}^2}{\pi \frac{\varrho}{2} V^2 b_1{}^2} \quad \text{und} \quad W_{22} = \frac{A_2{}^2}{\pi \frac{\varrho}{2} V^2 b_2{}^2},$$

wobei A_1 den Auftrieb des Flügels (*1*) und A_2 den von Flügel (*2*) be-deutet. In Analogie zu diesen Größen ergibt sich im Falle des unge-staffelten Doppeldeckers für den gegenseitig induzierten Widerstand W_{12} bzw. W_{21} der beiden Tragflächen ein Ausdruck von der Form

$$\sigma \frac{A_1\,A_2}{\pi\,\dfrac{\varrho}{2}\,V^2 b_1 b_2},$$

wo der Koeffizient σ von den Größen $\dfrac{2\,z}{b_1+b_2}$ und von dem Verhältnis $\dfrac{b_2}{b_1}$ der Spannweiten der Tragflügel abhängt (z bedeutet die Entfernung der beiden Tragflächen von-einander in zur Bewegung senkrechter Richtung). Für den Fall einer elliptischen Auftriebsverteilung ist σ be-rechnet worden unter der Voraussetzung, daß die Mit-ten der beiden geraden tra-genden Linien in derselben Symmetrieebene liegen. Abb. 186 zeigt die Abhängigkeit σ von $\dfrac{2\,z}{b_1+b_2}$ für drei verschie-dene Werte von $\dfrac{b_2}{b_1}$.

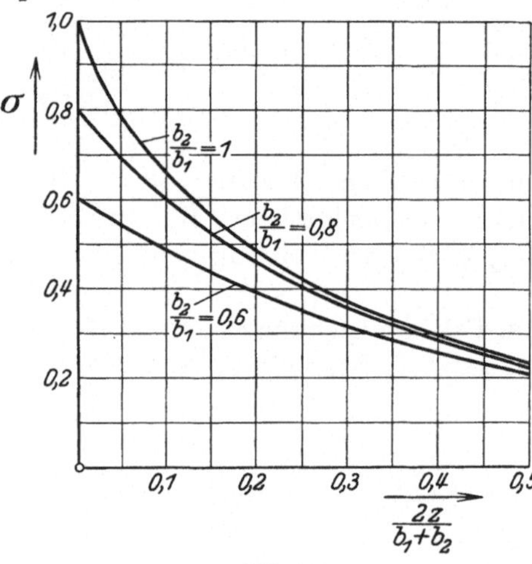

Abb. 186.

Unter Benutzung der sich aus dieser Abbildung er-gebenden Werte für σ läßt sich also bei gegebenem Auftrieb der einzelnen Tragflächen der ge-samte induzierte Widerstand des Doppeldeckers berechnen:

$$W = \underbrace{W_{11} + 2\,W_{12}}_{W_{12}+W_{21}} + W_{22} = \frac{1}{4\,\pi\,\dfrac{\varrho}{2}\,V^2}\left(\frac{A_1{}^2}{b_1{}^2} + 2\,\sigma\,\frac{A_1\,A_2}{b_1\,b_2} + \frac{A_2{}^2}{b_2{}^2}\right). \quad (1)$$

Es liegt nun die Frage nahe: Wenn der Gesamtauftrieb A des Doppeldeckers sowie die Größen b_1, b_2 und z gegeben sind, wie muß dann der Auftrieb auf beide Flügel verteilt werden, damit der Gesamt-widerstand ein Minimum wird? Wie eine einfache Rechnung zeigt, muß für diesen Fall sein:

$$\frac{A_2}{A_1} = \frac{\dfrac{b_2}{b_1} - \sigma}{\dfrac{b_1}{b_2} - \sigma}.$$

Man geht, um diesen Ausdruck zu erhalten, davon aus, daß man $A_1 = A \cdot \lambda$, also $A_2 = A\,(1 - \lambda)$ setzt und denjenigen Wert von λ bestimmt, für den der Klammerausdruck in (Gl. 1) ein Minimum wird. Als Wert des Minimums ergibt sich:

$$W_{min} = \frac{(A_1 + A_2)^2}{\pi \frac{\varrho}{2} V^2 b_1^2} \frac{1 - \sigma^2}{1 - 2\sigma\frac{b_2}{b_1} + \left(\frac{b_2}{b_1}\right)^2} = \frac{(A_1 + A_2)^2}{\pi \frac{\varrho}{2} V^2 b_1^2} \cdot \varkappa. \tag{2}$$

Da der Faktor $\dfrac{(A_1 + A_2)^2}{\pi \frac{\varrho}{2} V^2 b_1^2}$ den Widerstand eines Eindeckers mit dem Auftrieb $A_1 + A_2$ und der Spannweite b_1 bezeichnet, ergibt sich, da der zweite Faktor $\varkappa$ wegen $\sigma < \dfrac{b_2}{b_1}$ stets kleiner als 1 ist, daß der gesamte induzierte Widerstand eines Doppeldeckers W_D kleiner ist als der eines Eindeckers W_E von gleicher Spannweite b_1 und gleichem Auftrieb. Abb. 187 zeigt die Abhängigkeit $\dfrac{W_D}{W_E}$ abhängig von $\dfrac{z}{b_1}$ für

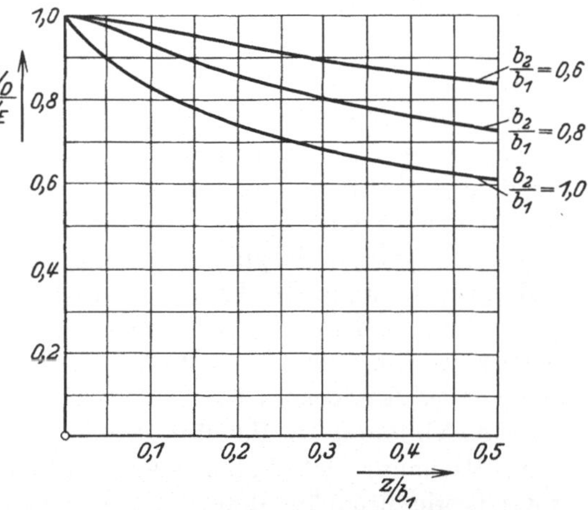

Abb. 187. Das Verhältnis des induzierten Widerstandes W_D eines Doppeldeckers zu dem eines Eindeckers W_E von gleichem Auftrieb und gleicher Spannweite b_1, abhängig vom Abstand z der Flügel des Doppeldeckers voneinander für eine Anzahl von Werten von b_1/b_2. Der induzierte Widerstand ist am kleinsten, wenn die Spannweite beider Flügel des Doppeldeckers einander gleich ist, $b_1 = b_2$.

eine Anzahl Werte von $\dfrac{b_2}{b_1}$. Wie man erkennt, nimmt der Widerstand des Doppeldeckers stark mit zunehmender Höhe ab und ist ferner um so geringer, je weniger sich b_1 von b_2 unterscheidet. Wir können also die Frage, welche Anordnung bei gegebener Spannweite und gegebener Höhe den geringsten Widerstand ergibt, dahin beantworten, daß dieses für $b_1 = b_2$ der Fall ist.

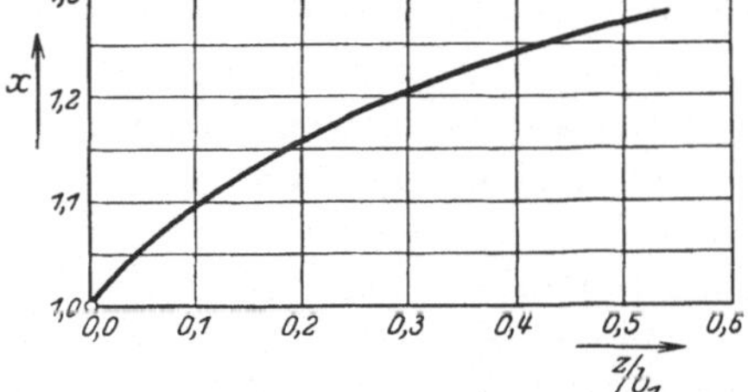

Abb. 188. Die Ordinate x bezeichnet die Maßzahl, mit der die Spannweite b_1 eines Doppeldeckers multipliziert werden muß, um die Spannweite eines Eindeckers zu erhalten, der bei gleichem Gesamtauftrieb den gleichen induzierten Widerstand ergibt. Dabei ist der günstigste Fall angenommen, daß beide Flügel des Doppeldeckers einander gleich sind. z/b_1 ist das Verhältnis der Höhe des Doppeldeckers zur Spannweite.

Die Überlegenheit des Doppeldeckers gegenüber dem Eindecker hinsichtlich des induzierten Widerstandes ist jedoch nicht so bedeutend, wie es auf den ersten Blick zu sein scheint. Durch eine verhältnismäßig geringe Vergrößerung der Spannweite des Eindeckers läßt sich sein induzierter

Widerstand auf den gesamten induzierten Widerstand des Doppeldeckers herabdrücken. Bezeichnen wir den Faktor, mit dem wir die Spannweite des Eindeckers multiplizieren müssen, um bei gleichem Auftrieb denselben induzierten Widerstand zu erhalten, den der Doppeldecker mit der Spannweite b_1 besitzt, mit x, so muß nach (Gl. 2) offenbar sein:

$$\frac{\varkappa}{b_1{}^2} = \frac{1}{(x\,b_1)^2}, \quad \text{also} \quad x = \frac{1}{\sqrt{\varkappa}}.$$

Abb. 188 zeigt, in welchem Maße die Spannweite b_1 eines Eindeckers vergrößert werden muß, um bei gleichem Gesamtauftrieb den gleichen induzierten Widerstand eines Doppeldeckers zu erhalten, wobei wir den günstigsten Fall zugrunde legen, daß $b_1 = b_2$ ist. So ergibt sich z. B., daß ein Doppeldecker mit einer Spannweite von $b = 10$ m und einem Abstand der Tragflächen von $z = 2$ m denselben induzierten Widerstand besitzt wie ein Eindecker von $b = 11,6$ m, wobei vorausgesetzt ist, daß der Gesamtauftrieb des Doppeldeckers gleich demjenigen des Eindeckers ist.

128. Minimumsatz für Mehrdecker. Während bisher die Frage nach dem Minimum des induzierten Widerstandes eines Doppeldeckers unter bestimmten Annahmen über die Auftriebsverteilung der einzelnen Tragflächen beantwortet worden ist, gehen wir jetzt zu der allgemeineren Aufgabe über: Es ist für einen gegebenen Gesamtauftrieb sowie gegebene Spannweite und Höhe eines beliebigen Mehrdeckers diejenige Auftriebsverteilung der einzelnen Flügel zu bestimmen, für die der induzierte Widerstand ein Minimum wird.

Dieses Minimumproblem ist zuerst von Munk gelöst; später hat Betz einen vereinfachten Beweis geliefert. Es hat sich gezeigt, daß wie beim Eindecker auch beim Mehrdecker diejenige Auftriebsverteilung ein Widerstandsminimum ergibt, die eine konstante zusätzliche Abwärtsgeschwindigkeit an beiden Tragflächen liefert.

Der Betzsche Beweis geht davon aus, daß man das vorgelegte Flügelsystem und die an ihm vorgenommene Variation als die zwei Teile eines Tragflügelsystems ansehen darf, und daß es wegen des Staffelungssatzes erlaubt ist, die Variation so weit hinter dem Flügelsystem angreifen zu lassen, daß bei der Berechnung der gegenseitigen Widerstände der Anteil vernachlässigt werden darf, der am Flügelsystem durch die von der Variation hervorgerufenen Störungsgeschwindigkeiten erzeugt wird (weil diese Geschwindigkeiten in der Flugrichtung nach vorn zu rasch abklingen). Es bleibt dann als gegenseitiger Widerstand durch die Variation nur derjenige übrig, den die Variation durch das Geschwindigkeitsfeld weit hinter dem Flügelsystem erfährt. Nehmen wir jetzt an, wir hätten die Auftriebsverteilung gefunden, für die der induzierte Widerstand ein Minimum ist, so dürfte eine geringe Variation

der Auftriebsverteilung — ohne den Gesamtauftrieb zu ändern —
keine Änderung des induzierten Widerstandes zur Folge haben.

Fügen wir an irgendeiner Stelle dx des einen Flügels einen Auftrieb δA_1
und gleichzeitig an irgendeiner anderen Stelle desselben oder eines anderen
Flügels den Auftrieb $\delta A_2 = -\delta A_1$ hinzu und nehmen gemäß dem eben
Gesagten an, daß diese Variation der Auftriebe kleiner Zusatzflügel weit
hinter dem Flügelsystem vorgenommen wird, so ergeben sich die
— durch die Variation der Auftriebsverteilungen bedingten — zusätzlichen induzierten Widerstände zu:

$$\delta A_1 \cdot \frac{w_1}{V} \quad \text{und} \quad \delta A_2 \cdot \frac{w_2}{V},$$

wobei w_1 und w_2 die vertikalen Geschwindigkeiten an den entsprechenden Stellen des Wirbelbandes bedeuten. Ihre Summe muß also —
für den vorausgesetzten Fall, daß die Auftriebsverteilungen bereits
derartig sind, daß der gesamte Widerstand ein Minimum ist — gleich
Null sein:

$$\delta A_1 \frac{w_1}{V} + \delta A_2 \frac{w_2}{V} = 0.$$

Unter Berücksichtigung von $\delta A_1 = -\delta A_2$ ergibt sich also

$$w_1 = w_2.$$

Da die Geschwindigkeiten am ungestaffelten tragenden System gerade
die Hälfte derjenigen in dem Wirbelband weit hinten sind (vgl. Nr. 125),
gilt die Gleichheit auch für diese. Wegen der Willkür hinsichtlich der
Stellen, an denen die Variation des Auftriebes vorgenommen wurde,
führt dieses zu dem oben erwähnten Satz, daß bei gegebenem Auftrieb
ein Widerstandsminimum vorhanden ist, wenn die zusätzlichen Abwärtsgeschwindigkeiten bei beiden Tragflächen gleich und längs der Spannweite konstant sind.

Im Zusammenhang mit unseren früheren Überlegungen (S. 204),
nach welchen man sich den Strömungsvorgang um eine tragende Fläche
mit konstanter Abwärtsgeschwindigkeit w veranschaulichen kann durch
die stoßweise Beschleunigung der vom Flügel überstrichenen Luftmassen durch ein starres „Brett“, können wir jetzt folgendes sagen:
Im Minimumfall bewegt sich das Gebilde, das zur Erzeugung der
Strömung um den Mehrdecker stoßweise beschleunigt wird, wie ein
starres System (in anderen Fällen wird das Gebilde beim Stoß gleichzeitig eine Formänderung ausführen).

Wir können jetzt unseren früheren Formeln für den Minimums-
fall noch eine einfache Bedeutung beilegen. w_1 sei die Endgeschwindigkeit
unseres starren Systems; dann ist die Abwärtsgeschwindigkeit am

Flügelsystem $w = \dfrac{w_1}{2}$ und der induzierte Widerstand

$$W = A \frac{w}{V} = \frac{A w_1}{2 V} .$$

Drückt man w_1 aus der Beziehung (Impulssatz)

$$A = \varrho F' V w_1$$

aus, so wird, wie früher:

$$W = \frac{A^2}{2 \varrho F' V^2} .$$

F' ist dabei jetzt gleich $\sum \int (\varphi_o - \varphi_u) \, dx$ zu setzen, wobei die Summe über alle einzelnen Tragflügel zu erstrecken ist. Nimmt man also — wie wir es schon S. 215 getan haben — an, daß der ganzen Luftmasse $\varrho F' V$

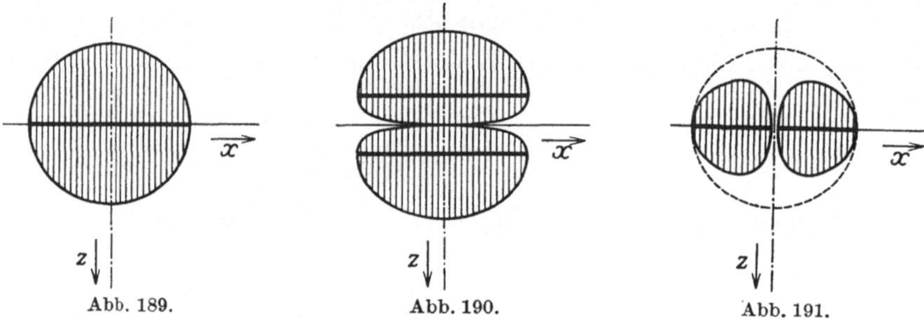

Abb. 189.   Abb. 190.   Abb. 191.

die Abwärtsgeschwindigkeit w_1 erteilt wird, die übrige Luft aber unbeeinflußt bleibt, so sagt also die erste Gleichung aus, daß der Auftrieb gleich ist dem dieser Luftmasse erteilten Impuls. Für die Widerstandsarbeit pro Sekunde ergibt sich als Äquivalent die kinetische Energie, die vom Flügel der Luftmasse $\varrho F' V$ sekundlich mitgeteilt wird.

Während diese Fläche beim Eindecker ein Kreis mit einem Durchmesser gleich der Spannweite ist, haben Grammel und K. Pohlhausen mit Hilfe elliptischer Integrale die entsprechende Querschnittsfläche für den Doppeldecker und den in der Mitte geschlitzten Eindecker berechnet (Abb. 190 und 191).

Die Beziehung

$$W = \frac{A^2}{2 \varrho V^2 \cdot F'}$$

läßt erkennen, daß der induzierte Widerstand bei gleichem Auftrieb um so kleiner ausfällt, je größer F' ist. Wird der Abstand der einzelnen Tragflächen eines Doppeldeckers sehr groß, so ergeben sich für F' zwei Kreise mit der Spannweite als Durchmesser, d. h. die beiden Tragflächen verhalten sich wie zwei Eindecker. Ein solcher Doppeldecker besitzt also bei gleichem Auftrieb den halben induzierten Widerstand des Eindeckers. Rücken die Tragflächen des Doppeldeckers mehr und mehr zusammen, so geht die Fläche F' schließlich in den Kreis des Eindeckers über und damit der induzierte Widerstand des Doppeldeckers in den des Eindeckers.

129. Der Einfluß von Wänden und von freien Grenzen. Die Tragflügeltheorie hat noch ein weiteres Ergebnis geliefert, das für die Beurteilung von Versuchsergebnissen der Modellmessungen in einem von Wänden begrenzten Kanal oder in einem freien Strahl von Bedeutung ist.

Bekanntlich will man aus den Meßergebnissen der Modelle im künstlichen durch Wände begrenzten oder freien Luftstrom Schlüsse ziehen können auf das Verhalten des Körpers im unendlich ausgedehnten Luftraum.

Der begrenzte oder freie Luftstrahl unterscheidet sich von einem entsprechenden Teil des nach allen Seiten unendlich ausgedehnten Luftraumes wesentlich durch seine Grenzbedingungen. An den festen Kanalwänden müssen die Normalkomponenten der Geschwindigkeiten an der Wand gleich Null sein, während für den freien Strahl der Druck an der freien Strahlgrenze konstant, nämlich gleich dem der umgebenden ruhenden Luft ist. Es zeigt sich nun, daß in denjenigen Entfernungen vom Tragflügel, in denen sich gewöhnlich die Kanalwände bzw. die freie Strahloberfläche befinden, die seitlichen Geschwindigkeitskomponenten bzw. der Druck (gegenüber dem Ruhedruck) keineswegs zu vernachlässigen sind. Es wird somit die Strömung, die sich in unendlich ausgedehnter Luft bilden würde, durch die Wände bzw. freie Strahloberfläche abgeändert, so daß also der hieraus bedingten Rückwirkung auf den Flügel durch besondere Umrechnungsformeln Rechnung getragen werden muß.

Man geht davon aus, daß man zunächst einen allseitig unendlich ausgedehnten Luftraum annimmt und für diesen das Geschwindigkeitsfeld um den in der Strömung befindlichen Gegenstand (Tragflügel usw.) bestimmt. Schneidet man aus diesem unendlich ausgedehnten Luftstrom ein Stück aus, dessen Begrenzungsfläche mit den Kanalwänden bzw. der freien Oberfläche des aus einer Düse austretenden Strahles übereinstimmt, so unterscheiden sich an dieser Begrenzungsfläche die Geschwindigkeiten bzw. Drucke von denjenigen, die an der Kanalwand bzw. der freien Strahloberfläche herrschen. An der Kanalwand müssen, wie gesagt, die Normalkomponenten der Geschwindigkeit gleich Null sein, während an der freien Oberfläche des Luftstrahles der Druck konstant und gleich dem Druck der umgebenden ruhenden Luft sein muß.

Fügt man jetzt zu dem Geschwindigkeitsfeld des aus dem unendlichen Luftraum ausgeschnittenen Luftstromes ein solches hinzu, das einerseits im Innern singularitätenfrei ist und anderseits an den Grenzen entgegengesetzt gleich große Normalkomponenten besitzt, so erkennt man, daß durch Superposition beider Geschwindigkeitsfelder ein solches entsteht, das den Grenzbedingungen eines von Kanalwänden begrenzten Luftstromes entspricht. In der Wirkung dieses zweiten Geschwindigkeitsfeldes haben wir somit gerade den gesuchten Einfluß auf den Tragflügel, den wir berechnen können, wenn das zusätzliche Geschwindigkeitsfeld bekannt ist.

Da dieses Geschwindigkeitsfeld einer reinen Potentialströmung entspricht, handelt es sich also darum, deren Potential zu finden. Wir haben es also mit der sogenannten zweiten Randwertaufgabe zu tun, bei der eine im Innern eines Bereiches reguläre Funktion gesucht wird, deren Ableitungen am Rande des Bereiches vorgegeben sind.

Ein ähnlicher Weg führt zu der Lösung der entsprechenden Aufgabe für den aus einer Düse austretenden Strahl. Wir gehen hier aus von der Grenzbedingung, daß auf der freien Strahloberfläche der Druck konstant und gleich dem Druck der umgebenden ruhenden Luft ist. Bezeichnen wir mit V die Geschwindigkeit der ungestörten Hauptbewegung und mit u, v, w die Komponenten der Zusatzgeschwindigkeiten, die durch den Tragflügel verursacht sind, so ergibt die Bernoullische Gleichung

$$p + \frac{\varrho}{2}\,[u^2 + (V + v)^2 + w^2] = p_0 + \frac{\varrho}{2}\,V^2,$$

angewendet auf die freie Strahloberfläche (wegen $p = p_0$)

$$u^2 + v^2 + w^2 + 2\,Vv = 0.$$

Da wir ferner die Störungsgeschwindigkeiten so klein annehmen wollen, daß wir ihre Quadrate vernachlässigen können, so ist das Glied $2\,Vv$ allein von Bedeutung, und es ergibt sich also für die Strahloberfläche:

$$v = 0.$$

Unter der weiteren Voraussetzung, daß der Auftrieb des Tragflügels klein und somit die Ablenkung des Strahles gering ist, vereinfachen wir das Problem weiterhin dadurch, daß wir $v = 0$ anstatt auf der Oberfläche des abgelenkten auf der des nicht abgelenkten Strahles annehmen. Hiermit haben wir eine ähnliche Formulierung der Grenzbedingung für den freien Strahl wie für den Kanal erhalten. Während an der Kanalwand die Normalgeschwindigkeit gleich Null sein muß, besteht beim Strahl die Bedingung, daß an der Zylinderoberfläche, die dem unabgelenkten Strahl entsprechen würde, die tangentielle Zusatzgeschwindigkeit v gleich Null sein muß.

Analog wie beim Kanal erhalten wir diese Grenzbedingung, wenn wir der allseitig unendlich ausgedehnten Strömung mit der am Ort der Strahloberfläche vorhandenen zusätzlichen Geschwindigkeit v ein

Geschwindigkeitsfeld überlagern, welches am Ort der Strahloberfläche die Geschwindigkeit $- v$ besitzt. Ist Φ das Potential dieses Geschwindigkeitsfeldes, so muß also für die Oberfläche des Strahles, die wir gleich dem Mantel des Zylinders mit der Erzeugenden parallel zu V und dem Düsenquerschnitt als Grundfläche setzen, $\dfrac{\partial \Phi}{\partial y} = - v$ sein. Durch Integration längs der Zylindererzeugenden ergibt sich:

$$\Phi(y) = - \int\limits_{-\infty}^{y} v\, dy,$$

wobei sich die untere Grenze dadurch ergibt, daß genügend weit stromaufwärts die Wirkung der Tragfläche beliebig klein werden muß, also für $y = - \infty$ das Potential der Zusatzströmung $\Phi = 0$ wird. Die Bedingung, daß das gesuchte zusätzliche Geschwindigkeitsfeld am Rande die vorgegebenen Werte $- v$ haben muß, kommt also darauf hinaus, daß die Werte des Potentials Φ für den Rand gegeben sind und die im Innern reguläre Funktion gesucht wird, die diese Funktionswerte auf dem Rande besitzt. Es handelt sich hier somit um die Lösung der ersten Randwertaufgabe.

130. Berechnung des Einflusses für einen kreisförmigen Querschnitt. Beide Aufgaben, sowohl die für den Kanal als auch die für den Strahl, lassen sich für einen kreisförmigen Querschnitt am leichtesten lösen. Es kommt dabei darauf hinaus, daß man die Wirkung einer nach reziproken Radien gespiegelten Tragfläche (an entsprechenden Punkten mit gleichen Zirkulationsbeiträgen) bestimmt, und zwar hat man beim Strahl das entgegengesetzte und beim Kanal das gleiche Vorzeichen wie beim wirklichen Tragflügel für die Zirkulation zu nehmen.

Für einen in der Mitte eines Strahles von kreisförmigem Querschnitt befindlichen geraden Eindecker sind diese Rechnungen im einzelnen durchgeführt unter der Voraussetzung, daß eine elliptische Auftriebsverteilung vorliegt. Bezeichnet man die Spannweite des Flügels wie bisher mit b, den Durchmesser des Strahles mit D, so ergibt eine nähere Rechnung für die zusätzliche Abwärtsgeschwindigkeit, herrührend von der freien Strahloberfläche, in Abhängigkeit von der Entfernung x aus der Mitte des Profiles, wenn man noch $\xi = \dfrac{2\,x}{D}$ setzt:

$$w'(\xi) = \frac{A}{\pi\, D^2\, \varrho\, V}\left(1 + \frac{3}{4}\,\xi^2 + \frac{5}{8}\,\xi^4 + \frac{35}{128}\,\xi^6 + \cdots\right).$$

Der durch diese Geschwindigkeit bedingte zusätzliche Widerstand ergibt sich damit zu:

$$W' = \frac{A^2}{\pi\, D^2\, \varrho\, V^2}\left[1 + \frac{3}{16}\left(\frac{b}{D}\right)^4 + \frac{5}{64}\left(\frac{b}{D}\right)^8 + \cdots\right].$$

Obwohl dieser Ausdruck für den Widerstand abgeleitet wurde für einen geraden Eindecker mit elliptischer Auftriebsverteilung, gilt er — wie eine Näherungsbetrachtung zeigt — mit praktisch genügender Genauigkeit für alle gebräuchlichen Flügelsysteme, sofern sie relativ zum Strahldurchmesser nicht zu sehr ausgedehnt sind.

Als Ausdruck für den induzierten Widerstand hatten wir auf S. 203 gefunden:

$$W = \frac{A^2}{4\,\frac{\varrho}{2}\,V^2 F'} \, .$$

Bezeichnen wir den Strahlquerschnitt $\dfrac{\pi\,D^2}{4}$ mit F_0, so erhalten wir in erster Näherung als gesamten induzierten Widerstand eines Tragflügels in einem Luftstrahl von kreisförmigem Querschnitt

$$W = \frac{A^2}{4\,\frac{\varrho}{2}\,V^2}\left(\frac{1}{F'} + \frac{1}{2\,F_0}\right).$$

Beim Kanal wiesen wir schon darauf hin, daß man die Zirkulation um den nach reziproken Radien gespiegelten Flügel in gleichem Sinne wie bei der wirklichen Tragfläche nehmen müsse. Das hat zur Folge, daß man durch die Wirkung der Kanalwände eine Widerstandsverminderung erhält, und zwar von gleicher Größe wie die Widerstandsvermehrung beim Strahl. Die Näherungsformel des gesamten induzierten Widerstandes für den Kanal lautet somit:

$$W = \frac{A^2}{4\,\frac{\varrho}{2}\,V^2}\left(\frac{1}{F'} - \frac{1}{2\,F_0}\right).$$

Fragen wir uns, von welcher Größe der Einfluß auf den Widerstand ist bei einem Strahl, dessen Durchmesser z. B. gleich der doppelten Spannweite ist, so haben wir also

$$F_0 = 4\,F' \, ,$$

d. h. bei $\dfrac{b}{D} = \dfrac{1}{2}$ ist der zusätzliche Widerstand, der also bei Messungen in einem Strahl abgezogen werden muß, wenn man den Widerstand in unendlich ausgedehnter Luft bestimmen will, bereits $^1/_8$ des induzierten Widerstandes. Die oben angegebene genauere Formel liefert den Wert 0,1262 statt 0,125.

Man erkennt somit, daß man für die meisten Fälle mit der übersichtlichen Näherungsformel auskommt. Auch für Tragflügel mit rechteckiger Auftriebsverteilung ist die Näherungsformel noch gut brauchbar (der entsprechende genaue Wert beträgt hierfür 0,127).

Für die Berechnung des Wandeinflusses eines Kanals von Rechteckquerschnitt sind von G l a u e r t[1] entsprechende Formeln abgeleitet worden. Zum Schluß möge noch bemerkt werden, daß sich ebenfalls Rechenregeln angeben lassen für den Fall, daß man Tragflügel von sehr großer Tiefe untersucht, bei denen die Veränderlichkeit der Störungsgeschwindigkeit mit der Flügeltiefe nicht mehr vernachlässigt werden darf. Es stellt sich heraus, daß man dem Versuchsflügel in einem Strahl eine — allerdings meist geringe — Verstärkung der Wölbung erteilen muß, um dem Einfluß der freien Strahloberfläche Rechnung zu tragen.

VIII. Versuchsmethoden und Versuchseinrichtungen.

A. Messung von Druck und Geschwindigkeit strömender Flüssigkeiten.

131. Prinzipielles über Druckmessung strömender Flüssigkeiten und Gase. Bei allen Methoden der Druckmessung von Flüssigkeiten oder Gasen an irgendeinem Punkt im Innern der Flüssigkeit ist es unvermeidlich, daß man gerade an derjenigen Stelle, an der man den Druck zu messen wünscht, einen Fremdkörper, nämlich das Meßgerät (etwa eine Sonde, die den Druck zu einem Manometer hinleitet), anbringen muß. Um also den Druck in einem Punkt im Innern einer Flüssigkeit zu bestimmen, muß man die Flüssigkeit gerade an diesem Punkt verdrängen. Solange nun die Flüssigkeit ruht, d. h. solange statische Verhältnisse bestehen, ist dieser Umstand weniger bedeutungsvoll, da der Flüssigkeitszustand in der unmittelbaren Umgebung der Sonde durch das Hineinbringen derselben nicht gestört bleibt. Man kann — sofern es nötig sein sollte — in diesem Fall auch durch entsprechende Verkleinerung der Sonde sich der punktförmigen Druckmessung mehr und mehr nähern.

Grundsätzlich anders werden jedoch die Verhältnisse, wenn es sich um strömende Flüssigkeiten handelt. In diesem Fall bleibt die Flüssigkeit in der unmittelbaren Umgebung der Sonde dauernd gestört. An einer gewissen Stelle der von der Flüssigkeit angeströmten Sonde z. B. bildet sich ein Staupunkt aus, in dem die Geschwindigkeit Null ist, so daß wir hier einen um den Betrag $\frac{\varrho}{2}\, w^2$ zu großen Druck messen würden (wenn w die ungestörte Strömungsgeschwindigkeit bedeutet), vgl. Nr 2.

132. Statischer Druck. Ist die Geschwindigkeit w so groß, daß man den Staudruck $\frac{\varrho}{2}\cdot w^2$ neben dem zu messenden Druck der ungestörten

---

[1] Glauert, H.: The Interference of Wind channel Walls on the Aerodynamic Characteristics of an Aerofoil. R. a. M. Vol. I, S. 118, 1923—24.

strömenden Flüssigkeit, dem sogenannten statischen Druck, in dem betreffenden Punkt nicht vernachlässigen darf, so kommt man durch Verkleinerung der Sonde nicht zum Ziel, vielmehr ist es notwendig, die Gestalt der Sonde so auszubilden, daß die Strö-

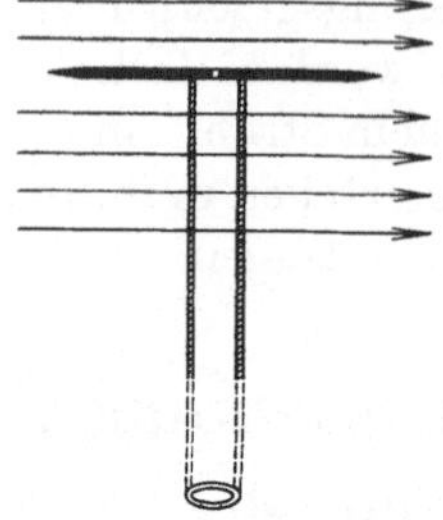

Abb. 192. Sersche Scheibe zur Messung des statischen Druckes.

mung in der unmittelbaren Nähe des zu messenden Punktes möglichst wenig durch die Sonde gestört wird.

Man hat zu diesem Zweck der Sonde z. B. die aus Abb. 192 ersichtliche Form gegeben. An einer schmalen, die Flüssigkeitsströmung möglichst wenig störenden Röhre ist eine sehr dünne in der Mitte durchlochte Scheibe (Sersche Scheibe) angebracht. Hat die Scheibe die Richtung der Geschwindigkeit, so wird die Flüssigkeitsströmung an der Stelle der Durchbohrung nur sehr wenig durch die Scheibe beeinflußt, so daß der hier herrschende Druck der gleiche ist, als wenn die Scheibe gar nicht vorhanden wäre. Ist die Scheibe jedoch — wenn auch nur sehr wenig — gegen die

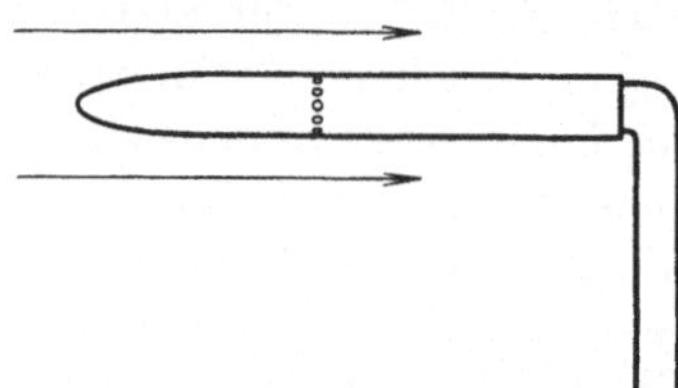

Abb. 193. Hakenrohr mit seitlichen Anbohrungen zur Messung des statischen Druckes.

die Strömungsrichtung geneigt, so ist die Beeinflussung der Strömung bereits beträchtlich, und der Flüssigkeitsdruck in der Bohrung entspricht nicht mehr dem der ungestörten Flüssigkeit in jenem Punkte. Wegen dieser großen Richtungsempfindlichkeit, durch die man gezwungen ist, die Scheibe genau in Strömungsrichtung einzustellen,

macht man von dieser Ausbildung der Sonde kaum noch Gebrauch.

In dieser Hinsicht ist es günstiger, ein vorn geschlossenes und abgerundetes Rohr, das mit seitlichen Anbohrungen versehen ist, parallel zur Strömungsrichtung zu halten (Abb. 193). Wieweit hier eine Unabhängigkeit von der Richtung des Rohres zur Strömungsrichtung besteht, werden wir noch bei der Behandlung des sogenannten Staugerätes feststellen.

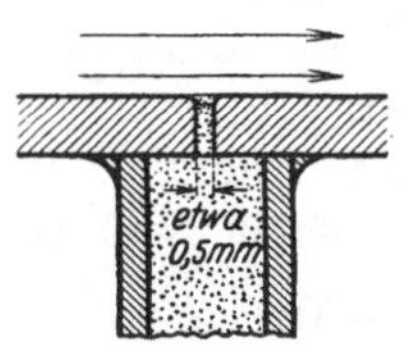

Abb. 194. Anbohrung der Wand zur Messung des statischen Druckes.

Verhältnismäßig einfach gestaltet sich die Druckmessung an einem Punkt der Begrenzungsfläche einer Flüssigkeit, da es in diesem Fall nicht notwendig ist, einen Fremdkörper in die Flüssigkeit zu bringen, so daß die Gefahr, die Strömung hierdurch zu beeinflussen, nicht besteht. An dem Punkt der Wandung, an dem der Druck gemessen werden soll, wird ein feines Loch gebohrt, etwa in der Art, wie es Abb. 194 zeigt. Die Flüssigkeit fließt über das Loch (sofern es genügend klein ist, z. B. einige Zehntelmillimeter beträgt) hinweg, bleibt aber in der Bohrung selbst nahezu ruhig. Daß die Geschwindigkeit der über das Loch hinströmenden Flüssigkeit von der im Innern des Loches verschieden ist, obwohl der Druck und die Höhe gleich sind, ist kein Widerspruch gegen die Bernoullische Gleichung, da für beide Flüssigkeitsbewegungen die Bernoullische Konstante verschieden ist (es handelt sich um Flüssigkeitsteilchen verschiedenen Ursprungs, vgl. Nr. 58 des ersten Bandes).

Durch kleine Reibungswirkungen entsteht allerdings eine geringe Saugwirkung, die jedoch um so kleiner ist, je kleiner das Loch in der Begrenzungswand ist. Nach Fuhrmann[1] ist bei einem Durchmesser von ½ bis 1 mm der wirkliche Druck um etwa 1% des Staudruckes größer als der gemessene, d. h., wenn p_0 der wahre, p der gemessene Druck und w die Geschwindigkeit der über das Loch strömenden Flüssigkeit ist, so haben wir

$$p_0 = p + 0{,}01 \, \frac{\varrho}{2} \, w^2 .$$

Wie wir gesehen haben, ist es bei der Messung des statischen Druckes unbedingt notwendig, sorgfältig darauf zu achten, daß keine Störung der Flüssigkeitsströmung in dem Punkt, in dem man den Druck messen will, durch die Einrichtung der Druckübertragung (in diesem Fall durch das Bohrloch) hervorgerufen wird. So muß man vor allem peinlichst dafür Sorge tragen, daß ein Grat des Bohrloches an der der vorbeiströmenden Flüssigkeit zugewandten Seite unbedingt vermieden wird. Geringste Vernachlässigungen in dieser Hinsicht führen zu vollkommen falschen Druckmessungen. Am besten ist es daher, das Bohrloch in der aus Abb. 194 ersichtlichen Art auszuführen.

133. Gesamtdruck. Einfacher als die Messung des statischen Druckes läßt sich die Summe aus statischem Druck und Staudruck bestimmen. Führt man ein vorn offenes Rohr in der Art, wie es Abb. 195 zeigt, in eine Flüssigkeitsströmung ein, so kommt die mit der Geschwindigkeit w anströmende Flüssigkeit in der Öffnung der Röhre zur Ruhe, wobei nach der Bernoullischen Gleichung in diesem Staupunkt eine Druckerhöhung um $\frac{\varrho}{2} \, w^2$ stattfindet. Bezeichnet p_s den statischen Druck im Staupunkt, so wird also durch dieses Gerät, das nach seinem Erfinder (1732) Pitotrohr genannt wird, der Druck $p_s + \frac{\varrho}{2} \, w^2 = p_g$ gemessen[2]. Man bezeichnet diesen Druck auch als Gesamtdruck.

---

[1] **Fuhrmann**, G.: Theoretische und experimentelle Untersuchungen an Ballonmodellen. Diss. Göttingen, 1912, Jahrb. d. Motorluftschiff-Studiengesellschaft Bd. 5, S. 63, 1911/12.

[2] **Pitot**: Déscription d'une machine pour mesure la vitesse des eaux courantes. Mines de l'Akad. de Sciences, 1732, S. 172.

Man erkennt sofort, daß bei Kenntnis des statischen Druckes durch
Messung des Gesamtdruckes ohne weiteres die Geschwindigkeit w berechnet werden kann.

$$w = \sqrt{\frac{2}{\varrho}\,(p_g - p_s)}.$$

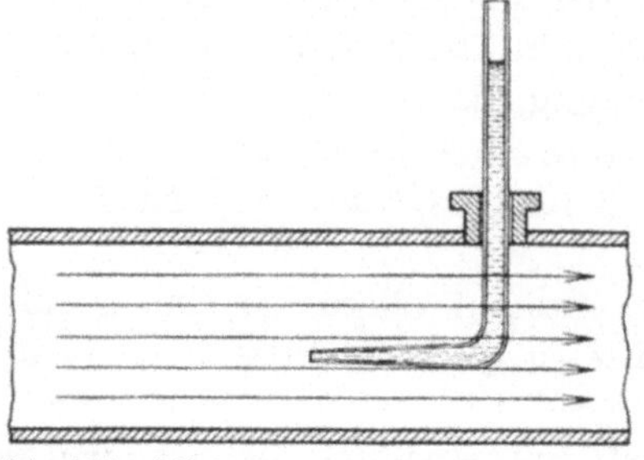

Abb. 195. Pitotrohr zur Messung des Gesamtdruckes.

Von dieser Methode der Geschwindigkeitsmessung wird sehr häufig
Gebrauch gemacht. Will man beispielsweise die Geschwindigkeit in
irgendeinem Punkt A im Innern
eines von einer Flüssigkeit (oder
Gas) durchströmten Rohres bestimmen, so ergibt ein in den be-
treffenden Punkt gebrachtes Pitotrohr (Abb. 196 und 197) den Gesamtdruck. Den statischen Druck kann man, da dieser über dem Querschnitt konstant ist, in der früher beschriebenen Art durch Anbohrung

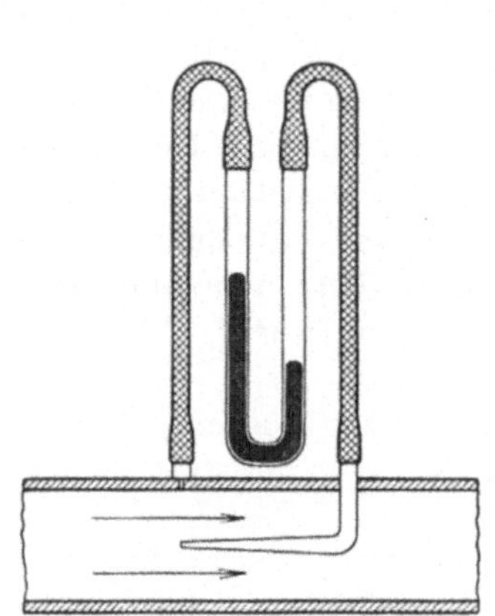

Abb. 196. Staudruckmessung in einem
Rohr unter Benutzung von Quecksilber
als manometrischer Flüssigkeit.

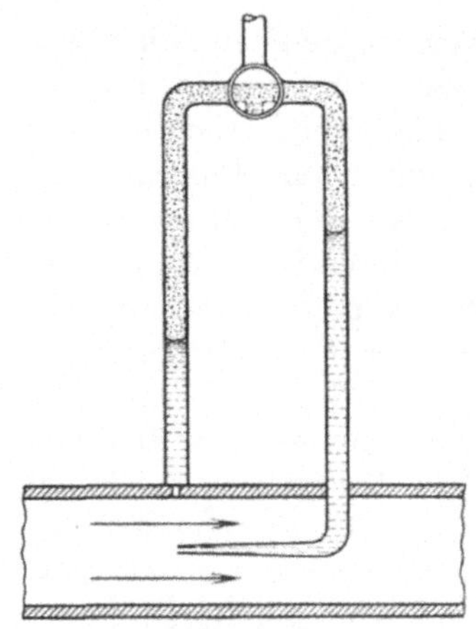

Abb. 197. Staudruckmessung in einem
Rohr, bei der die Rohrflüssigkeit selbst
als manometrische Flüssigkeit benutzt
wird.

der Rohrwand messen. Aus der so bestimmten Differenz des Druckes
an der Pitotrohröffnung und der Wand läßt sich die Geschwindigkeit
im Punkt der Pitotrohröffnung nach obiger Gleichung berechnen.

134. Staugerät und Geschwindigkeitsmessung. Ein Gerät, in dem die
Vorrichtungen zur Messung des statischen Druckes und des Gesamtdruckes vereinigt sind, ist das — in einer weniger guten Form zuerst
von D. W. Taylor[1] angegebene — sogenannte Staugerät, das im

---

[1] Taylor, D. W.: The Heating and Ventilating Magazine, S. 21. New York
1905.

wesentlichen eine Verbindung des in Abb. 193 dargestellten Apparates
mit einem Pitotrohr ist. Wir wollen zunächst die Druckverteilung um
einen vorn abgerundeten Hohlzylinder betrachten. Experimentell läßt
sich diese Verteilung dadurch erhalten (vgl. Nr. 93), daß man in der
Längsrichtung des hohlen Zylinders eine Anzahl feiner Löcher bohrt,

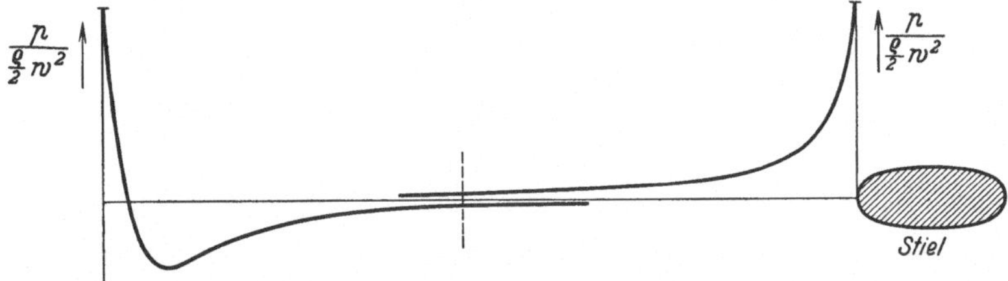

Abb. 198. Druckverteilung um einen vorn abgerundeten Körper (Abb. 193) unter Berücksichtigung der durch den Stiel hervorgerufenen Stauwirkung.

von denen abwechselnd alle bis auf eines verklebt werden. Das Innere
des Hohlzylinders wird mit einem Druckmeßgerät verbunden. Läßt
man gegen den Hohlzylinder eine Flüssigkeit mit der konstanten Geschwindigkeit w strömen (Abb. 71) und mißt nacheinander in der
eben angedeuteten Weise die Drucke, so ergibt sich die Druckverteilung
der Abb. 71 bezw. 72.

Würde man demnach sowohl am Staupunkt des Hohlzylinders
wie auch an demjenigen Punkt, an dem der statische Druck herrscht,
ein feines Loch anbringen und die Drucke an diesen Stellen durch
Röhrchen aus der Strömung heraus zu einem Druckmeßgerät leiten,
so hätte man unmittelbar die Druckdifferenz

$$p_g - p_s = \frac{\varrho}{2}\,w^2\,.$$

Aus Gründen der leichteren Herstellbarkeit wird dieses Staugerät
jedoch in einer etwas anderen Form ausgeführt. Wie aus der Druckverteilungskurve der Abb. 198 ersichtlich, ergibt ein sehr geringer
Fehler in der Lage des Loches bereits beträchtliche dynamische
Drucke (bzw. Unterdrucke). Man legt deshalb die Anbohrung (es können
derer auch mehrere, oder auch ein Spalt sein) weiter von der Spitze
entfernt, wo der Unterdruck asymptotisch nach Null geht. Berücksichtigt man ferner, daß der Stiel des Staugerätes eine Stauwirkung
nach Art der Abb. 198 ausübt, so läßt sich leicht eine Stelle finden,
wo der Unterdruck am Zylinder gleich dem durch den Stiel bewirkten
Überdruck ist, wo also der statische Druck herrscht.

Wie sich gezeigt hat[1], ist die Formgebung und das Größen-
verhältnis der einzelnen Teile des Staugerätes nicht ohne Bedeutung

---

[1] Kumbruch, H.: Messung strömender Luft mittels Staugeräten. For-
schungsarb. auf dem Gebiete des Ing.-Wesens, Heft 240. Berlin 1921.

für seine Brauchbarkeit. Die in Abb. 199 angegebenen Abmessungen haben sich als gut bewährt. Das Staugerät in dieser Ausführung bezeichnet man als Staugerät nach **Prandtl**.

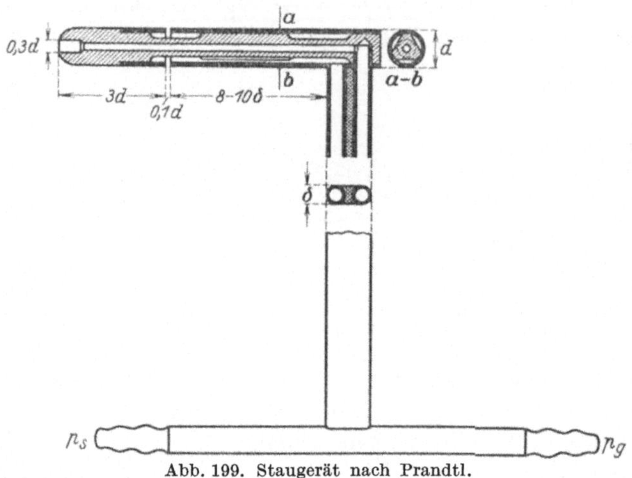

Abb. 199. Staugerät nach Prandtl.

Das Staugerät dient in ausgedehntem Maße zur Messung von Geschwindigkeiten, wobei zu berücksichtigen ist, daß bei schnellen zeitlichen Schwankungen der Geschwindigkeitsgröße bei konstanter Richtung die Ablesung im Manometer (bzw. deren Mittelwerte) nicht dem Mittelwert der Geschwindigkeit entspricht, sondern — da in Wirklichkeit ja Drucke gemittelt werden — dem Mittelwert der Quadrate der Geschwindigkeiten. Diese Unterscheidung kann bei turbulenten Flüssigkeitsbewegungen (vgl. Nr. 33) bedeutungsvoll werden.

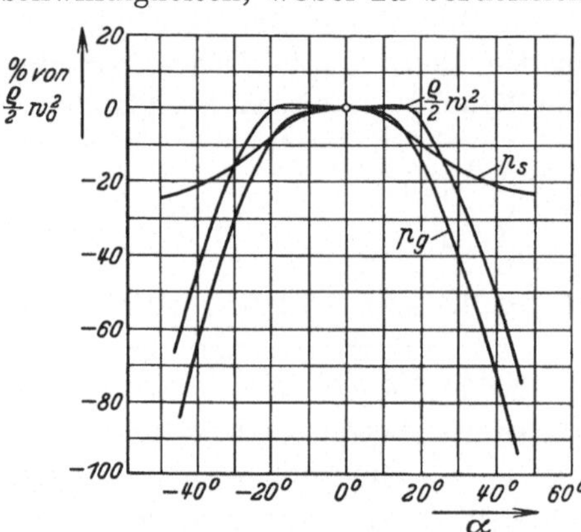

Abb. 200. Richtungsempfindlichkeit der Druckangaben des Prandtlschen Staugeräts.

Das Staugerät ist auch deshalb besonders zur Geschwindigkeitsmessung geeignet, weil seine Angaben in hohem Maße unabhängig sind von dem Winkel (α), den die Flüssigkeitsströmung mit dem Staugerät bildet. Die Drucke p_g sowie p_s ändern sich zwar, wie Abb. 200 zeigt, bei Zunahme des Winkels α beträchtlich, jedoch so, daß die Differenz $p_g - p_s$, auf die es bei der Geschwindigkeitsmessung ankommt, bis etwa $\alpha = 17°$ praktisch konstant bleibt.

Eine andere Form des Staugerätes, wie sie vielfach in Amerika und England in Anwendung kommt, ist die von Brabbée eingeführte (Abb. 201). Auch dieses Gerät hat den Beiwert 1, braucht also nicht besonders geeicht zu werden. Die Unempfindlichkeit gegenüber Neigungen des Staurohres zur Strömungsrichtung ist jedoch nicht ganz so groß wie beim Prandtlschen Staugerät.

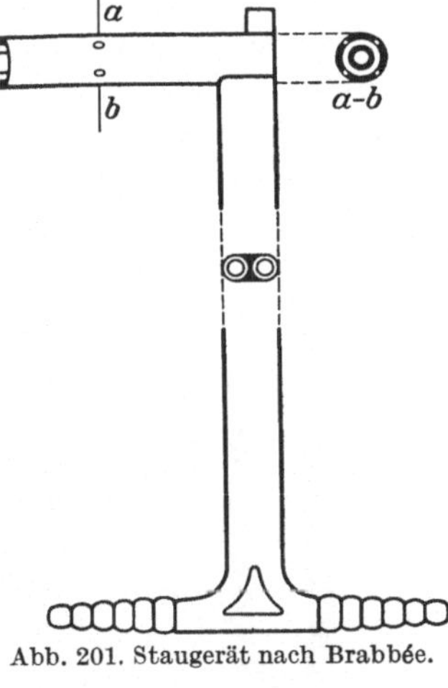

Abb. 201. Staugerät nach Brabbée.

Den Einfluß des Turbulenzgrades des Flüssigkeitsstromes auf die Angaben des Staugerätes wollen wir hier nicht näher untersuchen, sondern auf die schon erwähnte Arbeit von Kumbruch[1] hinweisen. Es zeigt sich, daß bei allen Staugeräten in stark turbulenten Strömungen der Beiwert um etwa 4% größer ist.

135. Bestimmung der Richtung der Geschwindigkeit. Die Bestimmung der Richtung der Geschwindigkeit ist verhältnismäßig umständlich. Dreht man z. B. die sogenannte Recknagelsche Stauscheibe (Abb. 202), deren seitliche Bohrungen mit je einem Schenkel des Manometers verbunden sind, so lange, bis das Manometer keinen Ausschlag zeigt, so hat die Scheibe in dieser Stellung die Richtung der Strömung. Bei örtlich stark veränderlichen Geschwindigkeitsrichtungen versagt jedoch diese Methode. In diesem Fall führt eine Verbindung von zwei an ihrer Mündung senkrecht zueinander stehenden Pitotrohren (Abb. 203) zum Ziel. Zeigt das Manometer keinen Ausschlag, so fällt die Strömungsrichtung in die Winkelhalbierende. Der Zusammenhang

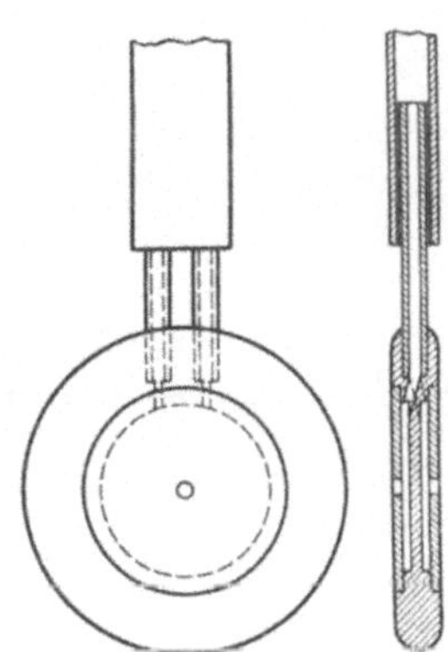

Abb. 202. Recknagelsche Stauscheibe zur Bestimmung der Geschwindigkeitsrichtung und Messung des statischen Druckes.

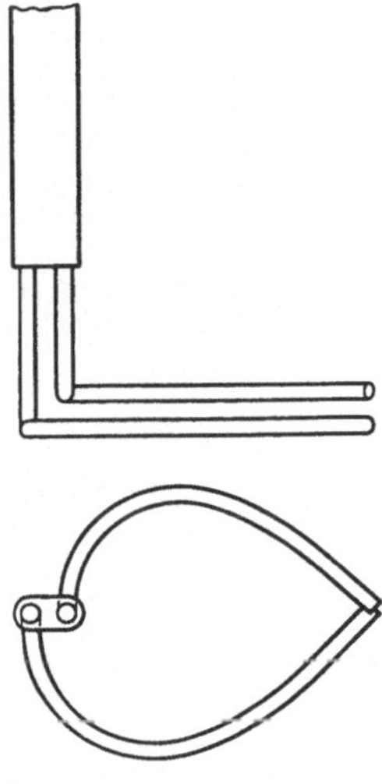

Abb. 203. Zwei senkrecht zueinander stehende Pitotrohre zur Bestimmung der Geschwindigkeitsrichtung.

---

[1] Siehe Fußnote auf S. 243.

der Manometerausschläge mit den Strömungsrichtungen erfolgt durch Eichung[1].

Auf weitere Apparate zur Geschwindigkeitsmessung gehen wir später ein. Zunächst behandeln wir die gebräuchlichen Methoden der Druckmessung.

136. Flüssigkeitsmanometer. Die einfachste Art der Druckmessung von Flüssigkeiten und Gasen haben wir bereits in Nr. 6 des ersten Bandes erwähnt: Werden die zu messenden Flüssigkeitsdrucke — z. B. der Gesamtdruck und der statische Druck eines in strömendem Wasser befindlichen Staugerätes — mittels geeigneter Verbindungen (Gummischläuche) den Schenkeln eines U-förmigen Glasrohres zugeführt, das eine Manometerflüssigkeit (z. B. Quecksilber) enthält, dessen spezifisches Gewicht im Wasser γ_M sein möge[2], so haben wir für den Fall, daß sich Gleichgewicht eingestellt hat (Abb. 204)

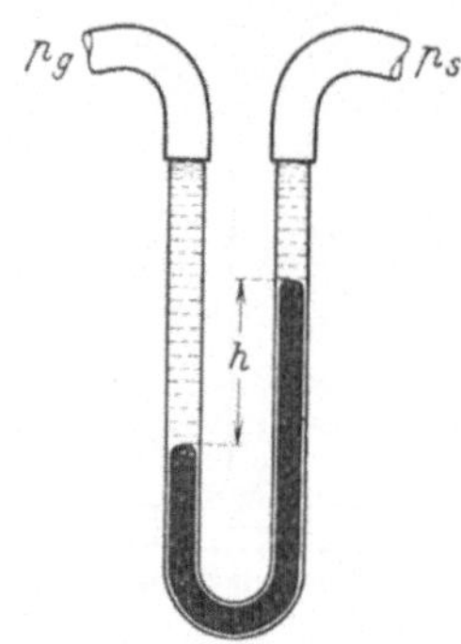

Abb. 204. Flüssigkeitsmanometer in Gestalt eines U-förmigen Glasrohres.

$$h = \frac{p_g - p_s}{\gamma_M}.$$

Da anderseits mit γ_W als spezifischem Gewicht der strömenden Flüssigkeit

$$p_g - p_s = \frac{\varrho}{2}\, w^2 = \frac{\gamma_W}{2\,g}\, w^2$$

ist, so ergibt sich

$$h = \frac{\gamma_W}{\gamma_M} \cdot \frac{w^2}{2\,g}$$

und daraus für strömendes Wasser mit $\gamma_W = 1$

$$w = \sqrt{2\,g\,h \cdot \gamma_M}.$$

Berücksichtigen wir, daß sich über dem Quecksilber im Manometer Wasser befindet, daß also $\gamma_M = 13,6 - 1 = 12,6\ \text{g/cm}^3$ ist, so ergibt sich mit $g = 981\ \text{cm/s}^2$

$$w = \sqrt{2 \cdot 981 \cdot 12,6\,h} = 157\,\sqrt{h}\ \text{cm/s}.$$

Messen wir w in m/s und h in mm, so haben wir

$$w_{\text{m/s}} = 0,5\,\sqrt{h_{\text{mm}}}$$

(Geschwindigkeit von Wasser mit Quecksilber als Manometerflüssigkeit).

---

[1] Lavender, T.: A Direction and Velocity Meter for Use in Wind Tunnel Work, etc. R. and M. No. 844 (1923).

[2] Unter „spezifisches Gewicht im Wasser" ist verstanden spezifisches Gewicht minus Wasserauftrieb, also

$$\gamma_M = \gamma_{\text{Quecksilber}} - \gamma_{\text{Wasser}}.$$

Eine Druckhöhendifferenz im Manometer von 100 mm Quecksilber entspricht beispielsweise einer Geschwindigkeit von 5 m/s. Nimmt man an, daß eine Höhendifferenz von $^1/_5$ mm noch genügend genau im Manometer abgelesen werden kann, so lassen sich mit dieser Methode Wassergeschwindigkeiten bis zu etwa 20 cm/s feststellen. Benutzen wir die strömende Flüssigkeit, z. B. Wasser, zugleich als Manometerflüssigkeit, d. h. Wasser gegen Luft — Abb. 197 zeigt schematisch eine solche Versuchseinrichtung —, so haben wir

$$w = \sqrt{2 \cdot 981 \cdot h} = 44 \sqrt{h} \text{ cm/s},$$

oder, wenn wir wieder die Geschwindigkeit in m/s, die Höhe h aber in mm messen

$$w_{\text{m/s}} = 0,14 \sqrt{h_{\text{mm}}}$$

(Geschwindigkeit von Wasser mit Wasser als Manometerflüssigkeit).

Handelt es sich um Druckmessungen (bzw. Geschwindigkeitsmessungen) von Gasen — z. B. Luft —, so bleibt die Methode prinzipiell die gleiche, nur daß man für mittlere und kleine Drucke bzw. Geschwindigkeiten eine Manometerflüssigkeit von geringem spezifischem Gewicht — z. B. Wasser oder Alkohol — nimmt.

Da das spezifische Gewicht γ_M der Manometerflüssigkeit — in diesem Fall z. B. Wasser — bezogen auf Luft von 15° C und 760 mm Barometerstand

$$\frac{\gamma_M}{\gamma_L} = 816$$

ist, so haben wir, wenn h in mm genommen wird:

$$w = \sqrt{2 \cdot 981 \cdot 816 \cdot \frac{h}{10}} = 400 \sqrt{h}$$

oder, wenn w in m/s gemessen wird:

$$w_{\text{m/s}} = 4 \sqrt{h_{\text{mm}}}$$

(Geschwindigkeit von Luft mit Wasser als Manometerflüssigkeit).

Eine Höhendifferenz von 1 mm Wassersäule entspricht somit einer Luftgeschwindigkeit von 4 m/s. Wie man hieraus erkennt, ergibt sich die Notwendigkeit — besonders bei noch kleineren Geschwindigkeiten — Druckhöhen von Bruchteilen von Millimetern genau messen zu können.

Bei dem bisher behandelten U-förmigen Manometer lassen sich — sofern nicht besondere Ablesevorrichtungen angebracht sind — bei Quecksilber als Manometerflüssigkeit $^1/_{10}$ mm Höhendifferenzen gerade noch schätzen, bei Wasser als Manometerflüssigkeit muß auf die Eigenschaft der schlechten Netzfähigkeit von Wasser und Glas und auf die dabei auftretenden Kapillarkräfte Rücksicht genommen werden. Die hierdurch bedingte Unsicherheit der Ablesung kann bis $\pm$ 1 mm betragen. Man nimmt deshalb in allen Fällen, in denen einige Genauigkeit der Messung erwünscht ist, als Manometerflüssigkeit statt Wasser fettlösende organische Flüssigkeiten wie Alkohol, Toluol oder dgl. Die obige Formel für die Geschwindigkeit hat dann die Form (wenn γ das spezifische Gewicht der Manometerflüssigkeit, bezogen auf Wasser, ist):

$$w_{m/s} = 4 \sqrt{h_{mm} \cdot \gamma} \; .$$

Die Ablesegenauigkeit steigert sich dadurch auf $\pm \, ^1/_5$ mm, so daß man mit dieser Methode noch Luftbewegung von etwa 1,80 m/s feststellen kann. Für noch geringere Geschwindigkeiten bzw. Drucke bedient man sich der sogenannten Mikromanometer.

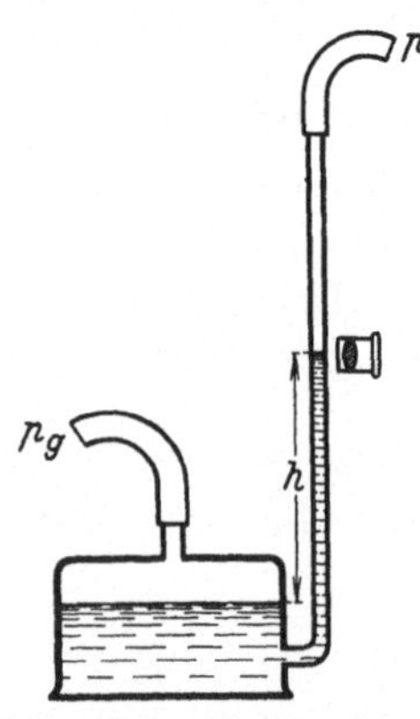

Abb. 205. Einschenkliges Mikromanometer, bei dem eine entsprechende Empfindlichkeit durch genaues Ablesen des Meniskus erreicht wird.

137. Mikromanometer. Bei den gebräuchlichen Mikromanometern wird die größere Empfindlichkeit entweder dadurch erreicht, daß durch eine besondere, meistens optische, Einrichtung die Genauigkeit der Ablesung des Meniskus erhöht wird (bis auf etwa $^1/_{100}$ mm) oder dadurch, daß man den Manometerschenkeln eine geneigte Lage gibt. Eine dritte verhältnismäßig wenig angewandte Methode besteht darin, daß man über das als Manometerflüssigkeit dienende Wasser eine zweite, leichtere, mit Wasser nicht mischbare Flüssigkeit wie Petroleum oder Amylazetat schichtet, so daß das Manometer vollständig mit Flüssigkeit gefüllt ist. Auf diese Weise kommt nur die Differenz der spezifischen Gewichte der beiden Flüssigkeiten zur Geltung, bei Wasser und Petroleum etwa 0,2. Der Nachteil dieser Methode, die sonst eine 5fache Empfindlichkeit besitzt (die sich durch geeignete Wahl der Flüssigkeit noch vergrößern ließe), liegt darin, daß der Meniskus zwischen Wasser, Petroleum und Glas auf die Dauer nicht so gut ist wie beispielsweise zwischen Luft, Alkohol und Glas.

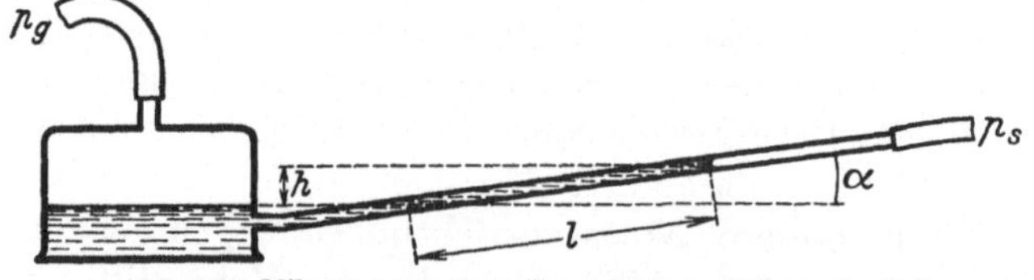

Abb. 206. Mikromanometer mit geneigtem Ableseschenkel.

Gewöhnlich werden die Mikromanometer in der Art ausgeführt, daß man den einen Schenkel als Topf von relativ großem Querschnitt ausbildet (Abb. 205 und 206). Dadurch ergibt sich der Vorteil, nur eine Ablesung ausführen zu brauchen (wodurch auch die Ablesefehler auf die Hälfte reduziert werden), da die Höhenänderung im Topf vernachlässigt bzw. als Korrektur in Rechnung gebracht werden kann. Beträgt beispielsweise der Durchmesser des Topfes 100 mm und der des anderen Schenkels 7 mm, so senkt sich der Flüssigkeitsspiegel im Topfe um $\frac{7^2}{100^2}$, d. h. um $^1\!/_2\%$ desjenigen Betrages, um den die Flüssigkeit im dünnen Schenkel steigt. Die Ablesungen der Höhenänderungen sind in diesem Beispiel mithin um $^1\!/_2\%$ zu vergrößern, will man die Änderung der Flüssigkeitshöhe im Topfe berücksichtigen.

Die neueren Formen mit geneigtem Manometerschenkel werden meistens so ausgeführt, daß der Schenkel um sein Verbindungsstück mit dem Topf geschwenkt werden kann. Dadurch lassen sich verschiedene Meßbereiche und Empfindlichkeiten einstellen. Bezeichnet Δp die zu messende Druckdifferenz in mm W.S., α die Neigung des Schenkels gegen die Horizontale, l die Verschiebung des Meniskus in mm und γ das spezifische Gewicht der Manometerflüssigkeit, so ist offenbar, wenn wir von der Höhenänderung des Flüssigkeitsspiegels im Topfe absehen (vgl. Abb. 206).

$$\Delta p = l \sin \alpha \, \gamma.$$

Je geringer die Neigung, d. h. je kleiner $\sin \alpha$, um so empfindlicher ist das Mikromanometer. Bis zu Neigungen von etwa $\sin \alpha = \frac{1}{25}$ läßt sich im allgemeinen diese Art von Mikromanometern ohne weiteres benutzen, dann aber machen sich bei geringeren Neigungen mehr und mehr die unvermeidlichen Fehler der Meßkapillaren geltend (Durchbiegung, veränderliche Kapillarität, unregelmäßige Benetzung). Nur durch besonders genaue Eichung lassen sich diese Fehler berücksichtigen.

Nimmt man an, daß eine Meniskusänderung um $^1\!/_3$ mm noch festzustellen ist, so entspricht einer solchen Verschiebung bei einer Neigung der Meßkapillaren von $^1\!/_{25}$ und Alkohol ($\gamma = 0,8$) als Manometerflüssigkeit ein Druck

$$\Delta p = \frac{1}{3} \cdot \frac{1}{25} \cdot 0,8 \sim \frac{1}{100} \text{ mm W.S.}$$

Mit diesem Instrument würde also eine Luftgeschwindigkeit von $w = 40$ cm/s gerade noch festzustellen sein.

Geeicht werden diese Mikromanometer mit geneigtem Schenkel dadurch, daß eine abgewogene Menge Q der Manometerflüssigkeit in den Topf gefüllt und die dadurch bewirkte Verschiebung des Meniskus abgelesen wird. Ist F der Querschnitt des Topfes, so breitet sich die Flüssigkeitsmenge Q in einer Höhe von $h = \frac{Q}{\gamma F}$ cm über die Fläche F aus und lastet so auf der vorher vorhandenen Manometerflüssigkeit wie ein Luftdruck von der Größe $\Delta p = h\gamma = \dfrac{Q}{F}$. Man erhält durch mehrmalige Wiederholung dieses Vorgangs eine „Eichkure" $p = f(l)$, aus der zu irgendwelchen Ablesungen l unmittelbar die zugehörigen Drücke entnommen werden können.

Für sehr kleine Neigungsverhältnisse (unter $^1/_{25}$) muß diese Eichung in kleinen Schritten für die einzelnen Teile der ganzen Meßkapillare gemacht werden, um die oben erwähnten Fehler der Kapillare zu berücksichtigen.

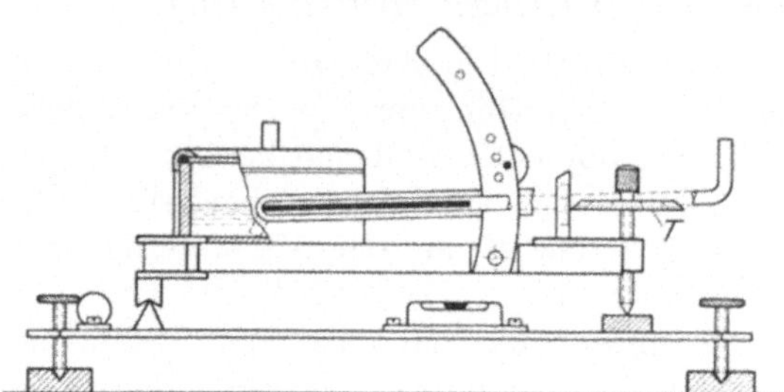
Abb. 207. Mikromanometer nach Rosenmüller.

Eine Verbesserung dieses Mikromanometers hinsichtlich noch größerer Empfindlichkeit stammt von Rosenmüller[1]. Abb. 207 zeigt das Manometer in schematischer Darstellung.

Der Grundgedanke der Verbesserung ist der: Statt aus der Verschiebung des Meniskus die Druckänderung zu berechnen (wobei alle Fehler der Kapillare in die Messung eingehen), schwenkt man die Meßkapillare von der Ausgangslage um einen an einer Meßtrommel T ablesbaren Betrag, bis der Meniskus die Stelle wieder einnimmt, die er in der Ausgangslage hatte. Durch entsprechende Dimensionen der Einzelteile des Mikromanometers gibt die Differenz der Ablesung an der Meßtrommel, mit 0,001 multipliziert, direkt die zu messende Druckdifferenz in mm W.S. Die Empfindlichkeit dieses Instrumentes, das in dieser Art eine sehr geringe Neigung der Meßkapillaren ge stattet, wird mit $^1/_{1000}$ mm W.S. angegeben. Abgesehen von der großen Empfindlichkeit und der Tatsache, daß etwaige Durchbiegungen oder Ungleichmäßigkeiten der Meßkapillaren selbst bei der benutzten geringen Neigung ohne Einfluß auf das Meßergebnis sind, zeichnet sich dieses Instrument durch ein relativ schnelles Einstellen des Meniskus aus (etwa 3 Min.).

Ist eine so große Empfindlichkeit nicht nötig, wünscht man aber einen größeren Meßbereich (bis etwa 300 mm W.S., entsprechend einer Luftgeschwindigkeit von etwa 70 m/s) mit relativ großer Genauigkeit zu messen, so eignet sich dafür das in der Aerodynamischen Versuchsanstalt zu Göttingen ausgebildete Präzisionsmanometer mit senkrechtem Schenkel[2]. Die Empfindlichkeit ist bei diesem Manometer

[1] Rosenmüller, M.: Neuere Meßgeräte zur Untersuchung von Luftströmungen. Die Meßtechnik Bd. 2, S. 343. 1926.
[2] Prandtl, L.: Ergebnisse der Aerodynamischen Versuchsanstalt zu Göttingen, 1. Lief., S. 44. München 1921.

dadurch erreicht, daß der Meniskus sehr genau abgelesen werden kann. An einem neben dem Manometerschenkel befindlichen Maßstab mit Millimeterteilung läßt sich ein mit einem Nonius versehener Schlitten mittels Zahntrieb verschieben. Dieser Schlitten trägt, wie aus Abb. 208 ersichtlich, vor dem Glasrohr, in dem der Meniskus abgelesen werden soll, eine Beobachtungslupe und hinter dem Glasrohr einen Hohlspiegel S, der ein umgekehrtes reelles Bild vom Meniskus entwirft. Die Einstellung des Schlittens erfolgt nun so, daß man den durch die Lupe beobachteten Meniskus mit seinem gespiegelten Bilde gerade zur Berührung bringt, was in sehr genauer Weise möglich ist. In dieser Stellung wird die Lage des Schlittens mittels Nonius (der durch eine zweite Lupe betrachtet wird) abgelesen. Durch diese Einrichtung läßt sich eine sichere Ablesung von $^1/_{20}$ mm gewährleisten. Für schnell schwankende Drucke sind noch durch Drehen des Hahnes H zwei verschieden stark wirkende Dämpfungen einzuschalten (in den Flüssigkeitsweg eingeschaltete Kapillaren K). Ein Mikromanometer mit einem Meßbereich

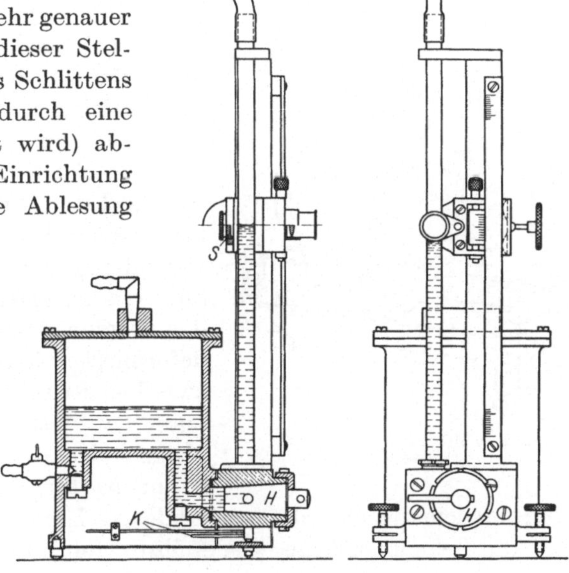

Abb. 208. Mikromanometer nach Prandtl.

von etwa 10 bis 15 cm W.S. bei einer Empfindlichkeit von $^1/_{100}$ mm W.S. ist von den Askania Werken, Berlin, herausgebracht.

Für noch größere Empfindlichkeiten (bis etwa $^1/_{1000}$ mm W.S.) mit allerdings geringem Meßbereich (etwa 5 cm) sind besondere Mikromanometer konstruiert worden. Von diesen ist vor allem ein in England ausgebildetes Instrument zu erwähnen[1]. Das in Abb. 209 schematisch dargestellte Manometer besteht im wesentlichen aus einem etwas ungewöhnlich geformten U-Rohr aus Glas, das auf einem um eine Achse neigbaren Metallrahmen starr befestigt ist. Die beiden

---

[1] Chattock, A. P.: Note on a Sensitive Pressure Gauge (Anhang zu: On the Specific Velocities of Jons in the Discharge from Points). Phil. Mag. 1901, S.79. Pannell, J. R.: Experiments with an Tilting Manometer for Small Pressure Differences. Engg. Bd. 96, S. 343. 1913.

äußeren Gefäße, an welche die Anschlußschläuche befestigt werden, sind etwa zur Hälfte mit Wasser (und zwar hat sich eine Kochsalzlösung vom spezifischen Gewicht 1,07 als praktisch erwiesen) gefüllt. Wäre das mittlere Gefäß der Apparatur gleichfalls mit Wasser gefüllt, so würde bei einem eintretenden Druckunterschied in den beiden äußeren Gefäßen ein Fließen der Salzlösung vom Gefäß höheren Druckes zum Gefäß niederen Druckes im mittleren Gefäß nicht festgestellt werden können. Um die Neigung zu einem solchen Fließen sichtbar zu machen, füllt man das mittlere Gefäß mit einer mit Wasser nicht mischbaren Flüssigkeit (Rizinusöl) so weit, daß das mit dem linken Gefäß in Verbindung stehende Rohrende im Innern des mittleren Gefäßes in Rizinusöl hineinragt. Jetzt bildet sich am oberen Rande dieses Rohrendes ein sehr gut erkennbarer Meniskus zwischen Salzlösung und Rizinusöl, dessen höchster Punkt mit dem Fadenkreuz eines Mikroskops sehr genau zur Deckung gebracht werden kann. Sobald nun ein geringer Druckunterschied in den beiden äußeren Gefäßen eintritt, deformiert sich die Trennungsfläche zwischen Salzlösung und Rizinusöl, und man hat jetzt durch entsprechendes Neigen des die Apparatur tragenden Rahmens (durch Drehen eines mit einer Mikromanometerschraube verbundenen Handrades) dafür zu sorgen, daß die Trennungsfläche wieder ihre ursprüngliche Gestalt einnimmt. Aus der hierzu notwendigen Hebung oder Senkung des einen Gefäßes läßt sich dann der Druckunterschied berechnen. Die Empfindlichkeit dieses von A. P. Chattock angegebenen Mikromanometers wird mit 0,0016 mm W.S. angegeben. Ein auf demselben Prinzip beruhendes Manometer von gleicher Empfindlichkeit, aber einem Meßbereich von 15 cm ist von G. P. Douglas[1], beschrieben, vgl. auch die von Ducan[2] angegebene Konstruktion zur Elimination des Temperatureinflusses. Ein auf dem Membranprinzip beruhendes Manometer von besonders großer Empfindlichkeit (10^{-5} mm W.S.) ist von Fry[3] beschrieben.

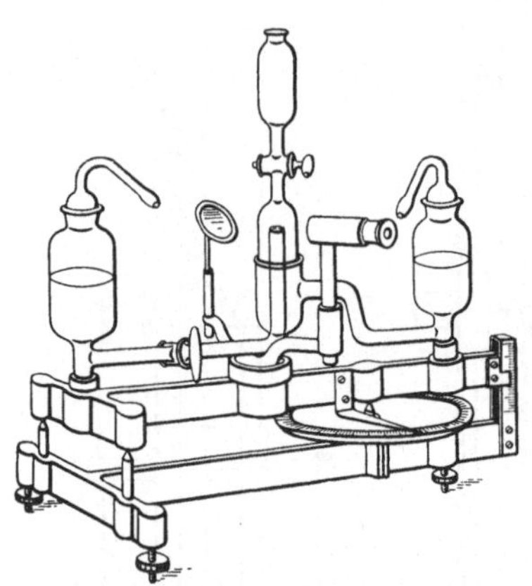

Abb. 209. Mikromanometer nach Chattock.

---

[1] Douglas, G. P.: Note on a Large Range Manometer for Wind Channel Work. R. a. M. Bd. 1, S. 110. 1919—20.

[2] Duncan, W. J.: On a modification of the Chattock Gauge, designed to eliminate the change of the zero with temperature. Technical Report 1069 of the Aeronautical Research Committee 1927, S. 848. London 1928,

[3] Fry, J. D.: A New Mikromanometer. Phil. Mag. Bd. 25, S. 494. 1913.

Ein anderes Manometer von ungefähr gleicher Empfindlichkeit ist im Aerodynamischen Institut zu Aachen ausgebildet und in den Abhandlungen dieses Instituts H. 6 ausführlich beschrieben[1]. Zwei genau zylindrische Gefäße G_1 und G_2, denen der zu messende Druck zugeführt wird, enthalten zwei Schwimmer, die unter sich starr verbunden und in der Mitte mit einem Spiegel versehen sind. Die zu messende Druckdifferenz bewirkt nun einen verschieden hohen Wasserstand in den Gefäßen G_1 und G_2, wodurch das Verbindungsstück der Schwimmer und damit der Spiegel geneigt wird. Aus dieser mit einem Fernrohr abgelesenen Neigung läßt sich dann die gesuchte Druckdifferenz berechnen bzw. durch Eichung feststellen. Die geringste zu messende Druckdifferenz beträgt etwa 0,002 mm. Als ein empfindlicher Nachteil dieses Manometers muß die außerordentlich lange Einstellzeit (etwa 30 bis 45 Min.) erwähnt werden, die dadurch bedingt ist, daß relativ große Wassermengen durch sehr geringe Kräfte in Bewegung gesetzt werden müssen.

Schließlich wollen wir noch das von Th. Edelmann & Sohn (München) hergestellte Luftdruck-Mikromanometer[2] erwähnen, das darauf beruht, daß Luft von dem Ort, an welchem der Druck zu messen ist, aus einer Düse gegen ein an einem Torsionsdraht hängendes Glimmerblatt bläst. Die Drehung dieses Glimmerblättchens wird durch einen Skalenablesespiegel, der an demselben Torsionsdraht befestigt ist, gemessen. Die Empfindlichkeit wird mit 10^{-8} Atm., d. i. 10^{-4} mm W.S., angegeben.

Bei der Behandlung der selbsttätig registrierenden Manometer wollen wir uns kurz fassen und nur erwähnen, daß sie fast alle entweder auf dem Prinzip der Aneroidbarometer aufgebaut sind oder nach dem Schwimmerprinzip arbeiten. Speziell für Luftgeschwindigkeitsmessungen ist von C. Wieselsberger[3] ein Dosenmanometer konstruiert, das in einer etwas anderen Form[4] auch zur Aufzeichnung der Geschwindigkeit eines Flugzeuges relativ zur umgebenden Luft benutzt werden kann.

138. Flügelräder. Außer der in Nr. 134 dargelegten Methode der Geschwindigkeitsbestimmung durch Messung des Staudruckes mit einem Staugerät, das bei geeigneter Ausführung keiner Eichung bedarf, gibt es noch eine Reihe von Apparaten für Geschwindigkeitsmessungen, die besonders geeicht werden müssen.

---

[1] Ermish, H.: Strömungsverlauf und Druckverteilung an Widerstandskörpern in Abhängigkeit von der Kennzahl. Abh. a. d. Aerodyn. Inst. d. Techn. Hochschule Aachen, H. 6, S. 21. Berlin 1927.

[2] Z. Ohrenheilk. Bd. 56, S. 344.

[3] Wieselsberger, C.: Ergebnisse der Aerodynamischen Versuchsanstalt zu Göttingen, 2. Lief., S. 6. München 1923.

[4] Wieselsberger, C.: Ein Manometer zur Aufzeichnung von Fluggeschwindigkeiten. Z. F. M. Bd. 12, S. 1. 1921.

Häufig verwendet werden — sowohl für Wasser wie für Luft — die sogenannten Flügelräder. Für Wassermessungen heißen diese Apparate hydrometrische Flügel. Bei Luftgeschwindigkeits- oder Windmessungen spricht man von Anemometern, wobei man noch zwischen Flügelradanemometern und Schalenkreuzanemometern unterscheidet.

Die Messung geht im allgemeinen so vor sich, daß entweder die in einer bestimmten Zeit vom Flügelrad ausgeführte Zahl von Umdrehungen an einem Zifferblatt abgelesen wird, oder daß nach einer bestimmten Anzahl von Umdrehungen das Flügelrad auf elektrischem Wege ein Klingelzeichen gibt, wobei dann die Zeit zwischen zwei Signalen mittels Stoppuhr festgestellt wird.

Die Eichung bei hydrometrischen Flügelrädern geschieht gewöhnlich in der Weise, daß man die eben erwähnten Beobachtungen macht, während das Flügelrad mit bekannter konstanter Geschwindigkeit durch ruhendes Wasser geschleppt wird. Die Anemometer werden — wenn es sich um sehr kleine oder mäßige Geschwindigkeiten handelt (0,02 bis 10 m/s) — meistens am Rundlauf, d. h. am äußersten Ende eines langen sich drehenden Armes durch Luft geschleppt, wobei der durch den Arm erzeugte sogenannte Mitwind berücksichtigt werden muß. Für größere Geschwindigkeiten (5 bis 50 m/s) empfiehlt es sich, das Anemometer in einem gleichmäßigen künstlichen Luftstrom mit den Angaben eines Staugerätes zu vergleichen.

Alle Flügelräder geben wegen der verhältnismäßig großen Masse der Flügel nur zeitliche Mittelwerte. Besonders bei Änderungen von Windgeschwindigkeiten hinken die Angaben der Anemometer den Änderungen der Geschwindigkeiten meist beträchtlich nach[1]. Böen von kurzer Dauer lassen sich daher mit diesen Apparaten im allgemeinen nicht messen. Bei Benutzung der Anemometer zur Bestimmung der Geschwindigkeit in Rohren ist zu berücksichtigen, daß hier durch die Stauwirkung des Flügelrads und seines Gehäuses die Geschwindigkeiten etwas zu hoch angegeben werden, um so mehr, je enger das Rohr ist (bei den üblichen Abmessungen der Anemometer in Rohren von etwa 30 cm Durchmesser um ungefähr 3%).

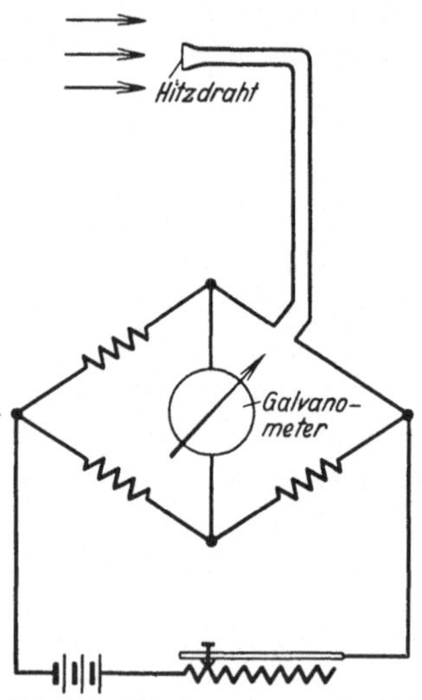

Abb. 210. Hitzdrahtanemometer, bei dem die Heizspannung des Hitzdrahtes konstant gehalten wird.

---

[1] Schrenk, O.: Über die Trägheitsfehler des Schalenkreuzanemometers bei schwankender Windstärke. Z. techn. Phys. Bd. 10, S. 57. 1929.

139. Methoden der elektrischen Geschwindigkeitsmessung. Eine andere Methode der Geschwindigkeitsmessung, die besonders für sehr kleine und mäßige Luftgeschwindigkeiten geeignet ist, beruht auf der Abkühlung eines elektrisch geheizten Drahtes im Luftstrom und auf der dadurch bewirkten Änderung des elektrischen Widerstandes des Drahtes. Schaltet man den der Abkühlung im Luftstrom ausgesetzten im allgemeinen sehr dünnen (ca. $^1/_{10}$ bis $^1/_{100}$ mm) Hitzdraht in den einen Zweig einer Wheatstoneschen Brücke (Abb. 210), so lassen sich durch Abkühlung bedingte Widerstandsänderungen des Hitzdrahtes und damit die Geschwindigkeit des den Hitzdraht abkühlenden Luftstromes sehr genau messen. Der Messung muß allerdings eine Eichung vorausgehen, die wegen der kleinen Geschwindigkeiten am besten am Rundlauf vorgenommen wird.

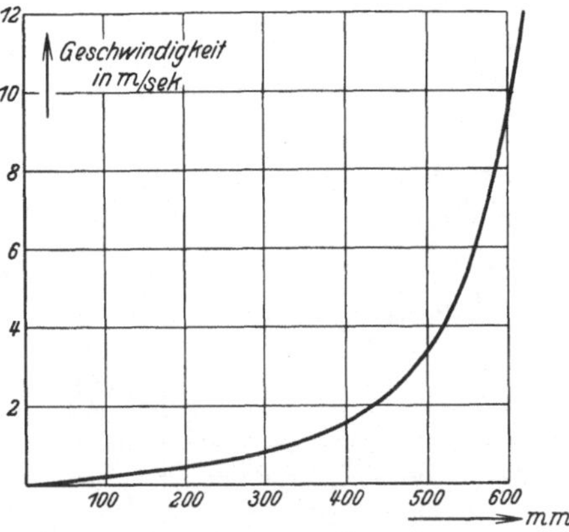

Abb. 211. Eichungskurve eines spannungskonstanten Hitzdrahtanemometers. Hitzdraht 10 mm lang, $^1/_{10}$ mm Durchm., Heizstrom 1,85 Amp.

Man unterscheidet prinzipiell zwei Arten von „Hitzdraht"-Anemometern: die spannungskonstante und die widerstandskonstante Methode. Bei der ersteren Art wird die an die Brücke gelegte Heizspannung konstant gelassen, nachdem sie durch einen Vorschaltwiderstand auf einen solchen Betrag gebracht ist, daß das Galvanometer in der Brücke keinen Ausschlag anzeigt, wenn die Hitzdrahtsonde sich in ruhiger Luft befindet. Bewegt sich dann die Luft und kühlt dadurch den Hitzdraht ab, so zeigt das Brückengalvanometer einen Ausschlag, welcher der durch Abkühlung bedingten Widerstandsänderung entspricht. Diese zuerst von L. Weber[1] angegebene und später vor allem von R. O. King[2] ausgebildete

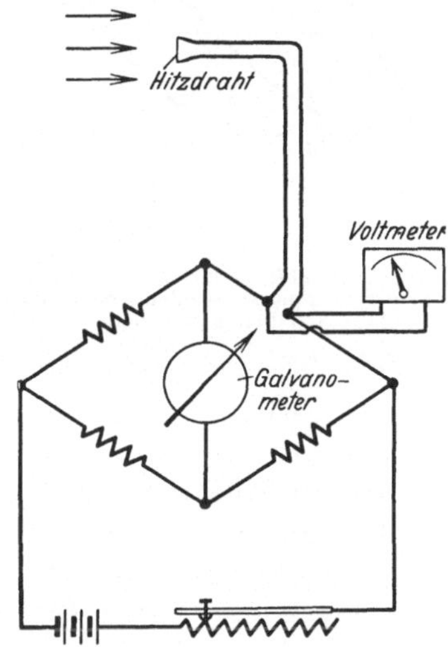

Abb. 212. Hitzdrahtanemometer, bei dem der Widerstand und daher die Temperatur des Hitzdrahtes konstant gehalten wird.

---

[1] Weber, L.: Schriften des Naturwiss. Ver. Schleswig-Holstein, 1894, H. 2, S. 313.

[2] King, R. O.: Phil. Trans. A Bd. 214, S. 373. 1914; Phil. Mag. (6), Bd. 29, S. 556. 1915; J. Frankl. Inst. Bd. 181, S. 1. 1916.

Methode eignet sich nur für sehr kleine Luftgeschwindigkeiten. Hierfür jedoch ist sie außerordentlich empfindlich. Es lassen sich mit einem einigermaßen empfindlichen Galvanometer noch Geschwindigkeiten bis 0,5 cm/s sicher feststellen[1, 2]. Da der im allgemeinen dünne Hitzdraht (Platin), den man am besten bis zur schwachen Rotglut heizt, schon durch geringe Luftgeschwindigkeiten beträchtlich abgekühlt wird, bringt eine Steigerung der Geschwindigkeit nur noch eine geringe weitere Abkühlung und damit Widerstandsänderung hervor.

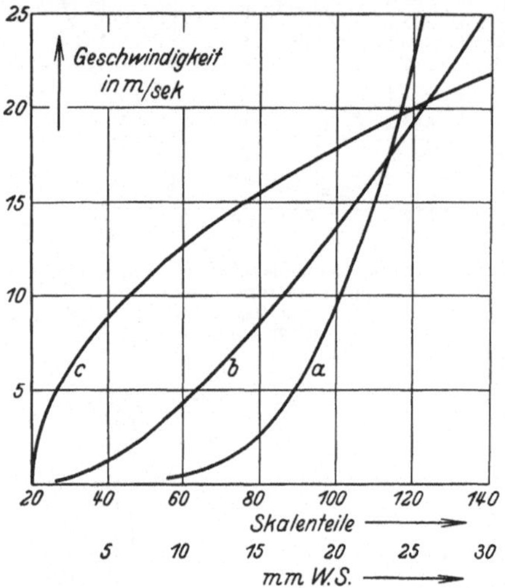

Abb. 213. Vergleich von Eichungskurven. *a* spannungskonstantes Anemometer, *b* widerstandskonstantes Anemometer, *c* Staudruckkurve.

Aus diesem Grunde ist diese Methode der konstanten Heizspannung für größere Luftgeschwindigkeiten sehr wenig empfindlich. Abb. 211 zeigt für eine bestimmte Ausführung ($^1/_{10}$ mm Hitzdraht) die Abhängigkeit von Luftgeschwindigkeit zum Galvanometerausschlag.

Für einen größeren Bereich von Luftgeschwindigkeiten kommt die zweite Art in Betracht, bei der die Heizspannung durch Änderung des Vorschaltwiderstandes so weit erhöht wird, bis der durch den Luftstrom abgekühlte Hitzdraht wieder seine ursprüngliche Temperatur besitzt (Abb. 212). Die Temperatur des Hitzdrahtes und damit sein Widerstand wird also dadurch konstant gehalten, daß man je nach der größeren oder geringeren Abkühlung des Drahtes (die bedingt ist durch die größere oder kleinere Luftgeschwindigkeit) den Heizstrom stärkt oder schwächt, bis das Brückengalvanometer stromlos ist. Die Stärke des Heizstromes, die mit einem Amperemeter abgelesen wird, ist dann ein Maß für die Luftgeschwindigkeit. Callendar[3] hat diese Methode noch insofern verbessert, als die Eichungskurve seines Hitzdrahtanemometers bis zu geringen Geschwindigkeiten fast eine Gerade ist. In Abb. 213 sind die Eichkurven dargestellt für ein widerstandskonstantes Hitzdrahtanemometer (*a*) und für ein solches nach Callendar (*b*). Zum Vergleich ist der Staudruck in mm W.S. in das Diagramm eingetragen (*c*).

[1] Overbeck, A.: Ann. Physik Bd. 56, S. 397. 1895.
[2] Dau, R.: Diss. Kiel 1912.
[3] King, R. O.: The Measurement of Air Flow. Engg. Bd. 117, S. 136 u. 249. 1924.

Eine nahezu geradlinige Eichkurve erhält man auch mit einem Kompensationshitzdraht-Anemometer[1], bei dem ein zweiter gegen Luftbewegungen geschützter Hitzdraht H_1H_2 insofern kompensierend wirkt, als sein Widerstand sich erhöht, wenn die Heizstromstärke durch Abkühlung der im Winde befindlichen Hitzdrahtsonde anwächst. Der Vorschaltwiderstand der in Abb. 214 dargestellten Schaltung wird so eingestellt, daß das Galvanometer bei ruhender Luft keinen Ausschlag gibt. Abb. 215 zeigt die Eichkurve (a) dieses Instrumentes im Vergleich mit der Eichkurve (b) eines spannungskonstanten Hitzdrahtanemometers.

Für den besonderen Zweck der Untersuchung der Windstruktur wird von der Firma Siemens & Halske A.-G. nach den Angaben von H. Gerdien[2] ein auf dem Hitzdrahtprinzip beruhender sinnreicher Apparat her-

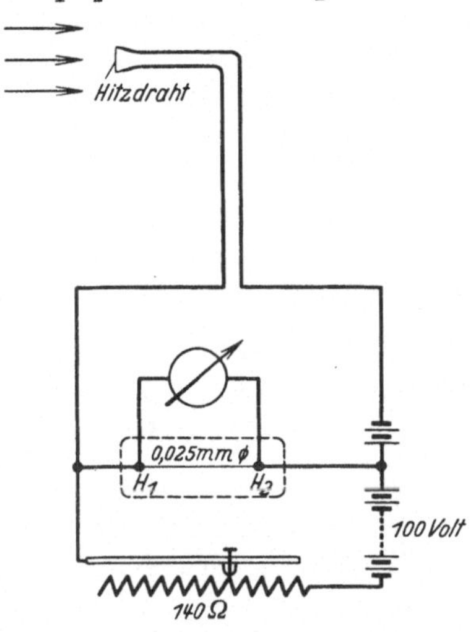

Abb. 214. Hitzdrahtanemometerschaltung nach Huguneard.

gestellt, der es ermöglicht, sowohl die Windgeschwindigkeit mit ihren kleinsten Schwankungen, die Windrichtung sowie die vertikalen Bewegungen der Luft auf elektrischem Wege selbsttätig zu registrieren.

140. Geschwindigkeitsmessung in Rohrleitungen und Kanälen. Handelt es sich um die Bestimmung der durchschnittlichen Geschwindigkeit von Luft oder Wasser in Rohrleitungen, d. h. also um die in der Zeiteinheit durch einen Rohrquerschnitt fließende Flüssigkeitsmenge, so könnte man die Geschwindigkeitsverteilung über dem Querschnitt mit einem Pitotrohr oder einem Hitzdrahtanemometer messen

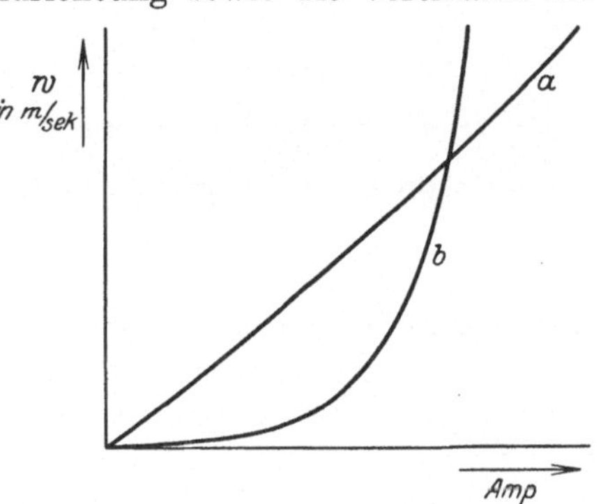

Abb. 215. Eichungskurve (a) der Schaltung Abb. 214 verglichen mit der Eichungskurve eines spannungskonstanten Anemometers.

---

[1] Huguneard, Mognau et Planiol: Sur un anémomètre à fil chaud à compensation. Comptes Rendus T. 176, Nr. 5, S. 287. 1923.

[2] Gerdien, H.: Ein Apparat zur Untersuchung der Windstruktur (Anemoklinograph) der Siemens & Halske A.-G. Jahrb. wiss. Ges. Flugtechnik Bd. 2. 1913/14.

und daraus die durchschnittliche Geschwindigkeit berechnen. Aber abgesehen davon, daß dieses — besonders bei nicht kreisförmigen Querschnitten — sehr umständlich und zeitraubend ist, erhält man auf diese Weise im allgemeinen nur mäßige Genauigkeiten, da die genaue Messung des starken Geschwindigkeitsabfalles an der Wand nur mit besonders feinen Meßgeräten möglich ist.

Brauchbarer haben sich diejenigen Methoden erwiesen, die sich auf die Messung der Druckdifferenzen bei Querschnittsänderungen der Rohrleitung stützen. Nach Nr. 2 (Bernoullische Gleichung) nimmt der Druck p_0 einer mit einer durchschnittlichen Geschwindigkeit w_0 strömenden Flüssigkeit im Innern eines Rohres (Querschnitt $= F$) um den Betrag $\frac{\varrho}{2}(w^2 - w_0^2)$ ab, wenn die durchschnittliche Geschwindigkeit durch Verkleinern des Rohrquerschnittes (Querschnitt $= f$) auf w steigt. Da neben der Druckdifferenz

$$p_0 - p = \frac{\varrho}{2}(w^2 - w_0^2)$$

aus Kontinuitätsgründen

$$w_0 = \frac{f}{F}\,w$$

sein muß, so ergibt sich aus diesen beiden Gleichungen:

$$w = \sqrt{\frac{1}{1 - \frac{f^2}{F^2}}} \cdot \sqrt{\frac{2(p_0 - p)}{\varrho}}\,.$$

Unter Berücksichtigung der ungleichförmigen Geschwindigkeitsverteilung im Zuströmungsrohr ändert sich der Faktor $\alpha = \sqrt{\dfrac{1}{1 - \frac{f^2}{F^2}}}$ ein wenig, den man daher im allgemeinen durch Eichung von geometrisch ähnlichen Rohrverengungen bestimmt.

141. Venturirohr. Gewisse Schwierigkeiten macht es allerdings, umgekehrt jetzt wieder durch Verringern der Geschwindigkeit den ursprünglichen Druck zu erhalten. Dieses gelingt nahezu, wenn man vom kleinsten Querschnitt, wo der Unterdruck gemessen wird, sehr allmählich zum ursprünglichen Rohrquerschnitt übergeht. Das in die Rohrleitung eingesetzte erst schnell sich verjüngende und dann langsam sich erweiternde Rohr führt den Namen „Venturirohr"; es ist von Herschel[1] zuerst zur Bestimmung von Durchflußmengen in Rohrleitungen angewandt worden. Abb. 216 zeigt in schematischer Darstellung ein solches Venturirohr mit der entsprechenden Druckverteilung.

---

[1] Herschel, Cl.: The Venturimeter by Cl. Herschel. Read before the Am. Soc. of Civ. Eng. Dec. 1887.

Um den Zusammenhang des Druckunterschiedes mit der durchschnittlichen Geschwindigkeit im Rohr zu erhalten, muß — wie gesagt — eine Eichkurve eines geometrisch ähnlichen Venturirohres vorliegen,

wobei in den Fällen, wo die Zuströmungsgeschwindigkeit nicht als sehr klein gegen die Geschwindigkeit im engsten Querschnitt betrachtet werden kann, die geometrische Ähnlichkeit auch auf die Zuströmung ausgedehnt werden muß. Für Venturirohre von der in Abb. 216 dargestellten Form ist die Durchflußziffer nahezu 1,00.

142. Düsen und Stauränder[1]. Obwohl beim Venturirohr der Druckverlust am geringsten ist (etwa 15 bis 20% des Druckabfalls), steht seiner allgemeinen Anwendung der Umstand entgegen, daß es im Einbau wegen seiner notwendigen Länge verhältnismäßig unbequem ist. Man neigt daher neuerdings mehr dazu, statt des Venturirohres normalisierte und geeichte „Düsen" zu verwenden. Den Einbau und die Druckverhältnisse einer solchen Düse zeigt Abb. 217. Wie man erkennt, muß bei dieser Methode ein gewisser

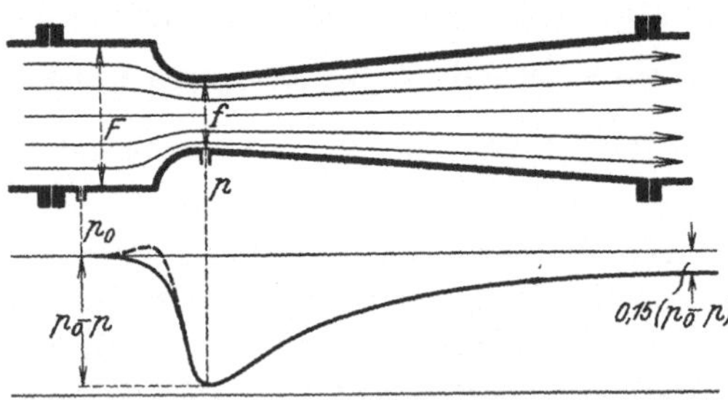

Abb. 216. Strömung durch ein Venturirohr und Druckverlauf; die ausgezogene Kurve stellt den Druckverlauf entlang der mittleren Stromlinie dar, die gestrichelte entlang der Wandung.

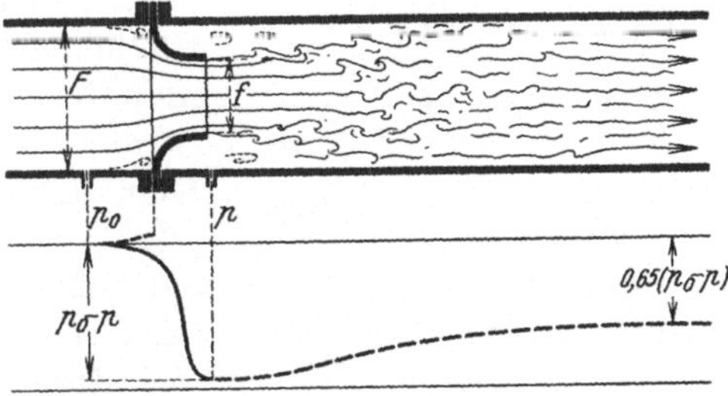

Abb. 217. Strömung durch eine Düse; die ausgezogene Kurve stellt den Druckverlauf entlang der mittleren Stromlinie dar, die gestrichelte entlang der Wandung.

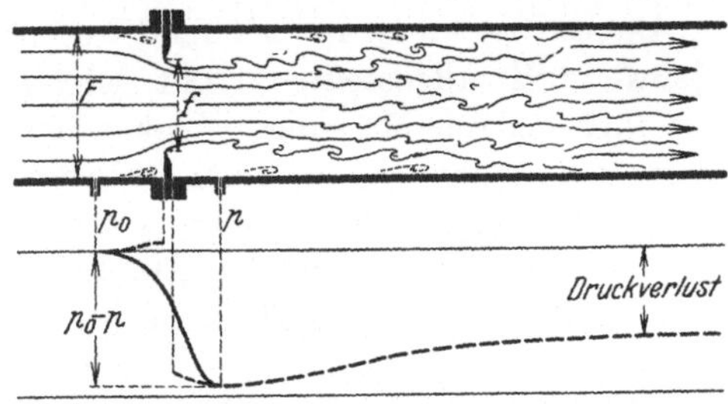

Abb. 218. Strömung durch einen Staurand; die ausgezogene Kurve stellt den Druckverlauf entlang der mittleren Stromlinie dar, die gestrichelte entlang der Wandung.

Druckverlust in Kauf genommen werden (etwa 60 bis 70% vom Druckabfall in der Düse). Die Durchflußziffer α ist bei der sogenannten Normaldüse zu 0,96 bis 0,98[2] bestimmt worden.

---

[1] Die letzteren werden neuerdings auch als „Blenden" bezeichnet.

[2] Regeln für die Durchflußmessung mit genormten Düsen und Blenden. V. d. I.-Verlag, 1930. Regeln für Leistungsversuche an Ventilatoren und Kompressoren. V. d. I.-Verlag. Mueller, H. u. H. Peters: Durchflußzahlen der Normaldüsen. Z. V. d. I. Bd. 73. 1929.

Noch einfacher in der Ausführung und im Einbau sind ebene Drosselscheiben mit kreisförmiger, scharfkantiger Öffnung. Diese sogenannten Stauränder (Abb. 218) besitzen jedoch den Nachteil, daß ihre Durchflußziffern weitgehend abhängig sind vom Verhältnis der Öffnungsfläche f der Drosselscheibe zum Rohrquerschnitt F. So ergibt sich für $\dfrac{f}{F} = 0,15$ eine Durchflußziffer $\alpha = 0,61$, während für $\dfrac{f}{F} = 0,75$ die Durchflußziffer $\alpha = 0,91$ ist[1].

143. Methoden des Überfalles. Beim wasserbaulichen Versuchswesen kommt für Mengenmessungen in offenen Kanälen besonders die Methode des Überfalles in Anwendung. Läßt man Wasser über die scharfe Kante einer senkrecht im Kanal angebrachten Platte fließen, so

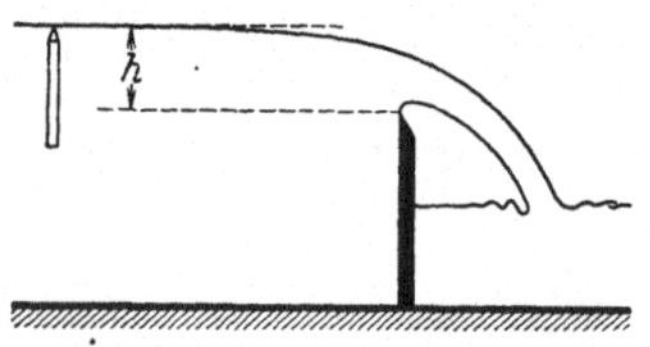

kann man aus der Höhe des Wasserspiegels über der (genügend weit entfernten) Kante auf die sekundliche Durchflußmenge schließen (Abb. 219). Sorgt man für genügende Lüftung unter dem Strahl, so kann nach Rehbock[2] eine Genauigkeit von wenigstens 0,5% erreicht werden. Bei nicht genügender

Abb. 219. Strömung über ein Wehr.

Lüftung wird durch den Überdruck der Außenluft — da durch den Strahl immer Luftteilchen in das Innere des Wassers gerissen werden und so unter dem Strahl eine Luftverdünnung entsteht — eine Senkung des Strahles und eine Vergrößerung der überfallenden Wassermenge bewirkt.

Da die zu messende Höhendifferenz des Wasserspiegels über dem Meßwehr im allgemeinen nicht sehr groß ist, muß besonderer Wert auf ihre genaue Messung gelegt werden. Eine empfindliche Methode ist z. B. die, daß ein an einer Mikrometerschraube befestigter und im Innern des Wassers befindlicher spitzer Kegel so weit gegen den Wasserspiegel bewegt wird, bis die Spitze des Kegels ihr am Wasserspiegel total reflektiertes Spiegelbild berührt (Beobachtung schräg von unten durch eine das Wasser begrenzende Seitenwand aus Spiegelglas).

144. Mengenmessung. Als letzte Methode der Mengenmessung von Flüssigkeits- oder Gasströmen durch Rohrleitungen wollen wir noch die direkte Volumen- oder Gewichtsmessung erwähnen. Die aus der Rohrleitung austretende Flüssigkeit wird während einer gemessenen Zeit in einem Gefäß bzw. in Gasglocken aufgefangen und gemessen. Bei Gasen ist die Korrektur zu berücksichtigen, die sich aus eventuellen

---

[1] Siehe Fußnote 2, S. 259.

[2] Rehbock, Th.: Wassermessung mit scharfkantigen Überfallwehren. Z. V. d. I. Bd. 73, S. 817. 1929. Vgl. auch: Die Wasserbaulaboratorien Europas, S. 104, hrsg. v. G. De Thierry u. C. Matschoss. Berlin: 1926.

Temperaturdifferenzen ergibt. Außer dieser wohl nur für kleine Mengen anwendbaren Methode kommt schließlich noch die Messung mittels Wasser- und Gasuhren sowie die Salztitrationsmethode in Betracht.

B. Widerstandsmessungen von umströmten Körpern.

145. Einteilung der Methoden. Nach dem Relativitätsprinzip der Mechanik ist es für den Widerstand eines umströmten Körpers gleichgültig, ob sich der Körper mit einer gewissen Geschwindigkeit gleichförmig durch eine ruhende Flüssigkeit (bzw. Gas) bewegt, oder ob die Flüssigkeit mit derselben Geschwindigkeit gegen den ruhend gedachten Körper anströmt. Es ergeben sich daraus zwei prinzipiell verschiedene Arten der Widerstandsmessung.

Die erste Methode — der Körper bewegt sich mit einer bestimmten Geschwindigkeit durch ruhende Flüssigkeit (bzw. Gas) — ist wiederum in verschiedener Weise ausgebildet worden[1].

Der Körper wird entweder an einem auf Schienen laufenden Wagen befestigt und mit einer gewissen Geschwindigkeit durch die Flüssigkeit geschleppt, oder er wird von einem erhöhten Standpunkt (meistens an einem Leitseil geführt) frei herunterfallen gelassen. In beiden Fällen erfolgt die Widerstandsmessung durch selbsttätige Registrierung. Eine andere Möglichkeit, den Versuchskörper durch ein ruhendes Medium zu bewegen, besteht darin, daß man den Körper an dem einen Ende eines langen Armes befestigt und nun den Arm um eine durch das andere Ende gehende Achse dreht. Bei dieser sogenannten Rundlaufmethode bewegt sich der Körper also in kreisförmigen Bahnen.

146. Schleppmethode. Die Methode der Schleppversuche wird fast ausschließlich für die Widerstandsbestimmungen in Wasser angewandt. Für Luft hat sich diese Methode nicht sehr bewährt. Die Ursache dafür liegt vor allem darin, daß der Strömungsvorgang um den Körper, dessen Widerstand bestimmt werden soll, durch den Schleppwagen, der sich hier im gleichen Medium wie der Versuchskörper bewegt, leicht gestört wird. Bei Versuchen im Freien stört auch sehr stark die Veränderlichkeit des Bewegungszustandes der Atmosphäre. Ferner dürfte es sehr schwierig sein, die verhältnismäßig kleinen Luftkräfte von den großen Beschleunigungskräften der durchweg schweren Modelle mit genügender Genauigkeit zu trennen. Abgesehen davon müssen wegen der notwendig großen Geschwindigkeiten die Versuchsstrecken sehr lang sein, so daß sowohl die Anlage wie der Betrieb solcher Versuche sehr kostspielig ist. Für die Ausbildung der Schleppmethode in Wasser sind besonders die Probleme der Schiffbauer ausschlaggebend gewesen.

---

[1] Eine umfassende Zusammenstellung dieser Versuchsmethoden (bis 1910) mit ausführlichen Literaturangaben findet sich bei G. Eiffel: La résistance de l'air. Paris 1910.

Große Versuchsanstalten — von denen die größte die Hamburgische Schiffbau-Versuchsanstalt zu Hamburg[1] ist — untersuchen u. a. besonders den Schiffswiderstand und damit zusammenhängende Fragen.

147. Fallmethode. Die Methode der Widerstandsmessung durch Fallversuche ist lediglich für Versuche in Luft weiter ausgebildet worden.

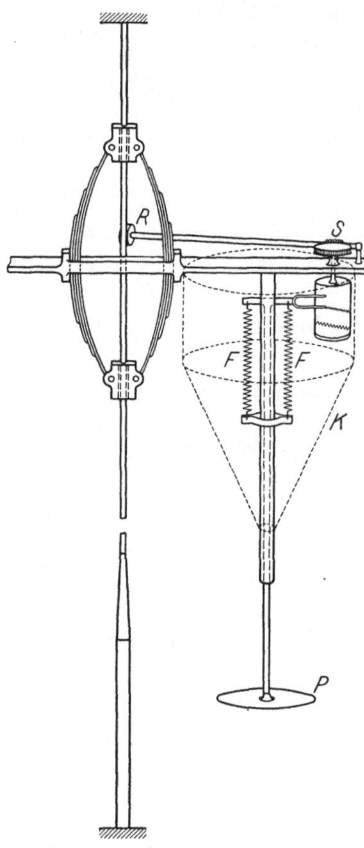

Abb. 220. Schematische Skizze der Fallmethode nach Eiffel.

Die ersten bedeutenderen Versuche dieser Art stammen von Piobert, Morin und Didion (1835)[2]; die erreichten Geschwindigkeiten waren 8 bis 9 m/s. Die Geschwindigkeit des an einer Schnur fallenden Körpers wurde hierbei mit einer besonderen Einrichtung registriert. Sobald die Geschwindigkeit gleichförmig geworden war, hatte man einen dem Gewicht des Körpers gleichen Widerstand. Wesentlich verbessert wurde diese Methode von Cailletet u. Colardeau (1892)[3], die vom Eiffelturm aus einer Höhe von 115 m quadratische, kreisförmige und dreieckige Flächen, die an besonderen Fallkörpern befestigt waren, fallen ließen und aus der beobachteten Abhängigkeit der Fallhöhe mit der Zeit den Widerstand dieser Flächen bestimmten (Geschwindigkeiten bis ca. 28 m/s). Zu großer Vollkommenheit wurde diese Methode der Widerstandsmessung durch Eiffel[4] (1903 bis 1905) gebracht, der eine umfangreiche Untersuchung für verschiedene Flächen und Körper bis zu Geschwindigkeiten von 40 m/s ausführte. Abb. 220 zeigt in schematischer Darstellung den von ihm verwandten Fallapparat. Der an einem gespannten Seil durch zwei Führungsbüchsen geführte Apparat besteht im wesentlichen aus dem Versuchskörper, in diesem Fall einer Platte P, die an zwei Federn F befestigt ist. Ein zweiter Körper K, zum Seil symmetrisch angeordnet (in der Abbildung

---

[1] Foerster, E.: Die Hamburgische Schiffbau-Versuchsanstalt Werft—Reederei—Hafen 1920, 1921.

[2] Mémoires sur les lois de la Résistance de l'air. Mémorial de l'Artillerie 1842, Nr. 5.

[3] Comptes Rendus T. 115, S. 13. 1892.

[4] Eiffel, G.: Recherches expérimentales sur la Résistance de l'Air, exécutées à la Tour Eiffel. Paris 1907.

der Einfachheit halber jedoch fortgelassen) diente im allgemeinen nur zum Ausbalancieren des Fallapparates, konnte jedoch in gleicher Weise zur Widerstandsmessung benutzt werden, wenn der Widerstand von zwei nebeneinander befindlichen Scheiben untersucht werden sollte. Durch den Luftwiderstand auf die fallende Platte werden die Federn gedehnt, und diese Federdeformation durch eine mit einer Nadel versehene Stimmgabel, die am oberen beweglichen Ende der Feder befestigt ist, auf eine berußte Trommel aufgezeichnet. Die Trommel wird über ein Schneckenrad S durch ein Reibrad R, das gegen das Seil drückt, angetrieben, so daß die Umdrehungsgeschwindigkeit der Trommel immer der Geschwindigkeit des fallenden Körpers proportional ist. Die während des Falles aufgezeichneten Kurven sind wegen der Schwingungen der Stimmgabel mit Vibrationen versehen, so daß man also in der Periodenzahl der Schwingungen ein Maß für die Zeit besitzt. Die Abszissen der Kurven geben die zurückgelegten Wege und die Ordinaten die Widerstände des Versuchskörpers in der Bewegungsrichtung an. Am Ende der Fallhöhe ist das Seil verdickt, wodurch eine Bremsung des Fallapparates erreicht wird. Ist Q das Gewicht der Platte (einschließlich der übrigen sich relativ zum Fallapparat bewegenden Teile, wie Stiel, Stimmgabel usw.), w die Geschwindigkeit, f die Federkraft, t die Zeit und g die Erdbeschleunigung, so ergibt sich für den Widerstand W der Platte, wenn man berücksichtigt, daß das Produkt aus Masse der Platte und ihrer Beschleunigung gleich der Summe der auf die Platte wirkenden Kräfte sein muß:

$$W = f + Q\left(1 - \frac{1}{g}\frac{dw}{dt}\right);$$

f und $\frac{dw}{dt}$ sind dabei aus dem durch die Stimmgabel aufgezeichneten Diagramm zu entnehmen. Ein Nachteil, der diesen Methoden der Fallversuche anhaftet, ist der, daß die registrierende Vorrichtung der Kraftmessung mit in den Fallkörper genommen werden muß, wodurch dieser so groß wird, daß er die Strömungserscheinungen hinter der Platte, die — wie wir noch sehen werden — sehr wesentlich sind, beeinflußt.

148. Rundlaufmethode. Diese älteste Methode der Widerstandsmessung ist von verschiedenen Forschern ausgebildet[1] und besonders im vorigen Jahrhundert häufig angewandt worden. Auch der Altmeister der Flugtechnik O. Lilienthal[2] hat seine bahnbrechenden Versuche (1870) mit schräg zur Bewegung gerichteten ebenen und besonders gewölbten Platten z. T. unter Verwendung der Rundlaufmethode gemacht. Abb. 221 zeigt in schematischer Darstellung einen von ihm

---

[1] Vgl. auch die Literaturangaben bei D. Banki: Energie-Umwandlungen in Flüssigkeiten, S. 424. Berlin 1921.

[2] Lilienthal, O.: Der Vogelflug als Grundlage der Fliegekunst. Berlin: 1889.

benutzten Rundlauf, der auch zur Messung des Auftriebes geeignet war. Wenn auch der Aufbau des Apparates besonders in seinem Antrieb durch Gewichte etwas primitiv erscheint — verglichen mit den späteren Konstruktionen eines Langley[1] oder Dines[2], so muß demgegenüber betont werden, daß Lilienthal nur sehr geringe Mittel zur Verfügung standen. Um so mehr müssen seine grundlegenden Versuchsergebnisse gewertet werden.

Der Hauptnachteil der Rundlaufmethode ist der, daß die Versuchskörper nach einer Umdrehung (bzw. nach einer halben bei zwei Armen) nicht mehr durch ruhige, sondern durch aufgewirbelte Luft geführt

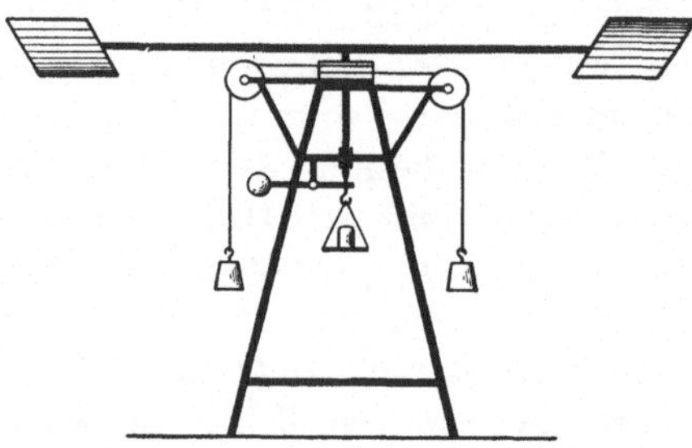

Abb. 221. Rundlaufmethode nach O. Lilienthal.

werden, wobei diese Luft durch die Arme des Rundlaufs allmählich noch in Drehung versetzt wird. Dieser durch die Versuchskörper und die Arme des Rundlaufs hervorgerufene „Mitwind‘‘ ist zwar von Lilienthal bereits erkannt, in seinen Messungen jedoch noch nicht in Rechnung gezogen worden. Durch sehr empfindliche Flügelrad- oder durch Hitzdrahtanemometer müßte dieser Mitwind gemessen und für die Bestimmung der Relativgeschwindigkeit des Versuchskörpers zur umgebenden Luft beachtet werden. Noch schwieriger ist es, die Wirkungen der Zentrifugalbeschleunigungen auf das Strömungsbild zu berücksichtigen. Aus diesen Gründen sind die Widerstandsmessungen der Rundlaufmethode mit mancherlei Fehlern behaftet. Man ist deshalb — besonders seit der Verwendung von künstlichen Luftströmen — fast ganz von der Messung des Widerstandes am Rundlauf abgekommen.

Zum Schluß in der Behandlung derjenigen Methoden zur Widerstandsmessung, bei denen das Objekt durch ein ruhendes Medium bewegt wird, wäre noch die schon von Borda angewandte und von Hergesell und von A. Frank ausgebildete Pendelmethode zu erwähnen. Aber abgesehen davon, daß es sich hier um eine beschleunigte bzw. verzögerte Bewegung handelt, sind die auftretenden Geschwindigkeiten im allgemeinen nur gering. Außerdem wird auch hier die Luft durch das Hin- und Herpendeln des Versuchskörpers beträchtlich gestört, so daß diese Art der Widerstandsbestimmung kaum noch in Betracht kommt.

---

[1] Langley, S. P.: The Internal Work of the Wind. Phil. Mag. (5), Bd. 37, S. 425. 1897. — Expériences d'Aérodynamique. Rev. Aéronautique 1891.

[2] Dines, W. H.: Some Experiments, made to investigate the Connection between the Pressure and Velocity of the Wind. Quarterly J. météor. Soc. Bd. 15. 1889.

Prinzipiell verschieden von den bisher beschriebenen Methoden ist die **zweite** Art der Widerstandsmessung: der ortsfeste Versuchskörper befindet sich in strömender Luft.

149. Widerstandsmessung im natürlichen Winde. Auf den ersten Blick scheint es das einfachste zu sein, den zu untersuchenden Körper einem natürlichen Luftstrom, d. h. dem Winde, auszusetzen, dessen Geschwindigkeit mit einer der erwähnten Methoden gemessen werden kann. Dieser Weg ist auch zuerst eingeschlagen worden. Unter anderem hat O. Lilienthal seine Widerstands- und Auftriebsmessungen von Flächen, die zum Winde geneigt waren, außer am Rundlauf auch im natürlichen Winde mit einem in Abb. 222 skizzierten Apparat ausgeführt (die gestrichelte Anordnung entsprach der Auftriebsmessung). Die nach dieser Methode von Lilienthal und anderen gemessenen Widerstandswerte unterschieden sich allerdings beträchtlich von denjenigen, die mit der Rundlaufmethode gewonnen waren. Daraus wurde seinerzeit von verschiedener Seite der Schluß ge-

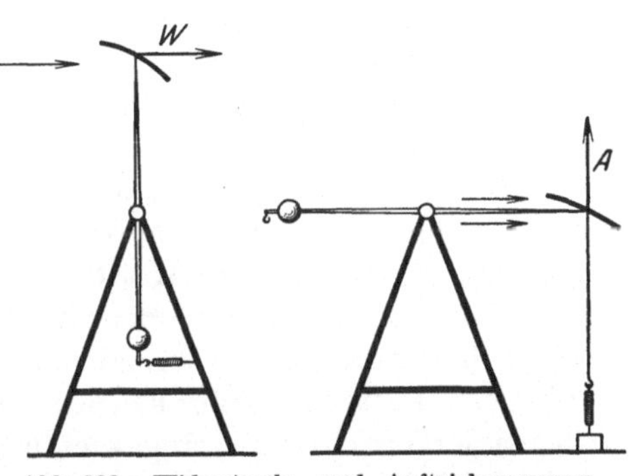

Abb. 222. Widerstands- und Auftriebsmessung gewölbter Platten nach O. Lilienthal.

zogen, daß es für den Widerstand (und Auftrieb) nicht gleichgültig sei, ob der Körper durch ruhende Luft bewegt wird, oder ob gegen den ortsfesten Körper Luft von gleicher Geschwindigkeit strömt. Die Ursache für die verschiedenen Widerstandswerte der Rundlaufmethode und der Messung im natürlichen Winde liegt jedoch darin, daß die Messungen beider Methoden zu ungenau und mit systematischen Fehlern (Mitwind und Abänderung der Strömung durch Zentrifugalkräfte beim Rundlauf, Fehler durch das Drehmoment der Luftkraft bei der Anordnung von Abb. 222) behaftet waren.

In zwei wesentlichen Punkten unterscheidet sich allerdings die Methode der Widerstandsmessung im natürlichen Winde von der Schlepp- oder der Fallmethode. Während nämlich einerseits bei einer Bewegung eines Körpers in ruhender Luft diese sich für ein mit dem Körper verbundenes Bezugssystem vollkommen gleichmäßig oder laminar bewegt, besitzt der natürliche Wind immer einen größeren oder geringeren Grad von Wirbligkeit oder Turbulenz. Anderseits ist bei Messungen in natürlichem Wind — vor allem, wenn sie in der Nähe des Erdbodens gemacht werden — zu berücksichtigen, daß die Geschwindigkeitsverteilung nach der Höhe keineswegs gleichförmig ist, sondern daß die Geschwindigkeit von Null direkt am Erdboden beginnend besonders zuerst rasch anwächst. Ebenfalls können selbst geringfügige Bodenerhebungen vor, aber auch hinter dem Versuchskörper die Luftströmung beeinflussen und dadurch die Messung wesentlich fälschen. Bedenkt man schließlich noch, daß der natürliche Wind selten einige Zeit lang konstant, sondern meistens mit Böen und Unregelmäßigkeiten durchsetzt ist, und daß man oft lange warten muß, bis eine gerade gewünschte Windgeschwindigkeit sich einstellt, so erkennt man die Unzulänglichkeit der Widerstandsmessungen in natürlichem Winde.

150. Vorteile der Widerstandsmessung im künstlichen Luftstrom. Man ist deshalb bald dazu übergegangen, mittels Ventilatoren künstliche Luftströme herzustellen und deren Einwirkung auf Modelle zu untersuchen. Daß diese Art der Versuchseinrichtung, die heutzutage für Messungen in Luft fast ausschließlich in Anwendung kommt, gegenüber den bisher behandelten Methoden beträchtliche Vorteile besitzt, ist nach dem Gesagten ohne weiteres einleuchtend. Einmal können die einzelnen zu messenden Komponenten der auf den ruhenden Versuchskörper wirkenden Kräfte an empfindlichen Waagen bequem nacheinander gemessen werden, da die Zeitdauer der Messung in keiner Weise beschränkt ist, während man bei Widerstandsmessungen von in ruhender Luft bewegten Körpern auf die weniger genau messenden Registriervorrichtungen angewiesen ist. Dann hat man beim ruhenden Modell alle diejenigen Schwierigkeiten vermieden, die bei den anderen Versuchsanordnungen dadurch erwachsen, daß der Versuchskörper und die Meßeinrichtung zunächst stark beschleunigt werden müssen, wodurch — da die Masse der bewegten Teile beträchtlich ist — große Trägheitskräfte auftreten. Schließlich ist es beim ruhenden Versuchskörper im künstlichen Luftstrom möglich, die gesamte Meßeinrichtung außerhalb des Luftstromes anzubringen, während das Modell selber verhältnismäßig leicht an dünnen Drähten oder Streben im Luftstrom gehalten werden kann, so daß die Störungen auf den Strömungsverlauf um den Versuchskörper auf ein Mindestmaß gebracht werden können.

Will man nun mit künstlichen Luftströmen die Verhältnisse eines in ruhender Luft bewegten Objektes nachahmen, so hat man den größten Wert darauf zu legen, daß der Luftstrom den Versuchskörper in möglichst gleichförmiger und wirbelfreier Bewegung anströmt. Wir wollen jetzt sehen, mit welchen Mitteln und wie weit dieses bei den bestehenden Versuchseinrichtungen erreicht ist.

C. Windkanäle.

151. Die ersten (offenen) Windkanäle von Stanton und Riabouchinsky. Der erste derartige Windkanal wurde von T. E. Stanton[1] 1903

---

[1] Stanton, T. E.: On the Resistance of Plane Surfaces in Uniform Current of Air. Min. Proc. Inst. Civ. Engs. Bd. 156. London 1903/04.

im National Physical Laboratory zu London gebaut (Abb. 223). Durch ein senkrecht gestelltes Führungsrohr (R) wird mittels eines Ventilators (V) Luft angesogen, die den Versuchskörper (K) am unteren Ende des Rohres trifft. Hier geht das Rohr in einen Kasten über, in den eine empfindliche Waage eingebaut ist. Das Modell ist mit einem dünnen Stiel an dem Waagebalken befestigt. Die erreichbare Luftgeschwindigkeit betrug 9 m/s; der Luftstrom hatte einen Durchmesser von 60 cm. Eine wesentliche Feststellung, die Stanton machte und die später von Riabouchinsky bestätigt wurde, war die, daß der Widerstand schon bei verhältnismäßig kleinen zur Strömung senkrecht gestellten Flächen durch die Rohrwandung beeinflußt wird. Bereits bei senkrecht zur Stromrichtung angebrachten Flächen von mehr als 5 cm Durchmesser, d. h. bei einer Ausdehnung über 8% des Rohrdurchmessers, nahm der Widerstand pro Flächeneinheit stark zu.

Von Riabouchinsky[1] wurde nach den Vorschlägen von N. E. Joukowsky 1906 in Moskau eine für die damalige Zeit außerordentlich reichhaltig und vielseitig eingerichtete Versuchsanstalt für Luftuntersuchungen eingerichtet. Unter anderm war ein tunnelartiger Luftkanal von 1,20 m Durchmesser und 14,50 m Länge gebaut. Die Modelle werden bei dieser Versuchsanordnung in der Mitte des Kanals angebracht, an welcher Stelle die

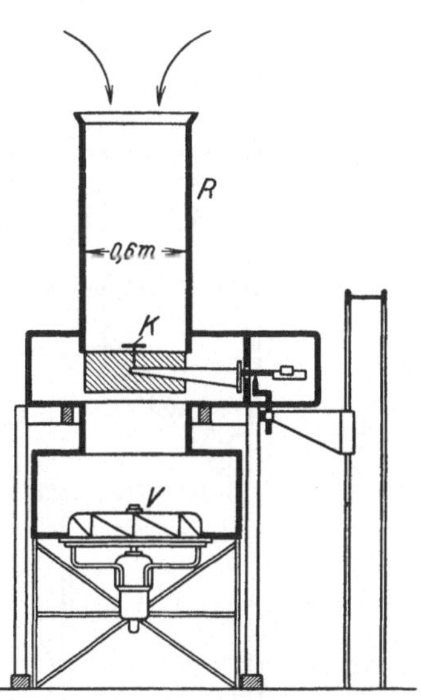

Abb. 223. Windkanal nach T. E. Stanton (1903).

Rohrwände durch zylindrische Glaswände ersetzt sind, so daß man das Versuchsobjekt während der Messung beobachten kann. Die Schwierigkeit, einen genügend gleichmäßigen Luftstrom zu erhalten, versuchte man dadurch zu überwinden, daß man die Eintrittsöffnung des Rohres mit einem größeren Vorbau umgab, der den störenden Einfluß des Fußbodens abschwächen sollte und außerdem dadurch, daß man im Innern des Rohres eine Anzahl Beruhigungsgitter anbrachte. Die so erhaltene Geschwindigkeitsverteilung war bis auf etwa 4% der durchschnittlichen Geschwindigkeit konstant. Die Geschwindigkeit konnte in den Grenzen von 1 m/s bis 6,50 m/s verändert werden. Auch bei dieser Einrichtung wird die Luft von einem Ventilator angesogen, da frühere Versuche gezeigt hatten, daß ein angesogener Luftstrom sehr viel

---

[1] Riabouchinsky, D.: Bull. dé l'institut aérodynamique de Koutchino. Fascicule I, II et III. Moscou 1906, 1909.

gleichmäßiger ist als ein durch ein Rohr geblasener, der immer von beträchtlichen Wirbeln durchsetzt ist.

152. Der erste (geschlossene) Göttinger Windkanal und der von Stanton. Im Gegensatz zu dieser offenen Bauart, bei der die Luft an der einen Seite aus dem Freien angesogen und nach dem Verlassen des Versuchskanales an der anderen Seite wieder hinausgestoßen wird, wurde 1907—09 in Göttingen von L. Prandtl und 1910 im National Physical Laboratory in London von T. E. Stanton die geschlossene

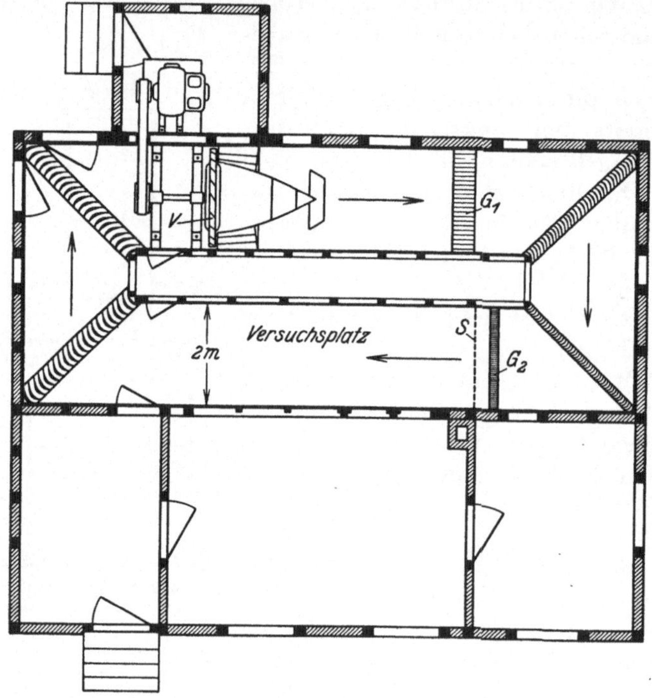

Abb. 224. Erster geschlossener Windkanal nach L. Prandtl (1907 bis 1909).

Bauweise angewandt, bei der die vom Ventilator V ausgestoßene Luft, nachdem sie durch besondere Einrichtungen beruhigt worden ist, der Versuchsstelle wieder zugeführt wird. Die Luft kreist also, von einem Ventilator in Bewegung gehalten, in einem geschlossenen ringartigen Kanal. Die Göttinger Versuchseinrichtung von 1909[1], die seinerzeit als Provisorium gedacht war, an der besonders die für eine spätere große Modellversuchsanstalt notwendigen Erfahrungen gesammelt werden sollten, besteht in ihrer ursprünglichen Form nicht mehr, sondern

---

[1] Prandtl, L.: Bedeutung von Modellversuchen für die Luftschiffahrt und Flugtechnik und die Einrichtungen für solche Versuche in Göttingen. Z. V. d. I. Bd. 53, S. 1711. 1909.

wurde 1918 abgebrochen und neben der inzwischen (1916—17) erbauten großen Versuchsanstalt in etwas abgeänderter Form wieder aufgebaut[1].

Die ehemalige Anlage bestand im wesentlichen aus einem ringförmigen Kanal von 2×2 m Querschnitt, in dem die Luft, durch einen Ventilator bis zu einer Geschwindigkeit von 10 m/s angetrieben, sich in geschlossenem Kreislauf bewegte (Abb. 224). Um eine möglichst sanfte und verlustfreie Umlenkung der Luft (viermal um 90^0) zu gewährleisten, waren besondere Umlenkschaufeln angebracht. Die Einrichtung zur Beruhigung der aus dem Ventilator austretenden Luft bestand aus einem groben und einem feinen Gleichrichter (G_1 bzw. G_2) sowie aus einem Sieb (S) von 2 mm Maschenweite. Nachdem der Luftstrom durch den feinen Gleichrichter (G_2) sowie durch das Sieb genügend gleichförmig geworden war, traf er das an einer Waage mit

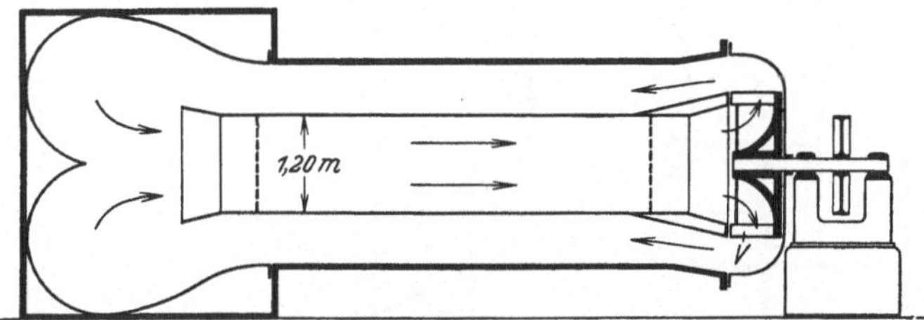

Abb. 225. Geschlossener Windkanal nach T. E. Stanton (1910).

dünnen Drähten aufgehängte Versuchsobjekt. Die Kanalwand war an dieser Stelle mit Fenstern versehen, so daß man das Modell während des Versuches beobachten konnte. Trotz der in den Kanal eingebauten Gleichrichter hatte die Geschwindigkeitsverteilung über dem Querschnitt noch nicht den gewünschten Grad von Gleichmäßigkeit. Erst durch recht mühseliges und zeitraubendes „Retuschieren" am groben Gleichrichter (Verengung der Öffnungen durch Klappen) und am feinen Gleichrichter (Anbringen von bremsenden Drahtbügeln an den Stellen zu großer Geschwindigkeit) gelang es, die Unregelmäßigkeit auf etwa 1% der durchschnittlichen Geschwindigkeit herabzubringen. Bei der Beschreibung der später gebauten großen Versuchsanstalt werden wir sehen, auf welche Weise mit wenig Mühe eine noch bessere Gleichmäßigkeit in der Geschwindigkeitsverteilung zu erreichen ist.

Der 1910 von Stanton[2] erbaute Versuchskanal ist in Abb. 225 schematisch dargestellt. Die vom Ventilator (V) aus dem inneren Kanal angesogene Luft strömt durch den äußeren Kanal, der den inneren

---

[1] Ergebnisse der Aerodyn. Versuchsanstalt zu Göttingen. 2. Lief. München 1923.

[2] Stanton, T. E.: Report on the Experimental Equipment of the Aeronautical Department of the National Physical Laboratory. Rep. Advisory Committee Aeronautics 1909—10. London 1910.

allseitig umgibt, zum inneren Kanal, der die Versuchsobjekte enthält, zurück. In der Eintrittsöffnung dieses Versuchskanals, der einen Querschnitt von 1,2 × 1,2 m besitzt, befindet sich eine Beruhigungseinrichtung für die vom Außenkanal zuströmende Luft. Die Modelle werden in ähnlicher Art wie bei der früheren englischen Anlage mit einer dünnen Strebe am Waagebalken befestigt.

153. Der erste Eiffelsche Kanal mit freiem Strahl. Einen Fortschritt in der Herstellung von künstlichen Luftströmen bedeutete die zuerst von G. Eiffel[1] 1909 angewandte Bauart des freien Strahles. Ausgehend von der Erwägung, daß das Ausweichen der Luft um einigermaßen

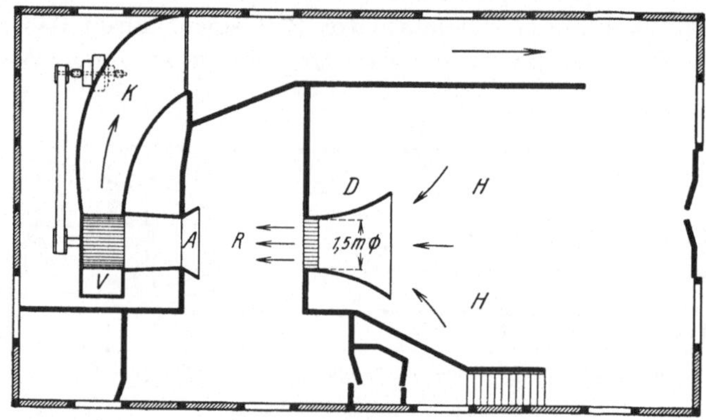

Abb. 226. Der ältere Eiffelsche Windkanal mit freiem Strahl (1909).

große Versuchskörper gehindert wird durch die Wände des Versuchskanals, ließ Eiffel diese auf eine gewisse Länge fort und ersetzte sie durch ein großes luftdicht abgeschlossenes Zimmer (Abb. 226). Durch diese Anordnung war — im Gegensatz zu den übrigen damaligen Versuchsanlagen — der Luftstrom am Meßstand in allen seinen Teilen unmittelbar zugänglich, was für das Befestigen der Modelle von nicht zu unterschätzender Bedeutung ist.

Abgesehen davon hat der freie Strahl dem Kanal gegenüber den Vorteil, daß der Druck längs des Strahles nahezu konstant, nämlich gleich dem der umgebenden ruhenden Luft ist, so daß die Geschwindigkeit des Strahles über die ganze Versuchsstrecke fast konstant ist, wenn von den Randpartien, wo eine Durchmischung des Strahles mit der ruhenden Luft stattfindet, abgesehen wird. Beim Kanal hingegen wird wegen des Anwachsens der Grenzschicht der für die Kernströmung verbleibende Querschnitt kleiner, was auf eine Beschleunigung in der Strömungsrichtung, also einen Druckabfall hinauskommt.

---

[1] Eiffel, G.: La Résistance de l'Air et l'Aviation. Paris 1910.

Die von einem Sirokkoventilator (V) von 70 PS aus einer Halle (H) angesogene Luft strömt durch die Düse (D), die am Austrittsende einen Gleichrichter besitzt, in einem Strahl von etwa 1,50 m Durchmesser durch den Versuchsraum (R) in den Auffangtrichter (A) zum Ventilator. Von hier aus wird die Luft durch den Ventilator in einem allmählich sich erweiternden Kanal (K) wieder zur Halle (H) zurückgeführt. Der Versuchskörper befindet sich in der Mitte des Strahles etwa 1 m von dem Austrittsende der Düse (D) entfernt. Die Geschwindigkeit im Strahl konnte von 5 m/s bis auf 20 m/s gesteigert werden. Da die Luft in der Halle sich unter Atmosphärendruck befindet, herrscht nach dem Bernoullischen Gesetz im Strahl ein Unterdruck, der bei 20 m/s 25 mm W. S. beträgt. Da der Strahl geradlinig durch den Versuchsraum (R) strömt, herrscht hier der gleiche Unterdruck, so daß dieser Raum gut abgedichtet sein muß und während des Betriebes nur durch eine Schleusentür betreten werden kann. 1914 hat Eiffel[1] eine zweite größere Versuchsanlage beschrieben, die sich jedoch von der ersteren nicht grundsätzlich unterscheidet, jedoch ist hinter der Versuchsstelle ein langer Diffusor angeordnet und ein Schraubenventilator verwendet. Dem Luftstrahl von 2 m Durchmesser kann bei dieser Anlage vermittels eines Schraubenventilators eine Geschwindigkeit bis 40 m/s erteilt werden.

Die Bauart der Freistrahlanordnung wurde ebenfalls von R. Knoller für das 1911—14 erbaute aeromechanische Laboratorium der Technischen Hochschule zu Wien gewählt. Von der Eiffelschen Anordnung unterscheidet sie sich unter anderem dadurch, daß die Luft aus dem Vorratsraum nicht durch eine Düse, sondern durch einen besonders konstruierten jalousieartigen Leitapparat angesogen wird. Außerdem ist die Richtung des Strahles senkrecht von oben nach unten.

154. Die neueren englischen Windkanäle. Der 1910 von Stanton gebaute geschlossene Windkanal (Abb. 225) hatte die unerwünschte Eigenschaft, gewisse zeitliche Geschwindigkeitsschwankungen (Pulsationen) zu besitzen. Ausführliche Untersuchungen in dieser Richtung[2] führten schließlich auf eine neue Kanalanordnung[3], die prinzipiell auch jetzt noch in England ausgedehnte Anwendung findet (Abb. 227). Der in einer großen Halle etwa 2 m über dem Boden aufgestellte Kanal

---

[1] Eiffel, G.: Nouvelles Recherches sur la Résistance de l'Air et l'Aviation. Paris 1914.

[2] Bairstow, L. u. Harris Booth: An Investigation into the Steadiness of Wind Channels. Rep. Advisory Committee Aeronautics 1912—13, S. 48. London 1913.

[3] Bairstow, L., J. H. Hyde u. H. Booth: The New Four-Foot Wind Channel. Ebenda S. 59.

(K) von quadratischem Querschnitt ($1,2 \times 1,2$ m^2) und 7,5 m Länge, der an der einen Seite mit einem Abrundungsstück (A) versehen ist, erweitert sich an dem anderen Ende etwas. Hier ist der Ventilator (V)

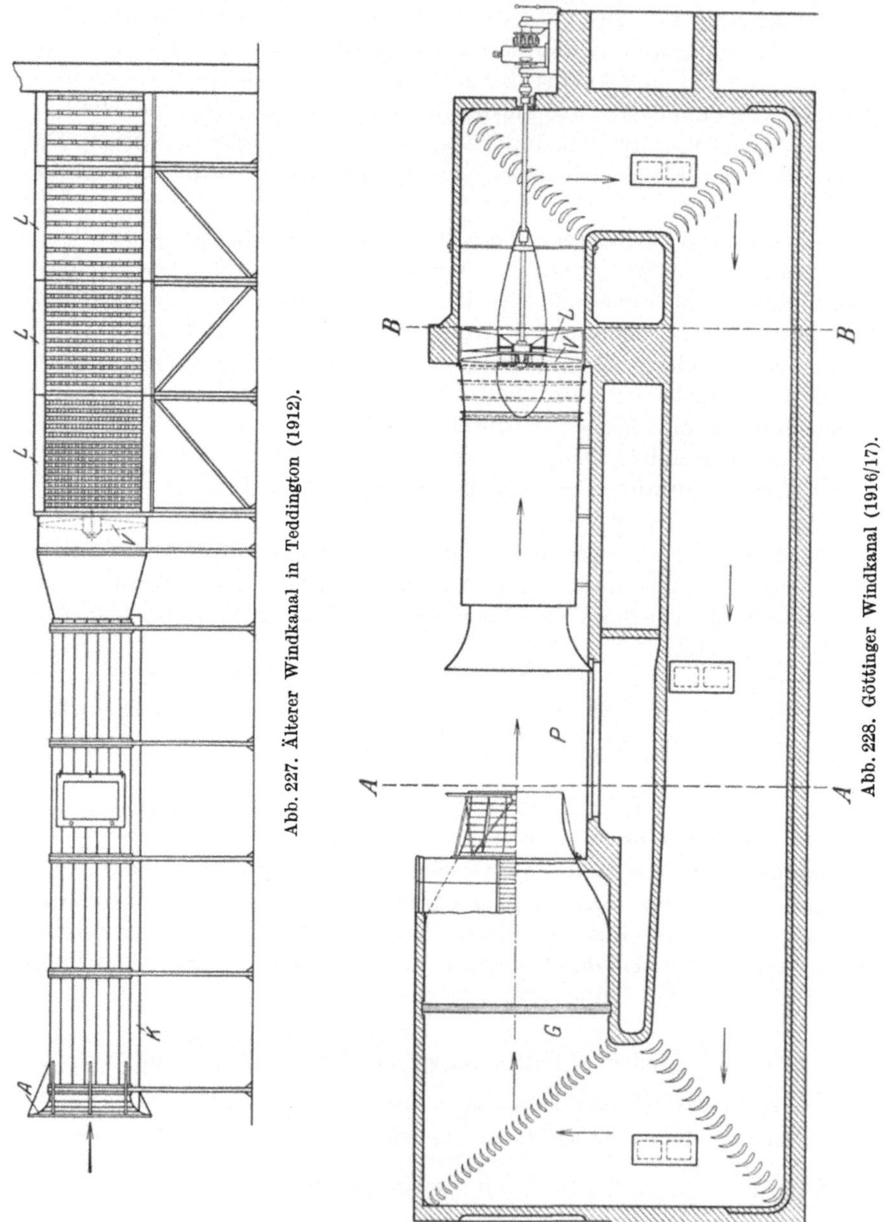

Abb. 227. Älterer Windkanal in Teddington (1912).

Abb. 228. Göttinger Windkanal (1916/17).

angebracht, der die Luft aus der Umgebung des Kanals ansaugt. Soweit ist die Anordnung ähnlich derjenigen von Riabouchinsky. Der Fortschritt gegenüber dieser Anlage besteht jetzt darin, daß die vom Ventilator angesogene Luft nicht direkt in die Halle gestoßen wird, sondern durch einen langen mit einer großen Anzahl von Öffnungen versehenen Kanal (L) langsam in die Halle zurückfließt. Wie die Untersuchungen gezeigt haben, wird dadurch, daß bei dieser Anordnung die Luft in der Umgebung des Kanals nicht wesentlich aufgewirbelt wird, die Geschwindigkeitsverteilung im Kanal bedeutend gleichmäßiger. Ohne den Luftverteiler (L) wurde eine zeitliche Ungleichmäßigkeit der Geschwindigkeit von $\pm 5\%$ festgestellt; mit dem Verteiler konnten die Unregelmäßigkeiten auf $\pm 1\%$ der mittleren Geschwindigkeit gebracht werden. Der Zugang zu den im Kanal befindlichen Modellen erfolgt durch eine Glastür an der einen Seitenwand etwa 5 m vom vorderen Ende des Kanals. 1919 wurde nach einem ähnlichen Prinzip

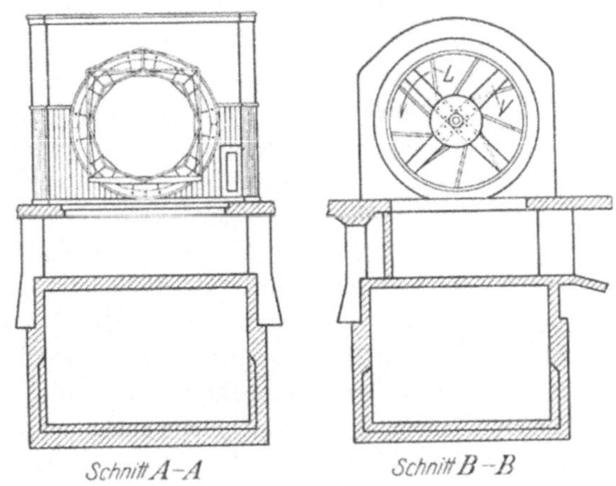

Abb. 229. Göttinger Windkanal (1916/17).

ein größerer Windkanal von etwa $2,1 \times 2,1$ m^2 Querschnitt gebaut[1], bei dem eine allmähliche Erweiterung des Kanals hinter dem eigentlichen Versuchskanal vorgesehen ist, wodurch einerseits ein Teil der kinetischen Energie in Form einer Druckzunahme wiedergewonnen wurde, anderseits die vom Ventilator in den Außenraum beförderten Luftmassen nur noch geringe Geschwindigkeiten hatten. Zur letzten Beruhigung wurde an Stelle des früheren Luftverteilers in der Mitte der Halle eine Wand aus durchlöchertem Ziegelmauerwerk errichtet, die den Ansaugeraum von dem Ausblasraum trennte.

155. Die große Göttinger Anlage von L. Prandtl. Bei der 1916—17 erbauten Göttinger Anlage[2] wurde die Bauart des offenen Strahles im Gegensatz zur Kanalbauart gewählt. Die alte Göttinger Versuchsanlage, die als geschlossener Kanal (Abb. 224) ausgebildet war, hatte gezeigt, daß in vielen Fällen — besonders bei außergewöhnlichen Versuchen — die Kanalwände hinderlich waren. Abgesehen von der besseren

---

[1] Report of the Advisory Committee for Aeronautics. 1918—19, Bd. 1, S. 151. London: 1919. 1922—23, Bd. 1, S. 283. London: 1923.

[2] Ergebnisse der Aerodyn. Versuchsanstalt zu Göttingen. 1. Lief. München: 1921.

Zugänglichkeit der Modelle im freien Strahl hatten Versuche ergeben, daß der Strahl gegenüber dem Kanal auch etwas günstiger ist hinsichtlich der Fehler, die besonders bei größeren Objekten sich aus den endlichen Abmessungen des Luftstromes ergeben.

Was die Druckverhältnisse anbelangt, so war eine solche Bauart gewählt worden, daß im Strahl der normale Außendruck und nicht — wie bei der Eiffelschen Anlage — Unterdruck herrschte. Dadurch konnte der Versuchsplatz offengehalten werden, so daß er in seiner Zugänglichkeit in keiner Weise beeinträchtigt war.

Der Nachteil der Eiffelschen Bauart, daß die vom Ventilator in den Ansaugeraum getriebene Luft vor die Strahldüse in unregelmäßigen Strömungen gelangt und erst durch eine besondere Vorrichtung gleichgerichtet werden muß, wurde dadurch vermieden, daß die vom Ventilator angesogene Luft in einem geschlossenen, sich zunächst sehr allmählich erweiternden Kanal zur Düse geführt wird. Abb. 228 und 229 zeigt die Kanalanordnung. Die vom Ventilator V angetriebene Luft strömt, nachdem sie durch einige Leitschaufeln L noch gleichgerichtet ist, durch besonders konstruierte Umlenkschaufeln geführt, nach abwärts und durch ein zweites Schaufelsystem in den im Keller gelegenen Umführungskanal von rechteckigem Querschnitt. Nach weiterer zweimaliger Umlenkung tritt die Luft in den Düsenraum von $4{,}5 \times 4{,}5$ m^2 Querschnitt, wird hier durch einen Gleichrichter G geordnet, beschleunigt sich in der Düse ($2{,}24$ m Kleinstdurchmesser) entsprechend der Querschnittsverminderung auf den fünffachen Betrag der im Vorraum vorhandenen Geschwindigkeit und durchströmt den von beiden Seiten frei zugänglichen Versuchsplatz P als freier Strahl. Von einem Auffangtrichter wieder aufgefangen, wird der Strahl in einem Rohr dem Ventilator zurückgeführt.

Ein besonderer Vorzug dieser Bauweise ist darin zu erblicken, daß das Beruhigen und Gleichrichten der zur Düse strömenden Luft in einem relativ großen Kanalquerschnitt (ca. 20 m^2) erfolgt, wodurch nicht nur ein beträchtlicher Teil der hierzu sonst notwendigen Gebläseleistung gespart, sondern auch ein sehr großes Maß von Gleichmäßigkeit der Geschwindigkeit im Strahl erreicht wird. Denn berücksichtigt man, daß der Querschnitt in der Druckkammer vor der Düse von 20 m^2 auf 4 m^2 in der Düsenöffnung abnimmt, mithin — wie schon erwähnt — die Geschwindigkeit im Strahl auf den fünffachen Betrag derjenigen in der Druckkammer zunimmt, so ergibt das eine Zunahme der kinetischen Energie der Luftteilchen im Strahl um das 25fache gegenüber der lebendigen Kraft derselben Teilchen in der Druckkammer. Die nach Beruhigung und Gleichrichtung des Luftstromes verbleibenden Ungleichmäßigkeiten beziehen sich nur auf $^1/_{25}$ der im Strahl vorhandenen Energie, während jedem Luftteilchen der gleiche Betrag von $^{24}/_{25}$ seiner mittleren Energie im Strahl durch das Druckgefälle in der Düse mitgeteilt wird. Selbst wenn es nur gelänge, die Ungleichmäßigkeit der kinetischen Energie in der Druckkammer auf nur 50% herabzubringen, so würde das — da sich diese Ungleichmäßigkeit nur

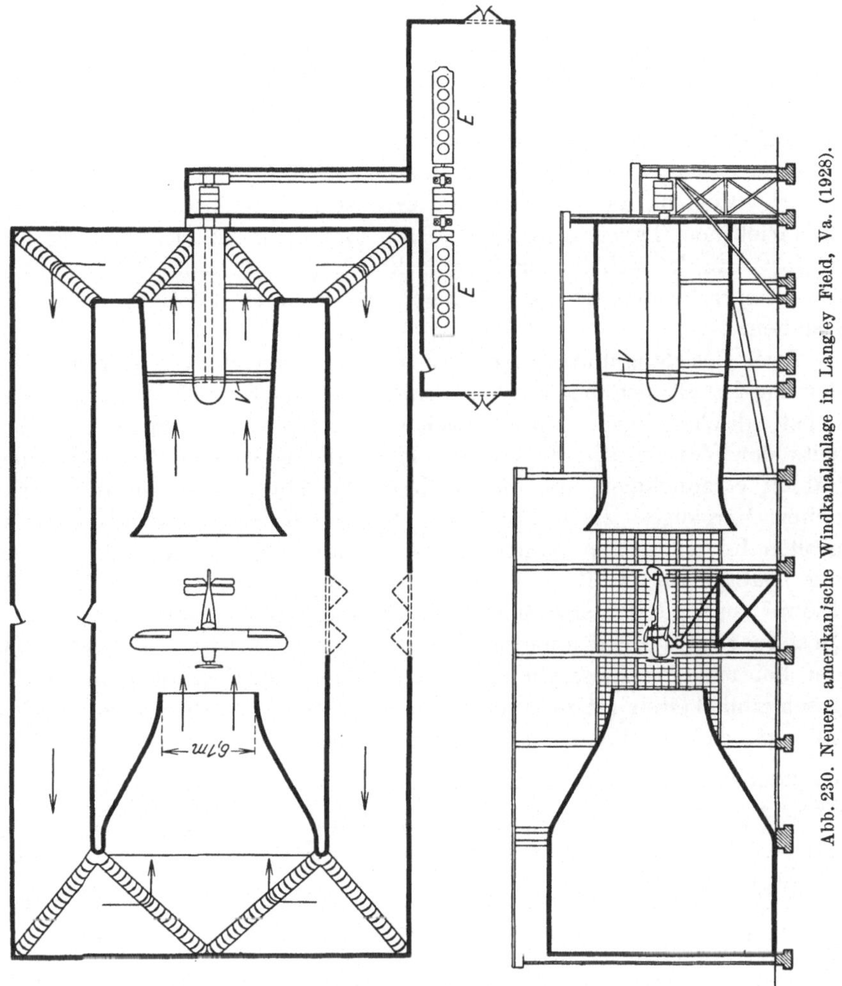

Abb. 230. Neuere amerikanische Windkanalanlage in Langley Field, Va. (1928).

auf $^1/_{25}$ der nachherigen kinetischen Energie im Strahl bezieht — eine Ungleichmäßigkeit der lebendigen Kraft im Strahl von 2%, d. h. eine Ungleichmäßigkeit der Geschwindigkeit in der Strahlrichtung von 1% bedeuten.

156. Die Windkanäle in den übrigen Ländern. Ein wesentlich größerer Windkanal wurde 1927 in Langley Field, Va., dem Zentrum der aeronautischen Forschung in den Vereinigten Staaten, errichtet[1]. Abb. 230 zeigt in schematischer Weise die geschlossene Bauweise dieses Windkanals mit einem Strahlquerschnitt von etwa 30 m². In neuester Zeit (1931) wird ein noch beträchtlich größerer Windkanal von ähnlicher Konstruktion gebaut mit einem Strahlquerschnitt von etwa 120 m². Schließlich möge noch erwähnt werden der nach den Angaben von v. Karmán erbaute Windkanal in Pasadena in Kalifornien, der sich bei sehr guter Turbulenzfreiheit durch einen besonders guten Wirkungsgrad auszeichnet.

Auf die Windstromanlagen der übrigen Länder — fast alle größeren Staaten besitzen ihre eigenen Versuchseinrichtungen — einzugehen erübrigt sich, da die ausgeführten Anlagen sich mehr oder weniger den beschriebenen Typen anlehnen. Eine Beschreibung der Windkanäle in Japan findet sich in den japanischen Reports[2]; einen Bericht über die entsprechenden neueren Anlagen in Rußland hat G. A. Ozeroff[3] gegeben.

Zwei Gesichtspunkte waren es vor allem, welche die Entwicklung der Luftkanaltypen bestimmten: einerseits das Bestreben, einen möglichst gleichmäßigen, störungsfreien Luftstrom zu erhalten[4], anderseits der Wunsch, die Messungen bei möglichst großen Reynoldsschen Zahlen vorzunehmen, um die mechanische Ähnlichkeit mit den wirklichen Vorgängen zu wahren. Die letzte Forderung nach möglichst großen Reynoldsschen Zahlen führte zu immer größeren Abmessungen der Luftkanäle [z. B. England mit 9,1 m² Querschnitt, USA. mit 120 m²] und zu immer größeren Geschwindigkeiten (Göttingen 52 m/s, Moskau 80 m/s). Ein anderer Weg ist von M. Munk[5] eingeschlagen, der bei mäßigen Kanalabmessungen (1,52 m Durchmesser) und Luftgeschwindigkeiten (20 m/s) dadurch zu hohen Reynoldsschen Zahlen gelangt, daß er die dritte in Betracht kommende Größe der Reynoldsschen Zahl, die kinematische Zähigkeit $\nu = \dfrac{\mu}{\varrho}$ sehr klein macht.

[1] Weick, F. E. u. D. H. Wood: The Twenty Foot Propeller Research Tunnel of the N. A. C. A. Rep. 300 of the National Advisory Committee for Aeronautics. Washington: 1928.

[2] The Wind Tunnel Committee of the Aeronautical Council of Japan. The Resistance of the Airship Models Measured in the Wind Tunnels of Japan. Rep. of the Aeronautical Research Institute, Tokyo Imperial University. Nr. 15. March, 1926.

[3] Ozeroff, G. A.: The Central Aero-Hydrodynamical Institute. U. S. S. R. Scientific-Technical Department Nr. 183 of the Supreme Council of National Economy. Moscow: 1927 (russisch).

[4] Vgl. auch C. Wieselsberger,: Über die Verbesserung der Strömung in Windkanälen. Vorgetragen auf der 108. Sitzung des Ver. d. Jap. Mech. Ing. am 19. 3. 1925.

[5] Munk, M. u. E. W. Miller: The Variable Density Wind Tunnel of the National Advisory Committee for Aeronautics. Rep. 227 and 228 of the N. A. C. A. Washington: 1925.

Er erreicht dies dadurch, daß er statt Luft von Atmosphärendruck hochverdichtete Luft verwendet (bis 20 Atm.), wodurch die kinematische Zähigkeit auf etwa $^1/_{20}$ sinkt, die Reynoldssche Zahl also bis auf das 20fache steigt. Es ergibt sich damit natürlich die Notwendigkeit, eine nach außen vollständig abgeschlossene Bauart zu wählen, wobei die Kanalwände von beträchtlicher Festigkeit sein müssen (Stahlwände von etwa 5 cm Plattenstärke), um einen Überdruck von 20 Atm. aushalten zu können. Abb. 231 zeigt in einer Schnittzeichnung den in den Vereinigten Staaten gebauten Kanal in einer später verbesserten Ausführung. Der Zugang zum Innern des Kanals und zur Waage erfolgt durch die Tür T. Ein nicht zu unterschätzender Nachteil dieser Bauart ist die schwere Zugänglichkeit zum Versuchsplatz und zu den Modellen. Die

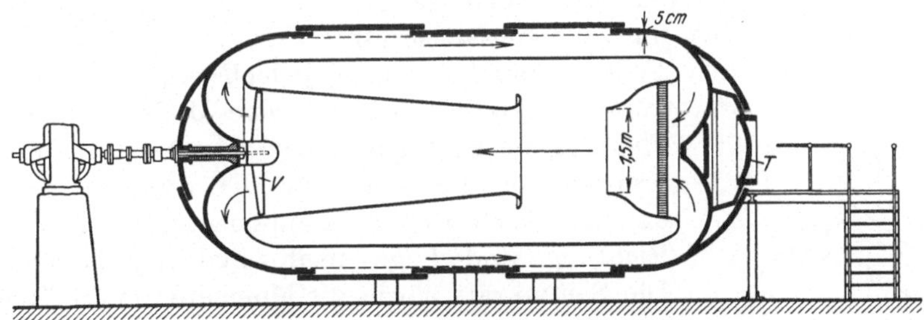

Abb. 231. Hochdruckwindkanal nach M. Munck.

Kraftmessung geschieht entweder automatisch durch Registrierapparate oder dadurch, daß von außen kleine elektrisch gesteuerte Motoren die Waage be- oder entlasten, wobei die Waage durch kleine Fenster von außen beobachtet werden kann. Neuerdings ist in England ein auf demselben Prinzip beruhender jedoch größerer Hochdruckwindkanal gebaut worden.

157. Befestigung der Modelle und Kraftmessung. Die wichtigste Forderung für eine einwandfreie Aufhängung der Modelle im künstlichen Luftstrom ist die, daß die Luftströmung um das Modell durch die Aufhängevorrichtung möglichst wenig beeinflußt wird. Im wesentlichen sind es zwei prinzipiell verschiedene Methoden, die dieses mehr oder weniger gut leisten; entweder wird das Modell an mehreren sehr dünnen Stahldrähten aufgehängt, oder es wird von einer starren Strebe getragen. In diesem Fall wird das Modell, wenn irgend möglich, an derjenigen Stelle mit der tragenden Strebe verbunden, wo auch ohne Strebe die Luft sich in Wirbelung befindet (bei einer Kugel z. B. an der der Anströmung abgewandten Seite), so daß die unvermeidliche Störung durch die immerhin kräftige Strebe den Strömungszustand nicht wesentlich ändert.

Die zweite Forderung, die man an eine zweckmäßige Aufhänge-

vorrichtung zu stellen hat, ist die Möglichkeit einer einfachen Übertragung der auf das Modell wirkenden Luftkräfte. Bei einem beliebig
geformten Modell kommen entsprechend den 6 Freiheitsgraden eben-
soviel Kraftkomponenten in Frage. Abb. 232 zeigt das Modell eines
Flugzeugs im Luftstrom. Es ist üblich, die auf das Modell wirkenden
Luftkräfte in folgende Komponenten bzw. Momente zu zerlegen:

1. Kraft in der Strömungsrichtung = Widerstand (W),
2. Kraft senkrecht zur Strömungsrichtung in der Symmetrieebene
   des Modells = Auftrieb (A),
3. Kraft senkrecht zum Widerstand und senkrecht zum Auftrieb
   = Seitenkraft (S),
4. Drehmoment um die Querachse, die die Richtung von S hat,
5. Drehmoment um die Hochachse (A),
6. Drehmoment um die Längsachse (W).

In den meisten Fällen handelt es sich jedoch um symmetrisch
geformte und zur Strömung symmetrisch gelegene Modelle (z. B. ein

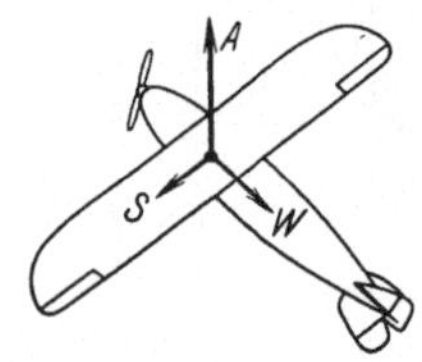

Abb. 232. Die auf ein Flugzeug wirkenden Kräfte.

Flugzeug im Flug geradeaus); dann fällt auch die
resultierende Luftkraft in die Symmetrieebene
und ist also durch 3 Komponenten ihrer Größe,
Richtung und Lage nach eindeutig bestimmt.
Die Seitenkraft sowie die Momente um die Hoch-
und Längsachse verschwinden, so daß nur der
Widerstand, der Auftrieb sowie das Moment um
die Querachse bleiben.

Was die Konstruktion der Kraftmeßeinrichtungen betrifft, die durchweg als Hebelwaagen ausgebildet werden, so hat fast jede Luftkanal-
type ihre besondere Einrichtung. Es würde zu weit führen, auf die
verschiedenen Meßeinrichtungen einzugehen, abgesehen davon, daß die
angeführten Beschreibungen der Luftkanäle der verschiedenen Länder
mehr oder weniger ausführlich auch die konstruktiven Einzelheiten der
Kraftmeßeinrichtungen enthalten. Nur auf zwei besonders typische
Einrichtungen wollen wir etwas näher eingehen: auf die Dreikomponentenwaage des Göttinger Windkanals und auf diejenige von Eiffel.
Während in Göttingen die Modelle an dünnen Stahldrähten aufgehängt
werden, wird bei der Eiffelschen Anordnung das Modell von einer
stromlinienförmig ausgebildeten Strebe gehalten.

158. Die Göttinger Dreikomponentenwaage ist in Abb. 233 schematisch dargestellt. Der Versuchskörper — in diesem Fall ein Tragflügel — wird an den drei Punkten a, b, c mit den Waagebalken der
beiden Waagen A_1 und A_2 durch dünne Stahldrähte verbunden. Im
Punkte a greifen 2 Drähte an, die in V-Form zur Waage A_1 führen,
ebenfalls greifen im Punkt c 2 Drähte an, die in gleicher Weise an dem
Waagebalken der Waage A_2 befestigt sind; von b führt ein einfacher

Draht senkrecht nach oben zur Waage A_1. Die Drähte in V-Form in a und c haben den Zweck, ein seitliches Schwanken des ganzen Modells zu verhüten.

Soweit Auftriebskräfte zu messen sind — also besonders bei Tragflügeln und Flugzeugmodellen — werden die Modelle umgekehrt, d. h. mit der unteren Seite nach oben, aufgehängt, damit die dann nach unten wirkenden Auftriebskräfte durch Zugspannung in den Aufhängedrähten den Waagen A_1 und A_2 übertragen werden können. Da bei negativen Anstellwinkeln die Modelle in umgekehrter Lage auch Kräfte nach oben erfahren können, die biegsamen Drähte diese aber nicht aufzunehmen vermögen, gibt man den Aufhängedrähten von vornherein eine Vorspannung durch Spanngewichte G_1 und G_2. Um dabei den Versuchskörper nicht zu beanspruchen, sind diese Spanngewichte in den Punkten a, b und c befestigt. Durch Austarieren der Waagen A_1 und A_2 (bei Luftstille) werden die Spanngewichte

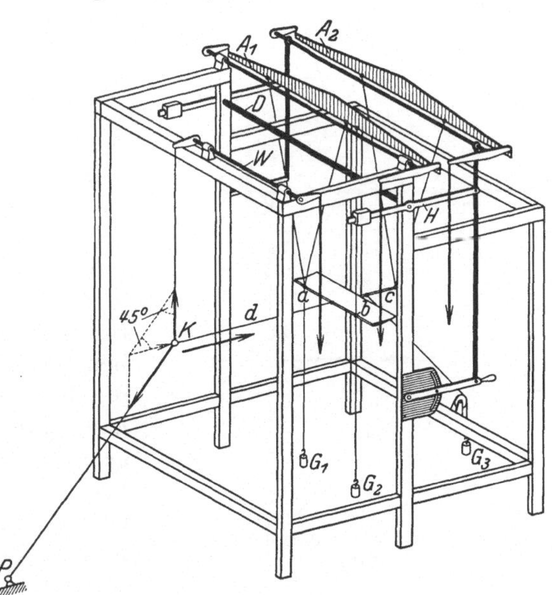

Abb. 233. Göttinger Dreikomponentenwaage.

sowie das Gewicht des Modells und der Aufhängevorrichtung eliminiert. Erfährt jetzt das Modell im waagerechten Luftstrom einen Auftrieb, so ergibt die Summe der von A_1 und A_2 gemessenen Kräfte die Größe dieses Auftriebs, während die von A_2 gemessene Kraft das Moment um die Achse ab angibt.

Für die Messung des Widerstandes führt von der Mitte der Strecke ab ein Draht d in entgegengesetzter Richtung der anströmenden Luft zu einem Knotenpunkt K. Von hier aus geht ein Draht genau senkrecht nach oben zur Widerstandswaage W und ein zweiter Draht, unter 45^0 zur Windrichtung geneigt, nach unten zu einem festen Punkt P. Durch die Zerlegung der Widerstandskraft nach diesen Richtungen ist, wie aus Abb. 233 ersichtlich, die an der Waage W angreifende Kraft gleich dem Widerstand. Auch dem Widerstandsdraht d wird eine gewisse Vorspannung durch ein über eine Rolle laufendes Gewicht G_3

erteilt. Der Widerstand der Aufhängevorrichtung wird gesondert gemessen, indem statt des Modells ein Gestell von einfacher Form eingehängt wird, dessen Widerstand berechnet werden kann; der Widerstand des Modells läßt sich damit als Differenz berechnen.

Da es in vielen Fällen — besonders bei Tragflächen- und Flugzeugmodellen — wichtig ist, die auf das Modell wirkenden Luftkräfte bei verschiedenen Anblaswinkeln zu kennen, ist eine Einrichtung vorgesehen, diesen Winkel ändern zu können, ohne die Aufhängung des Modells selbst erneuern zu müssen. Um dies zu ermöglichen, kann die gesamte Waage A_2 an dem Hebel H durch Drehung um die Achse D gehoben oder gesenkt werden. Das dabei um die vordere Achse ab gedrehte Modell kann somit unter verschiedenen Winkeln vom Winde getroffen werden. Damit die hinteren Aufhängedrähte bei dieser Drehung senkrecht bleiben, ist nur dafür zu sorgen, daß die Entfernung des hinteren Aufhängepunktes c von der Achse ab genau gleich der Entfernung der Waage A_2 von ihrer Drehachse D ist. Ausführliche Angaben über die Einzelheiten dieser Meßeinrichtungen sowie über die Eichungen und etwaigen Fehlerquellen finden sich in der I. Lieferung der Göttinger Ergebnisse[1].

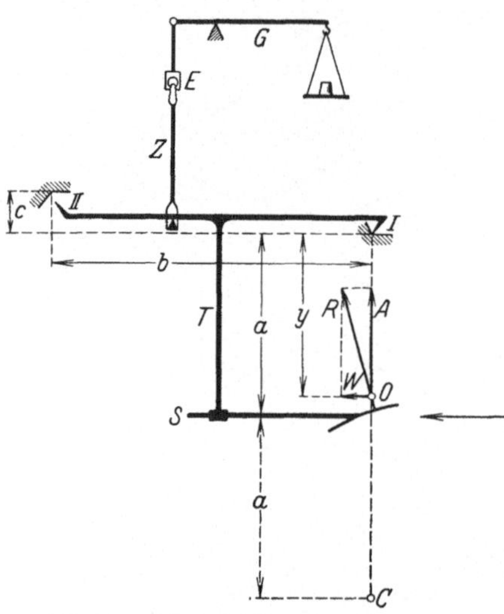

Abb. 234. Schematische Skizze der Eiffelschen Waage.

159. Die aerodynamische Waage von Eiffel[2]. Abb. 234 zeigt das Schema dieser Waage. Ein T-förmiger Waagebalken T, dessen waagerechte Arme in den Schneiden I und II endigen, trägt an einer Strebe S den Versuchskörper (z. B. Tragfläche). Die Zugstange Z der Waage G kann durch einen Exzenter E verkürzt und verlängert werden, wodurch der Waagebalken T, der an der Zugstange mittels Schneide hängt, etwas gehoben oder gesenkt werden kann, so daß er entweder auf I oder auf II aufliegt. In dem einen Fall wird durch die Waage das Moment um I, im anderen Falle das um II gemessen.

Die Resultierende der auf das Modell ausgeübten Luftkraft sei der Größe, Richtung und Lage nach durch den Vektor R gekennzeichnet. Wir zerlegen die Resultierende wieder in die Komponente

---

[1] Ergebnisse der Aerodyn. Versuchsanstalt zu Göttingen. 1. Lief. München: 1921.
[2] Siehe Fußnote S. 270.

in Richtung der Windgeschwindigkeit und in die Komponente senkrecht dazu, d. h. in Widerstand W und Auftrieb A. Als charakteristisch für die Lage der Resultierenden nehmen wir den Schnittpunkt O ihrer Wirkungslinie mit der Senkrechten durch I. Bei Auflage des Waagebalkens auf I und danach auf II erzeugen die Kraftkomponenten die Momente

$$M_I = -Wy,$$
$$M_{II} = A\,b - W(y - c).$$

Die Aufstellung einer Momentengleichung um eine Achse C, die symmetrisch zur Achse I liegt hinsichtlich der waagerechten Ebene durch S als Symmetrieebene, liefert eine dritte Bestimmungsgleichung für die Unbekannten A, W und y:

$$M_C = W(2\,a - y).$$

Zu dem Zweck dreht man das Modell um 180^0 und macht in dieser Stellung eine weitere Momentenbestimmung um I. Aus diesen drei zu messenden Momenten, die an der Waage G abgelesen werden, ergeben sich die gesuchten Größen W, A und y zu:

$$W = \frac{M_C - M_I}{2\,a},$$

$$A = \frac{1}{b}(M_{II} - M_I) + \frac{c}{2\,a\,b}(M_C - M_I),$$

$$y = -2\,a\,\frac{M_I}{M_C - M_I}.$$

D. Sichtbarmachung von Strömungsvorgängen.

160. Prinzipielle Schwierigkeiten. Da wir es durchweg mit homogenen Flüssigkeiten bzw. Gasen zu tun haben, liegt es im Wesen der Sache begründet, daß wir deren Bewegungsvorgänge nicht direkt beobachten können. Denn da sich bei homogenen Medien die einzelnen Teilchen nicht ohne weiteres unterscheiden lassen, fehlt uns die Möglichkeit, ein einzelnes Teilchen bei seiner Bewegung zu verfolgen und so die Bahn, Geschwindigkeit usw. desselben zu erkennen.

Aus den Wirkungen der bewegten Flüssigkeit auf Fremdkörper (z. B. Staugeräte) können wir zwar Rückschlüsse ziehen auf gewisse Mittelwerte des Bewegungszustandes (z. B. Geschwindigkeiten) der Flüssigkeit an denjenigen Stellen, an denen wir die Meßgeräte anbringen. Um jedoch ein Bild von dem gesamten Strömungsverlauf zu bekommen, um Kenntnis zu erhalten von der Gestalt der Stromlinien oder der Bahnlinien, dazu sind diese Methoden meistens viel zu grob, abgesehen davon, daß die Meßapparate im allgemeinen nur örtliche und vor allem auch nur zeitliche Mittelwerte liefern.

Diese prinzipielle Schwierigkeit, die Bewegung von hömogenen Flüssigkeiten nur in ihrer Wirkung auf Fremdkörper beobachten zu können, läßt sich nicht umgehen. Man hilft sich damit, daß man als Fremdkörper solche Stoffe nimmt, die zwar in gewissen Eigenschaften, z. B. in ihrem Aussehen (der Farbe), sich von der betrachteten Flüssigkeit unterscheiden, sonst aber wie Teile der Flüssigkeit sich verhalten, also die zu beobachtende Flüssigkeitsbewegung nicht beeinflussen. So kann man z. B. gewissen Teilchen einer Flüssigkeit einen Farbstoff zufügen und dadurch diese angefärbten Flüssigkeitsteilchen von den anderen unterscheiden, wobei die Dichte der gefärbten Flüssigkeitsteile nicht wesentlich verschieden von derjenigen der übrigen Flüssigkeit sein darf. Man macht also aus der homogenen Flüssigkeit eine inhomogene Flüssigkeit, wobei man jedoch dafür zu sorgen hat, daß durch diese Inhomogenität der Strömungscharakter nicht beeinflußt wird. Eine andere Methode, die besonders bei Bewegungsvorgängen von Luft angewandt wird, ist die, daß man gewissen Teilen der sich bewegenden Luft Rauch beimischt, wobei auch hier wieder zu beachten ist, daß der ursprüngliche Strömungsvorgang durch die Zuführung des Rauches nicht zusätzliche Geschwindigkeiten erfährt. Je nachdem es sich um Gase oder um Flüssigkeiten handelt, sind die Methoden der Sichtbarmachung des Bewegungsvorganges im allgemeinen verschieden.

Ein verhältnismäßig einfaches Mittel, die wesentlichsten Züge eines Strömungsvorganges von Gasen beobachten zu können, bilden feine Seidenfädchen, die — am Ende eines dünnen Stieles befestigt — in die Strömung gehalten werden. Sie zeigen besonders bei stationären Bewegungen gut die Richtung der Geschwindigkeit am Ort des Fädchens an. Durch Abtasten des Strömungsfeldes mit einem derartigen Seidenfädchen bekommt man ein recht gutes Bild über die Richtungen der Geschwindigkeiten, d. h. über die Form der Stromlinien. Auch die Ausdehnung und Ausbreitung des Wirbelgebietes hinter einem umströmten Körper und ähnliche Vorgänge lassen sich auf diese Weise qualitativ erkennen.

161. Rauchbeimischung bei Strömungen von Gasen. Eingehendere Kenntnis über die Einzelheiten von Strömungsvorgängen erhält man dadurch, daß man der anströmenden Luft teilweise Rauch beimischt, den man aus besonderen in den Luftstrom gehaltenen Düsen austreten läßt. Abb. 34 und 35 der Tafel 14 zeigen photographische Aufnahmen dieser Art. Zur Raucherzeugung gibt es verschiedene Methoden. So erhält man z. B. einen weißen nebelartigen Rauch, der sich von einem dunklen Hintergrund gut abhebt, wenn man mit Salzsäuredampf gesättigte Luft mit den Dämpfen einer angewärmten Ammoniaklösung mischt. Eine Einrichtung, wie sie in Göttingen zur Herstellung von photographischen Rauchaufnahmen benutzt wird, ist in der II. Lieferung der Göttinger Ergebnisse[1] S. 7 beschrieben. Eine andere Methode stammt von Marey[2].

Besonders gut lassen sich auch Wirbelringe, deren Bewegung und gegenseitige Beeinflussung durch Rauchbeimischung kenntlich machen: Ein allseitig geschlossener Kasten, dessen eine Seitenfläche am besten aus einer straff gespannten elastischen Membran besteht, und in deren gegenüberliegender Seitenfläche sich ein kreisrundes Loch befindet, wird mit Rauch gefüllt. Führt man nun auf die Membran einen leichten Schlag aus, so tritt aus dem der Membran gegenüberliegenden Loch ein kreisförmiger Wirbelring, der sich in ruhender Luft sehr lange hält, da sich ein solches Gebilde in sehr stabilem Gleichgewicht befindet. Schlägt man mehrere Male nacheinander auf die Membran, so treten mehrere Wirbelringe aus dem Loch heraus, und man kann in sehr deutlicher Weise die in Nr. 90 des ersten Bandes dargelegte gegenseitige Beeinflussung der Wirbelringe beobachten.

162. Bewegungen in Grenzschichten. Um nähere Einzelheiten der Strömungsvorgänge von Luft zu erhalten, als sie die Anwendung von Rauch zu geben vermag, da naturgemäß (besonders in den wirbligen Gebieten) bald eine vollständige Durchmischung des Rauches mit der Luft stattfindet, hat Riabouchinsky[3] folgende Methode angewandt: Die untersuchten Modelle (zylindrische Körper der verschiedenartigsten Querschnitte) waren mit ihrer Grundfläche auf einer dünnen schwarzen Eisenplatte befestigt, die mit einem sehr leichten hellgelben Pulver (Lykopodiumpulver) bestreut war. Wurde jetzt der Körper auf der Platte einem zur Platte parallelen Luftstrom ausgesetzt, wobei die Eisenplatte durch einen Nefschen Hammer leicht erschüttert wurde, so gab die Zeichnung des hellgelben Pulvers auf der schwarzen Grundplatte in großen Zügen das Stromlinienbild des umströmten Körpers wieder. Dabei ist jedoch zu berücksichtigen, daß die anströmende Luft durch die Grundplatte beeinflußt wird, so daß die auf diese Weise gewonnenen Bilder genau genommen den Strömungszustand in einer durch die Platte verzögerten Grenzschicht darstellen, wo auch die Richtung der Strömung zum Teil erheblich von der der freien Strömung abweicht.

Der gleiche Einwand ist gegen eine andere Methode zur Sichtbarmachung von Luftströmungen zu erheben, die von Fales[4] angewandt wurde. In diesem Fall handelte es sich speziell darum festzustellen, bei welchem Anstellwinkel eines angeblasenen Tragflügels die

---

[1] Ergebnisse der Aerodyn. Versuchsanstalt zu Göttingen. 2. Lief. München: 1923.

[2] Marey: Des mouvements de l'air lorsqu'il rencontre des surfaces de differentes formes. Comptes Rendus Bd. 131, S. 160. 1900. — Changements de direction et de vitesse d'un courant d'air. Comptes Rendus Bd. 131, S. 1291. 1901.

[3] Riabouchinsky: Bull. de l'Institut Aérodynamique de Koutchino. Fasc. 3, S. 59. Moscow: 1909.

[4] Fales, E. N.: Visual Study of Flow. Washington: 1926.

Strömung auf der Saugseite abzureißen beginnt. Ein Tragflügel von weißer Farbe, in dessen Mitte eine Scheibe senkrecht zur Tragfläche angebracht war, wurde einschließlich der Scheibe mit einer Suspension von Lampenruß in Petroleum bestrichen. Unter der Wirkung des Windes fließt dann das Petroleum über den Flügel und längs der Scheibe, wobei es entsprechend der Strömung in dünnen Rinnen die weiße Oberfläche des Tragflügels hervortreten läßt.

Bei den Methoden zur Sichtbarmachung von Strömungsvorgängen in Flüssigkeiten, z. B. Wasser, hat man zu unterscheiden, ob sich die Beobachtungen auf Vorgänge im Innern der Flüssigkeiten erstrecken sollen, oder ob es genügt, die Bewegung der Flüssigkeit an der freien Oberfläche zu verfolgen.

163. Dreidimensionale Flüssigkeitsbewegungen. Die erste Art der Beobachtung ist in allen den Fällen erforderlich, wo es sich um typisch dreidimensionale Bewegungsvorgänge handelt. Man kann die Flüssigkeitsströmung in diesem Fall dadurch kenntlich machen, daß man gefärbte Flüssigkeit von gleichem spezifischem Gewicht wie die übrige Flüssigkeit aus einer oder mehreren Düsen austreten läßt, wobei allerdings darauf zu achten ist, daß der Farbstrahl beim Austritt aus der Düse die gleiche Geschwindigkeit besitzt wie die außen an der Düse vorbeistreichende ungefärbte Flüssigkeit. Handelt es sich um Strömungsvorgänge in Wasser, so kann man als Farbstoff z. B. Kaliumpermanganat verwenden, oder man löst passende Anilinfarbstoffe in wenig Alkohol und mischt dies mit viel Wasser. Das spezifische Gewicht dieser Farblösungen kann man — sofern es sich als notwendig erweisen sollte — durch Zusatz von spezifisch leichteren bzw. schwereren Flüssigkeiten gleich dem des strömenden Wassers machen. Sollen die Vorgänge photographisch festgehalten werden, so ist es praktisch, einen Farbstoff zu verwenden, der das für das Aufnahmematerial aktinische Licht absorbiert, z. B. das sehr intensiv färbende Dunkelkammerfilterrot der I. G. Farben A.-G. In gewissen Fällen (besonders wenn der Hintergrund dunkel ist) ist auch Magermilch als Farbflüssigkeit anwendbar.

Statt gefärbten Wassers kann man auch eine wäßrige Suspension von sehr feinem Aluminiumpulver verwenden, das längere Zeit in Wasser schwebend bleibt, wenn man das Pulver, nachdem man es vorher mit etwas Alkohol angefeuchtet hat, durch kräftiges Schütteln in einer Flasche mit Wasser durchmischt. Diese Methode hat gegenüber der Farbmethode noch den Vorteil, daß auch dann, wenn der Farbfaden sich bereits mit dem übrigen Wasser vermischt hat, die im Wasser suspendierten Aluminiumteilchen doch noch Einzelheiten der Strömung erkennen lassen[1].

---

[1] Ermisch, H.: Strömungsverlauf und Druckverteilung an Widerstandskörpern in Abhängigkeit von der Kennzahl. Abh. a. d. Aerodyn. Inst. d. Techn. Hochschule Aachen, H. 6, S. 21. Berlin: 1927.

Eine Methode, im Wasser die Bewegungsvorgänge der dem umströmten Körper anliegenden Flüssigkeitsschicht sichtbar zu machen, besteht darin, den Versuchskörper mit einer in Wasser leicht löslichen Farbschicht zu versehen oder auch mit kondensierter Milch anzustreichen. In diesem Zusammenhang sei auch die Methode von H. Thoma[1] erwähnt, bei der die Bildung eines sichtbaren Niederschlags bei der Diffusion eines auf die Körperoberfläche gebrachten verdunstenden Stoffes mit einer chemischen Beimengung der Luft benützt wird. Da die Diffusion denselben Gesetzen unterliegt, wie die Geschwindigkeitsänderung durch innere Reibung, erhält man hier speziell eine Färbung der Grenzschichten und der turbulenten Reibungsschichten. Thoma umkleidete die Körper mit Fließpapier, das er mit Salzsäure tränkte und mischte der Luft Ammoniakdampf bei, wodurch in der Diffusionszone ein weißer Nebel entstand. Eine andere Methode zur Sichtbarmachung der Grenzschichtphänomene ist von L. F. G. Simmons und N. S. Dewey[2] in England angegeben worden. Hierbei wird der Körper oder ein Teil von ihm mit Titantetrachlorid ($TiCl_4$) bestrichen, das unter Bildung von weißen Nebeln verdampft.

Man kann auch die ganze Flüssigkeit, deren Bewegungsvorgänge untersucht werden sollen, vorher mit feinen Aluminiumteilchen durchmischen, nur muß in diesem Falle die Suspension des Aluminiumpulvers weniger dicht sein, damit man noch genügend weit in das Innere der Flüssigkeit blicken kann.

Kommt es nicht so sehr auf die Beobachtung des gesamten Strömungsvorganges an, sondern mehr auf die Bewegung einzelner Teilchen der Flüssigkeit, auf deren Bahnlinien usw., so ist es zweckmäßig, die Zahl der suspendierten Teilchen wesentlich zu verringern und die einzelnen Teilchen größer zu machen. Ein Rezept zur Herstellung von derartigen in Wasser schwebenden Kügelchen stammt von Marey[3]: Man mischt in passendem Verhältnis Wachs (spezifisches Gewicht 0,958 bis 0,967) mit Harz (spezifisches Gewicht 1,07) und macht aus dieser plastischen Masse kleine Kügelchen, die man nach Art der pharmazeutischen Präparate versilbert. Diese glitzernden Kügelchen müssen ein wenig dichter als Wasser sein, so daß sie im Wasser langsam zu Boden sinken. Es genügt dann, nach und nach eine geringe Menge Salzwasser zuzugießen, bis die glitzernden Kugeln schweben.

---

[1] Thoma, H.: Hochleistungskessel. Berlin: 1921.

[2] Simmons, L. F. G. u. N. S. Dewey: Wind Tunnel Experiments with Circular Discs, Reports and Memoranda of the Aeronautical Research Committee Nr. 1334. London: 1931; Photographic Records of Flow in the Boundary Layer, ebenda Nr. 1335.

[3] Marey: Hydrodynamique expérimentelle. Comptes Rendus Bd. 116, S. 913. 1893.

Eine andere in England vielfach angewandte Methode, die Bewegung von einzelnen Teilchen in einer Flüssigkeit sichtbar zu machen, besteht darin, kleine Öltröpfchen mittels eines besonderen Zerstäubers in die strömende Flüssigkeit an einen stromaufwärts gelegenen Ort zu bringen und diese Tröpfchen von einer bestimmten Richtung aus kräftig zu beleuchten[1]. Zur Herstellung der Öltröpfchen hat sich z. B. als brauchbar ein Gemisch von Olivenöl und Nitrobenzol oder auch ein Gemisch von Tetrachlorkohlenstoff und Xylol erwiesen.

164. Zweidimensionale Flüssigkeitsbewegungen. Wesentlich einfacher als die Sichtbarmachung von Strömungsvorgängen im Innern von Flüssigkeiten ist es, die Bewegung auf der Oberfläche von Flüssigkeiten zu verfolgen. Dies genügt im allgemeinen dann, wenn es sich um zweidimensionale Strömungsformen handelt. Bewegt man z. B. in einem mit Wasser gefüllten Tank einen zylindrischen Körper, dessen untere Grundfläche mit dem Boden des Tanks und dessen obere Fläche mit dem Wasserspiegel abschließt, so ist der Strömungszustand in Ebenen parallel zur Wasseroberfläche der gleiche und — wenn man von den Oberflächenkräften des Wasserspiegels absieht — derselbe wie in der Wasseroberfläche. Man kann allerdings in diesem Zusammenhang die Oberflächenkräfte nur dann vernachlässigen und damit von den beobachteten Bewegungsformen in der Wasseroberfläche auf die im Innern der Flüssigkeit schließen, wenn der Wasserspiegel absolut sauber ist. Schon die Berührung der Wasseroberfläche mit kaum fetthaltigen Gegenständen (z. B. der Hand) oder auch eine stundenlange Berührung des Wasserspiegels mit der Luft und den darin enthaltenen Staubteilchen kann genügen, die Wasseroberfläche zur Sichtbarmachung der Strömungsvorgänge im Innern unbrauchbar zu machen. Ein gutes Kriterium, ob die Oberfläche sauber genug ist, um die Bewegungen im Innern des Wassers richtig wiederzugeben oder ob sie erneuert werden muß (am einfachsten durch Verwendung eines Überlaufs), ist das folgende: Man bestreut die Oberfläche mit etwas Aluminiumpulver oder dergleichen und bläst leicht in senkrechter Richtung auf den Wasserspiegel, so daß an dieser Stelle die Aluminiumteilchen nach allen Seiten ausweichen und in der Bestreuung ein kreisrundes Loch entsteht. Bleiben jetzt die Aluminiumteilchen in dieser Lage liegen, so ist die Oberfläche sauber; schließt sich das Loch in der Bestreuung von selbst wieder zusammen, so ist die Wasseroberfläche unsauber und muß erneuert werden.

---

[1] Eden, C. G.: Investigation by Visual and Photographic Methods of the Flow past Plates and Models. Rep. of the N. A. C. A. 1911/12, S. 97. London: 1912. Relf, E. E.: Photographic Investigations of the Flow round a Model Airfoil. Ebenda 1912/13, S. 133. London: 1913.

Bei einwandfreier Oberfläche lassen sich Strömungsvorgänge in allen ihren Einzelheiten außerordentlich gut verfolgen, wenn man den Wasserspiegel mit einem feinen Pulver, etwa mit dem schon mehrfach erwähnten Aluminiumpulver oder mit Lykopodiumpulver (Bärlappsamen) bestreut. Fr. Ahlborn[1] hat als erster um 1900 eine große Anzahl von schönen Strömungsbildern in dieser Weise hergestellt. Später hat Rubach[2] die Entstehung des Wirbelpaares hinter bewegten zylindrischen Körpern nach dem gleichen Verfahren photographisch festgehalten. Auch die meisten der vom Verfasser hergestellten photographischen Aufnahmen in diesem Bande sind auf diese Art hergestellt.

Um zu vermeiden, daß unter der Wirkung des Randwinkels, der sich an der Berührungsstelle des Wasserspiegels mit dem umströmten Körper bildet, die dem Körper unmittelbar benachbarten Aluminiumteilchen sich von ihm entfernen, ist es zweckmäßig, den Körper an dieser Stelle mit einer dünnen Paraffinschicht zu überziehen. Dadurch kann man es erreichen, daß die Störungen durch den Randwinkel vollkommen verschwinden, so daß die Flüssigkeit senkrecht auf die Wandung des Körpers trifft. Man hat es sogar in der Hand, durch geringes Senken des Körpers einen negativen Randwinkel zu erzeugen, was in manchen Fällen wünschenswert ist. Befindet sich nämlich der Körper relativ zum Wasser zunächst in Ruhe, so reichern sich in diesem Falle die Aluminiumteilchen in der unmittelbaren Umgebung des Körpers an. Bei Eintritt der Bewegung erkennt man dann deutlich wie in Abb. 7 der Tafel 4, was im Laufe der Zeit aus dieser dem Körper anliegenden Grenzschicht wird.

Eine andere Methode, die Bewegung von strömendem Wasser sichtbar zu machen, hat L. Prandtl[3] 1904 erstmalig angewandt. Er benutzte als Flüssigkeit eine sehr feine Suspension eines aus feinen Blättchen bestehenden Minerals (Eisenglimmer) in Wasser. Alle Deformierungen des Wassers, also besonders alle Wirbel, treten durch einen besonderen Glanz hervor, der durch die gleiche Orientierung der Blättchen an einzelnen Stellen bedingt ist.

Ein nicht unbeträchtlicher Nachteil dieser Methoden der Beobachtung der Flüssigkeitsoberfläche besteht allerdings darin, daß schon bei verhältnismäßig kleinen Geschwindigkeiten Kapillarwellen auftreten, bei Wasser bereits bei einer Geschwindigkeit von 23,3 cm/s. Einen Kreiszylinder, bei dem an gewissen Stellen etwa die doppelte

---

[1] Ahlborn, F.: Über den Mechanismus des hydrodynamischen Widerstandes. Abh. a. d. Gebiet d. Naturwiss. Bd. 17. Hamburg: 1902 oder: Jahrb. Schiffsbaut. Ges. 1904/05/09.

[2] Rubach, H.: Über die Entstehung und Fortbewegung des Wirbelpaares bei zylindrischen Körpern. Diss. Göttingen 1914, Forschungsheft des V. D. I. H. 185. 1916.

[3] Vgl. Fußnote S. 74.

Geschwindigkeit der Fortschreitungsgeschwindigkeit auftritt, kann man also höchstens mit 11 bis 12 cm/s durch die Wasseroberfläche bewegen, wenn man das Auftreten von Kapillarwellen vermeiden will. Wegen dieser geringen Geschwindigkeit ist auch das Vorhandensein eines Wasserspiegelgefälles in den meisten Fällen ohne wesentliche Bedeutung für das Strömungsbild.

Bei Anwendung von größeren Geschwindigkeiten ist man gezwungen, den Versuchskörper ganz unter Wasser zu bewegen und statt der Oberfläche eine im Innern der Flüssigkeit gelegene Fläche zur Sichtbarmachung der Strömung heranzuziehen, was versuchstechnisch allerdings nicht immer einfach ist. Am besten kommt man in diesem Falle noch zum Ziel, wenn man stromaufwärts zum Versuchskörper mittels Zerstäuber kleine Öltröpfchen aus einem Gemisch von Olivenöl und Nitrobenzol dem Wasser beimischt und das Wasser in einer dünnen Schicht senkrecht zum Versuchskörper beleuchtet. Gerade bei Benutzung von Olivenöl und Nitrobenzol werden nur die zur Beobachtungsrichtung senkrecht vom Licht getroffenen Öltropfen gut sichtbar. Diese Methode hat gegenüber der Verwendung von Wachs-Harzkügelchen den Vorteil, daß die oberhalb der beleuchteten Ebene befindlichen Öltröpfchen die Beobachtung der Bewegungsvorgänge in der beleuchteten Schicht nur wenig beeinträchtigen.

165. Überlegenheit der photographischen Aufnahmen gegenüber der Beobachtung. Abgesehen davon, daß photographische Aufnahmen von Strömungsvorgängen in weit größerem Maße zur Bestätigung von Theorien herangezogen werden können als eine Beschreibung von Beobachtungen dieser Vorgänge, liefert die Photographie in manchen Fällen Strömungsbilder, die durch die Beobachtung nicht ohne weiteres zu erhalten sind.

Wie wir bereits in Nr. 37 des ersten Bandes sahen, ist es für die Form der Stromlinien wesentlich, welches Bezugssystem der Strömung zugrunde gelegt wird. Bewegt man beispielsweise einen Tragflügel durch Wasser mit seiner Querschnittsfläche parallel zum Wasserspiegel, so sind die Stromlinien, die man in diesem Fall durch Aufstreuen von Aluminiumpulver auf die Wasseroberfläche kenntlich machen kann, verschieden, je nachdem man die Bewegung auf ein mit der ungestörten Flüssigkeit oder auf ein mit dem bewegten Tragflügel ruhendes Koordinatensystem bezieht. Im ersteren Falle hat das Stromlinienbild die aus Abb. 52 der Tafel 21 ersichtliche Gestalt (hier befand sich der photographische Aufnahmeapparat relativ zur ungestörten Flüssigkeit in Ruhe); im zweiten Fall haben die Stromlinien desselben Strömungsvorganges die in Abb. 50 der Tafel 20 dargestellte Form (bei dieser Aufnahme war die Kamera relativ zum Tragflügel in Ruhe, bewegte sich also mit dem Tragflügel relativ zum Wasser). Die Beobachtung ergibt nun im allgemeinen — d. h. dem nicht besonders geübten Beobachter — immer nur Stromlinienbilder der zweiten Art, da das betrachtende Auge unwillkürlich dem sich bewegenden Objekt folgt.

Außerdem ist es natürlich wesentlich bequemer und leichter, auf einer Photographie die Einzelheiten der Strömung in aller Ruhe zu betrachten als beim Strömungsvorgang selbst, wo — wenigstens bei nicht stationären Bewegungen — die Strömungsformen sich häufig so schnell ändern, daß das Auge die Einzelheiten nicht aufzunehmen vermag. Berücksichtigt man ferner, daß durch Kinoaufnahmen, evtl. auch durch Zeitlupenaufnahmen, der Eindruck der Bewegung jederzeit wieder vorgeführt werden kann — und gerade eine mehrmalige Vorführung desselben Strömungsvorganges ist besonders instruktiv —, so erkennt man, daß wir in den photographischen Methoden ein wertvolles Hilfsmittel zum Studium von Strömungserscheinungen besitzen.

166. Stromlinien, Bahnlinien. Daß die oben erwähnten Bilder einer Strömung um einen Tragflügel Stromlinien darstellen, ist — streng genommen — nicht ganz richtig. Die kürzeren oder längeren Striche auf den Bildern entstehen ja dadurch, daß die einzelnen hellbeleuchteten Aluminiumteilchen bei ihrer Bewegung während der Belichtungszeit auf die photographische Platte einwirken, gewissermaßen auf der Platte ihre Bahn aufzeichnen. Man müßte also, genau genommen, von Bahnlinienbildern sprechen. Da aber die Wegrichtung eines Aluminiumteilchens während eines Zeitelementes, d. h. während einer genügend kurzen Belichtungszeit, angenähert gleich der Richtung der Geschwindigkeit, und da die Größe des Wegstückes dem Betrag der Geschwindigkeit proportional ist, so können wir näherungsweise von Stromlinienbildern sprechen, und zwar mit um so größerer Berechtigung, je kürzer die Belichtungszeit ist im Verhältnis zur zeitlichen Änderung des gesamten Geschwindigkeitsfeldes.

Ist das Geschwindigkeitsfeld von der Zeit unabhängig, d. h. haben wir eine stationäre Strömungsform, so sind — wie wir in Nr. 35 des ersten Bandes gesehen haben — Stromlinien und Bahnlinien identisch und wir würden auch bei längerer Belichtung Stromlinienbilder erhalten (Abb. 50 der Tafel 20). Bei nicht stationären Bewegungen (Abb. 52 der Tafel 21), bei denen also das Stromlinienbild sich mit der Zeit ändert, geben, wie gesagt, nur kurze Momentaufnahmen angenähert Stromlinienbilder, während eine lange Belichtungszeit die Bahnen der einzelnen beleuchteten Teilchen wiedergibt, die im allgemeinen ein sehr verworrenes und wenig übersichtliches Bild liefern. (Eine Auswertung von zeitlich aufeinanderfolgenden Stromlinienbildern kommt auf eine Anwendung der Eulerschen Methode hinaus, während die Analyse der Bahnlinien die Lagrange-Methode erfordert, vgl. Nr. 34 des ersten Bandes.)

Sobald es sich um räumliche Strömungsvorgänge handelt, also bei

Rauchaufnahmen in Luft oder besonders bei Aufnahmen von Bewegungen im Innern einer Flüssigkeit, ist es sehr zweckmäßig, ja in den meisten Fällen notwendig, Stereoaufnahmen herzustellen.

167. Zeitdehner und Zeitraffer. Um sich den Eindruck der Bewegung von Flüssigkeitsströmungen jederzeit wieder vergegenwärtigen zu können, kann man mit Vorteil von den Methoden der Kinematographie Gebrauch machen. Handelt es sich um so schnelle Bewegungen, daß das Auge den einzelnen Vorgängen nicht folgen kann, so hat man in dem sogenannten Zeitdehner (Zeitlupe) ein Mittel, bei der Projektion auf die Leinwand den Bewegungsvorgang wesentlich langsamer erscheinen zu lassen, so daß die Einzelheiten der Strömung deutlich erkennbar werden. Während nämlich bei der gewöhnlichen Kinematographie die Anzahl der in der Sekunde aufgenommenen Bilder gleich der Anzahl der in der Zeiteinheit auf die Leinwand projizierten Bilder ist (etwa 16 bis 20 in der Sekunde), werden bei der Zeitlupe sehr viel mehr Bilder in der Sekunde aufgenommen (bis 500 Bilder/Sek., bei besonderen Versuchsreinrichtungen bis 2000 Bilder und mehr)[1], als später im Wiedergabeapparat projiziert werden. Dadurch erscheint der Bewegungsvorgang in dem Maße verlangsamt, in welchem das Aufnahmetempo größer ist als das Wiedergabetempo; bei z. B. 320 Aufnahmebildern in der Sekunde und dem normalen Wiedergabetempo von 16 Bildern in der Sekunde scheint also die Bewegung 20mal so langsam vor sich zu gehen wie in Wirklichkeit. Für noch schnellere Bewegungsvorgänge, bei denen eine derartige Verlangsamung noch nicht genügt, um Einzelheiten erkennen zu lassen — z. B. bei Strömungserscheinungen um fliegende Geschosse oder bei explosionsartig vor sich gehenden Erscheinungen (Kavitation) — muß die Anzahl der in der Sekunde aufgenommenen Bilder noch größer sein. Hier kommen neben Spezialaufnahmeapparaten besonders die in der Ballistik ausgebildeten Methoden der intermittierenden Beleuchtung durch den elektrischen Funken in Anwendung, die es ermöglichen, bis 40000 Bilder und mehr[2] in der Sekunde aufzunehmen[3]. Unter Benutzung mehrerer Objektive läßt sich die Bildfrequenz nahezu beliebig steigern[4] bis zu einem Zeit-

---

[1] Thun, R.: Anwendung und Theorie des Zeitdehners. Z. V. d. I. S. 1353. 1926.

[2] Die obere Grenze der Bildzahl in der Sekunde ist nicht so sehr in der erreichbaren Frequenz der Funken bedingt (die bis zu 100000 in der Sekunde gesteigert werden kann), sondern vielmehr in den Festigkeitseigenschaften des Filmes, der mit außerordentlicher Geschwindigkeit bewegt werden muß, wenn die einzelnen Bildchen nicht zu schmal werden sollen. Bei 5000 Bildern/s und nur 10 mm Bildbreite ergibt sich bereits eine Fortbewegungsgeschwindigkeit des Filmbandes von 50 m/s.

[3] Terazawa: Kinematographic Study on Aeronautics. Rep. of the Aeronautical Research Institute, Tokyo Imperial University, Bd. 1, S. 8. 1924.

[4] Cranz, C. u. H. Schardin: Kinematographie auf ruhendem Film mit extrem hoher Bildfrequenz. Z. Physik Bd. 56, S. 147. 1929.

intervall von ein Dreimillionstel einer Sekunde zwischen zwei aufeinander folgenden Bildern.

Die entgegengesetzte Wirkung der Zeitlupe hat man in dem sogenannten Zeitraffer, bei dem weniger Aufnahmen in der Sekunde aufgenommen als später vorgeführt werden[1]. Ein dadurch bewirktes zeitliches Zusammenraffen des Strömungsvorganges kann erwünscht sein bei sehr langsam vor sich gehenden Bewegungen, z. B. bei Wolkenbewegungen. Nimmt man beispielsweise einen derartigen Vorgang von etwa 50 Minuten Dauer auf, indem man aller 5 Sekunden ein Filmbildchen belichtet, so spielt sich bei normalem Wiedergabetempo (20 Bilder in der Sekunde) dieser in Wirklichkeit 50 Minuten dauernde Vorgang in etwa 30 Sekunden ab, so daß man das Charakteristische der Wolkenbewegung gut erkennen kann.

168. Zeitfilmbilder. Da die einzelnen Filmbildchen kurze Momentaufnahmen sind (bei normalem Aufnahmetempo etwa $^1/_{40}$ Sekunde), so gibt das einzelne Bild im allgemeinen keinen Aufschluß über den Strömungszustand der aufgenommenen Bewegung. Haben wir z. B. eine Strömung um einen durch Wasser geschleppten Körper (zweidimensional), wobei die Bewegung der Wasseroberfläche durch aufgestreutes Aluminiumpulver sichtbar gemacht sein möge, so liefert das einzelne Filmbildchen nur den jeweiligen Bestreuungszustand auf der Wasseroberfläche. Die Geschwindigkeiten der Aluminiumteilchen sind zu klein, um in der geringen Belichtungszeit von $^1/_{40}$ Sekunde erkennbare Striche auf dem Film zu hinterlassen, sie erscheinen vielmehr als Punkte.

Dreht man die Kurbel des Kinoapparates langsamer, so daß etwa 2 Bilder in der Sekunde aufgenommen werden, entsprechend einer Belichtungszeit von ungefähr $^1/_4$ Sekunde für ein Bild (etwa die gleiche Zeit wird für den Transport des Filmes von einem Bild zum nächsten benötigt), so können sich — je nach der Geschwindigkeit des geschleppten Körpers — schon deutliche Stromlinienbilder ergeben. Ein einzelnes Aluminiumteilchen würde dabei auf jenem Filmbildchen einen seiner Geschwindigkeit entsprechenden Strich verursachen. Legt man eine Anzahl derartiger Filmbildchen genau aufeinander, so würde sich in der Durchsicht eine gestrichelte Linie ergeben. Die einzelnen Strichelchen sind durch Zwischenräume, die durch das Schließen des Objektives während des Filmtransportes bedingt sind, voneinander getrennt, und zwar ist die Länge der Striche sowie die der Zwischenräume proportional der Geschwindigkeit, die das Aluminiumteilchen an den entsprechenden Stellen hatte.

Um die Zwischenräume zwischen den einzelnen Strichelchen zu verringern, um gleichsam die Interpolationsmöglichkeit der auf diese Art hergestellten zeitlich aufeinanderfolgenden Stromlinienbilder zu ver-

---

[1] Neumann, H.: Zeitrafferaufnahmen. Kinotechnik Bd. 9, S. 173. 1927.

bessern, ist nach Angabe von L. Prandtl ein normaler kinematographischer Aufnahmeapparat (im wesentlichen durch Einfügung eines Malteserkreuzes in das Getriebe) derart umgebaut[1], daß die zum Transport des Filmbandes benötigte Zeit beträchtlich gekürzt wird (nur etwa $1/12$ der Zeit eines Bildes ist zum Transport nötig, während $11/12$ für die Belichtung verbleiben). Abb. 7, 8 und 9 auf Tafel 4, 5 und 6 zeigen eine Reihe von Stromlinienbildern, die vom Verfasser mit dieser Aufnahmeapparatur hergestellt wurden.

Erwähnen wollen wir noch, daß es in vielen Fällen — besonders auch bei normalen Kinoaufnahmen von Strömungsvorgängen — von Vorteil sein kann, Wegmarken, Maßstäbe oder auch Uhren gleichzeitig mit aufzunehmen.

169. Technische Einzelheiten. Da es im allgemeinen wünschenswert ist — bei Wahrung aller Einzelheiten des Strömungsvorganges — möglichst kontrastreiche Bilder zu bekommen, ist es wichtig, den Hintergrund der hellbeleuchteten Strömung möglichst schwarz erscheinen zu lassen. Hierfür eignet sich schwarzer Samt besonders gut, da nur etwa $1/100$ bis $1/200$ des auffallenden Lichtes reflektiert wird, während bei mattschwarzlackiertem Metall oder schwarzem Papier ungefähr $1/10$ des auffallenden Lichtes zurückstrahlt.

Ferner ist es zur Erzielung von kontrastreichen Bildern günstiger, kräftige (aktinische) Beleuchtung und lichtstarke Objektive zu wählen als sehr empfindliches Platten- oder Filmmaterial. Am besten eignen sich wenig empfindliche und daher klar arbeitende Platten (Diapositivoder Kontrastinplatten; als Kinofilmmaterial: Positivfilm), da deren Schwärzungskurve (Schwärzung als Funktion der Beleuchtungsstärke) wesentlich steiler ist als die der Ultrarapidplatten oder hochempfindlicher Porträtplatten. Abgesehen davon hat die Schicht der weniger empfindlichen Platten ein viel feineres Korn als die der hochempfindlichen, was für starke Vergrößerungen (Projektion von einzelnen Filmbildern) von wesentlicher Bedeutung sein kann. Genügt die Empfindlichkeit des an und für sich weniger empfindlichen, aber feinkörnigen Aufnahmematerials nicht, so kann man es durch Sensibilisierungsbäder bis auf die 30- bis 40fache Empfindlichkeit bringen, ohne daß das Korn der photographischen Schicht vergrößert wird[2]. Besteht große Gefahr der Unterbelichtung, so kann es sich empfehlen, durch sogenanntes Vorbelichten den Schwellenwert des Aufnahmematerials zu

---

[1] Prandtl, L. u. O. Tietjens: Kinematographische Strömungsbilder. Naturwissensch. Bd. 13, S. 1050. 1925.

[2] Guilleminot, P.: Hypersensibilisierung und Ultrasensibilisierung. Rev. Franc. de phot. et de ciném. (1927) T 8, Nr. 181. — Sheppard, S. E.: Zur Steigerung der Empfindlichkeit von Silberhaloidemulsionen. Phot. Ind. (1925) S. 1032.

erniedrigen. Zu dem Zweck wird die Platte bzw. der Film mittels einer lichtschwachen Lichtquelle (z. B. Petroleumlampe) so kurze Zeit belichtet, daß diese Belichtung allein gerade noch keine Schwärzung oder Schleier auf der Platte bewirkt.

Was die Wahl des Objektivs anbetrifft, so kann man im allgemeinen trotz der geringen Entfernung vom Objektiv zum Gegenstand sehr lichtstarke Objektive anwenden (besonders wenn sie kurze Brennweite besitzen, z. B. Kinoobjektive), da die Anforderungen hinsichtlich Tiefenschärfe durchweg gering sind. In allen Fällen ist ein gut korrigierter Doppelanastigmat am geeignetsten.

Die künstlichen Beleuchtungsquellen für photographische Aufnahmen sind sehr verschiedenartig. Es kommt dabei weniger auf große Helligkeit der Lichtquelle an (entsprechend einem großen Reichtum an gelbem Licht), sondern darauf, daß möglichst aktinisches Licht ausgestrahlt wird, d. h. Lichtstrahlen solcher Wellenlänge, die auf das Aufnahmematerial chemisch einwirken. Für die gewöhnlichen (d. h. nicht besonders sensibilisierten) Platten liegt das Maximum der Empfindlichkeit bei etwa $\lambda = 400$ bis 420. Ein derartiges Licht wird in reichem Maße von Quecksilberdampflampen und von elektrischen Bogenlampen ausgesandt. Viel weniger eignen sich Metallfadenlampen, die bei gleicher Helligkeit bzw. bei gleichem Wattverbrauch bedeutend weniger aktinisches Licht geben. Unter den Bogenlampen verdienen besonders diejenigen mit eingeschlossenem Lichtbogen, die sogenannten Kopierbogenlampen, den Vorzug. Ihre aktinische Wirkung ist bei gleichem Wattverbrauch noch etwa 3- bis 4mal so groß wie diejenige der offenen Bogenlampen. Für kurze Momentaufnahmen ist das sogenannte Blitzlichtpulver (etwa $^1/_{20}$ Sekunde Belichtungszeit) sehr geeignet, da sich hiermit eine große Lichtintensität mit relativ einfachen Mitteln herstellen läßt. Will man die Verbrennungszeit des Blitzlichtpulvers und damit die Belichtungszeit verlängern — wie es beim Herstellen von Stromlinienbildern im allgemeinen notwendig ist —, so kann man das dadurch erreichen, daß man eine passende Mischung von Blitzlichtpulver und Zeitlichtpulver verwendet.

Die Methoden des Entwickelns, Fixierens usw. sind die normalen, nur ist zu beachten, daß man häufig die in den Lehrbüchern gemachten Angaben nicht verwerten kann, da es sich dort im allgemeinen darum handelt, ein in den Tönen abgeglichenes Bild zu erhalten, während in unserem Falle möglichst kontrastreiche Bilder erwünscht sind. Als Entwickler ist meistens Hydrochinon wegen der größeren Schwärzung, die es hervorruft, allen anderen Entwicklersubstanzen vorzuziehen, und zwar in manchen Fällen in einer Zusammensetzung, wie sie bei der Kinofilmentwicklung für Titel angewandt wird. Bei starker Unterbelichtung wird man bis etwas über die Schleiergrenze entwickeln, den

Schleier mit Farmanschem Abschwächer fortnehmen und kräftig mit Uran verstärken. Trotz der manchen Tücken, die der Uranverstärker besitzt, eignet er sich für die Herstellung sehr kontrastreicher Negative vorzüglich.

Als Material für Kontaktkopien bzw. Vergrößerungen kommt hart arbeitendes, hochglänzendes Gaslichtpapier in Frage, das eine sehr steile Schwärzungskurve besitzt[1]. Der Schichtseite kann man noch durch Aufquetschen der Kopien in nassem Zustand auf sehr saubere Spiegelglasplatten einen besonderen Hochglanz verleihen, was für das Betrachten von Einzelheiten sowie für etwaige Reproduktionen vorteilhaft ist.

---

[1] Goldberg, E.: Der Aufbau des photographischen Bildes. Teil I: Helligkeitsdetails. Halle 1925.

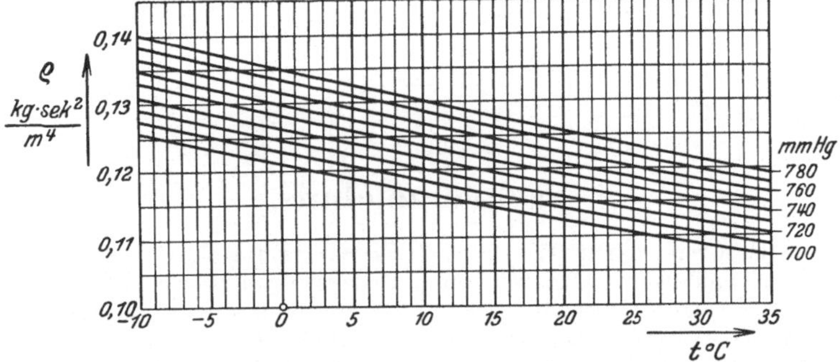

Abb. 235. Die Dichte von Luft als Funktion der Temperatur für verschiedene Barometerdrücke.

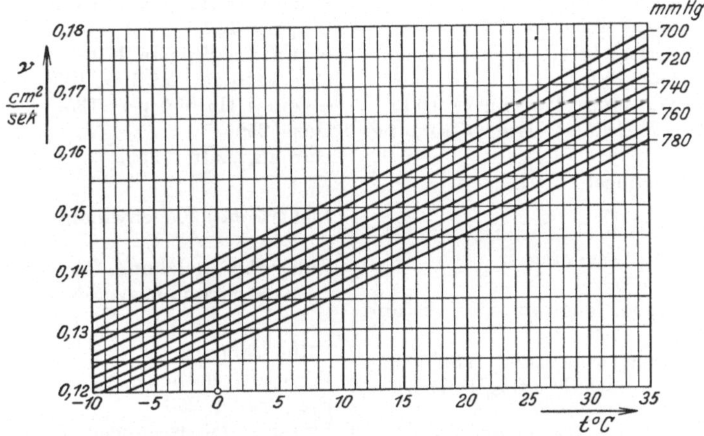

Abb. 236. Die kinematische Zähigkeit von Luft als Funktion der Temperatur für verschiedene
Barometerdrücke.

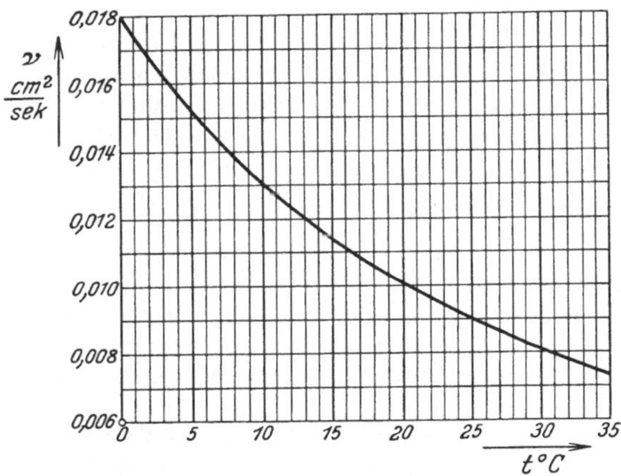

Abb. 237. Die kinematische Zähigkeit von Wasser als Funktion der Temperatur.

Sachverzeichnis.

Strömung bei allen Bildern von links nach rechts.

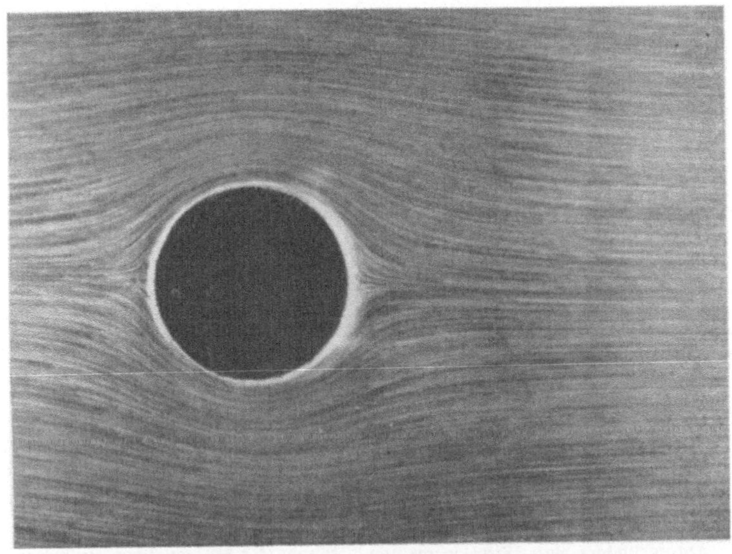

Abb. 1. Strömung um einen Zylinder. Strömungszustand unmittelbar nach Eintritt der Bewegung aus der Ruhe heraus (Potentialströmung).

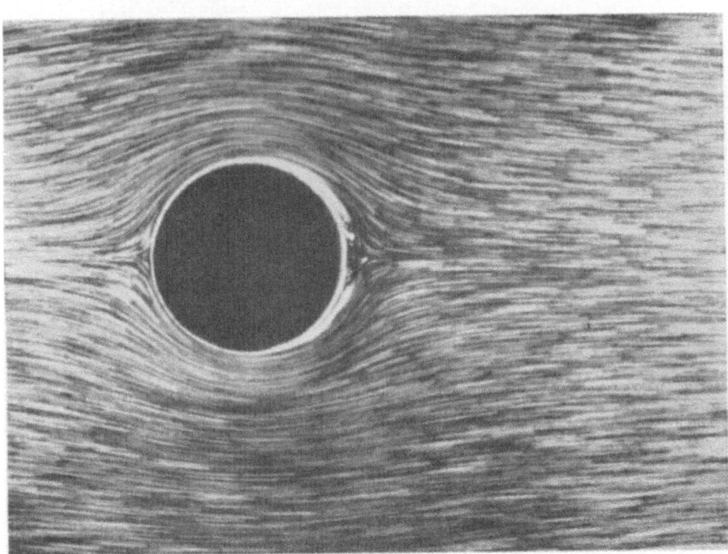

Abb. 2. Rückströmung in der Grenzschicht an der Hinterseite des Zylinders und Anhäufung von Grenzschichtmaterial.

* Sämtliche Strömungsbilder (bis auf Abb. 34 und 35) sind vom Verfasser mit der von ihm entwickelten Versuchseinrichtung im Kaiser Wilhelm-Institut für Strömungsforschung (Göttingen) hergestellt.

Tietjens, Hydromechanik II.   A

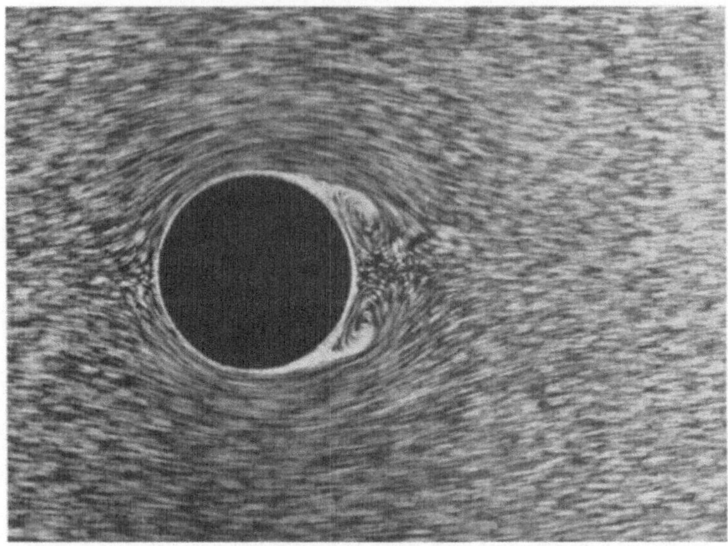

Abb. 3. Bildung eines Wirbelpaares und Loslösung der Strömung vom Zylinder.

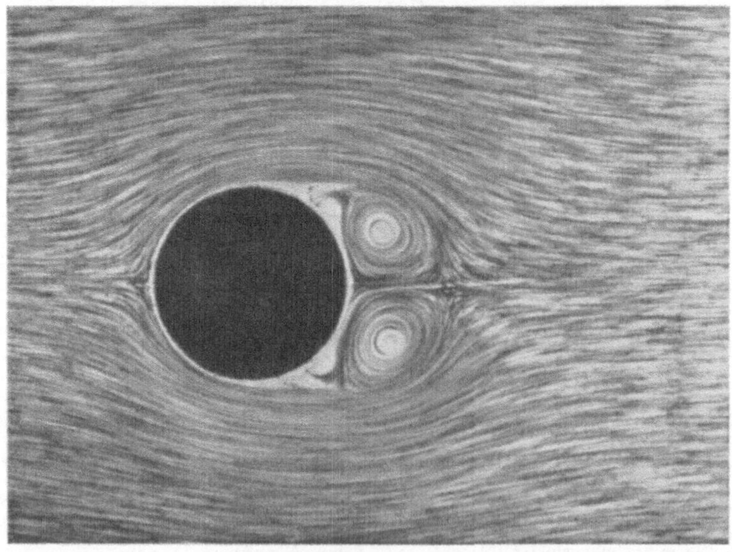

Abb. 4. Anwachsen des Wirbelpaares.

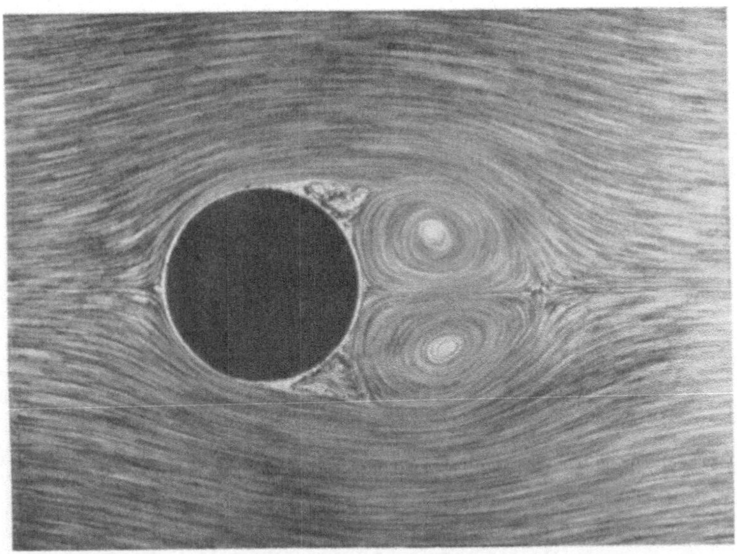

Abb. 5. Weiteres Anwachsen des Wirbelpaares, das schließlich unsymmetrisch wird und zerfällt.

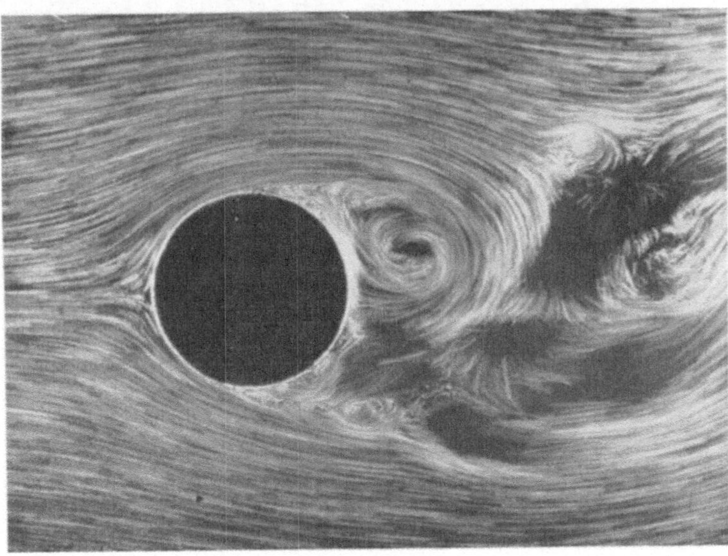

Abb. 6. Strömung um einen Zylinder, wie sie sich nach dem Anlaufvorgang (Abb. 1 bis 5) schließlich einstellt.

A*

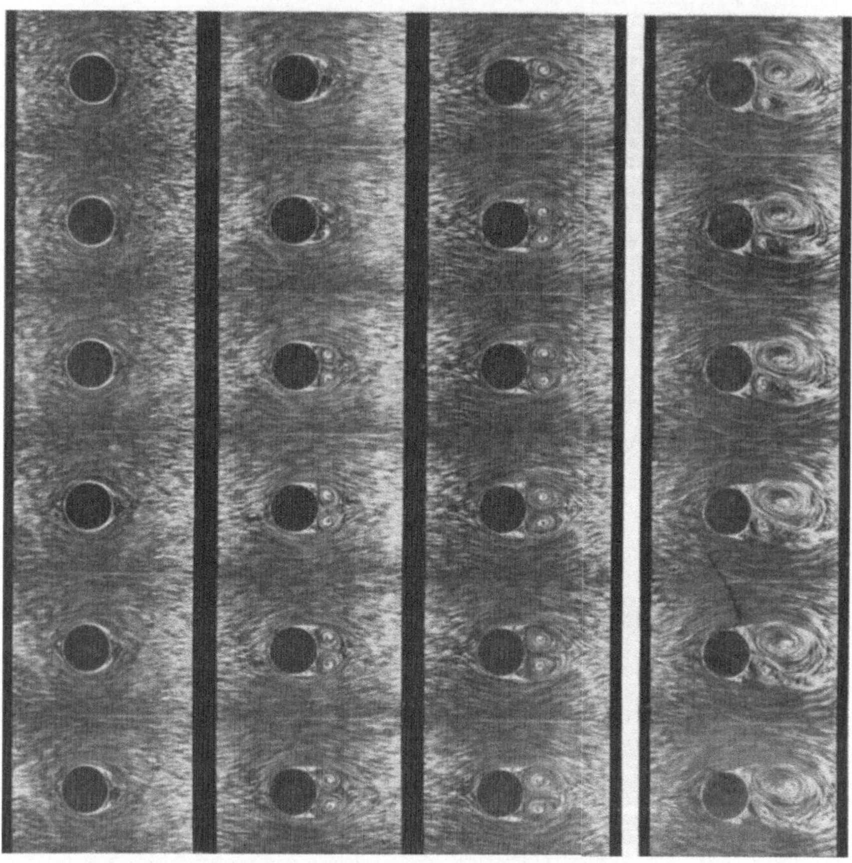

Abb. 7. Reihenbild der Entstehung der Strömung um einen Zylinder. Zwischen den drei aufeinander-folgenden Kolonnen links und der vierten Kolonne rechts fehlt eine Anzahl Bilder. Die vierte Kolonne zeigt den Zerfall des symmetrischen Wirbelpaares, dem ein Strömungszustand wie in Abb. 6 folgt.

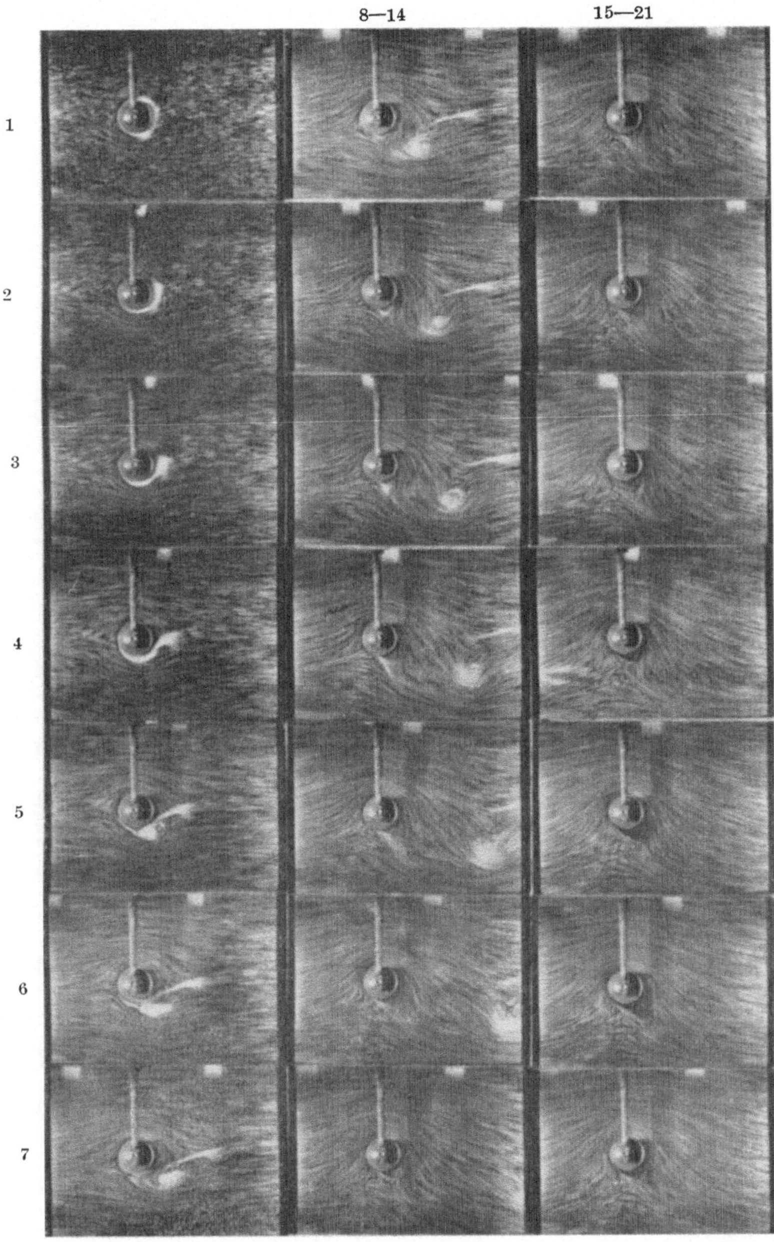

Abb. 8. Reihenbild der Strömung um einen rotierenden Zylinder aus der Ruhe heraus; das Verhältnis der Umfangsgeschwindigkeit des Zylinders zu seiner Fortschreitungsgeschwindigkeit ist konstant gehalten, und zwar gleich 4, $\frac{u}{v} = 4$.

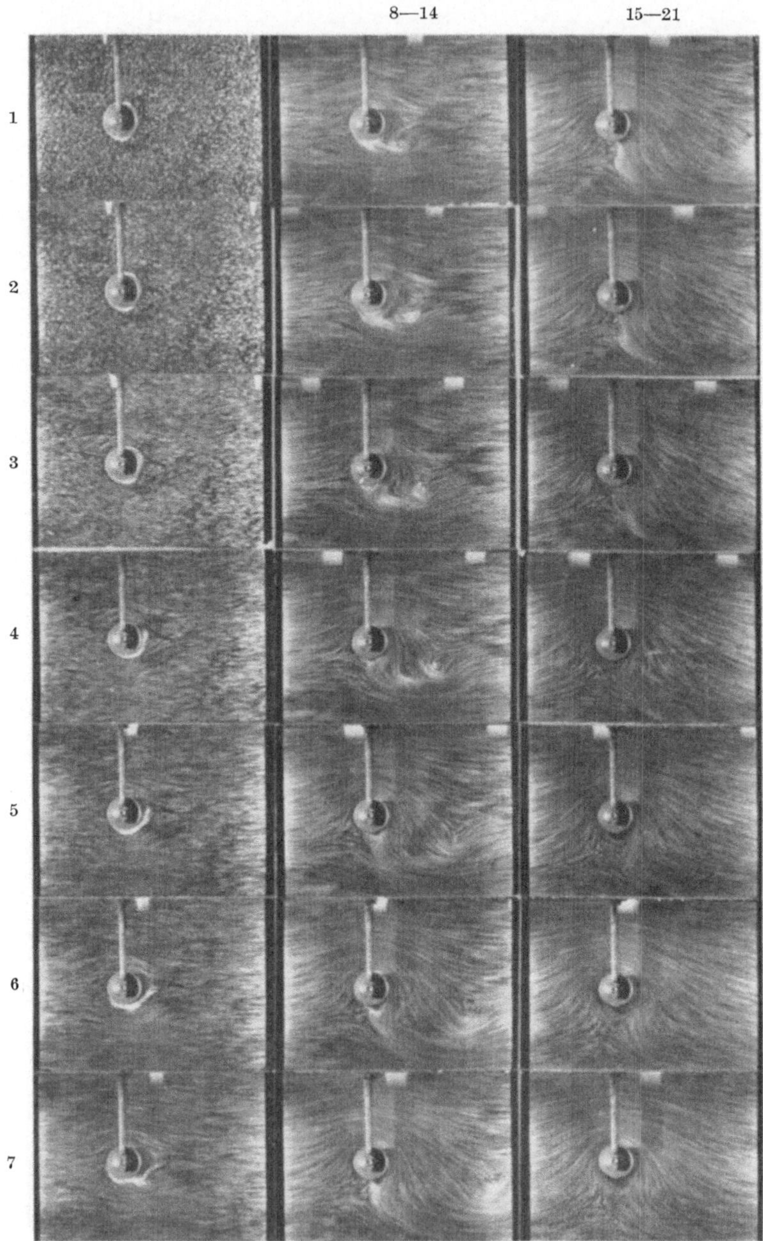

Abb. 9. Eine ähnliche Strömung wie in Abb. 8, jedoch ist das Verhältnis von Umfangsgeschwindigkeit des Zylinders zu seiner Fortschreitungsgeschwindigkeit gleich 6, $\frac{u}{v} = 6$.

Abb. 10.

$$\frac{u}{v} = 0.$$

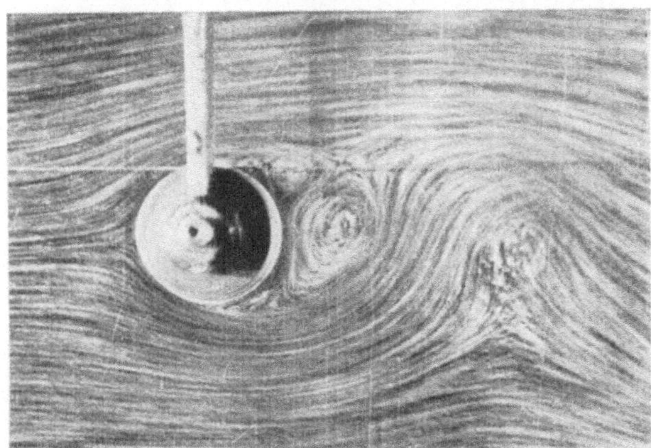

Abb. 11.

$$\frac{u}{v} = \frac{1}{2}.$$

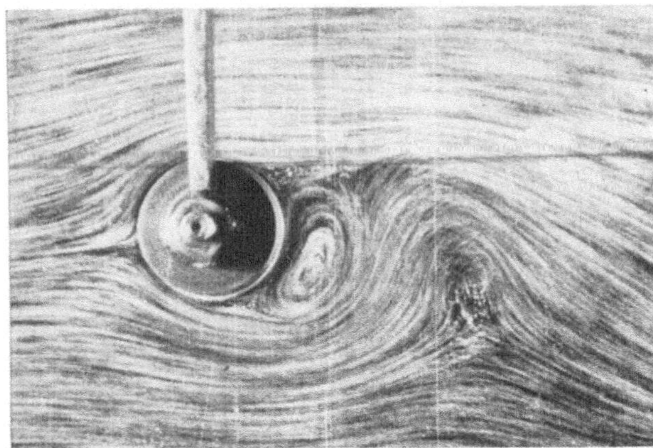

Abb. 12.

$$\frac{u}{v} = 1.$$

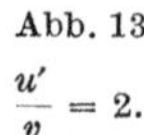

Abb. 13.
$$\frac{u'}{v} = 2.$$

Abb. 14.
$$\frac{u}{v} = 3.$$

Abb. 15.
$$\frac{u}{v} = 4.$$

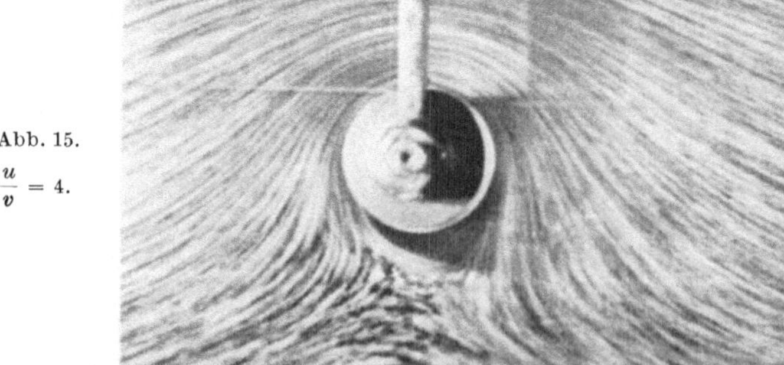

Abb. 16.

$$\frac{u}{v} = 6.$$

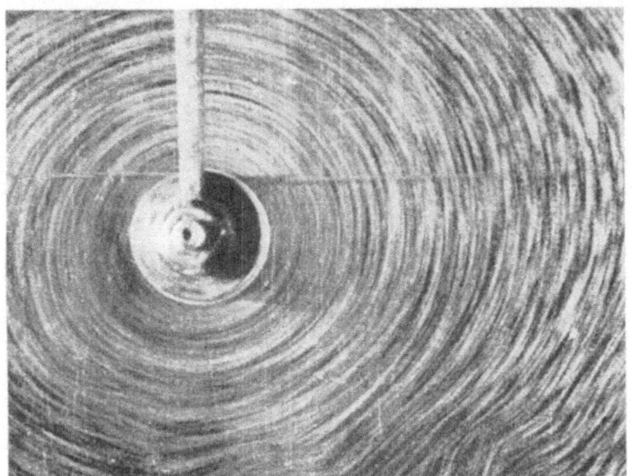

Abb. 17.

$$\frac{u}{v} = \infty.$$

Abb. 17 ist in der Weise hergestellt worden, daß der zusammen mit der Kamera durch Wasser bewegte rotierende Zylinder plötzlich zum Stillstand gebracht und unmittelbar danach aufgenommen wurde.

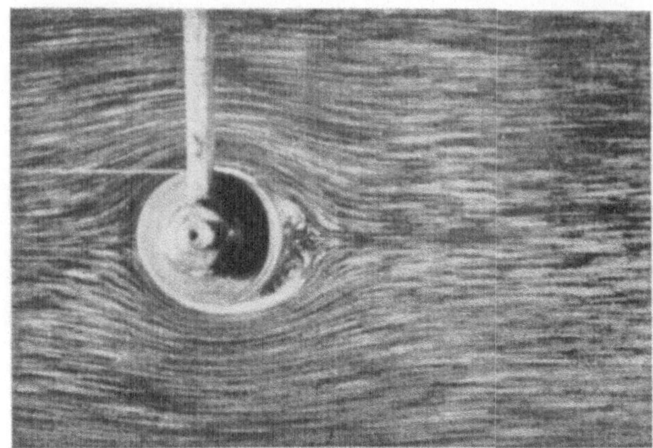

Abb. 18.
$\dfrac{u}{v} = \dfrac{1}{2}$.

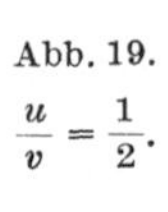

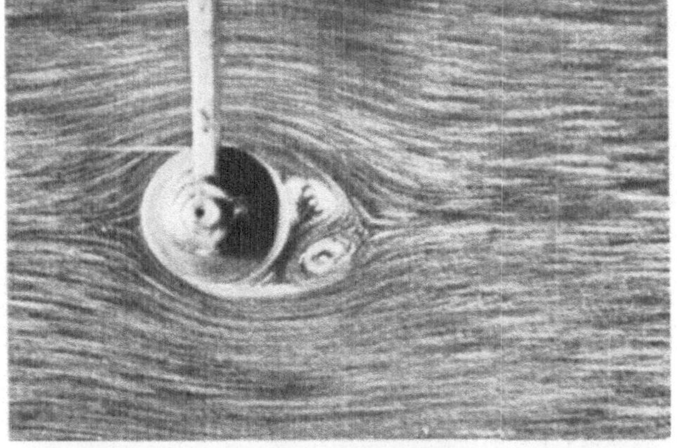

Abb. 19.
$\dfrac{u}{v} = \dfrac{1}{2}$.

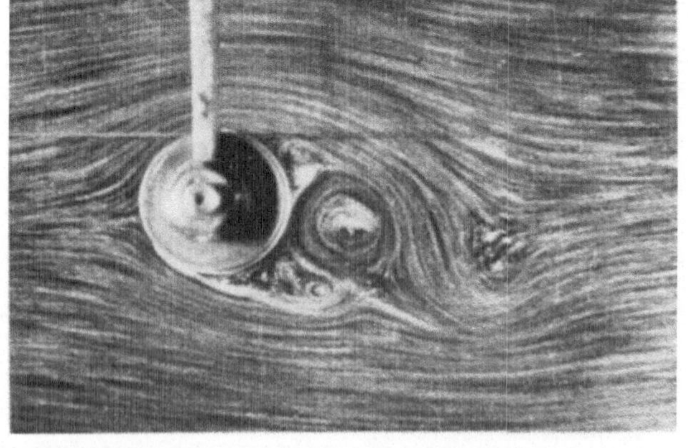

Abb. 20.
$\dfrac{u}{v} = \dfrac{1}{2}$.

Abb. 18 bis 20. Aufeinanderfolgende Entwicklungsstadien der Strömung $\dfrac{u}{v} = \dfrac{1}{2}$.

Abb. 21.

$$\frac{u}{v} = 3.$$

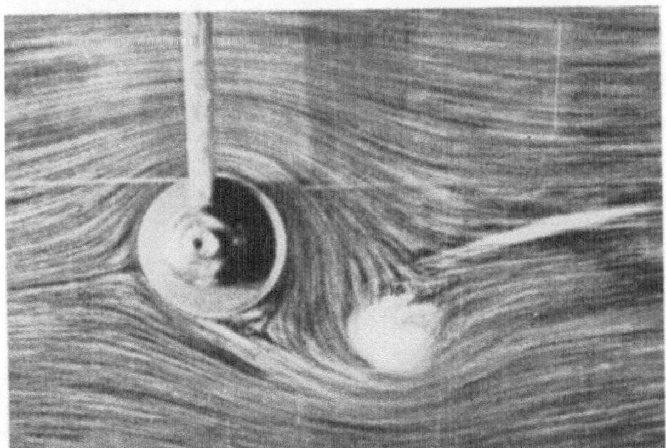

Abb. 22.

$$\frac{u}{v} = 3.$$

Abb. 23.

$$\frac{u}{v} = 3.$$

Abb. 21 bis 23. Aufeinanderfolgende Entwicklungsstadien der Strömung $\frac{u}{v} = 3$.

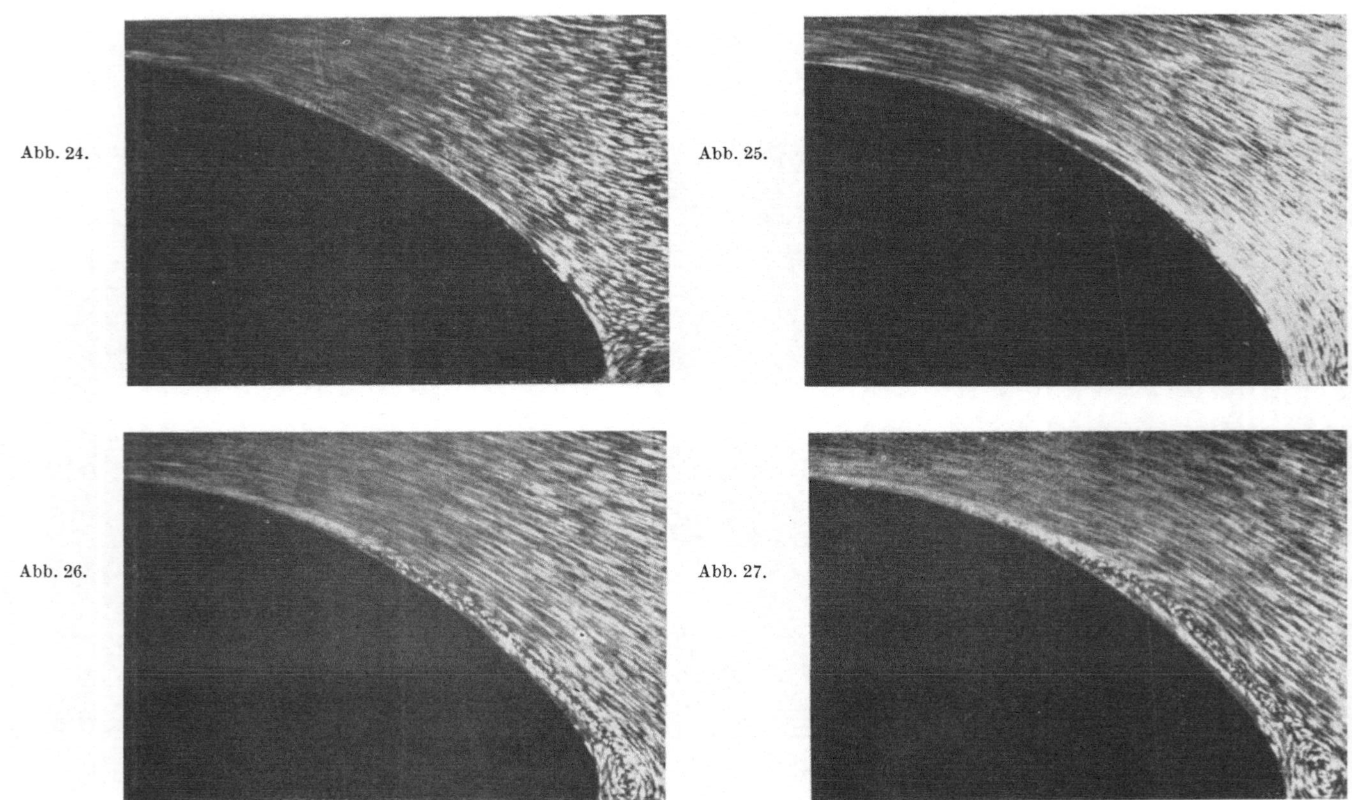

Abb. 24.

Abb. 25.

Abb. 26.

Abb. 27.

Abb. 24 bis 33. Strömung entlang der Rückseite eines Körpers (Druckanstieg).

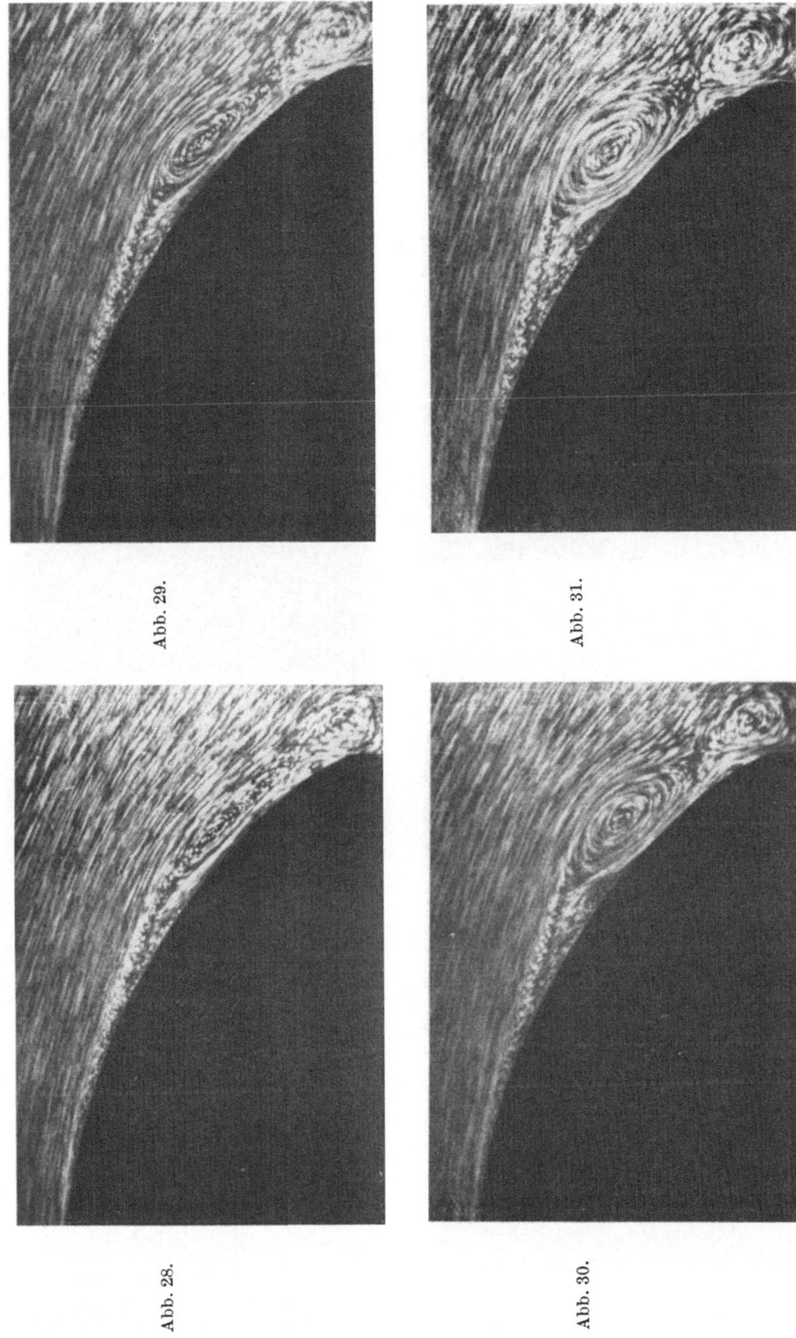

Abb. 29.

Abb. 31.

Abb. 28.

Abb. 30.

Tafel 14.

Abb. 32.

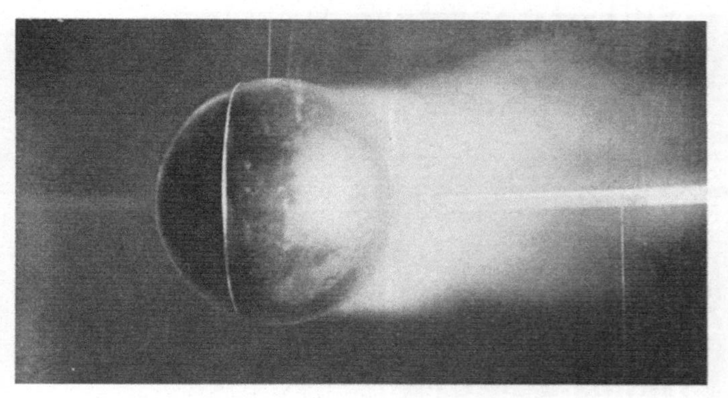

Abb. 33.

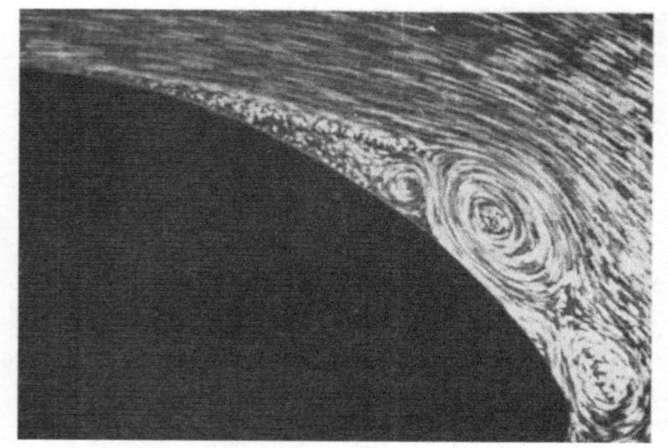

Abb. 34. Strömung um eine Kugel, unterkritische Strömungsform
(nach C. Wieselsberger).

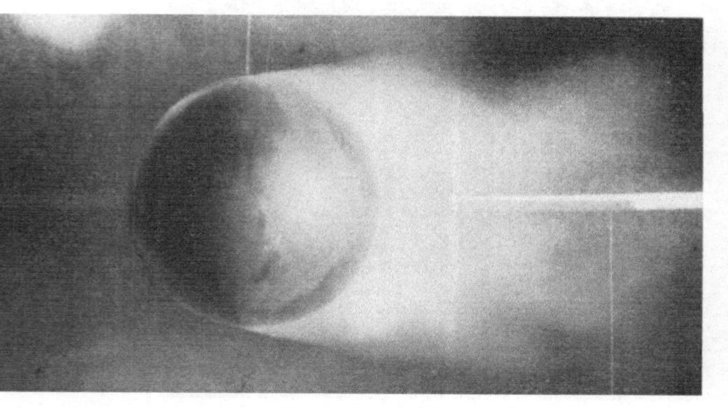

Abb. 35. Durch Anbringen eines dünnen Drahtringes ist die überkritische
Strömungsform erhalten (nach C. Wieselsberger).

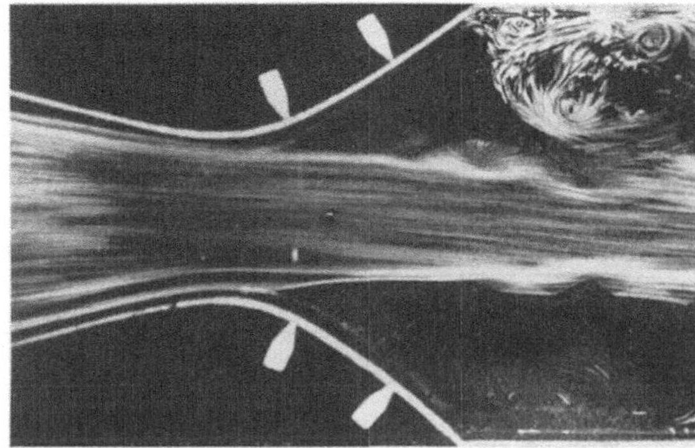

Abb. 36. Strömung in einem sich stark erweiternden Kanal.

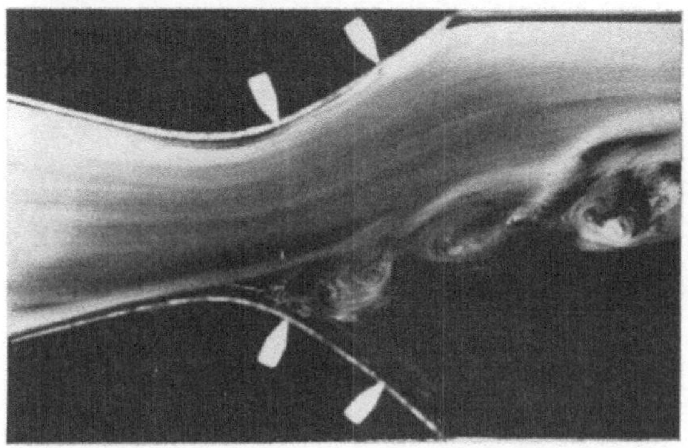

Abb. 37. Absaugung der Grenzschicht an der einen (oberen) Kanalwand.

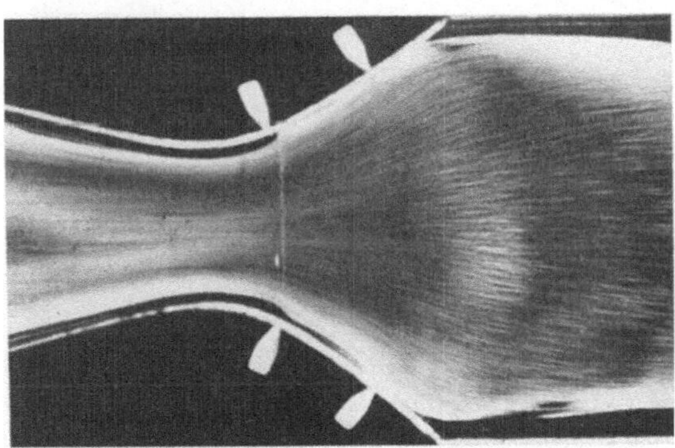

Abb. 38. Absaugung der Grenzschicht an beiden Kanalwänden (Strömung wie bisher von links nach rechts).

Tafel 16.

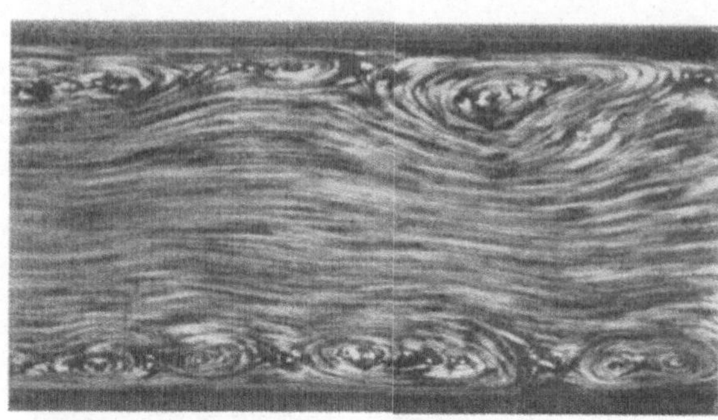

Abb. 39. Turbulente Strömung in einem offenen Gerinne; die aufnehmende Kamera hat die Geschwindigkeit der wandnahen Schichten.

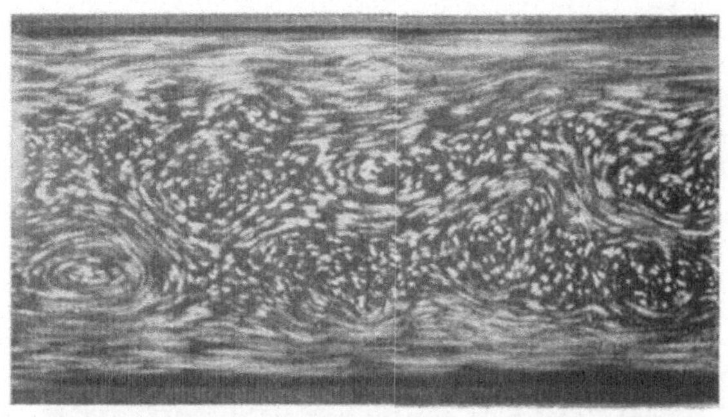

Abb. 40. Wie Abb. 39, jedoch hat die aufnehmende Kamera fast die Geschwindigkeit der mittleren Schichten.

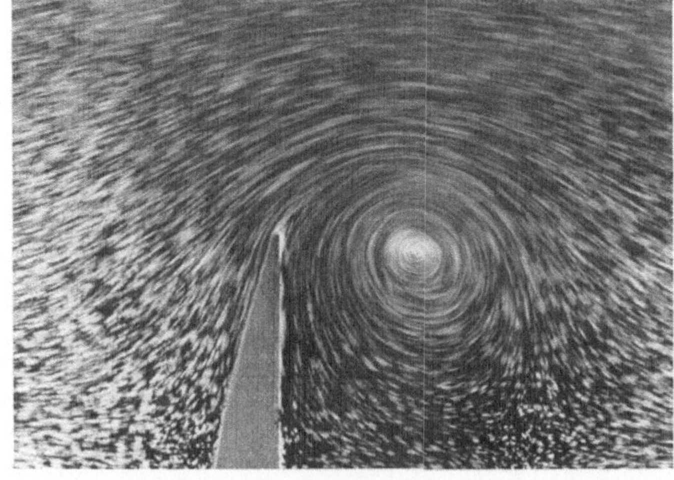

Abb. 41. Strömung um eine Schneide.

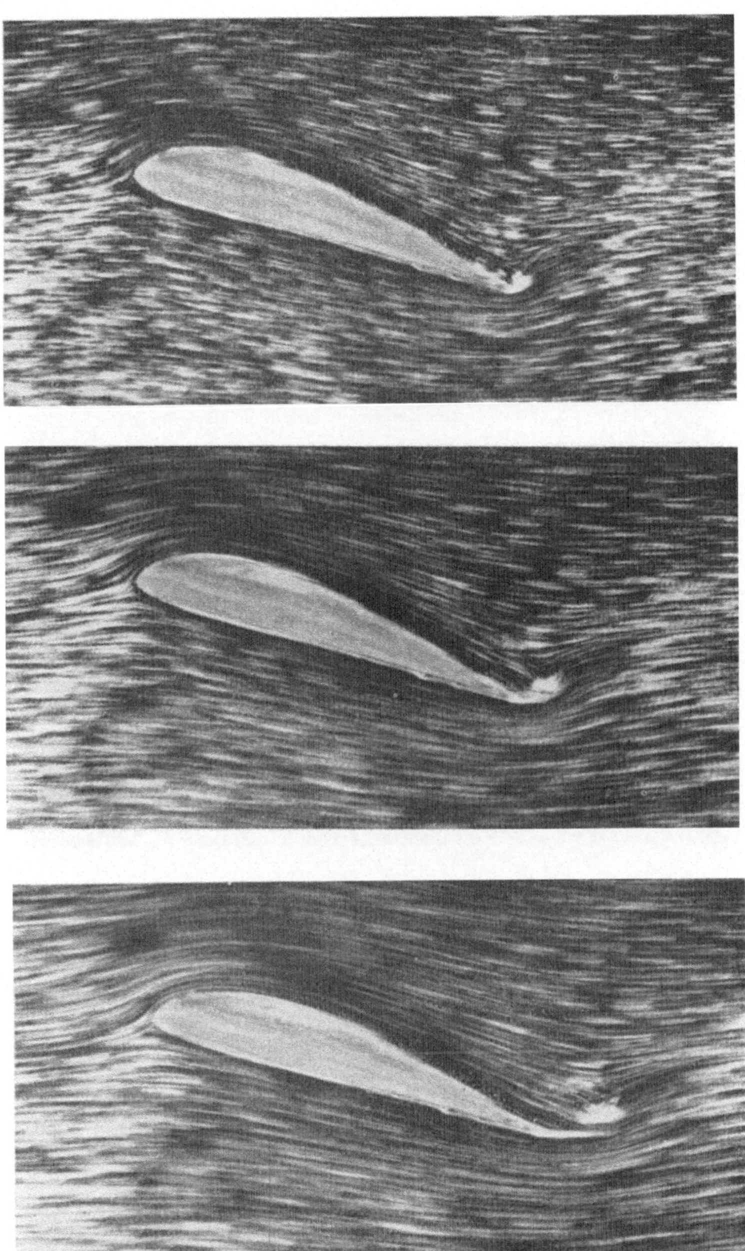

Abb. 42 bis 44. Reihenbilder der Strömung um einen Tragflügel aus der Ruhe heraus.

B

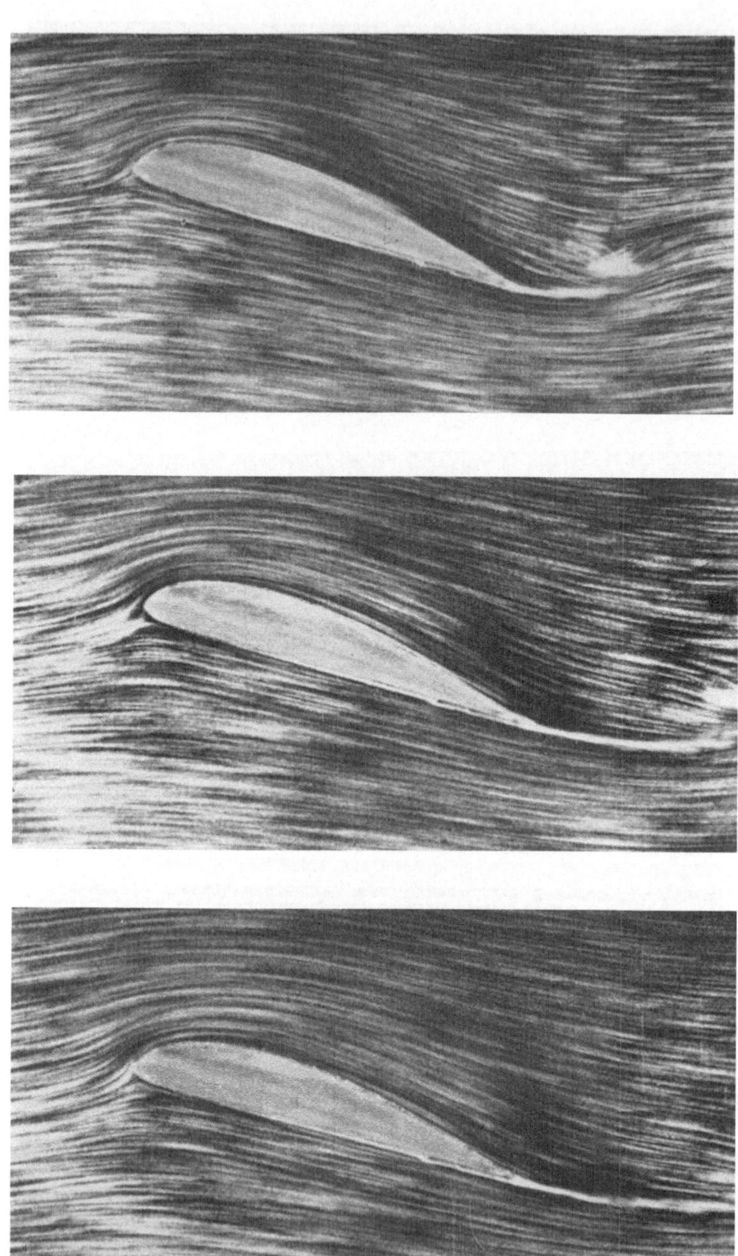

Abb. 45 bis 47. Reihenbilder der Strömung um einen Tragflügel; Fortsetzung von Abb. 42 bis 44.

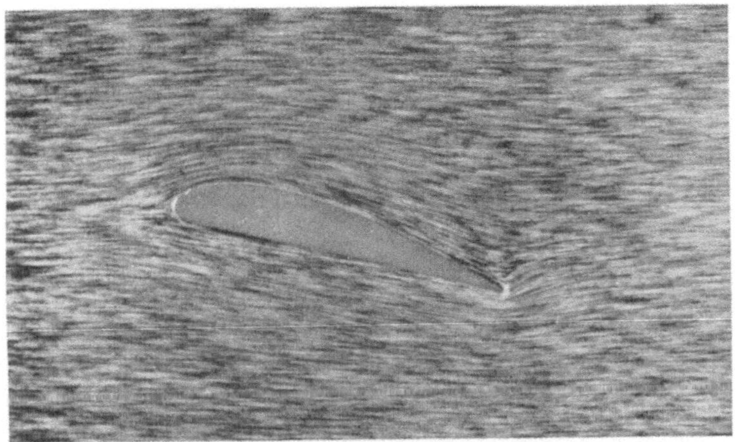

Abb. 48. Stromlinien um einen Tragflügel im ersten Augenblick nach Einleitung der Strömung (Potentialströmung).

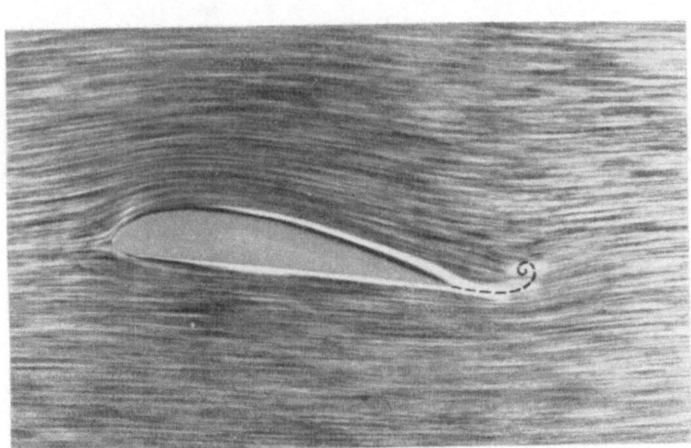

Abb. 49. Ausbildung des Anfahrwirbels, der sich mit der Flüssigkeit vom Tragflügel fortbewegt.

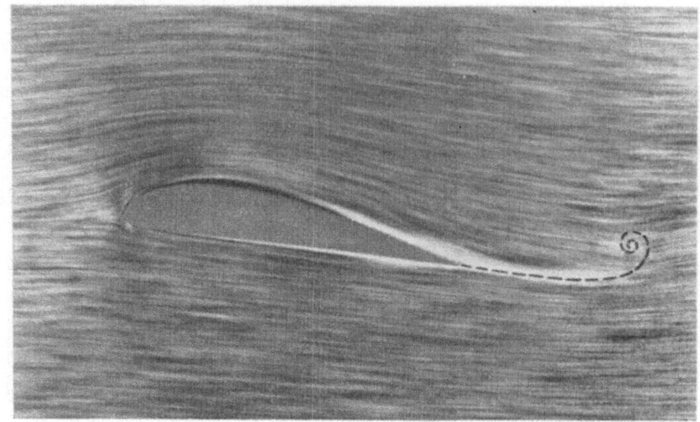

Abb. 50. Anwachsen des Anfahrwirbels der Abb. 49.

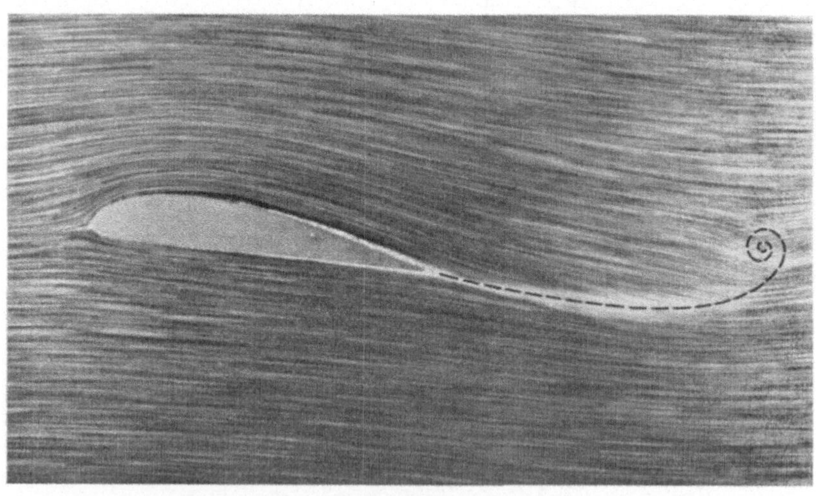

Abb. 51. Ein der Abb. 50 zeitlich folgender Strömungszustand.

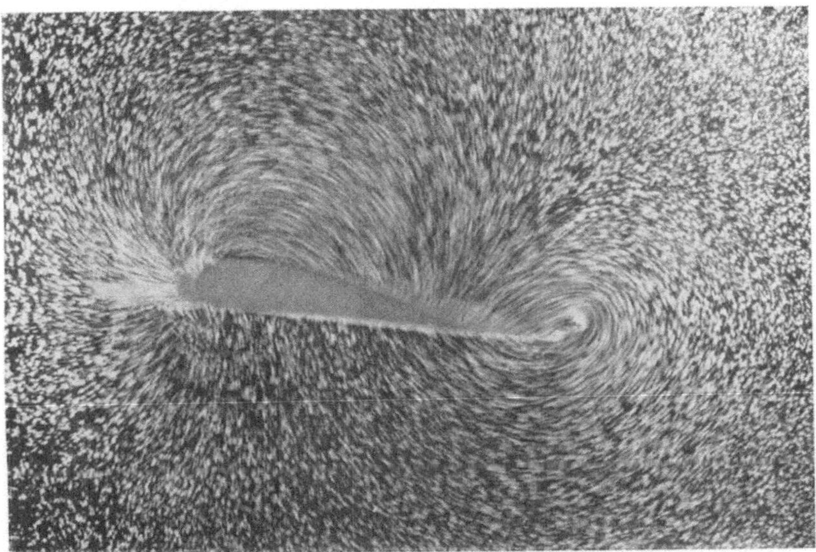

Abb. 52. Stromlinienbild um einen Tragflügel mit Anfahrwirbel; nicht stationäre Strömung. Die Kamera ruht relativ zur ungestörten Flüssigkeit.

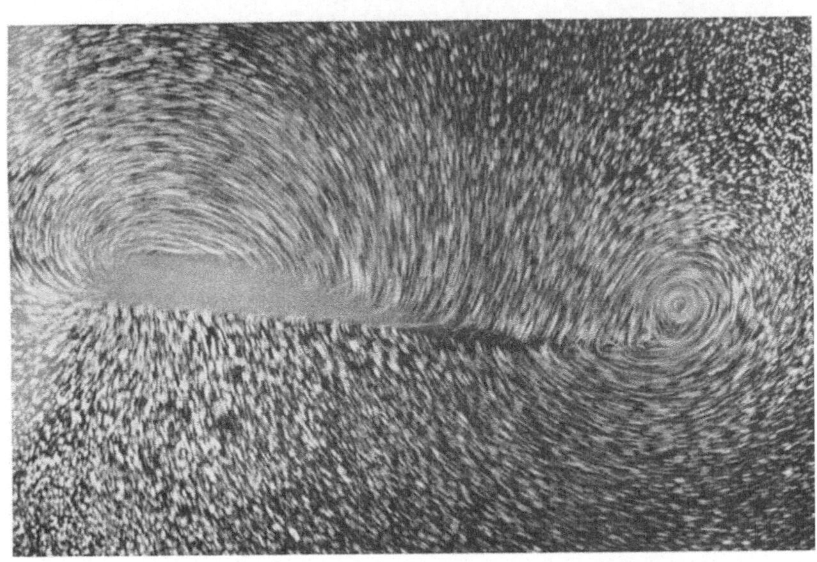

Abb. 53. Ein der Abb. 52 zeitlich folgender Strömungszustand.

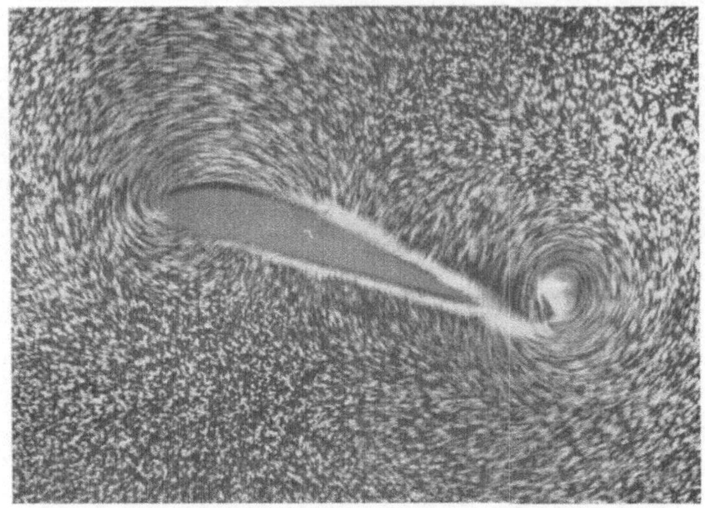

Abb. 54. Wie Abb. 52, jedoch größerer Anstellwinkel und daher stärkerer Anfahrwirbel (kürzere Belichtungszeit).

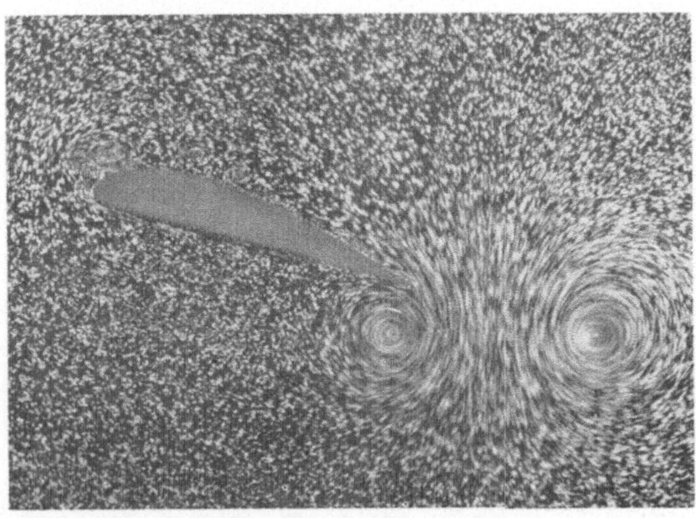

Abb. 55. Nach Ausbildung des Anfahrwirbels (Abb. 54) ist der Tragflügel zum Stillstand gebracht und kurz darauf das Bild genommen.

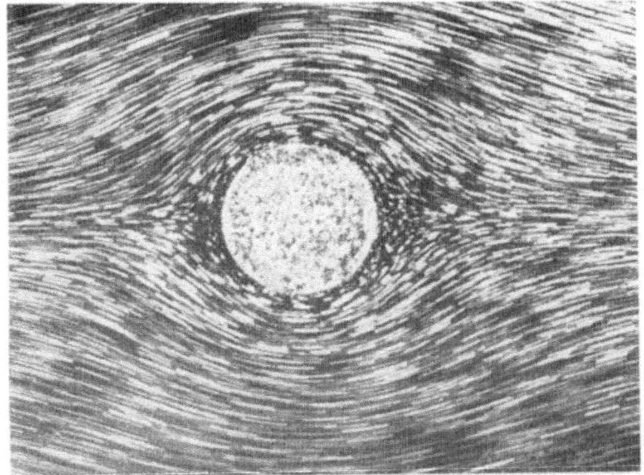

Abb. 56.

$$\frac{w\,d}{\nu} = 0,25.$$

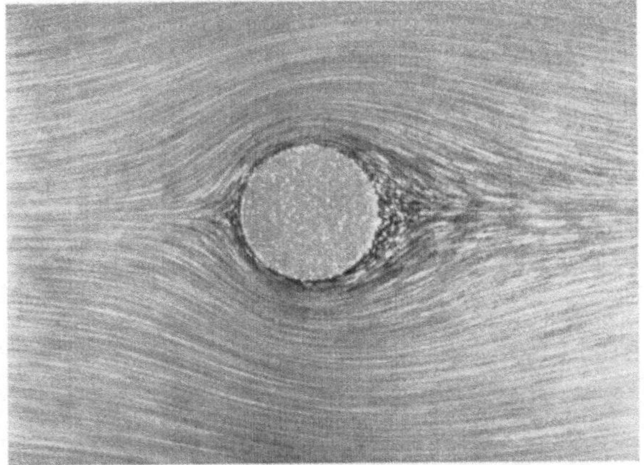

Abb. 57.

$$\frac{w\,d}{\nu} = 1,5.$$

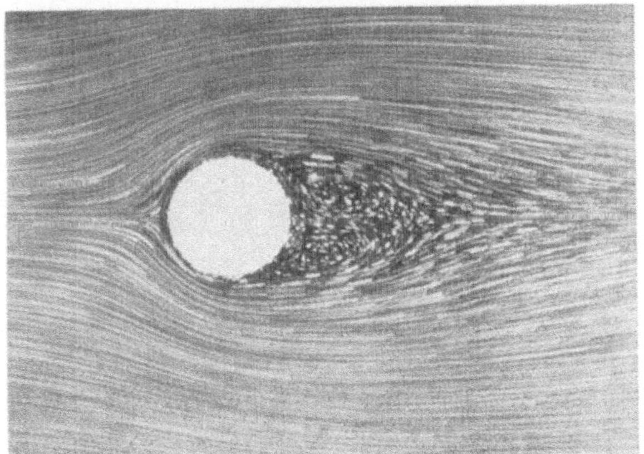

Abb. 58.

$$\frac{w\,d}{\nu} = 9.$$

Abb. 56 bis 58. Strömung um einen Zylinder bei kleinen Reynoldsschen Zahlen.

Abb. 59. Kármánsche Wirbelstraße; $\dfrac{w\,d}{\nu} = 250$. Das Bezugsystem (die Kamera) ist relativ zum umströmten Zylinder in Ruhe.

Abb. 60. Kármánsche Wirbelstraße; $\dfrac{w\,d}{\nu} = 250$. Das Bezugsystem (die Kamera) ist relativ zur ungestörten Flüssigkeit in Ruhe.

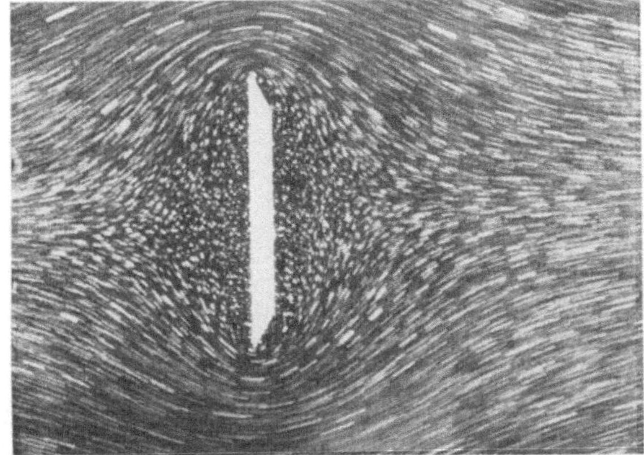

Abb. 61.
$$\frac{wb}{v} = 0{,}25.$$

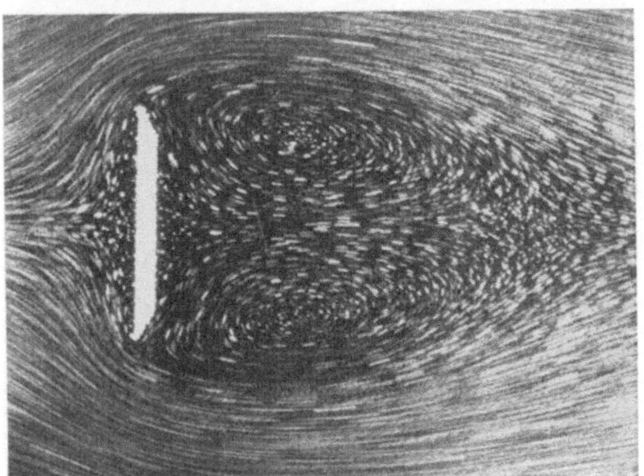

Abb. 62.
$$\frac{wb}{v} = 10.$$

Abb. 63.
$$\frac{wb}{v} = 250.$$

Abb. 61 bis 63. Strömung um eine scharfkantige Platte von der Breite b (senkrecht zur Strömungsrichtung).

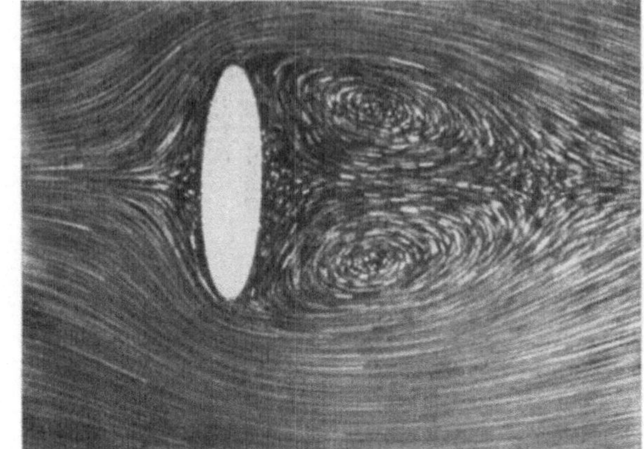

Abb. 64.
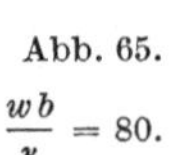
$$\frac{wb}{\nu} = 10.$$

Abb. 65.
$$\frac{wb}{\nu} = 80.$$

Abb. 66.
$$\frac{wb}{\nu} = 250.$$

Abb. 64 bis 66. Strömung um einen zylindrischen Körper von elliptischem Querschnitt (*b* die große Achse der Ellipse).

Abb. 67. Strömung um einen zylindrischen Körper von elliptischem Querschnitt. $\dfrac{wd}{\nu} = 1{,}3$
(d die kleine Achse der Ellipse).

Abb. 68. Strömung längs einer dünnen Platte von der Länge l. $\dfrac{wl}{\nu} = 3$.

Tafel 28.

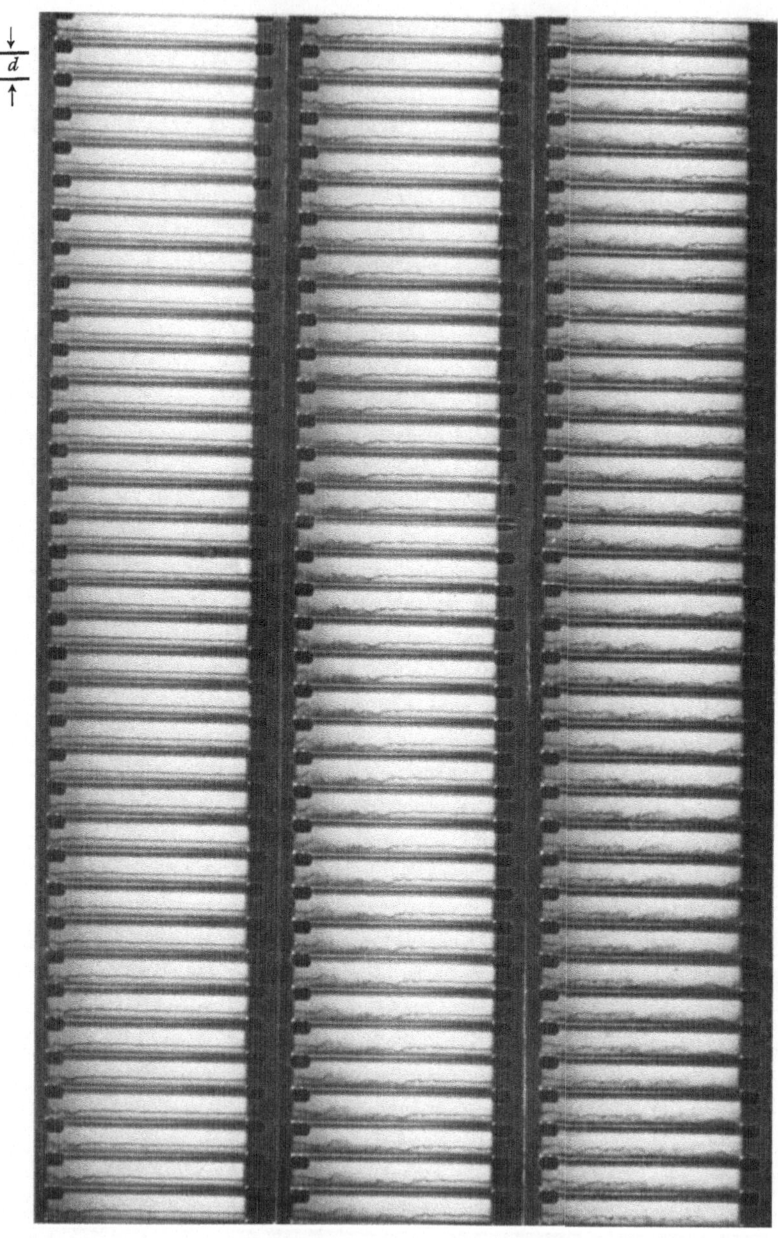

Abb. 69. Reihenbilder der Strömung von Wasser durch ein Glasrohr. Die laminare Strömung in den ersten Bildern (gut kenntlicher Farbfaden) geht über in die turbulente Strömung (der Farbfaden zerflattert). $R = \dfrac{u \cdot d}{\nu} = 16000$; Bildzahl gleich 400/sec.; vgl. S. 43.

Hydro- und Aeromechanik nach Vorlesungen von L. Prandtl.

Von Dr. phil. O. Tietjens, Mitarbeiter am Forschungs-Institut der Westinghouse Electric and Manufacturing Co., Pittsburgh Pa., U. S. A. Mit einem Geleitwort von Professor Dr. L. Prandtl, Direktor des Kaiser Wilhelm-Institutes für Strömungsforschung in Göttingen.

Erster Band: **Gleichgewicht und reibungslose Bewegung.** Mit 178 Textabbildungen. VIII, 238 Seiten. 1929.　　　　　Gebunden RM 15.—

Der erste Band enthält im ersten Abschnitt Gleichgewicht und Stabilität von Flüssigkeiten und Gasen mit besonderer Berücksichtigung nautisch-meteorologisch wichtiger Fragen (z. B. Wolkenbildung, thermodynamische Fragen der Atmosphäre u. a.), die Statik gasgefüllter Ballons, auch während der Fahrt, ferner Ausführungen über Oberflächenspannung (Kapillarität). Abschnitt 2 behandelt mit z. T. von Prandtl eingeführten Begriffsbildungen (z. B. Streichlinie neben Bahn- und Stromlinie) unter ausführlicher Darlegung der Geometrie der Vektorfelder mit Hilfe der Affinorenrechnung die Kinematik (Euler-Lagrangesche Gleichungen, Kontinuität). Abschnitt 3, die Dynamik der reibungslosen Flüssigkeiten, bringt die Integration der Eulergleichung längs einer Stromlinie (Bernoullisches Theorem) und Ausführungen über Potentialbewegung; besondere Kapitel enthalten die ebene Potentialströmung (konforme Abbildung, diskontinuierliche Bewegung) und die Potentialwirbelbewegung. Mit einer Abschätzung des Einflusses der Zusammendrückbarkeit und mit grundlegenden Ausführungen über die Anwendung von Impuls- und Energiesatz schließt der erste Band der Prandtlschen Vorlesungen, den jeder Ingenieur und Physiker, besonders auch der angehende, nicht einfach lesen, sondern dessen Inhalt er sich unbedingt ganz zu eigen machen muß und für den er dankbar sein sollte.

„Zeitschrift des Vereins Deutscher Ingenieure."

Vier Abhandlungen zur Hydrodynamik und Aerodynamik (Flüssigkeit mit kleiner Reibung; Tragflügeltheorie, I. und II. Mitteilung; Schraubenpropeller mit geringstem Energieverlust). Von L. Prandtl und A. Betz. Neudruck aus den Verhandlungen des III. Internationalen Mathematiker-Kongresses zu Heidelberg und aus den Nachrichten der Gesellschaft der Wissenschaften zu Göttingen. Mit einer Literaturübersicht als Anhang. IV, 100 Seiten. 1927.　　　　　RM 4.—

Vorträge aus dem Gebiete der Hydro- und Aerodynamik (Innsbruck 1922). Herausgegeben von Professor Th. v. Kármán, Aachen, und Professor T. Levi-Civita, Rom. Mit 98 Abbildungen im Text. IV, 251 Seiten. 1924.　　　　　RM 18.—

Mechanik der flüssigen und gasförmigen Körper. Ideale Flüssigkeiten. Von Professor Dr. M. Lagally, Dresden. — Zähe Flüssigkeiten. Von Professor Dr. L. Hopf, Aachen. — Wasserströmungen. Von Professor Dr. Ph. Forchheimer, Wien-Döbling. — Tragflügel und hydraulische Maschinen. Von Professor Dr. A. Betz, Göttingen. — Gasdynamik. Von Dr. J. Ackeret, Göttingen. — Kapillarität. Von Dr. A. Gyemant, Charlottenburg. Mit 290 Abbildungen. XI, 413 Seiten. 1927.

RM 34.50; gebunden RM 36.60

(Bildet Band VII vom „Handbuch der Physik". Unter redaktioneller Mitwirkung von R. Grammel-Stuttgart, F. Henning-Berlin, H. Konen-Bonn, H. Thirring-Wien, F. Trendelenburg-Berlin, W. Westphal-Berlin, herausgegeben von H. Geiger-Kiel und Karl Scheel-Berlin-Dahlem.)

Grundlagen der Hydromechanik. Von **Leon Lichtenstein,** o. ö. Professor der Mathematik an der Universität Leipzig. („Die Grundlehren der mathematischen Wissenschaften in Einzeldarstellungen." Herausgegeben von **R. Courant,** Göttingen, Band XXX.) Mit 54 Textfiguren. XVI, 507 Seiten. 1929. RM 38.—; gebunden RM 39.60

Angewandte Hydromechanik. Von **Dr.-Ing. Walther Kaufmann,** o. Professor der Mechanik an der Technischen Hochschule Hannover.

Erster Band: **Einführung in die Lehre vom Gleichgewicht und von der Bewegung der Flüssigkeiten.** Mit 146 Textabbildungen. VIII, 232 Seiten. 1931. RM 12.50; gebunden RM 14.—

Von der Bewegung des Wassers und den dabei auftretenden Kräften. Grundlagen zu einer praktischen Hydrodynamik für Bauingenieure. Nach Arbeiten von Staatsrat Professor Dr.-Ing. e. h. **Alexander Koch,** Darmstadt, herausgegeben von Dr.-Ing. e. h. **Max Carstanjen.** Nebst einer Auswahl von Versuchen Kochs im Wasserbau-Laboratorium der Darmstädter Technischen Hochschule zusammengestellt unter Mitwirkung von Studienrat Dipl.-Ing. **L. Hainz.** Mit 331 Abbildungen im Text und auf 2 Tafeln sowie einem Bildnis. XII, 228 Seiten. 1926. Gebunden RM 28.50

Technische Hydrodynamik. Von Professor Dr. **Franz Prášil,** Zürich. Zweite, umgearbeitete und vermehrte Auflage. Mit 109 Abbildungen im Text. IX, 303 Seiten. 1926. Gebunden RM 24.—

Theorie und Konstantenbestimmung des hydrometrischen Flügels. Von Dr.-Ing. **L. A. Ott.** Mit 25 Abbildungen im Text. 49 Seiten. 1925. RM 4.50

Widerstandsmessungen an umströmten Zylindern von Kreis- und Brückenpfeilerquerschnitt. Von Privatdozent Dr.-Ing. **F. Eisner,** Reg.-Baumeister, Berlin. (Heft 4 der „Mitteilungen der Preußischen Versuchsanstalt für Wasserbau und Schiffbau, Berlin".) Mit 63 Textabbildungen. VI, 98 Seiten. 1929. RM 10.—

Kreiselräder als Pumpen und Turbinen. Von Professor **Wilhelm Spannhake,** Karlsruhe.

Erster Band: **Grundlagen und Grundzüge.** Mit 182 Textabbildungen. VIII, 320 Seiten. 1931. Gebunden RM 29.—

Mathematische Strömungslehre. Von Privatdozent Dr. **Wilhelm Müller**, Hannover. Mit 137 Textabbildungen. IX, 239 Seiten. 1928.
RM 18.—; gebunden RM 19.50

Vorträge aus dem Gebiete der Aerodynamik und verwandter Gebiete (Aachen 1929). Herausgegeben von **A. Gilles, L. Hopf, Th. v. Kármán**. Mit 137 Abbildungen im Text. IV, 221 Seiten. 1930.
RM 18.50; gebunden RM 20.—

Die Grundlagen der Tragflügel- und Luftschraubentheorie. Von **H. Glauert**, M. A., Fellow of Trinity College Cambridge. Übersetzt von Dipl.-Ing. **H. Holl**, Danzig. Mit 115 Textabbildungen. VI, 202 Seiten. 1929.
RM 12.75; gebunden RM 13.75

Fluglehre. Vorträge über Theorie und Berechnung der Flugzeuge in elementarer Darstellung. Von Professor Dr. **Richard von Mises**, Berlin. Dritte, stark erweiterte Auflage. Mit 192 Textabbildungen. VI, 321 Seiten. 1926.
RM 12.60; gebunden RM 13.50

Einführung in die Flugtechnik. Von Dipl.-Ing. **Julius Spiegel**. („Technische Fachbücher", Band 10.) Mit 49 Abbildungen im Text und 81 Aufgaben nebst Lösungen. 139 Seiten. 1928.
RM 2.25

Flugzeugbaukunde. Eine Einführung in die Flugtechnik. Von Dr.-Ing. **H. G. Bader**. Mit 94 Bildern im Text. IV, 121 Seiten. 1924.
RM 4.80

Einführung in die Mechanik mit einfachen Beispielen aus der Flugtechnik. Von Prof. Dr. **Theodor Pöschl**, Prag. Mit 102 Textabbildungen. VII, 132 Seiten. 1917.
RM 3.75